Mathematische Leitfäden

Herausgegeben von
em. o. Prof. Dr. phil. Dr. h.c. G. Köthe, Universität Frankfurt/M., und
o. Prof. Dr. rer. nat. G. Trautmann, Universität Kaiserslautern

Fortsetzung dritte Umschlagseite

B. G. Teubner Stuttgart

Mathematische Leitfäden

Herausgegeben von
em. o. Prof. Dr. phil. Dr. h.c. G. Köthe, Universität Frankfurt/M., und
o. Prof. Dr. rer. nat. G. Trautmann, Universität Kaiserslautern

Moduln und Ringe

Von Dr. rer. nat. Friedrich Kasch
o. Professor an der Universität München

Mit 176 Übungen und zahlreichen Beispielen

B. G. Teubner Stuttgart 1977

Prof. Dr. rer. nat. Friedrich Kasch

Geboren 1921 in Bonn. Von 1945 bis 1950 Studium der Mathematik, der mathematischen Logik und der Physik an den Universitäten Jena und Münster/Westfalen. 1950 Promotion an der Universität Münster. 1956 Habilitation an der Universität Mainz. Von 1950 bis 1963 Hochschullehrertätigkeit an den Universitäten Göttingen, Mainz, Heidelberg und an der Pennsylvania State University, USA. Seit 1963 o. Professor für Mathematik an der Universität München. 1968 Gastprofessor an der Carnegie-Mellon-University, Pittsburgh, USA.

CIP-Kurztitelaufnahme der Deutschen Bibliothek

Kasch, Friedrich
Moduln und Ringe. – 1. Aufl. – Stuttgart:
Teubner, 1977
(Mathematische Leitfäden)
ISBN 978-3-519-02211-4 ISBN 978-3-663-05703-1 (eBook)
DOI 10.1007/978-3-663-05703-1

Satz: G. Hartmann, Nauheim

Umschlaggestaltung: W. Koch, Sindelfingen

Vorwort

Mit diesem Buch werden vor allem zwei Ziele angestrebt. Einmal sollen die Grundbegriffe der Theorie der Moduln und Ringe dargestellt werden. Dabei ist die Darstellung so ausführlich gehalten, daß das Buch auch zum Selbststudium geeignet ist.

Andererseits ist es meine Absicht, gewisse Gegenstände, die bisher keine lehrbuchmäßige Darstellung gefunden haben, jedoch in diesem Gebiet einen wichtigen Platz einnehmen, in leicht zugänglicher Weise zu entwickeln. Es handelt sich insbesondere um Ringe mit vollkommener Dualität und Quasi-Frobeniusringe (QF-Ringe).

Zusammenfassend soll das Buch den Leser in die Lage versetzen, von den einfachsten Grundbegriffen ausgehend bis zu Fragestellungen und Überlegungen vorzudringen, die in der wissenschaftlichen Entwicklung von aktuellem Interesse sind.

Dieser Absicht dienen auch die zahlreichen Übungen von verschiedenem Schwierigkeitsgrad. Dabei soll nicht nur der im Text behandelte Stoff geübt, sondern auch Begriffe und Entwicklungsrichtungen berührt werden, die im Buch sonst keine Behandlung finden.

Der Aufbau des Buches ist von der Überzeugung bestimmt, daß die Begriffe projektiver und injektiver Modul zu den wichtigsten Grundbegriffen der Theorie der Moduln und Ringe gehören und daher möglichst an den Anfang gestellt werden sollen. Diese Begriffe können dann auch bereits bei der Behandlung von klassischen Teilen der Theorie benutzt werden.

Ebenso habe ich die Begriffe Generator und Kogenerator als Grundbegriffe so früh wie möglich entwickelt, um sie stets zur Verfügung zu haben. Nimmt man noch verschiedene Endlichkeitsbedingungen hinzu, so hat man die Hauptgesichtspunkte des Buches. Sinngemäß gipfelt dies dann in der Theorie der Ringe, die injektive Kogeneratoren bzw. injektive Kogeneratoren mit Endlichkeitsbedingung (QF-Ringe) sind.

Um den Umfang des Buches nicht zu sehr anwachsen zu lassen, konnten kategorische Begriffe nur im unbedingt notwendigen Umfang aufgenommen werden. Da es zahlreiche gute Bücher über Kategorien gibt (z.B. Pareigis, B.: Kategorien und Funktoren. Stuttgart 1969), kann der Leser seine Kenntnisse in dieser Hinsicht leicht ergänzen.

Auch sonst war selbstverständlich eine Auswahl der behandelten Themen notwendig. Für diese Auswahl war maßgebend, zunächst die unbedingt notwendigen Grundbegriffe aufzunehmen, im übrigen aber möglichst geradlinig auf den Stoff der drei letzten Kapitel loszusteuern.

Dieses Buch ist aus Vorlesungen und Seminaren hervorgegangen, die ich an verschiedenen Universitäten gehalten habe. Die dabei gemachten didaktischen Erfahrungen sind in das Buch eingegangen. So wird der Kenner des Stoffs vielleicht feststellen, daß ich nicht immer die „kürzeste" Beweisvariante gewählt habe und gelegentlich mit Elementen rechne, wo dieses zu vermeiden wäre. Auch habe ich an einigen Stellen nicht vor Wiederholungen zurückgeschreckt oder von der Angabe eines zweiten Beweises. Alles dies geschieht im Hinblick auf gute Verständlichkeit des Buches, wobei ich mir im klaren bin, daß man bei didaktischen Gesichtspunkten sehr verschiedener Meinung sein kann.

Meines Erachtens ist man bei einem Lehrbuch – im Gegensatz zu einer wissenschaftlichen Publikation – nicht gezwungen, die Urheberschaft aller Resultate im einzelnen anzugeben. Von dieser Freizügigkeit habe ich weitgehend Gebrauch gemacht und nur an besonders prägnanten Stellen einen Namen genannt. Bei manchen Entwicklungen, die von mehreren Autoren bestimmt werden, sind genaue Urheberangaben oft schwierig. Nach Erfahrung mit anderen Büchern erscheint es mir daher besser, keine Angaben zu machen, als das Risiko von falschen Angaben einzugehen.

Neben einer Auswahl von Lehrbüchern über Moduln und Ringe wird im Zusammenhang mit den drei letzten Kapiteln einige Originalliteratur zur Anregung für den Leser angegeben. Hierbei handelt es sich um eine individuelle Auswahl, die keine Wertung von Autoren bedeutet.

Zahlreichen Kollegen, Mitarbeitern und Studenten verdanke ich Anregungen und kritische Bemerkungen zu diesem Buch. Allen sei an dieser Stelle herzlich gedankt. Ganz besonderen Dank schulde ich den Herren W. Müller, W. Zimmermann und H. Zöschinger für ihre Unterstützung. Insbesondere sind die letzten Kapitel in eingehenden Gesprächen mit Herrn H. Zöschinger entstanden, der auch zahlreiche Übungen beigesteuert hat. Ohne das anregende Interesse der Genannten an den aufgeworfenen mathematischen und didaktischen Fragen hätte das Buch wohl kaum die jetzige Fassung gefunden.

Den Herausgebern und dem Verlag habe ich für die sehr gute und unbürokratische Zusammenarbeit zu danken.

München, im Herbst 1976 F. Kasch

Inhalt

Literaturhinweise

Benutzte Symbole

Symbol	*Bedeutung*
$\wedge$	und
$\vee$	oder (im nicht ausschließenden Sinne)
$\forall$	Allquantor („für alle" bzw. „für jedes")
$\exists$	Existenzquantor („es existiert")
$\Rightarrow$	Implikation
$\Leftrightarrow$	Äquivalenz
$:\Leftrightarrow$, $:=$	Definitionen
↯	Widerspruch
$\subset$	Teilmenge
$\subsetneq$	echte Teilmenge
$\not\subset$	nicht Teilmenge
$\hookrightarrow$	Unterobjekt im Sinne der jeweiligen Struktur
$\subsetneq\!\!\to$	echtes Unterobjekt
$\not\hookrightarrow$	nicht Unterobjekt
$/$	teilt (a/b bedeutet „a teilt b")
$\setminus$	Komplementärmenge ($A\setminus B := \{a \mid a \in A \wedge a \notin B\}$)
$\square$	Ende eines Beweises
$\mathbb{N}$	Menge der natürlichen Zahlen ($\mathbb{N} := \{1, 2, 3, \ldots\}$)
$\mathbb{Z}$	Ring der ganzen Zahlen
$\mathbb{Q}$	Körper der rationalen Zahlen
$\mathbb{R}$	Körper der reellen Zahlen

Beachte den Unterschied zwischen A, B, C, . . . und $\mathsf{A}, \mathsf{B}, \mathsf{C}, \ldots$ (z.B. in $M \in \mathsf{M}_R$).

1 Einige Grundbegriffe über Kategorien

Seit dem Jahre 1945 hat sich ein neuer Zweig der Mathematik entwickelt, die Theorie der Kategorien. Diese Theorie ist nicht nur an sich von Interesse, da sie wesentlich neue Begriffe und Methoden hervorgebracht hat, sondern sie trägt auch zum Verständnis der Gesamtmathematik bei. Ihre Bedeutung beruht mit darauf, daß sie es ermöglicht, wichtige Begriffe und Überlegungen aus verschiedenen Teilen der Mathematik zusammenzufassen und einheitlich zu entwickeln. Insbesondere liefert sie die Möglichkeit, gemeinsame Eigenschaften verschiedener Strukturen zu formulieren und zu untersuchen.

So hat sie zu zahlreichen neuen Gesichtspunkten und Fragestellungen Anlaß gegeben, die nicht nur in der Theorie der Kategorien selbst von Interesse sind, sondern in verschiedenen konkreten Kategorien neue Untersuchungen ausgelöst haben. Dies trifft in besonderem Maße für Modulkategorien zu, die ihrerseits den Anstoß zur Entwicklung der Kategorien gegeben haben.

Schließlich ist festzustellen, daß in zunehmendem Maße Grundbegriffe aus der Theorie der Kategorien in die mathematische „Umgangssprache" übernommen werden und zur Formulierung von Begriffen und Sachverhalten in anderen Gebieten der Mathematik benutzt werden. Gerade für Modulkategorien sind solche kategorischen Sprachkenntnisse unumgänglich.

Im folgenden sollen solche Sprachkenntnisse bereitgestellt werden. Dabei werden wir uns möglichst beschränken, jedoch die Begriffe so weit entwickeln, wie es zum Verständnis unbedingt notwendig erscheint. Für weitergehende Kenntnisse über Kategorien wird auf das in dieser Reihe erschienene Buch „Kategorien und Funktoren" von B. Pareigis verwiesen.

1.1 Definition von Kategorien

Den Begriff der Menge und Klasse setzen wir hier voraus. In erster Annäherung kann man unter einer Klasse eine „sehr große Menge" verstehen, mit der man keine Operationen durchführen darf, die zu Antinomien führen können. Z.B. darf bei einer Klasse nicht analog zur Menge aller Teilmengen die Klasse aller Teilklassen gebildet werden. In einer axiomatischen Theorie der Klassen und Mengen sind die Mengen genau die Klassen, die als Elemente irgendeiner Klasse vorkommen. Eine Klasse kann man sich auch intuitiv als die „Gesamtheit aller Objekte mit einer gewissen Eigenschaft" vorstellen.

Für genaue Angaben kann auf die einschlägigen Lehrbücher verwiesen werden, doch sind genaue Kenntnisse über Klassen zum Verständnis des folgenden nicht unbedingt notwendig, da mit dem Begriff der Klasse keine mathematischen Schlüsse durchgeführt werden.

1.1.1 Definition *Eine Kategorie* K *wird gegeben durch:*

(I) *Eine Klasse* Obj(K), *die* O b j e k t k l a s s e *von* K *heißt und deren Elemente* O b j e k t e (*von* K) *genannt und mit* A, B, C, ... *bezeichnet werden sollen.*

(II) *Zu jedem Paar* (A, B) *von Objekten eine Menge* $\mathrm{Mor}_K(A, B)$, *so daß für verschiedene Paare von Objekten* $(A, B) \neq (C, D)$

$$\mathrm{Mor}_K(A, B) \cap \mathrm{Mor}_K(C, D) = \emptyset$$

gelte. Die Elemente von $\mathrm{Mor}_K(A, B)$ *werden* M o r p h i s m e n *von* A *nach* B *genannt und mit* $\alpha, \beta, \gamma, \ldots$ *bezeichnet.*

(III) *Zu jedem Tripel* (A, B, C) *von Objekten eine Abbildung*

$$\mathrm{Mor}_K(B, C) \times \mathrm{Mor}_K(A, B) \ni (\beta, \alpha) \mapsto \beta\alpha \in \mathrm{Mor}_K(A, C)$$

die M u l t i p l i k a t i o n *genannt wird und für die gilt:*

(1) A s s o z i a t i v e s G e s e t z : $\gamma(\beta\alpha) = (\gamma\beta)\alpha$ für alle $\alpha \in \mathrm{Mor}_K(A, B)$, $\beta \in \mathrm{Mor}_K(B, C)$, $\gamma \in \mathrm{Mor}_K(C, D)$.

(2) E x i s t e n z v o n I d e n t i t ä t e n : *Zu jedem Objekt* $A \in \mathrm{Obj}(K)$ *existiere ein Morphismus* $1_A \in \mathrm{Mor}_K(A, A)$, *Identität von* A *genannt, so daß für alle* $\alpha \in \mathrm{Mor}_K(A, B)$ *gilt:* $\alpha 1_A = 1_B \alpha = \alpha$.

Es sollen jetzt einige Bezeichnungen und einfache Eigenschaften angegeben werden.

Falls keine Verwechslung möglich ist, wird

$$\mathrm{Mor}(A, B) := \mathrm{Mor}_K(A, B)$$

gesetzt. Ferner wird

$$\mathrm{Mor}(K) := \bigcup_{A, B \in \mathrm{Obj}(K)} \mathrm{Mor}_K(A, B)$$

als Klasse der Morphismen von K bezeichnet. Abkürzend benutzt man auch die Schreibweise

$$A \in K :\Longleftrightarrow A \in \mathrm{Obj}(K)$$

$$\alpha \in K :\Longleftrightarrow \alpha \in \mathrm{Mor}(K).$$

Sei jetzt $\alpha \in \mathrm{Mor}(A, B)$, dann wird wie bei einer Abbildung definiert:

$$\text{Quelle von } \alpha = \mathrm{Qu}(\alpha) := A,$$

$$\text{Ziel von } \alpha = \mathrm{Zi}(\alpha) := B.$$

Da die Mengen Mor(A, B) für verschiedene Paare (A, B) disjunkt sind, sind $\mathrm{Qu}(\alpha)$ und $\mathrm{Zi}(\alpha)$ durch α eindeutig bestimmt.

Statt $\alpha \in \mathrm{Mor}(A, B)$ schreibt man auch

$$\alpha : A \to B \quad \text{oder} \quad A \xrightarrow{\alpha} B\,.$$

Das Symbol

$$A \to B$$

bedeutet ein Element aus Mor(A, B) und ein Pfeil $\to$ ein Element aus Mor(K).

Kommutavität des Diagramms

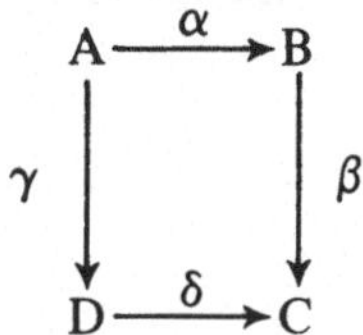

bedeute, daß $\beta\alpha = \delta\gamma$ gilt.

Falls für $\alpha, \beta \in \mathrm{Mor}(K)$ das Produkt $\beta\alpha$ geschrieben wird, so soll dies die Voraussetzung $\mathrm{Zi}(\alpha) = \mathrm{Qu}(\beta)$, die in Definition 1.1.1 für die Multiplikation verlangt wird, einschließen.

1.1.2 Behauptung *Die Identität* 1_A *ist (durch die in* III(2) *angegebene Eigenschaft) eindeutig bestimmt.*

Beweis. Sei auch e_A eine Identität von A, dann folgt

$$e_A = e_A 1_A = 1_A\,. \qquad \square$$

1.1.3 Definition *Sei* K *eine Kategorie und sei* $\alpha : A \to B$ *ein Morphismus aus* K. *Dann gelten folgende Bezeichnungen*

(1) Monomorphismus $\alpha :\Longleftrightarrow$

$$\forall C \in K\, \forall\, \gamma_1, \gamma_2 \in \mathrm{Mor}(C, A)\ [\alpha\gamma_1 = \alpha\gamma_2 \Rightarrow \gamma_1 = \gamma_2]$$

(2) Epimorphismus $\alpha :\Longleftrightarrow$

$$\forall C \in K\, \forall\, \beta_1, \beta_2 \in \mathrm{Mor}(B, C)\ [\beta_1\alpha = \beta_2\alpha \Rightarrow \beta_1 = \beta_2]$$

(3) Bimorphismus $\alpha :\Longleftrightarrow$

Monomorphismus α $\wedge$ *Epimorphismus* α

(4) Isomorphismus $\alpha :\Longleftrightarrow$

$$\exists\, \beta \in \mathrm{Mor}(B, A)\ [\beta\alpha = 1_A \ \wedge\ \alpha\beta = 1_B]$$

(5) Endomorphismus $\alpha :\Longleftrightarrow$

$$\mathrm{Qu}(\alpha) = \mathrm{Zi}(\alpha)$$

(6) Automorphismus $\alpha :\Longleftrightarrow$

Isomorphismus α $\wedge$ *Endomorphismus* α.

1.1.4 Behauptung Isomorphismus $\alpha \Rightarrow$ Bimorphismus α

B e w e i s. Sei $\beta\alpha = 1_A$ und $\alpha\beta = 1_B$. Aus $\alpha\gamma_1 = \alpha\gamma_2$ folgt dann

$$\gamma_1 = 1_A \gamma_1 = \beta\alpha\gamma_1 = \beta\alpha\gamma_2 = 1_A \gamma_2 = \gamma_2.$$

Aus $\beta_1 \alpha = \beta_2 \alpha$ folgt analog

$$\beta_1 = \beta_1 1_B = \beta_1 \alpha\beta = \beta_2 \alpha\beta = \beta_2 1_B = \beta_2. \qquad \square$$

Wir weisen darauf hin, daß die Umkehrung von 1.1.4 im allgemeinen nicht gilt (Beispiele in Übungen). Sie ist allerdings in einer Reihe von wichtigen Kategorien gültig, z.B. in Modulkategorien, für die wir sie später beweisen.

1.2 Beispiele für Kategorien

In diesen Beispielen werden jeweils unter (I) die Klasse der Objekte, unter (II) die Mengen Mor(A, B) und unter (III) die Multiplikation $\beta\alpha$ für $\alpha \in$ Mor(A, B), $\beta \in$ Mor(B, C) angegeben. Die Axiome sind jeweils leicht zu bestätigen.

1.2.1 S = K a t e g o r i e d e r M e n g e n

(I) Obj(S) = Klasse aller Mengen

(II) Mor(A, B) = Menge aller Abbildungen von A in B

(III) $\beta\alpha$ = Hintereinanderausführung der Abbildungen α und dann β.

1.2.2 G = K a t e g o r i e d e r G r u p p e n

(I) Obj(G) = Klasse aller Gruppen

(II) Mor(A, B) := Hom(A, B) = Menge aller Gruppenhomomorphismen von A in B

(III) Hintereinanderausführung.

1.2.3 A = K a t e g o r i e d e r a b e l s c h e n G r u p p e n

(I) Obj(A) = Klasse aller abelschen Gruppen

(II) und (III) wie in G.

In diesem Fall kann Hom(A, B) selbst wieder zu einer abelschen Gruppe gemacht werden.

Definition *Die Gruppenoperation in* B *sei additiv geschrieben und seien* $\alpha_1, \alpha_2 \in$ Hom(A, B). *Dann sei* $\alpha_1 + \alpha_2$ *definiert durch*

$$\mathrm{Qu}(\alpha_1 + \alpha_2) := A, \quad \mathrm{Zi}(\alpha_1 + \alpha_2) := B,$$
$$\forall a \in A\ [(\alpha_1 + \alpha_2)(a) := \alpha_1(a) + \alpha_2(a)].$$

Es ist sofort zu bestätigen, daß damit Hom(A, B) tatsächlich eine abelsche Gruppe ist. Insbesondere ist die Nullabbildung von A in B das Nullelement dieser Gruppe und für $\alpha \in$ Hom(A, B) ist $-\alpha$ definiert durch

$$\mathrm{Qu}(-\alpha) := A, \quad \mathrm{Zi}(-\alpha) := B, \quad \forall a \in A\ [(-\alpha)(a) := -\alpha(a)].$$

1.2.4 R = Kategorie der Ringe mit Einselement

(I) $\mathrm{Obj}(\mathsf{R})$ = Klasse aller Ringe mit Einselement

(II) $\mathrm{Mor}(R, S)$ = Menge aller unitären Ringhomomorphismen von R in S (Definition s. 3.2.1)

(III) Hintereinanderausführung.

1.2.5 M_R = Kategorie der unitären R-Rechtsmoduln über einem Ring R mit Einselement

(I) $\mathrm{Obj}(\mathsf{M}_R)$ = Klasse der unitären R-Rechtsmoduln (Definition s. 2.1.1)

(II) $\mathrm{Mor}(A, B) := \mathrm{Hom}_R(A, B)$ = Menge der Modulhomomorphismen von A nach B (Definition s. 3.1.1)

(III) Hintereinanderausführung.

Wie im Falle der Kategorie der abelschen Gruppen wird auch $\mathrm{Hom}_R(A, B)$ durch die gleiche Definition wie in 1.2.3 zu einer abelschen Gruppe, im allgemeinen jedoch nicht wieder zu einem R-Modul! Einzelheiten dazu folgen später.

Ist auch S ein Ring mit Einselement, dann seien analog $_S\mathsf{M}$ bzw. $_S\mathsf{M}_R$ die Kategorien der unitären S-Linksmoduln bzw. der unitären S-R-Bimoduln (Definition s. 2.1.1 u.f.).

1.2.6 T = Kategorie der topologischen Räume

(I) $\mathrm{Obj}(\mathsf{T})$ = Klasse aller topologischen Räume

(II) $\mathrm{Mor}(A, B)$ = Menge der stetigen Abbildungen von A in B

(III) Hintereinanderausführung.

In allen bisher betrachteten Kategorien waren die Objekte Mengen ohne (in S) oder mit einer zusätzlichen Struktur, und die Morphismen waren strukturerhaltende Abbildungen. Wir gehen jetzt auf einige Beispiele ein, wo andere Verhältnisse vorliegen.

1.2.7 Eine Gruppe als Kategorie. Sei G eine beliebige Gruppe und sei $*$ ein Objekt, dann erhält man eine Kategorie $\widehat{G}$ durch

(I) $\mathrm{Obj}(\widehat{G}) = \{*\}$

(II) $\mathrm{Mor}(*, *) = G$

(III) Gruppenoperation in G.

Offenbar ist dann 1_* = neutrales Element von G.

1.2.8 Eine geordnete Menge als Kategorie. Sei $(M, \leqslant)$ eine geordnete Menge. Dazu wird eine Kategorie $\widehat{M}$ durch folgende Angaben definiert:

(I) $\mathrm{Obj}(\widehat{M}) = M$

(II) $$\mathrm{Mor}(A, B) := \begin{cases} \emptyset & \text{für } A \nleqslant B \\ \{(A \leqslant B)\} & \text{für } A \leqslant B \end{cases}$$

d.h. also, im Falle $A \leqslant B$ ist $\mathrm{Mor}(A, B)$ die Menge, deren einziges Element das Symbol $(A \leqslant B)$ ist

(III) $(B \leqslant C)(A \leqslant B) := (A \leqslant C)$.

Die Identität von A ist jetzt $1_A = (A \leqslant A)$.

1.2.9 Die duale Kategorie. Sei eine Kategorie K gegeben. Die zu K duale Kategorie K° ist definiert durch

(I) $\mathrm{Obj}(K^\circ) = \mathrm{Obj}(K)$

(II) $\forall A, B \in \mathrm{Obj}(K^\circ)\ [\mathrm{Mor}_{K^\circ}(A, B) = \mathrm{Mor}_K(B, A)]$

(III) $\mathrm{Mor}_{K^\circ}(B, C) \times \mathrm{Mor}_{K^\circ}(A, B) \ni (\gamma, \beta) \mapsto \beta\gamma \in \mathrm{Mor}_{K^\circ}(A, C)$,

wobei $\beta\gamma$ in Mor(K) zu bilden ist.

1.3 Funktoren

Funktoren spielen für Kategorien die gleiche Rolle wie strukturerhaltende Abbildungen (= Homomorphismen) bei den üblichen algebraischen Strukturen oder stetige Abbildungen bei topologischen Strukturen. Ein Funktor ist demgemäß (bei unserer Definition) ein Paar von strukturerhaltenden Abbildungen einer Kategorie in eine andere (einschließlich sich selbst).

1.3.1 Definition *Ein* kovarianter *bzw.* kontravarianter Funktor F *einer Kategorie* K *in eine Kategorie* L *ist ein Paar* $F = (F_O, F_M)$ *von Abbildungen* F_O, F_M *für die gilt:*

(I) $F_O : \mathrm{Obj}(K) \to \mathrm{Obj}(L)$

(II) $F_M : \mathrm{Mor}(K) \to \mathrm{Mor}(L)$

mit folgenden Eigenschaften:

(1) $\forall \alpha \in \mathrm{Mor}(K)\ [\alpha \in \mathrm{Mor}(A, B) \Rightarrow F_M(\alpha) \in \mathrm{Mor}(F_O(A), F_O(B))]$

bzw. $[\alpha \in \mathrm{Mor}(A, B) \Rightarrow F_M(\alpha) \in \mathrm{Mor}(F_O(B), F_O(A))]$

(2) $\forall A \in \mathrm{Obj}(K)\ [F_M(1_A) = 1_{F_O(A)}]$

(3) $\forall \alpha, \beta \in \mathrm{Mor}(K)\ [\mathrm{Zi}(\alpha) = \mathrm{Qu}(\beta) \Rightarrow F_M(\beta\alpha) = F_M(\beta)F_M(\alpha)]$

bzw. $[\mathrm{Zi}(\alpha) = \mathrm{Qu}(\beta) \Rightarrow F_M(\beta\alpha) = F_M(\alpha)F_M(\beta)]$.

An Stelle von F_O und F_M schreibt man auch einfach F, d.h. also $F(A) := F_O(A)$, $F(\alpha) := F_M(\alpha)$. Die Bedingung (1) kann dann auch wie folgt formuliert werden:

(1) $\alpha : A \to B \Rightarrow F(\alpha) : F(A) \to F(B)$

bzw. $\alpha : A \to B \Rightarrow F(\alpha) : F(B) \to F(A)$

oder

(1) $\mathrm{Qu}(F(\alpha)) = F(\mathrm{Qu}(\alpha)) \wedge \mathrm{Zi}(F(\alpha)) = F(\mathrm{Zi}(\alpha))$

bzw. $\mathrm{Qu}(F(\alpha)) = F(\mathrm{Zi}(\alpha)) \wedge \mathrm{Zi}(F(\alpha)) = F(\mathrm{Qu}(\alpha))$

Um anzugeben, daß F ein Funktor von K nach L ist, schreibt man auch $F : K \to L$.

Ist auch $G : \mathsf{L} \to \mathsf{P}$ ein Funktor, so offenbar auch die Hintereinanderausführung $GF : \mathsf{K} \to \mathsf{P}$. Sind beide Funktoren F und G kovariant oder beide kontravariant, dann ist GF kovariant; sind F und G verschieden „variant", dann ist GF kontravariant.

Wir geben nun einige Beispiele für Funktoren an.

1.3.2 Vergißfunktoren. Der Vergißfunktor F von M_R in die Kategorie A der abelschen Gruppen ist definiert durch:

$$F_O : \operatorname{Obj}(\mathsf{M}_R) \ni A \mapsto A \in \operatorname{Obj}(\mathsf{A})$$

$$F_M : \operatorname{Mor}(\mathsf{M}_R) \ni \alpha \mapsto \alpha \in \operatorname{Mor}(\mathsf{A}) .$$

Dieser kovariante Funktor „vergißt" die R-Modulstruktur; er bewahrt nur die additive Struktur eines Moduls. Wird auch noch die additive Struktur „vergessen", dann erhält man den Vergißfunktor F von M_R in die Kategorie S der Mengen

$$F_O : \operatorname{Obj}(\mathsf{M}_R) \ni A \mapsto A \in \operatorname{Obj}(\mathsf{S})$$

$$F_M : \operatorname{Mor}(\mathsf{M}_R) \ni \alpha \mapsto \alpha \in \operatorname{Mor}(\mathsf{S}).$$

Die Funktoreigenschaft ist jeweils trivialerweise erfüllt. Weitere Beispiele für Vergißfunktoren sind leicht anzugeben.

1.3.3 Darstellende Funktoren. Sei jetzt K eine beliebige Kategorie und sei $A \in \mathsf{K}$. Dann wird definiert

$$\operatorname{Mor}_{\mathsf{K}}(A, -) : \operatorname{Obj}(\mathsf{K}) \ni X \mapsto \operatorname{Mor}_{\mathsf{K}}(A, X) \in \operatorname{Obj}(\mathsf{S})$$

$$\operatorname{Mor}_{\mathsf{K}}(A, -) : \operatorname{Mor}(\mathsf{K}) \ni \xi \mapsto \operatorname{Mor}_{\mathsf{K}}(A, \xi) \in \operatorname{Mor}(\mathsf{S}),$$

wobei $\operatorname{Mor}_{\mathsf{K}}(A, \xi)$ für $X := \operatorname{Qu}(\xi)$, $Y := \operatorname{Zi}(\xi)$ gegeben wird durch

$$\operatorname{Mor}_{\mathsf{K}}(A, \xi) : \operatorname{Mor}_{\mathsf{K}}(A, X) \ni \alpha \mapsto \xi\alpha \in \operatorname{Mor}_{\mathsf{K}}(A, Y) .$$

Es ist leicht nachzurechnen, daß $\operatorname{Mor}_{\mathsf{K}}(A, -)$ ein kovarianter Funktor von K in S ist.

Analog definiert man für ein festes Objekt $B \in \mathsf{K}$:

$$\operatorname{Mor}_{\mathsf{K}}(-, B) : \operatorname{Obj}(\mathsf{K}) \ni X \mapsto \operatorname{Mor}_{\mathsf{K}}(X, B) \in \operatorname{Obj}(\mathsf{S})$$

$$\operatorname{Mor}_{\mathsf{K}}(-, B) : \operatorname{Mor}(\mathsf{K}) \ni \xi \mapsto \operatorname{Mor}_{\mathsf{K}}(\xi, B) \in \operatorname{Mor}(\mathsf{S}),$$

wobei mit $X := \operatorname{Qu}(\xi)$, $Y := \operatorname{Zi}(\xi)$ gesetzt wird:

$$\operatorname{Mor}_{\mathsf{K}}(\xi, B) : \operatorname{Mor}_{\mathsf{K}}(Y, B) \ni \gamma \mapsto \gamma\xi \in \operatorname{Mor}_{\mathsf{K}}(X, B)$$

Es ist leicht nachzurechnen, daß $\operatorname{Mor}_{\mathsf{K}}(-, B)$ ein kontravarianter Funktor von K in S ist.

Bisher haben wir Funktoren von einem Argument betrachtet, d.h. von einer Kategorie in eine andere. Oft kommen jedoch auch Funktoren von mehreren Argumenten vor. Diese können zwar mit Hilfe von Produktkategorien (und dualen Kategorien) auf (kovariante) Funktoren von einem Argument zurückgeführt werden, doch genügt es für unsere Zwecke, wenn wir Funktoren von zwei Argumenten angeben.

1.3.4 Definition *Seien* K, K', L *Kategorien. Ein* Funktor F von zwei Argumenten, *und zwar* kovariant *bzw.* kontravariant *im ersten und* kovariant *im zweiten Argument von* K x K' *nach* L *ist ein Paar von Abbildungen* $F = (F_O, F_M)$, *für das gilt:*

(I) F_O : Obj(K) x Obj(K') → Obj(L)

(II) F_M : Mor(K) x Mor(K') → Mor(L)

mit folgenden Eigenschaften

(1) *Für* $\alpha \in$ Mor(K) $\wedge\ \alpha' \in$ Mor(K')

mit $\alpha : A \to B \wedge \alpha' : A' \to B'$

gilt $F_M(\alpha, \alpha') : F_O(A, A') \to F_O(B, B')$

bzw. $F_M(\alpha, \alpha') : F_O(B, A') \to F_O(A, B')$

(2) $F_M(1_A, 1_{A'}) = 1_{F_O(A,A')}$

(3) $F_M(\beta\alpha, \beta'\alpha') = F_M(\beta, \beta')\, F_M(\alpha, \alpha')$

bzw. $F_M(\beta\alpha, \beta'\alpha') = F_M(\alpha, \beta')\, F_M(\beta, \alpha')$

Entsprechend sind Funktoren zu definieren, die im ersten und zweiten Argument kontravariant oder im ersten kovariant und im zweiten kontravariant sind.

1.3.5 Der Funktor Mor. Zu jeder Kategorie K gehört der Funktor Mor = Mor_K von K x K in S, der im ersten Argument kontravariant und im zweiten kovariant ist. Er ist definiert durch:

$$\mathrm{Mor} : \mathrm{Obj}(K) \times \mathrm{Obj}(K) \ni (A, B) \mapsto \mathrm{Mor}(A, B) \in \mathrm{Obj}(S)$$

$$\mathrm{Mor} : \mathrm{Mor}(K) \times \mathrm{Mor}(K) \ni (\alpha, \gamma) \mapsto \mathrm{Mor}(\alpha, \gamma) \in \mathrm{Mor}(S)\ ,$$

wobei Mor(α, γ) für $\alpha : A \to B,\ \ \gamma : C \to D$ folgendermaßen definiert ist

$$\mathrm{Mor}(\alpha, \gamma) : \mathrm{Mor}(B, C) \ni \beta \mapsto \gamma\beta\alpha \in \mathrm{Mor}(A, D)\ .$$

Die behauptete Funktoreigenschaft ist leicht zu bestätigen.

Als Spezialfall hiervon hat man den Hom-Funktor:

$$\mathrm{Hom}_R : M_R \times M_R \to S\ .$$

1.4 Funktorielle Morphismen und adjungierte Funktoren

Gegeben seien zwei Funktoren F und G der Kategorie K in L. In zahlreichen wichtigen Beispielen sind diese Funktoren nicht „unabhängig" voneinander; es besteht ein funktorieller Morphismus zwischen ihnen, den wir jetzt definieren wollen.

1.4.1 Definition *Seien* F : K → L *und* G : K → L *zwei ko- bzw. kontravariante Funktoren. Ein* funktorieller Morphismus Φ : F → G *ist eine Familie von Morphismen*

$$\Phi = (\Phi_A \mid \Phi_A \in \mathrm{Mor}_{\mathsf{L}}(F(A), G(A)) \wedge A \in \mathsf{K}),$$

so daß für alle Morphismen $\alpha : A \to B$ *aus* K *gilt:*

$$G(\alpha)\,\Phi_A = \Phi_B\, F(\alpha),$$

d.h., daß das Diagramm

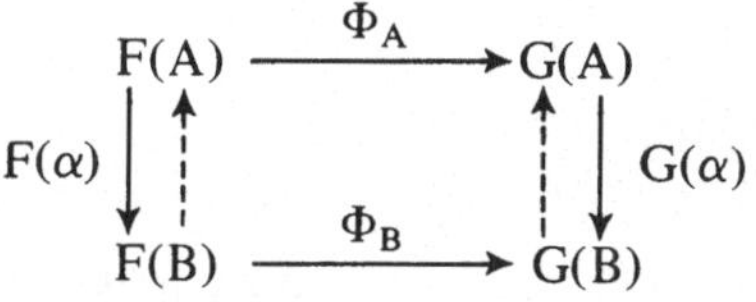

kommutativ ist, wobei die senkrechten durchgehenden Pfeile den kovarianten und die senkrechten gestrichelten Pfeile den kontravarianten Fall bezeichnen.

Wesentlich ist dabei, daß Φ_A zwar von F, G und A abhängt, nicht jedoch von α.

Ein triviales Beispiel für einen funktoriellen Morphismus ist die Identität $F \to F$ mit $\Phi_A = 1_{F(A)}$ für jedes $A \in \mathsf{K}$. Ferner ist klar, daß die Hintereinanderausführung von zwei funktoriellen Morphismen $\Phi : F \to G$ und $\Psi : G \to H$ wieder ein solcher ist. Ist $\Psi = (\Psi_A \mid A \in \mathsf{K})$, dann definiert man $\Psi\Phi := (\Psi_A \mid \Phi_A \mid A \in \mathsf{K})$.

Bis auf mengentheoretische Schwierigkeiten kann man nun zu zwei Kategorien K und L eine neue Kategorie Funk(K, L), die Funktorkategorie von K nach L definieren, deren Objekte die Funktoren von K nach L und deren Morphismen die funktoriellen Morphismen von Funktoren von K nach L sind. Entsprechend unseren Bezeichnungen wäre beispielsweise $\mathrm{Mor}_{\mathrm{Funk}(\mathsf{K},\mathsf{L})}(F, G)$ die „Menge" der funktoriellen Morphismen von F nach G. Allerdings ist hier Vorsicht am Platze, denn dies braucht für beliebige Kategorien keine Menge zu sein. Setzt man jedoch voraus, daß die Objektklasse von K eine Menge ist (K heißt dann k l e i n e K a t e g o r i e), dann ist für beliebige Funktoren F und G – wie unschwer einzusehen – $\mathrm{Mor}_{\mathrm{Funk}(\mathsf{K},\mathsf{L})}(F, G)$ wieder eine Menge und Funk(K, L) ist in der Tat eine Kategorie. Derartige Funktorkategorien spielen in der Theorie der Kategorien eine wichtige Rolle. Für uns sind sie jedoch nicht von Bedeutung, so daß hier nicht weiter darauf eingegangen werden soll.

1.4.2 Definition (*Bezeichnungen wie in* 1.4.1) *Der funktorielle Morphismus* $\Phi : F \to G$ *heißt* f u n k t o r i e l l e r I s o m o r p h i s m u s, *falls* Φ_A *für alle* $A \in \mathsf{K}$ *ein Isomorphismus ist. Besteht zwischen den Funktoren* $F : \mathsf{K} \to \mathsf{L}$ *und* $G : \mathsf{K} \to \mathsf{L}$ *ein funktorieller Isomorphismus, dann wird auch die Schreibweise* $F \cong G$ *benutzt.*

Alles, was bisher für funktorielle Morphismen von Funktoren mit einem Argument ausgeführt wurde, gilt sinngemäß auch für Funktoren von mehreren Argumenten. Beispielsweise seien $F : \mathsf{K} \times \mathsf{K}' \to \mathsf{L}$ und $G : \mathsf{K} \times \mathsf{K}' \to \mathsf{L}$ zwei Funktoren in zwei Argumenten, und zwar im ersten kontravariant und im zweiten kovariant. Eine Familie von Morphismen

$$\Phi = (\Phi_{(A,A')} \mid \Phi_{(A,A')} \in \mathrm{Mor}_{\mathsf{L}}(F(A, A'), G(A, A')) \wedge (A, A') \in \mathsf{K} \times \mathsf{K}'$$

ist dann ein funktorieller Morphismus von F nach G, wenn für alle Morphismen $\alpha : B \to A$ aus K und $\alpha' : A' \to B'$ aus K' das Diagramm

$$\begin{array}{ccc} F(A, A') & \xrightarrow{\Phi_{(A,A')}} & G(A, A') \\ {\scriptstyle F(\alpha,\alpha')}\downarrow & & \downarrow{\scriptstyle G(\alpha,\alpha')} \\ F(B, B') & \xrightarrow{\Phi_{(B,B')}} & G(B, B') \end{array}$$

kommutativ ist. Φ heißt wieder funktorieller Isomorphismus zwischen F und G, $F \cong G$, wenn alle $\Phi_{(A,A')}$ Isomorphismen sind.

Wir können nun den Begriff des adjungierten Funktors einführen, der eine grundlegende Rolle in der Theorie der Kategorien spielt. Es ist auch zweckmäßig, ihn für die Theorie der Moduln zur Verfügung zu haben, denn nur bei Verwendung dieses Begriffes wird der Zusammenhang zwischen dem Funktor Hom und dem Tensorprodukt (Kapitel 10) gut verständlich, bei denen es sich um adjungierte Funktoren handelt.

Gegeben seien zwei kovariante Funktoren $F : K \to L$ und $G : L \to K$, wobei also G die entgegengesetzte Richtung zu F hat. Betrachten wir jetzt den „zusammengesetzten" Funktor

$$\mathrm{Mor}_L(F -, -) : \quad K \times L \to S .$$

Dabei handelt es sich also um einen Funktor in zwei Argumenten von $K \times L$ in die Kategorie der Mengen S, der im ersten Argument kontra- und im zweiten kovariant ist. Das gleiche gilt für den Funktor

$$\mathrm{Mor}_K(-, G -) : \quad K \times L \to S .$$

Unter diesen Voraussetzungen gilt die folgende Definition.

1.4.3 Definition *Die Funktoren* F *und* G *heißen ein* Paar adjungierter Funktoren, *wobei* G rechtsadjungiert *zu* F *und* F linksadjungiert *zu* G *heißt, wenn ein funktorieller Isomorphismus zwischen* $\mathrm{Mor}_L(F -, -)$ *und* $\mathrm{Mor}_K(-, G -)$ *existiert.*

1.4.4 Beispiel für einen funktoriellen Morphismus. Sei M_K die Kategorie der Vektorräume über dem Körper K. Für einen Vektorraum V_K sind bekanntlich

$$_K V^* := \mathrm{Hom}_K(V, K)$$

der duale und

$$V^{**}_K := \mathrm{Hom}_K(V^*, K)$$

der biduale Raum. Ist

$$\alpha : \quad V \to W$$

eine lineare Abbildung, also ein Morphismus aus M_K, dann ist

$$\alpha^*: \quad W^* \ni \psi \mapsto \psi\alpha \in V^*$$

die duale und

$$\alpha^{**}: \quad V^{**} \ni \xi \mapsto \alpha^*\xi \in W^{**}$$

die zu α biduale lineare Abbildung (beachte hierbei: Anwendung der linearen Abbildungen auf der entgegengesetzten Seite wie K).

B e h a u p t u n g.

1. Durch die Definition

$$\Delta(V) := V^{**}, \qquad \Delta(\alpha) := \alpha^{**}$$

erhält man einen Funktor

$$\Delta: \quad \mathsf{M}_K \to \mathsf{M}_K .$$

2. Für $v \in V$ werde $\hat{v} \in V^{**}$ definiert durch

$$\hat{v} :\ni V^* \ni \varphi \mapsto \varphi(v) \in K,$$

sowie $\Phi_V \in \mathrm{Hom}_K(V, V^{**})$ durch

$$\Phi_V: \quad V \ni v \mapsto \hat{v} \in V^{**}.$$

Dann ist $\Phi := (\Phi_V \mid V \in \mathsf{M}_K)$ ein funktorieller Morphismus zwischen dem Identitätsfunktor von M_K und Δ.

3. Schränkt man Φ auf die Kategorie der endlichdimensionalen Vektorräume über K ein, dann ist Φ ein funktorieller Isomorphismus.

B e w e i s. Der einfache Beweis sei dem Leser zur Übung überlassen. □

1.5 Produkte und Koprodukte

Bei der Untersuchung von Moduln bieten sich zwei verschiedene Möglichkeiten an. Einerseits kann man einen gegebenen Modul nach Untermoduln und Faktormoduln zerlegen und von Kenntnissen über diese auf die Struktur des Gesamtmoduls zurückschließen. Andererseits versucht man, von gegebenen Moduln ausgehend, neue Moduln zu konstruieren, um damit Kenntnisse über die Kategorie der Moduln zu erhalten. Im Zusammenhang mit dieser zweiten Möglichkeit ist die Bildung von Produkten und Koprodukten von größtem Interesse. Um ihre Bedeutung besser verständlich zu machen, formulieren wir diese Begriffe hier für beliebige Kategorien.

1.5.1 Definition *Sei* K *eine Kategorie.*

1. *Sei* $(A_i \mid i \in I)$ *eine Familie von Objekten aus* K. *Ein Paar* $(P, (\varphi_i \mid i \in I))$ *heißt ein* P r o d u k t d e r F a m i l i e $(A_i \mid i \in I) :\Longleftrightarrow$

(I) $P \in \mathrm{Obj}(\mathsf{K})$

(II) $(\varphi_i | i \in I)$ *ist eine Familie von Morphismen aus* K

$$\varphi_i : \quad P \to A_i, \qquad i \in I$$

(III) *Für jede Familie* $(\gamma_i | i \in I)$ *von Morphismen* $\gamma_i : C \to A_i$, $i \in I$ *aus* K *existiert genau ein Morphismus* $\gamma : C \to P$ *aus* K, *so daß gilt:*

$$\gamma_i = \varphi_i \gamma, \qquad i \in I\,.$$

2. *Sei* $(A_i | i \in I)$ *eine Familie von Objekten aus* K. *Ein Paar* $(Q, (\eta_i | i \in I))$ *heißt ein* K o p r o d u k t d e r F a m i l i e $(A_i | i \in I)$: $\iff$

(I) $Q \in \mathrm{Obj}(K)$

(II) $(\eta_i | i \in I)$ *ist eine Familie von Morphismen aus* K

$$\eta_i : \quad A_i \to Q, \qquad i \in I$$

(III) *Für jede Familie* $(\alpha_i | i \in I)$ *von Morphismen* $\alpha_i : A_i \to B$, $i \in I$ *aus* K *existiert genau ein Morphismus* $\alpha : Q \to B$ *aus* K, *so daß gilt:*

$$\alpha_i = \alpha \eta_i, \qquad i \in I.$$

Ist $(P, (\varphi_i | i \in I))$ ein Produkt der Familie $(A_i | i \in I)$, dann wird

$$\prod_{i \in I} A_i \; := \; P$$

gesetzt und $\prod_{i \in I} A_i$ als Produkt bezeichnet. Dies kann zu Mißverständnissen führen, da die Schreibweise $\prod_{i \in I} A_i$ den Eindruck erweckt, als ob das Produkt eindeutig bestimmt sei, und weil dabei die Angabe der Familie $(\varphi_i | i \in I)$ unterdrückt wird. Es ist also Vorsicht beim Gebrauch von $\prod_{i \in I} A_i$ geboten!

Ist $(Q, (\eta_i | i \in I))$ ein Koprodukt der Familie $(A_i | i \in I)$, dann wird

$$\coprod_{i \in I} A_i \; := \; Q$$

gesetzt und dies als das Koprodukt bezeichnet. Die für das Produkt ausgesprochene Warnung trifft auch jetzt zu.

Die in (III) für das Produkt ausgesprochene Forderung kann im Falle von $I = \{1, 2\}$ durch das folgende kommutative Diagramm gekennzeichnet werden:

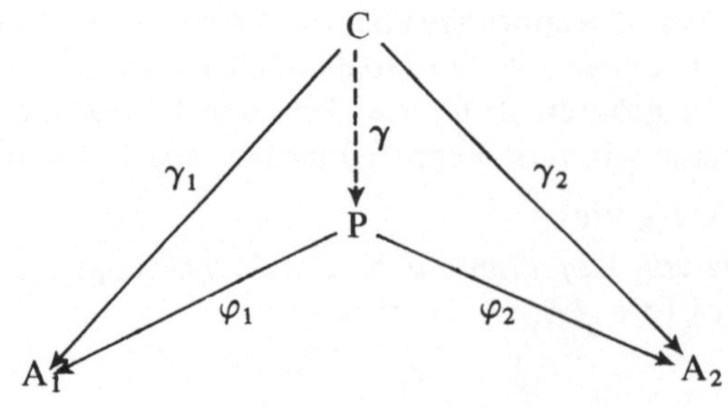

Entsprechend erhält man für das Koprodukt das kommutative Diagramm:

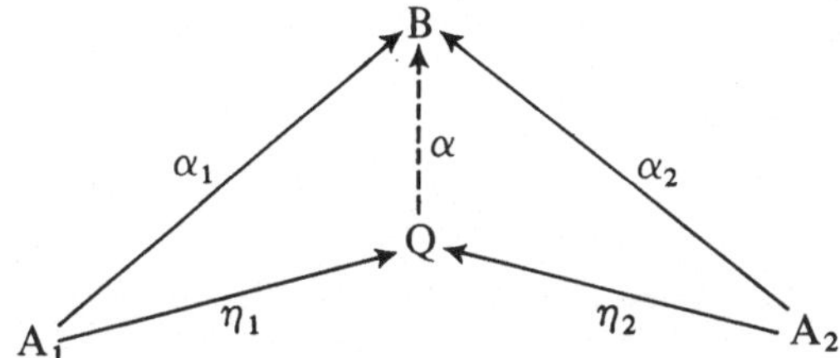

In einer gegebenen Kategorie K existieren nicht notwendig Produkte und Koprodukte. Falls sie für beliebige Familien $(A_i | i \in I)$ existieren, dann heißt K eine Kategorie mit Produkten bzw. Koprodukten. Existieren diese wenigstens für alle endlichen Indexmengen I, dann heißt K eine Kategorie mit endlichen Produkten bzw. endlichen Koprodukten.

Produkte und Koprodukte sind – falls sie existieren – bis auf Isomorphie eindeutig bestimmt. Genauer gilt der folgende Satz.

1.5.2 Satz *Sei* K *eine beliebige Kategorie.*

(1) *Sind* $(P, (\varphi_i | i \in I))$ *und* $(P', (\varphi'_i | i \in I))$ *Produkte der Familie* $(A_i | i \in I)$, *dann gibt es einen Isomorphismus* $\sigma : P \to P'$ *mit*

$$\varphi_i = \varphi'_i \sigma, \qquad i \in I .$$

(2) *Sind* $(Q, (\eta_i | i \in I))$ *und* $(Q', (\eta'_i | i \in I))$ *Koprodukte der Familie* $(A_i | i \in I)$, *dann gibt es einen Isomorphismus* $\tau : Q \to Q'$ *mit*

$$\eta'_i = \tau \eta_i, \qquad i \in I.$$

Beweis. (1) Setzt man in 1.5.1 (III) für $(\gamma_i | i \in I)$ die Familie $(\varphi'_i | i \in I)$ und damit auch $C = P'$ ein, so erhält man nach Definition ein

$$\sigma' : \ P' \to P \qquad \text{mit } \varphi'_i = \varphi_i \sigma' .$$

Analog existiert ein $\sigma : P \to P'$ mit $\varphi_i = \varphi'_i \sigma$. Daraus folgt

$$\varphi_i = \varphi_i \sigma' \sigma , \qquad \varphi'_i = \varphi'_i \sigma \sigma' .$$

Setzt man in der Definition des Produktes für $(\gamma_i | i \in I)$ nun die Familie $(\varphi_i | i \in I)$ ein, so leistet $\gamma = 1_P$ das Gewünschte: $\varphi_i = \varphi_i 1_P$. Da γ eindeutig bestimmt ist, andererseits $\varphi_i = \varphi_i \sigma' \sigma$ gilt, folgt $1_P = \sigma' \sigma$ und analog $1_{P'} = \sigma \sigma'$, was zu zeigen war.

(2) Der Beweis für das Koprodukt ergibt sich durch Dualisieren (= Umkehren der Pfeile) und bleibt dem Leser zur Übung überlassen. □

Beispiele für Produkte und Koprodukte werden wir in der Kategorie M_R kennenlernen.

Übungen zu Kapitel 1

1. Sei K eine Kategorie. Beweise:

Monomorphismus $\beta\alpha \Rightarrow$ Monomorphismus α.
Monomorphismen $\beta, \alpha \wedge \mathrm{Zi}(\alpha) = \mathrm{Qu}(\beta) \Rightarrow$ Monomorphismus $\beta\alpha$.
Epimorphismus $\beta\alpha \Rightarrow$ Epimorphismus β.
Epimorphismen $\beta, \alpha \wedge \mathrm{Zi}(\alpha) = \mathrm{Qu}(\beta) \Rightarrow$ Epimorphismus $\beta\alpha$.

2. a) Zeige für die Kategorie S der Mengen und T der topologischen Räume: Ist α ein Morphismus, dann gilt

Monomorphismus $\alpha \iff$ als Abbildung von Mengen ist α injektiv,
Epimorphismus $\alpha \iff$ als Abbildung von Mengen ist α surjektiv.

b) Sei T_2 die Kategorie der Hausdorffschen Räume. Prüfe, ob a) auch für T_2 gilt.

3. Eine abelsche Gruppe A heißt teilbar: $\iff \forall n \in N\ [nA = A]$. Sei A_0 die Kategorie der teilbaren abelschen Gruppen. Gib ein Beispiel für einen Monomorphismus in A_0, der als Abbildung von Mengen nicht injektiv ist. (Hinweis: Benutze Q und Q/Z).

4. Sei G eine Gruppe mit mehr als einem Element und sei $\widehat{G}$ die zugehörige Kategorie im Sinne von 1.2.7.

Bestimme genau die Mengen I derart, daß Produkte und Koprodukte zur Indexmenge I existieren.

5. Sei M eine geordnete Menge und sei $\widehat{M}$ die zugehörige Kategorie im Sinne von 1.2.8.

a) Gib mit Hilfe der Ordnung von M eine notwendige und hinreichende Bedingung dafür, daß in $\widehat{M}$ endliche bzw. beliebige Produkte und Koprodukte existieren.

b) Welche Morphismen von $\widehat{M}$ sind Bimorphismen und welche Bimorphismen sind Isomorphismen?

6. Definiere eine Kategorie K so, daß $\mathrm{Obj}(K) = N = \{1, 2, 3 \ldots\}$ sowie das Produkt der Familie $(A_i | i = 1, 2, \ldots, n)$ mit $A_i \in K$ der größte gemeinsame Teiler von $A_1, \ldots, A_n$ ist und das Koprodukt von $(A_i | i = 1, \ldots, n)$ das kleinste gemeinsame Vielfache von $A_1, \ldots, A_n$ ist.

2 Moduln, Untermoduln und Faktormoduln

2.1 Voraussetzungen

Vom Leser wird eine gewisse Vertrautheit mit den einfachsten Grundbegriffen über Ringe und Moduln erwartet. Zumindest sollte er zwei Spezialfälle von Moduln bereits kennengelernt haben: Die linearen Vektorräume und die abelschen Gruppen.

Zwar werden hier die Definitionen der meisten Grundbegriffe noch einmal angegeben – vor allem, um die Bezeichnungen festzulegen –, doch werden diese Begriffe im Hinblick auf die erwünschte Vorbildung des Lesers nicht besonders motiviert. Wir werden uns also dabei sehr kurz fassen. Motivierungen und Beispiele werden erst dann mitgeteilt, wenn wir über die Grundbegriffe hinausgelangen und es sich insbesondere nicht um unmittelbare Verallgemeinerungen von Begriffen über lineare Vektorräume handelt.

Im folgenden sollen alle Ringe, die meist mit R, S oder T bezeichnet werden, ein Einselement 1 besitzen.

2.1.1 Definition *Sei R ein Ring. Ein* R-Rechtsmodul M *ist*

(I) *eine additive abelsche Gruppe* M *zusammen mit*

(II) *einer Abbildung*

$$M \times R \rightarrow M \quad \textit{mit} \quad (m, r) \mapsto mr,$$

Modulmultiplikation genannt, für die gilt:

(1) *Assoziatives Gesetz:* $(mr_1)r_2 = m(r_1 r_2)$

(2) *Distributive Gesetze:* $(m_1 + m_2)r = m_1 r + m_2 r$, $m(r_1 + r_2) = mr_1 + mr_2$

(3) *Unitäres Gesetz:* $m1 = m$.

(*Dabei seien* m, m_1, m_2 *beliebige Elemente aus* M *und* r, r_1, r_2 *beliebige Elemente aus* R).

Wir weisen ausdrücklich darauf hin, daß nach dieser Definition im folgenden alle Moduln unitär sind. Ist M ein R-Rechtsmodul, dann schreiben wir dafür auch M_R oder $M = M_R$, um den Ring R mit anzugeben. Eine analoge Definition gilt für Linksmoduln. Sind S und R zwei Ringe, dann ist M ein S-R-Bimodul, wenn M ein S-Linksmodul und ein R-Rechtsmodul (mit der gleichen additiven abelschen Gruppe) ist und zusätzlich das folgende assoziative Gesetz gilt:

$$s(mr) = (sm)r \quad \text{für beliebige } s \in S, m \in M, r \in R.$$

Für den S-R-Bimodul schreiben wir auch ${}_S M_R$.

Sprechen wir von einem Modul bzw. von einem R-Modul, so meinen wir einen einseitigen R-Modul, bei dem jedoch die Seite nicht fixiert ist. Aussagen über R-Moduln gelten entsprechend sowohl für R-Rechtsmoduln als auch für R-Linksmoduln.

Bekanntlich heißt ein R-Modul ein linearer Vektorraum über R, wenn R ein Körper (oder Schiefkörper) ist. Ferner sind die Moduln über dem Ring **Z** der ganzen Zahlen die (additiv geschriebenen) abelschen Gruppen.

Ist M ein R-Rechtsmodul und bezeichnet man das neutrale Element der additiven Gruppe von M mit 0_M und das der additiven Gruppe von R mit 0_R, dann folgt wie bei linearen Vektorräumen

$$0_M r = 0_M, \qquad m0_R = 0_M,$$

sowie $-(mr) = (-m)r = m(-r)$ für beliebige $m \in M$, $r \in R$.

Im folgenden schreiben wir sowohl für 0_M als auch für 0_R wie üblich nur 0.

2.2 Untermoduln und Ideale

Allgemein spielen bei mathematischen Strukturen die Unterstrukturen eine wichtige Rolle, wie z.B. Untergruppen, Unterkörper und Unterräume von topologischen Räumen.
Eine entsprechend wichtige Rolle bei der Untersuchung von Moduln spielen Untermoduln, die jetzt definiert werden sollen.

2.2.1 Definition *Sei* M *ein R-Rechtsmodul. Eine Teilmenge* A *von* M *heißt* Untermodul *von* M, *in Zeichen* $A \hookrightarrow M$ *(oder auch* $A_R \hookrightarrow M_R$*), wenn* A *bei Einschränkung von Addition und Modulmultiplikation von* M *auf* A *ein R-Rechtsmodul ist.*

Wir benutzen das Zeichen $A \hookrightarrow M$ für die Untermodulbeziehung, um $A \subset M$ für die mengentheoretische Inklusion frei zu haben. Ferner bedeute

$$A \underset{\neq}{\hookrightarrow} M \; :\Longleftrightarrow \; \text{A ist echter Untermodul von M}$$

$$A \not\hookrightarrow M \; :\Longleftrightarrow \; \text{A ist nicht Untermodul von M}.$$

Man beachte, daß aus $A \not\hookrightarrow M$ nicht notwendig $A \not\subset M$ folgt.

2.2.2 Lemma *Sei* M *ein R-Rechtsmodul. Ist* A *Teilmenge von* M *und* $A \neq \emptyset$, *dann sind äquivalent:*

(1) $A \hookrightarrow M$

(2) A *ist Untergruppe der additiven Gruppe von* M *und für alle* $a \in A$ *und alle* $r \in R$ *gilt* $ar \in A$ *(wobei* ar *die Modulmultiplikation in* M *ist)*

(3) *für alle* $a_1, a_2 \in A$ *gilt* $a_1 + a_2 \in A$ *(bei Addition in* M*), und für alle* $a \in A$ *und alle* $r \in R$ *gilt* $ar \in A$.

Beweis. Dieser erfolgt wörtlich wie für lineare Unterräume von linearen Vektorräumen. Er bleibt dem Leser zur Übung überlassen. □

Analoge Aussagen gelten für Untermoduln von Linksmoduln und Bimoduln.

Man beachte, daß man einen Ring R als R-Rechtsmodul R_R bzw. als R-Linksmodul $_RR$ bzw. als R-R-Bimodul $_RR_R$ auffassen kann. Ein Rechtsideal bzw. Linksideal bzw. zweiseitiges Ideal von R ist dann ein Untermodul von R_R bzw. $_RR$ bzw. $_RR_R$. Ist R kommutativ, dann braucht man zwischen Rechts-, Links- und zweiseitigen Idealen nicht zu unterscheiden und spricht dann nur von Idealen.

Beispiele und Bemerkungen 1. Jeder Modul M besitzt die trivialen Untermoduln 0 und M, wobei 0 der Untermodul ist, der aus dem Nullelement von M allein besteht.

2. Sei M beliebig und sei, $m_0 \in M$, dann ist, wie mit 2.2.2 sofort zu sehen

$$m_0 R := \{m_0 r \mid r \in R\}$$

ein Untermodul, der der durch m_0 erzeugte zyklische Untermodul von M heißt.

3. Ist M_K ein Vektorraum über dem Körper K, dann heißen die Untermoduln (lineare) Unterräume.

4. In $\mathbb{Z}$, dem Ring der ganzen Zahlen, ist jedes Ideal zyklisch.

5. Zyklische Ideale eines Ringes werden Hauptideale genannt, und ein kommutativer Ring heißt Hauptidealring, wenn jedes Ideal Hauptideal ist.

6. Ein Körper K hat nur die trivialen Ideale 0 und K.

2.2.3 Definition (1) *Ein Modul* $M = M_R$ *heißt* zyklisch $:\Longleftrightarrow$

$$\exists m_0 \in M\ [M = m_0 R].$$

(2) *Ein Modul* $M = M_R$ *heißt* einfach $:\Longleftrightarrow$

$$M \neq 0 \wedge \forall A \hookrightarrow M\ [A = 0 \vee A = M],$$

d.h. $M \neq 0$ *und* 0 *und* M *sind die einzigen Untermoduln von M.*

(3) *Ein Ring* R *heißt* einfach $:\Longleftrightarrow$

$$R \neq 0 \wedge \forall A \hookrightarrow {}_RR_R\ [A = 0 \vee A = R],$$

d.h. $R \neq 0$ *und* 0 *und* R *sind die einzigen zweiseitigen Ideale von* R.

(4) *Ein Untermodul* $A \hookrightarrow M$ *heißt* minimaler *bzw.* maximaler *Untermodul von* M $:\Longleftrightarrow$

$$0 \underset{\neq}{\hookrightarrow} A \wedge \forall B \hookrightarrow M\ [B \underset{\neq}{\hookrightarrow} A \Rightarrow B = 0]$$

bzw. $$A \underset{\neq}{\hookrightarrow} M \wedge \forall B \hookrightarrow M\ [A \underset{\neq}{\hookrightarrow} B \Rightarrow B = M].$$

Ebenso spricht man von einfachen, minimalen und maximalen Idealen. Wie schon erwähnt, werden zyklische Ideale Hauptideale genannt.

Wir betonen noch, daß die minimalen Untermoduln genau die einfachen Untermoduln sind. Die minimalen (= einfachen) bzw. maximalen Untermoduln eines Moduls sind, wenn sie existieren, offenbar minimale bzw. maximale Elemente in der geordneten Menge der von Null verschiedenen bzw. der echten Untermoduln mit der Inklusion als Ordnung.

2.2.4 Lemma *Einfach* M $\Longleftrightarrow$

$$M \neq 0 \wedge \forall\, m \in M\, [m \neq 0 \Rightarrow mR = M].$$

B e w e i s. „$\Rightarrow$“: $m \neq 0 \Rightarrow mR \neq 0$, da $m1 = m \in mR \Rightarrow mR = M$. „$\Leftarrow$“: Sei $0 \subsetneqq A \subseteq M$ und $a \in A$, $a \neq 0 \Rightarrow aR = M \Rightarrow M = aR \subseteq A \subseteq M \Rightarrow A = M$. □

Beispiele 1. $\mathbb{Z}$ enthält keine minimalen (= einfachen) Ideale, denn ist $n\mathbb{Z} \neq 0$, dann ist z.B. $2n\mathbb{Z}$ ein darin echt enthaltenes Ideal $\neq 0$.

Die maximalen Ideale von $\mathbb{Z}$ sind genau die Primideale $p\mathbb{Z}$, p = Primzahl. Der Beweis hierfür ergibt sich aus der Tatsache, daß gilt:

$$m\mathbb{Z} \subseteq n\mathbb{Z} \Longleftrightarrow n/m\,.$$

2. $\mathbb{Q}_{\mathbb{Z}}$ besitzt keine minimalen und keine maximalen Untermoduln.

Sei $0 \subsetneqq A \subseteq \mathbb{Q}_{\mathbb{Z}}$ und $a \in A$, $a \neq 0 \Rightarrow 0 \subsetneqq 2a\mathbb{Z} \subsetneqq a\mathbb{Z} \subseteq A \subseteq \mathbb{Q}$

Also kann A nicht minimal sein. Daß es keine maximalen Untermoduln gibt, wird im Anschluß an 2.3.7 gezeigt.

3. In einem Vektorraum $V = V_K$ sind genau die 1-dimensionalen Unterräume die minimalen (= einfachen) Unterräume, und diese werden genau durch die Elemente $v \in V$, $v \neq 0$ in der Form vK gegeben. Ist V n-dimensional, dann sind genau die $(n-1)$-dimensionalen Unterräume die maximalen Unterräume. Ist V nicht endlichdimensional, dann gibt es ebenfalls maximale Unterräume (wie aus der linearen Algebra wohlbekannt ist und hier später noch einmal gezeigt wird).

4. Ist K ein Schiefkörper, dann ist sowohl K_K einfach als auch K als Ring (d.h. ${}_KK_K$ einfach). Das folgt sofort aus der Tatsache, daß jedes Element $\neq 0$ aus K ein Inverses besitzt.

5. Sei $R := K_n^n$ der Ring der n-reihigen quadratischen Matrizen mit Koeffizienten in einem Schiefkörper K. Ohne Beweis erwähnen wir (Beweis folgt später), daß zwar R (als Ring) einfach ist, nicht aber R_R für $n > 1$.

Bei dieser Gelegenheit erinnern wir an die Definition einer Algebra.

2.2.5 Definition *Eine* A l g e b r a *ist ein Paar* (R, K), *wobei gilt:*

(I) R *ist ein Ring*

(II) K *ist ein kommutativer Ring*

(III) R *ist ein* K-*Rechtsmodul und es gilt*

$$\forall\, r_1, r_2 \in R\; \forall\, k \in K\, [(r_1 r_2)k = r_1(r_2 k) = (r_1 k) r_2]$$

Unsere Voraussetzungen über Ringe und Moduln schließen ein, daß R ein Einselement besitzt und K auf R unitär operiert.

Die Algebra (R, K) wird auch als K-Algebra R bezeichnet oder als Algebra über K.

Daß wir R als „K-Rechtsalgebra" definiert haben, spielt keine Rolle. Da K kommutativ ist, kann man mit der Definition

$$kr := rk, \quad r \in R, \; k \in K$$

sofort zu einer „K-Linksalgebra" übergehen.

Ist 1 das Einselement von R, dann ist $1K := \{1k | k \in K\}$ ein Unterring des Zentrums von R. Umgekehrt ist jeder Ring Algebra über jedem Unterring seines Zentrums. Dabei ist bekanntlich das Zentrum eines Ringes R die Menge der Elemente $a \in R$, so daß für jedes Element $r \in R$ gilt: $ar = ra$. Das Zentrum von R ist ein kommutativer Unterring von R, der das Einselement von R enthält.

2.3 Durchschnitt und Summe von Untermoduln

2.3.1 Lemma *Sei* Γ *eine Menge von Untermoduln eines Moduls* M, *dann ist*

$$\bigcap_{A \in \Gamma} A := \{m \in M | \; \forall A \in \Gamma \, [m \in A]\}$$

ein Untermodul von M.

Beweis. Folgt mit Hilfe von 2.2.2 wie bei Unterräumen von linearen Vektorräumen. □

Bemerkung. Man beachte, daß diese Definition im Falle $\Gamma = \emptyset$

$$\bigcap_{A \in \emptyset} A := M$$

liefert.

Aus 2.3.1 ergibt sich sofort die

Folgerung $\bigcap_{A \in \Gamma} A$ ist der größte Untermodul von M, der in allen $A \in \Gamma$ enthalten ist.

Beispiele. $2\mathbb{Z} \cap 3\mathbb{Z} = 6\mathbb{Z}, \qquad \bigcap_{p = \text{Primzahl}} p\mathbb{Z} = 0.$

2.3.2 Lemma *Sei* X *eine Teilmenge des Moduls* M_R. *Dann ist*

$$A := \begin{cases} \left\{ \sum_{j=1}^{n} x_j r_j \mid x_j \in X \wedge r_j \in R \wedge n \in \mathbb{N} \right\}, & \text{falls } X \neq \emptyset \\ 0 & , \text{falls } X = \emptyset \end{cases}$$

ein Untermodul von M.

Beweis. Für $X = \emptyset$ ist die Behauptung klar. Sei jetzt $X \neq \emptyset$. Beweis mit Hilfe von 2.2.2:

$$\sum_{i=1}^{m} x_i r_i, \sum_{j=1}^{n} x'_j r'_j \in A \Rightarrow \sum_{i=1}^{m} x_i r_i + \sum_{j=1}^{n} x'_j r'_j \in A ,$$

$$\sum_{j=1}^{n} x_j r_j \in A, r \in R \Rightarrow \sum_{j=1}^{n} x_j r_j r \in A .$$

□

2.3.3 Definition *Der in* 2.3.2 *definierte Modul* A *heißt* der durch X erzeugte Untermodul *von* M, *in Zeichen* $|X)$.

Es ist wichtig, daß dieser Untermodul, der im Falle $X \neq \emptyset$ die Menge aller endlichen Linearkombinationen $\Sigma x_j r_j$ mit $x_j \in X$ ist, auch durch die folgenden Eigenschaften gekennzeichnet werden kann.

2.3.4 Lemma $|X)$ = *kleinster Untermodul von* M, *der* X *enthält*

$$= \bigcap_{C \subsetneq M \wedge X \subset C} C$$

Beweis. Ist $X = \emptyset$ und somit $|X) = 0$, dann ist die Behauptung trivialerweise erfüllt.

Ist $X \neq \emptyset$ und ist C ein Untermodul, der X enthält, dann liegen mit $x_j \in X$ auch $x_j r_j$ und alle endlichen Summen von solchen Elementen in C, folglich $|X) \subsetneq C$. Da X auch Teilmenge von $|X)$ ist (wegen $x = x\,1 \in |X)$), ist $|X)$ tatsächlich der kleinste Untermodul von M, der X enthält.

Sei $D := \bigcap_{C \subsetneq M \wedge X \subset C} C$. Da nach Definition X Teilmenge von D und D ein Untermodul ist, folgt $|X) \subsetneq D$.

Da andererseits $|X)$ als ein C im Durchschnitt vorkommt, folgt $D \subsetneq |X)$, also $|X) = D$. □

Im Falle eines S-R-Bimoduls M wird der durch eine Teilmenge X von M erzeugte Untermodul gegeben durch

$$(X) := \begin{cases} \left\{ \sum_{j=1}^{n} s_j x_j r_j \mid x_j \in X \wedge s_j \in S \wedge r_j \in R \wedge n \in N \right\}, & \text{falls } X \neq \emptyset \\ 0, & \text{falls } X = \emptyset . \end{cases}$$

Wie zuvor folgt dann: (X) = kleinster Untermodul von ${}_SM_R$, der X enthält

$$= \bigcap_{C \subsetneq M \wedge X \subset C} C .$$

Entsprechende Bezeichnungen gelten für Ideale.

2.3.5 Definitionen *Sei wieder* $M = M_R$.

(1) *Eine Teilmenge* X *eines Moduls* M *heißt* Erzeugendensystem *von* M $:\Longleftrightarrow |X) = M$.

(2) *Ein Modul (oder Rechtsideal) heißt* endlich erzeugt $:\Longleftrightarrow$ *es existiert ein endliches Erzeugendensystem.*

(3) *Ein Modul (bzw. Rechtsideal) heißt* zyklisch *(bzw.* Hauptrechtsideal) $:\Longleftrightarrow$ *es existiert ein erzeugendes Element (vgl.* 2.2.3).

(4) *Eine Teilmenge* X *eines Moduls* M *heißt* frei $:\Longleftrightarrow$ *für jede endliche Teilmenge* $\{x_1, \ldots, x_m\} \subset X$ *(mit* $x_i \neq x_j$ *für* $i \neq j$, $(i, j = 1, \ldots, m)$) *folgt aus*

$$\sum_{i=1}^{m} x_i r_i = 0 \qquad \text{mit } r_i \in R,$$

daß $r_i = 0$, $(i = 1, \ldots, m)$ *gilt.*

(5) *Eine Teilmenge* X *eines Moduls* M *heißt* Basis *von* M $:\Longleftrightarrow$ *Erzeugendensystem* X *von* M $\wedge$ *frei* X.

Ist $X \neq \emptyset$ ein Erzeugendensystem von M, so bedeutet dies, daß sich jedes Element $m \in M$ als endliche Linearkombination

$$m = \sum_{j=1}^{n} x_j r_j, \qquad x_j \in X, r_j \in R$$

schreiben läßt. Dabei ist selbstverständlich $n \in \mathbb{N}$ im allgemeinen nicht fest, sondern hängt von m ab. Ferner sind die Koeffizienten r_j wie auch die tatsächlich vorkommenden $x_j \in X$ durch m nicht eindeutig bestimmt. Ist allerdings $X = \{x_1, \ldots, x_t\}$ endlich, dann kann jedes Element $m \in M$ in der Form

$$m = \sum_{j=1}^{t} x_j r_j$$

geschrieben werden, da zunächst fehlende Summanden $x_j r_j$ durch $x_j 0$ aufgefüllt werden können. Auch jetzt brauchen die Koeffizienten r_j nicht eindeutig bestimmt zu sein.

Eindeutige Bestimmtheit der Koeffizienten liegt jedoch dann vor, wenn es sich um eine Basis handelt.

2.3.6 Lemma *Sei* $X \neq \emptyset$ *ein Erzeugendensystem von* $M = M_R$.
Dann gilt: Basis X $\Longleftrightarrow$ *für jedes* $m \in M$ *ist die Darstellung*

$$m = \sum_{j=1}^{n} x_j r_j \qquad \textit{mit } x_j \in X, r_j \in R$$

eindeutig in folgendem Sinne: Ist

$$m = \sum_{j=1}^{n} x_j r_j = \sum_{j=1}^{n} x_j r_j' \ \wedge \ x_i \neq x_j \quad \textit{für} \ i \neq j, (i, j = 1, \ldots, n),$$

dann gilt

$$r_j = r_j', (j = 1, \ldots, n).$$

Beweis. „⇒": Gilt

$$m = \sum_{j=1}^{n} x_j r_j = \sum_{j=1}^{n} x_j r_j' \ \wedge \ x_i \neq x_j \quad \text{für} \ i \neq j, (i, j = 1, \ldots, n),$$

dann folgt

$$0 = \sum_{j=1}^{n} x_j (r_j - r_j'),$$

und da X frei ist, ergibt sich $r_j - r_j' = 0$, also $r_j = r_j'$, $(j = 1, \ldots, n)$.

„⇐": Sei

$$\sum_{j=1}^{n} x_j r_j = 0 \ \wedge \ x_i \neq x_j \quad \text{für } i \neq j, (i, j = 1, \ldots, n).$$

Da auch $0 = \sum_{j=1}^{n} x_j 0$ gilt, folgt $r_j = 0$, $(j = 1, \ldots, n)$, d.h. X ist frei. □

Bemerkung. Ist $X = \{x_1, \ldots, x_t\}$ ein endliches Erzeugendensystem (mit $x_i \neq x_j$ für $i \neq j$), dann gilt: Basis X $\Longleftrightarrow$ für jedes $m \in M$ sind die Koeffizienten $r_j \in R$ in der Darstellung

$$m = \sum_{j=1}^{t} x_j r_j$$

eindeutig bestimmt.

Wir weisen darauf hin, daß diese Eindeutigkeitsaussage im Falle einer unendlichen Basis X keinen Sinn ergibt. Man kann für unendliches X die fehlenden Indizes nicht durch Summanden der Form $x_j 0 = 0$ auffüllen, da unendliche Summen – auch von Nullen – nicht definiert sind! Die Eindeutigkeitsaussage muß im Sinne von 2.3.6 formuliert werden!

Beispiele 1. Jeder Modul M besitzt trivialerweise M selbst als Erzeugendensystem (denn jedes $m \in M$ ist endliche Linearkombination der Form $m = m1$, $1 \in R$).

2. Ist R ein Ring, so ist $\{1\}$ eine Basis von R_R (und von ${}_R R$).

3. Wir betrachten jetzt Eigenschaften von Q_Z.

2.3.7 Behauptung *Werden in einem beliebigen Erzeugendensystem X von Q_Z endlich viele beliebige Elemente weggelassen, so ist die Restmenge wieder ein Erzeugendensystem von Q_Z.*

B e w e i s. Es genügt zu zeigen, daß aus X ein beliebiges Element x_0 weggelassen werden kann, da dann die Behauptung für endlich viele durch Induktion folgt.

Da X ein Erzeugendensystem ist, kann $x_0/2$ (als endliche Summe) in der Form

$$\frac{x_0}{2} = x_0 z_0 + \sum_{x_i \neq x_0} x_i z_i, \qquad x_i \in X,\ z_i \in \mathbf{Z}$$

dargestellt werden. Dann folgt

$$x_0 = x_0 2z_0 + \sum_{x_i \neq x_0} x_i 2z_i \Rightarrow x_0 n = \sum_{x_i \neq x_0} x_i 2z_i\,,$$

wobei $n := 1 - 2z_0 \in \mathbf{Z} \wedge n \neq 0$. Sei nun

$$\frac{x_0}{n} = x_0 z_0' + \sum_{x_j \neq x_0} x_j z_j', \qquad x_j \in X,\ z_j' \in \mathbf{Z}$$

$$\Rightarrow \quad x_0 = x_0 n z_0' + \sum_{x_j \neq x_0} x_j n z_j' = \sum_{x_i \neq x_0} x_i 2 z_i z_0' + \sum_{x_j \neq x_0} x_j n z_j'$$

$$= \sum_{x_k \neq x_0} x_k z_k'', \qquad x_k \in X,\ z_k'' \in \mathbf{Z}.$$

Also liegt x_0 in dem durch $X \backslash \{x_0\}$ erzeugten Untermodul, und da X ein Erzeugendensystem von $\mathbf{Q}_{\mathbf{Z}}$ ist, ist dies dann auch $X \backslash \{x_0\}$. □

Aus diesem Resultat folgt nun weiterhin:

Es gibt kein endliches Erzeugendensystem von $\mathbf{Q}_{\mathbf{Z}}$, da sonst die leere Menge Erzeugendensystem von $\mathbf{Q}_{\mathbf{Z}}$ wäre und $\mathbf{Q}_{\mathbf{Z}} = 0$ folgte ↯.

Es gibt keinen maximalen Untermodul von $\mathbf{Q}_{\mathbf{Z}}$. Angenommen A wäre ein solcher und $q \in \mathbf{Q}$, $q \notin A$, dann ist

$$q\mathbf{Z} + A := \{qz + a \mid z \in \mathbf{Z} \wedge a \in A\}$$

nach 2.2.2 ein Untermodul von $\mathbf{Q}_{\mathbf{Z}}$. Da dieser A echt enthält, folgt

$$q\mathbf{Z} + A = \mathbf{Q}\,.$$

Also wäre $A \cup \{q\}$ ein Erzeugendensystem von $\mathbf{Q}_{\mathbf{Z}}$ und dann auch A allein, woraus $A = \mathbf{Q}$ folgen würde ↯.

Daß $\mathbf{Q}_{\mathbf{Z}}$ auch keine einfachen (= minimalen) Untermoduln besitzt, wurde bereits zuvor festgestellt. Selbstverständlich besitzt $\mathbf{Q}_{\mathbf{Z}}$ auch keine Basis, denn läßt man aus einer Basis ein Element weg, so ist die Restmenge kein Erzeugendensystem mehr (da das weggelassene Element durch die restlichen nicht linear darstellbar ist).

4. Als nächstes Beispiel beweisen wir den Satz, daß jeder Vektorraum über einem Schiefkörper eine Basis besitzt. Es handelt sich dabei um unsere erste Anwendung des Zornschen Lemmas, das später noch bei mehreren Beweisen gebraucht wird. Wir wollen es daher hier formulieren.

Zornsches Lemma *Sei A eine geordnete Menge. Besitzt jede total geordnete Teilmenge von A eine obere Schranke in A, dann besitzt A ein maximales Element.*

Bei dieser Gelegenheit soll auf die bekannte Tatsache hingewiesen werden, daß das Zornsche Lemma zu den folgenden Aussagen äquivalent ist:

1. Auswahlaxiom;
2. Wohlordnungssatz.

Wir machen in diesem Buch vom Zornschen Lemma und vom Auswahlaxiom Gebrauch.

2.3.8 Satz *Jeder Vektorraum über einem Schiefkörper besitzt eine Basis.*

Beweis. Sei K ein Schiefkörper und V_K ein Vektorraum über K. Bezeichne Φ die Menge aller freien Teilmengen von V. Da die leere Menge frei ist, ist Φ nicht leer. Mit der Inklusion von Teilmengen als Ordnungsrelation ist Φ eine geordnete Menge. Um das Zornsche Lemma anwenden zu können, muß gezeigt werden, daß jede total geordnete Teilmenge Γ von Φ eine obere Schranke in Φ besitzt. Ist $\Gamma = \emptyset$, dann ist jedes Element aus Φ obere Schranke von Γ. Sei nun $\Gamma = \{X_j | j \in J\} \neq \emptyset$, dann zeigen wir, daß

$$X := \bigcup_{j \in J} X_j$$

frei ist und daher eine obere Schranke von Γ in Φ darstellt. Seien $x_1, \ldots, x_n$ verschiedene Elemente aus Γ. Da Γ total geordnet ist, gibt es ein $X_j \in \Gamma$ mit $x_1, \ldots, x_n \in X_j$. Da X_j frei ist, ist $\{x_1, \ldots, x_n\}$ frei und folglich ist X frei. Nach dem Zornschen Lemma existiert dann in Φ ein maximales Element Y. Wir zeigen, daß Y eine Basis von V über K ist. Da Y frei ist, braucht nur $|Y) = V$ gezeigt zu werden. Ist $V = 0$, dann folgt $Y = \emptyset$ und nach Definition von $|Y)$ folgt $|Y) = V$. Ist $V \neq 0$, dann folgt $Y \neq \emptyset$. Sei nun $v \in V$ mit $v \notin Y$, dann kann $Y \cup \{v\}$ wegen der Maximalität von Y nicht frei sein. Also existieren verschiedene $y_1, \ldots, y_n \in Y$ sowie $k, k_1, \ldots, k_n \in K$ mit

$$vk + \sum_{j=1}^{n} y_j k_j = 0 ,$$

wobei nicht alle $k, k_1, \ldots, k_n$ gleich 0 sind. $k = 0$ ist nicht möglich, da dann (weil Y frei ist) $k_j = 0, (j = 1, \ldots, n)$ folgen würde. Wegen $k \neq 0$ folgt

$$v = vkk^{-1} = \sum_{j=1}^{n} y_j(-k_j k^{-1}) \in |Y) ,$$

also $V = |Y)$. □

Nach Betrachtung dieser Beispiele fahren wir in unseren allgemeinen Überlegungen fort.

Behauptung. *Sei* $\Lambda = \{A_i | i \in I\}$ *eine Menge von Untermoduln* $A_i \hookrightarrow M_R$.

Dann gilt

$$|\bigcup_{i\in I} A_i) = \begin{cases} \left\{ \sum_{i\in I'} a_i \mid a_i \in A_i \wedge I' \subset I \wedge \textit{endlich } I' \right\} & \textit{falls } \Lambda \neq \emptyset\,, \\ \\ 0 & \textit{falls } \Lambda = \emptyset\,, \end{cases}$$

d.h., im Falle $\Lambda \neq \emptyset$ *ist* $|\bigcup_{i\in I} A_i)$ *die Menge aller endlichen Summen* Σa_i *mit* $a_i \in A_i$.

B e w e i s. Nach Definition ist $|\bigcup_{i\in I} A_i)$ im Falle $I \neq \emptyset$ die Menge aller endlichen Summen

$$\sum_{j=1}^{n} a_j r_j \qquad \textit{mit} \;\; a_j \in \bigcup_{i\in I} A_i$$

Faßt man darin alle Summanden $a_j r_j$, die in einem festen A_i liegen, zu einer Summe a_i' zusammen, und verfährt mit den restlichen Summanden ebenso, so folgt

$$\sum_{j=1}^{n} a_j r_j = \sum_{i\in I'} a_i'\,,$$

also gilt

$$|\bigcup_{i\in I} A_i) \hookrightarrow \left\{ \sum_{i\in I'} a_i \mid a_i \in A_i \wedge I' \subset I \wedge \text{endlich } I' \right\}$$

Die umgekehrte Inklusion ist klar. □

2.3.9 Definition *Sei* $\Lambda = \{A_i | i \in I\}$ *eine Menge von Untermoduln* $A_i \hookrightarrow M$, *dann heißt*

$$\sum_{i\in I} A_i \;:=\; |\bigcup_{i\in I} A_i)$$

S u m m e d e r U n t e r m o d u l n $\{A_i | i \in I\}$.

Ist $\Lambda = \{A_1, \ldots, A_n\}$, so kann jedes Element aus $\sum_{j=1}^{n} A_j$ in der Form

$$\sum_{j=1}^{n} a_j \qquad \text{mit } a_j \in A_j$$

geschrieben werden, da fehlende Summanden a_j mit $a_j = 0$ aufgefüllt werden können. Allgemein sei noch betont, daß die Darstellung $\sum_{i\in I'} a_i$ für die Elemente der Summe nicht eindeutig zu sein braucht. Ist sie eindeutig, so liegt ein besonderer Fall vor, mit dem wir uns im nächsten Abschnitt zu beschäftigen haben.

Wir können jetzt die maximalen Untermoduln eines Moduls kennzeichnen.

2.3.10 Lemma *Sei* $A \underset{\neq}{\hookrightarrow} M$. *Dann sind äquivalent*

(1) *Maximaler Untermodul* A *von* M

(2) $\forall m \in M\ [m \notin A \Rightarrow M = mR + A]$.

B e w e i s. „(1) ⇒ (2)" Da $m \notin A \Rightarrow A \underset{\neq}{\hookrightarrow} mR + A \Rightarrow (2)$.
„(2) ⇒ (1)" Sei $A \underset{\neq}{\hookrightarrow} B \hookrightarrow M$ und sei $m \in B$, $m \notin A \Rightarrow M = mR + A \hookrightarrow B + A \hookrightarrow B \hookrightarrow M \Rightarrow B = M$, also (1). □

Wie wir gesehen haben, besitzt $\mathbb{Q}_Z$ keinen maximalen Untermodul. In diesem Zusammenhang ist der folgende Satz von Interesse.

2.3.11 Satz *Ist der Modul* M_R *endlich erzeugt, dann ist jeder echte Untermodul von* M *in einem maximalen Untermodul von* M *enthalten.*

B e w e i s. Sei $\{m_1, \ldots, m_t\}$ ein Erzeugendensystem von M. Sei $\underset{\neq}{\hookrightarrow}$ M, dann ist die Menge

$$\Phi := \{B \mid A \hookrightarrow B \underset{\neq}{\hookrightarrow} M\}$$

wegen $A \in \Phi$ nicht leer. Außerdem ist sie durch die Inklusion geordnet. Um das Zornsche Lemma anwenden zu können, muß gezeigt werden, daß jede total geordnete Teilmenge $\Gamma \subset \Phi$ eine obere Schranke in Φ besitzt. Dazu sei

$$C := \bigcup_{B \in \Gamma} B,$$

dann folgt $A \hookrightarrow C$. Angenommen $C = M$, dann würde $\{m_1, \ldots, m_t\} \subset C$ gelten, und folglich müßte es ein $B \in \Gamma$ mit $\{m_1, \ldots, m_t\} \subset B$, also $B = M$ geben ↯. Damit ist $C \in \Phi$ festgestellt. Nach Zorn existiert dann ein maximales Element D in Φ. Um zu zeigen, daß D maximaler Untermodul von M_R ist, sei $D \hookrightarrow L \underset{\neq}{\hookrightarrow} M_R$. Dann folgt $L \in \Phi$ und da D maximal in Φ ist, folgt $D = L$. □

Ist $M \neq 0$ und ist M endlich erzeugt, so folgt für $A = 0$, daß M einen maximalen Untermodul besitzt.

2.3.12 Folgerung *Jeder endlich erzeugte Modul* $M \neq 0$ *besitzt einen maximalen Untermodul.*

Um den Begriff endlich erzeugt „dualisieren" zu können, muß er zunächst äquivalent umformuliert werden.

2.3.13 Satz *Der Modul* M_R *ist dann und nur dann endlich erzeugt, wenn es in jeder Menge* $\{A_i \mid i \in I\}$ *von Untermoduln* $A_i \hookrightarrow M$ *mit*

$$\sum_{i \in I} A_i = M$$

eine endliche Teilmenge $\{A_i \mid i \in I_0\}$ *(d.h.* $I_0 \subset I$ *und* I_0 *endlich) so gibt, daß*

$$\sum_{i \in I_0} A_i = M$$

gilt.

B e w e i s. Sei M endlich erzeugt, d.h. $M = m_1 R + \ldots + m_t R$.
Wegen $\sum_{i \in I} A_i = M$ ist jedes m_j endliche Summe von Elementen aus den A_i. Folglich gibt es eine endliche Teilmenge $I_0 \subset I$, so daß

$$m_1, \ldots, m_t \in \sum_{i \in I_0} A_i .$$

Dann folgt

$$M = m_1 R + \ldots + m_t R \subsetneq \sum_{i \in I_0} A_i \subsetneq M,$$

also gilt die Behauptung.

Um die Umkehrung zu beweisen, betrachten wir die Menge von Untermoduln $\{mR \mid m \in M\}$. Dann gibt es eine endliche Teilmenge $\{m_1 R, \ldots, m_t R\}$ mit

$$m_1 R + \ldots + m_t R = M ,$$

also ist M endlich erzeugt. □

Wir können nun den dualen Begriff formulieren.

2.3.14 Definition *Der Modul* M_R *heißt* e n d l i c h k o e r z e u g t $:\Longleftrightarrow$ *in jeder Menge* $\{A_i \mid i \in I\}$ *von Untermoduln* $A_i \subsetneq M$ *mit* $\bigcap_{i \in I} A_i = 0$ *gibt es eine endliche Teilmenge* $\{A_i \mid i \in I_0\}$ *(d.h.* $I_0 \subset I$ *und* I_0 *endlich) mit* $\bigcap_{i \in I_0} A_i = 0$.

Später kommen wir auf diesen Begriff zurück. Jetzt sei nur auf zwei B e i s p i e l e hingewiesen.

1. Z_Z ist nicht endlich koerzeugt, da

$$\bigcap_{\text{Primzahl } p} pZ = 0,$$

aber für endlich viele Primzahlen $p_1, \ldots, p_n$

$$\bigcap_{i=1}^{n} p_i Z = p_1 \ldots p_n Z \neq 0$$

gilt.

2. Ein Vektorraum V über einem Körper K ist dann und nur dann endlich koerzeugt, wenn er endliche Dimension hat. Der Beweis wird dem Leser zur Übung überlassen.

Wie bei Vektorräumen gilt auch bei Moduln über einem beliebigen Ring R das m o d u l a r e G e s e t z.

2.3.15 Lemma (M o d u l a r e s G e s e t z) *Aus* $A, B, C \subsetneq M$ *und* $B \subsetneq C$ *folgt*

$$(A + B) \cap C = (A \cap C) + (B \cap C) = (A \cap C) + B.$$

B e w e i s. Sei $a + b = c \in (A + B) \cap C$, wobei $a \in A$, $b \in B$, $c \in C$.

Dann folgt wegen $B \subsetneq C$: $a = c - b \in A \cap C$, also $a + b = c \in (A \cap C) + B$ und somit $(A + B) \cap C \subsetneq (A \cap C) + B$.

Sei nun $d \in A \cap C$, $b \in B$, dann gilt wegen $B \subsetneq C$: $d + b \in (A + B) \cap C$, also gilt auch $(A \cap C) + B \subsetneq (A + B) \cap C$. □

Man beachte, daß für $A, B, C \subsetneq M$ auch ohne die Voraussetzung $B \subsetneq C$ stets

$$(A \cap C) + (B \cap C) \subsetneq (A + B) \cap C$$

gilt, jedoch nicht notwendig die umgekehrte Inklusion.

2.4 Innere direkte Summen

2.4.1 Definition M *heißt* i n n e r e d i r e k t e S u m m e *der Menge* $\{B_i | i \in I\}$ *von Untermoduln* $B_i \subsetneq M$, *in Zeichen*

$$M = \bigoplus_{i \in I} B_i : \iff$$

(1) $$M = \sum_{i \in I} B_i \quad \wedge$$

(2) $$\forall j \in I \, [B_j \cap \sum_{\substack{i \in I \\ i \neq j}} B_i = 0] .$$

Man nennt $M = \bigoplus_{i \in I} B_i$ *auch eine* d i r e k t e Z e r l e g u n g *von* M *in die Summe der Untermoduln* $\{B_i \mid i \in I\}$.

Im Falle einer endlichen Indexmenge, etwa $I = \{1, \ldots, n\}$ *wird auch* $M = B_1 \oplus \ldots \oplus B_n$ *geschrieben.*

2.4.2 Lemma *Sei* $\{B_i | i \in I\}$ *eine Menge von Untermoduln* $B_i \subsetneq M$ *und gelte* $M = \sum_{i \in I} B_i$. *Dann ist* (2) *in der vorstehenden Definition äquivalent zu:*

Für jedes $x \in M$ *ist die Darstellung* $x = \sum_{i \in I'} b_i$ *mit* $b_i \in B_i$, $I' \subset I$, *endlich* I' *in dem folgenden Sinne eindeutig:*

Gilt $$x = \sum_{i \in I'} b_i = \sum_{i \in I'} c_i \quad \textit{mit } b_i, c_i \in B_i,$$

so folgt

$$\forall i \in I' \, [b_i = c_i] .$$

B e w e i s. „⇒“: Gelte (2) und sei $x = \sum_{i \in I'} b_i = \sum_{i \in I'} c_i$, dann folgt

$$\forall j \in I' \, [b_j - c_j = \sum_{\substack{i \in I' \\ i \neq j}} c_i - b_i \in B_j \cap \sum_{\substack{i \in I' \\ i \neq j}} B_i] .$$

Wegen $B_j \cap \sum_{\substack{i \in I' \\ i \neq j}} B_i \subsetneq B_j \cap \sum_{\substack{i \in I \\ i \neq j}} B_i = 0$

folgt $b_j = c_j$ für alle $j \in I'$.

„$\Leftarrow$": Sei $b \in B_j \cap \sum_{\substack{i \in I \\ i \neq j}} B_i$, dann gilt $b = b_j \in B_j$ und es gibt eine endliche Teilmenge $I' \subset I$ mit $j \notin I'$, so daß

$$b = b_j = \sum_{i \in I'} b_i, \qquad b_i \in B_i .$$

Füllt man die linke Seite mit Summanden $0 \in B_i$, $i \in I'$ und die rechte Seite mit dem Summanden $0 \in B_j$ auf, so kommt auf beiden Seiten die gleiche endliche Indexmenge $I' \cup \{j\}$ vor und wegen der Eindeutigkeit folgt $b = b_j = 0$, d.h., es gilt (2). □

2.4.3 Definitionen

(1) *Ein Untermodul* $B \subsetneq M$ *heißt* direkter Summand *von* M $:\Longleftrightarrow \exists C \subsetneq M$ $[M = B \oplus C]$.

(2) *Ein Modul* $M \neq 0$ *heißt* direkt unzerlegbar : $\Longleftrightarrow$ 0 *und* M *sind die einzigen direkten Summanden von* M.

Beispiele und Bemerkungen 1. Sei $V = V_K$ ein Vektorraum und sei $\{x_i | i \in I\}$ eine Basis von V, dann gilt offenbar

$$V = \bigoplus_{i \in I} x_i K .$$

Ferner ist jeder Unterraum von V ein direkter Summand, wie später noch in allgemeinerem Zusammenhang gezeigt wird.

2. In $\mathbf{Z}_\mathbf{Z}$ ist das Ideal $n\mathbf{Z}$ mit $n \neq 0$, $n \neq \pm 1$ kein direkter Summand. Angenommen $\mathbf{Z} = n\mathbf{Z} \oplus m\mathbf{Z} \Rightarrow nm \in n\mathbf{Z} \cap m\mathbf{Z} = 0 \Rightarrow m = 0 \Rightarrow \mathbf{Z} = n\mathbf{Z} \Rightarrow n = \pm 1$ ↯ . Daraus folgt, daß $\mathbf{Z}_\mathbf{Z}$ direkt unzerlegbar ist.

3. Jeder einfache Modul M ist direkt unzerlegbar, da er nur die Untermoduln 0 und M besitzt.

4. Jeder Modul M, der einen größten echten Untermodul oder in der Menge der Untermoduln $\neq 0$ einen kleinsten Untermodul besitzt, ist direkt unzerlegbar. Der Beweis sei dem Leser überlassen.

2.5 Faktormoduln und Faktorringe

Die Definition von Faktormoduln erfolgt wie die von Faktorräumen von linearen Vektorräumen, denn es wird dabei nur von den Linearitätseigenschaften Gebrauch gemacht.

Sei $C \subsetneq M_R$, dann ist C insbesondere Untergruppe der additiven Gruppe von M. Folglich existiert die F a k t o r g r u p p e $M/C = \{m + C | m \in M\}$ mit der Addition

$$(m_1 + C) + (m_2 + C) := (m_1 + m_2) + C.$$

Es kann nun für M/C eine Modulmultiplikation so definiert werden, daß M/C ein Rechtsmodul wird, der als F a k t o r m o d u l oder R e s t k l a s s e n m o d u l v o n M m o d u l o C oder auch v o n M n a c h C bezeichnet wird.

2.5.1 Definition

$$(m + C)r := mr + C, \qquad m \in M, \ r \in R.$$

Um zu zeigen, daß M/C damit tatsächlich ein R-Rechtsmodul ist, genügt es zu zeigen, daß

$$M/C \times R \to M/C \quad \text{mit} \quad (m + C, r) \mapsto mr + C$$

eine Abbildung ist, da die anderen Moduleigenschaften unmittelbar aus denen für M folgen.

Sei $m_1 + C = m_2 + C \Rightarrow m_1 = m_2 + c, c \in C \Rightarrow m_1 r + C = (m_2 + c)r + C = m_2 r + cr + C = m_2 r + C$.

Entsprechend werden Faktormoduln von Links- und Bimoduln definiert.

Sei nun R ein Ring und C ein zweiseitiges Ideal aus R. Die Faktorgruppe der additiven Gruppe von R modulo C, R/C, soll jetzt wieder zu einem Ring gemacht werden, der dann F a k t o r r i n g oder R e s t k l a s s e n r i n g v o n R m o d u l o C (oder nach C) heißt.

2.5.2 Definition

$$(r_1 + C)(r_2 + C) := r_1 r_2 + C, \qquad r_1, r_2 \in R$$

Wie zuvor sieht man leicht, daß diese Multiplikation unabhängig von den Repräsentanten der Restklassen ist, d.h. tatsächlich eine Operation darstellt. Die weiteren Ringeigenschaften von R/C folgen sofort wieder aus denen für R. Ist R ein Ring mit Einselement 1 – wie hier stets vorausgesetzt –, dann ist 1 + C das Einselement von R/C.

Es sollen jetzt einige Beziehungen zwischen Eigenschaften von zweiseitigen Idealen und Eigenschaften der zugehörigen Faktorringe untersucht werden. Dazu brauchen wir einige Begriffe und einfache Tatsachen.

2.5.3 Definition *Seien* A, B *zweiseitige Ideale von* R. *Dann sei*

$$AB := (\{ab \mid a \in A \wedge b \in B\}),$$

d.h. das von allen Produkten ab *mit* $a \in A$, $b \in B$ *erzeugte zweiseitige Ideal.* AB *heißt das* P r o d u k t d e r I d e a l e A u n d B.

Unmittelbar folgt dann die

B e m e r k u n g. $AB = \{\sum_{j=1}^{n} a_j b_j \mid a_j \in A \wedge b_j \in B \wedge n \in \mathbb{N}\}$.

2.5.4 Definitionen *Sei* C *ein zweiseitiges Ideal aus* R.

(1) C *heiße* starkes Primideal *von* R :⟺

$$\forall r_1, r_2 \in R\,[r_1 r_2 \in C \Rightarrow (r_1 \in C \vee r_2 \in C)].$$

(2) C *heiße* Primideal *von* R :⟺

$$\forall A, B \subsetneq {}_R R_R\ [AB \subsetneq C \Rightarrow (A \subsetneq C \wedge B \subsetneq C)],$$

d.h. liegt das Produkt AB *von zwei zweiseitigen Idealen* A, B *in* C, *dann soll mindestens eines dieser Ideale in* C *liegen.*

(3) $r \in R$ *heißt* rechter Nullteiler :⟺

$r \neq 0$, *und es gibt* $s \in R$, $s \neq 0$ *und* $rs = 0$;

analog für linke Nullteiler.

(4) R *heißt* nullteilerfrei :⟺

es gibt in R *keinen rechten oder linken Nullteiler.*

(5) *Sei* $r \in R$; $r' \in R$ *heißt* rechtsinverses *bzw.* linksinverses *bzw.* inverses Element *von* r :⟺

$rr' = 1$ *bzw.* $r'r = 1$ *bzw.* $rr' = r'r = 1$.

Man beachte, daß aus der Existenz eines rechten Nullteilers auch die eines linken Nullteilers (und umgekehrt) folgt. Ist r' ein rechtsinverses und ist r'' ein linksinverses Element von r, dann folgt

$$r' = 1r' = (r''r)r' = r''(rr') = r''1 = r''.$$

Daraus ergibt sich auch sofort, daß ein inverses Element (falls es existiert) eindeutig bestimmt ist. Es wird mit r^{-1} bezeichnet.

2.5.5 Lemma

(1) *Starkes Primideal* C *von* R ⇒ *Primideal* C *von* R.

(2) *Ist* R *kommutativ, dann gilt auch die Umkehrung von* (1).

Beweis. (1) Seien $A, B \subsetneq {}_R R_R$ und $AB \subsetneq C$. Angenommen $A \not\subseteq C \Rightarrow \exists\, a_0 \in A\ [a_0 \notin C]$. Da $a_0 b \in C \wedge a_0 \notin C \Rightarrow b \in C$ für alle $b \in B \Rightarrow B \subsetneq C$.

(2) Sei $r_1 r_2 \in C$. Da R kommutativ ist, sind $r_1 R$ und $r_2 R$ zweiseitige Ideale. Wegen $r_1 r_2 \in C \Rightarrow r_1 R\, r_2 R = r_1 r_2 R \subsetneq C$. Da C Primideal folgt $r_1 R \subsetneq C \vee r_2 R \subsetneq C \Rightarrow r_1 \in C \vee r_2 \in C$. □

2.5.6 Satz *Sei* C *ein zweiseitiges Ideal aus* R. *Dann gilt*

(1) C *ist starkes Primideal in* R ⟺ *nullteilerfrei* R/C.

(2) C *ist Primideal in* R ⟺ *das Nullideal ist Primideal in* R/C.

(3) C *ist maximales zweiseitiges Ideal in* R ⟺ *einfach* R/C.

(4) C *ist maximales Rechtsideal in* R ⟺ *Schiefkörper* R/C.

B e w e i s. (1) „⇒“: Sei zur Abkürzung $\bar{R} := R/C$ und $\bar{r} := r + C$ gesetzt und seien $\bar{r}_1, \bar{r}_2 \in \bar{R}$ mit $\bar{r}_1\bar{r}_2 = 0 \Longleftrightarrow r_1 r_2 + C = C \Longleftrightarrow r_1 r_2 \in C \Rightarrow r_1 \in C \vee r_2 \in C \Rightarrow \bar{r}_1 = 0 \vee \bar{r}_2 = 0$.

(1) „⇐“: Seien $r_1, r_2 \in R \wedge r_1 r_2 \in C \Rightarrow 0 = \overline{r_1 r_2} = r_1 r_2 + C = (r_1 + C)(r_2 + C) = \bar{r}_1\bar{r}_2 \Rightarrow \bar{r}_1 = 0 \vee \bar{r}_2 = 0 \Rightarrow r_1 \in C \vee r_2 \in C$.

(4) „⇒“: Sei $0 \neq \bar{r} \in \bar{R} \Rightarrow r \notin C \Rightarrow R = rR + C$, denn da $r \notin C$ ist $rR + C$ ein C echt enthaltendes Rechtsideal, das wegen der Maximalität von C gleich R sein muß. Folglich gibt es $r' \in R$ und $c \in C$ mit $1 = rr' + c \Rightarrow \bar{1} = rr' + C = (r + C)(r' + C) = \bar{r}\bar{r}'$, d.h. jedes Element $\neq 0$ aus $\bar{R}$ hat ein Rechtsinverses. Wegen $\bar{1} = \bar{r}\bar{r}' \neq 0 \Rightarrow \bar{r}' \neq 0$, also existiert $\bar{r}'' \in \bar{R}$ mit $\bar{r}'\bar{r}'' = \bar{1} \Rightarrow \bar{r} = \bar{r}'' \Rightarrow \bar{r}'$ ist Inverses von $\bar{r}$ und folglich ist $\bar{R}$ Schiefkörper.

(4) „⇐“: Sei $r \in R \wedge r \notin C \Rightarrow \bar{r} \neq 0 \Rightarrow \exists\, \bar{r}' \in \bar{R}\, [\bar{r}\bar{r}' = \bar{r}'\bar{r} = \bar{1}] \Rightarrow rr' + C = 1 + C \Rightarrow rr' + c = 1 \Rightarrow rR + C = R \Rightarrow C$ ist maximales Rechtsideal in R (nach 2.3.10). (2) und (3) werden ähnlich bewiesen wie (1) und (4). Der Beweis bleibt dem Leser als Übung überlassen. Außerdem werden wir später einen genauen Zusammenhang zwischen dem Verband der Ideale von R und von R/C kennen lernen, aus dem alle Aussagen dieses Satzes unmittelbar folgen. □

Beispiele 1. Wohlbekannt sind Faktorräume von Vektorräumen.

2.
$$\mathbf{Z}/n\mathbf{Z} = \begin{cases} \text{Körper mit p Elementen,} & \text{falls } n = p \text{ Primzahl,} \\ \text{Ring mit Nullteilern,} & \text{falls } n \neq p \wedge n \neq 0 \wedge n \neq \pm 1 \\ 0, & \text{falls } n = \pm 1. \\ \mathbf{Z} \text{ (bis auf Isomorphie),} & \text{falls } n = 0. \end{cases}$$

3. Sei K[x] der Polynomring in der Unbestimmten x mit Koeffizienten in einem Körper K. Sei $f(x) \in K[x]$ und sei f(x) irreduzibel, dann ist $K[x]/f(x)K[x]$ ein endlich dimensionaler Oberkörper von K (genauer: von einem zu K isomorphen Körper).

Übungen zu Kapitel 2

1. Zeige, daß in der Definition eines Moduls die Kommutativität der Addition aus den anderen Voraussetzungen folgt.

2. Gib einen Modul M ohne endliches Erzeugendensystem an, bei dem jeder echte Untermodul in einem maximalen Untermodul enthalten ist.

3. a) Seien $A, B, C \hookrightarrow M = M_R$. Zeige: Aus $A \subset B \cup C$ folgt $A \hookrightarrow B \vee A \hookrightarrow C$.

b) Gib ein Beispiel für einen Modul M und Untermoduln $A, B, C, D \hookrightarrow M_R$, so daß gilt:

$$A \subset B \cup C \cup D \wedge A \not\hookrightarrow B \wedge A \not\hookrightarrow C \wedge A \not\hookrightarrow D.$$

4. Sei A ein zweiseitiges Ideal eines Ringes R. Zeige: A ist maximales Rechtsideal $\Longleftrightarrow$ A ist maximales Linksideal.

5. Sei $M = M_R \wedge x \in M \wedge x \neq 0 \wedge \Lambda := \{A \mid A \hookrightarrow M \wedge x \notin A\}$. Zeige:

a) Λ ist nicht leer und Λ besitzt ein maximales Element (bezüglich der Inklusion als Ordnung).

b) Ist $R = K$ ein Körper, dann ist jedes maximale Element aus Λ ein maximaler Untermodul von M.

6. Gib in der Menge $\Lambda := \{A \mid A \hookrightarrow Q_Z \wedge 1 \notin A\}$ ein maximales Element B an und einen Untermodul $C \hookrightarrow Q_Z$ mit

$$B \underset{\neq}{\hookrightarrow} C \underset{\neq}{\hookrightarrow} Q_Z .$$

7. Sei $\{B_i | i = 1, 2, 3, \ldots\}$ eine Menge von Untermoduln von $M = M_R$ mit

$$M = \sum_{i=1}^{\infty} B_i .$$

Zeige: Dann sind äquivalent

(1) $\forall\, j = 1, 2, \ldots \; [B_j \cap \sum_{i=j+1}^{\infty} B_i = 0]$

(2) $M = \bigoplus_{i=1}^{\infty} B_i$

8. a) Gib ein Beispiel für einen Modul mit einer maximalen freien Teilmenge, die kein Erzeugendensystem ist.

b) Gib ein Beispiel für einen Modul $\neq 0$, der kein Vektorraum ist, und in dem jede maximale freie Teilmenge eine Basis ist (Hinweis: Benutze einen geeigneten Z-Modul).

9. Sei $V = V_K$ ein Vektorraum, seien X eine freie Teilmenge von V und Y ein Erzeugendensystem von V mit $X \subset Y$. Zeige: Es gibt eine Basis Z von V mit $X \subset Z \subset Y$.

10. a) Gib einen Modul M und einen Untermodul $A \hookrightarrow M$ so an, daß verschiedene Untermoduln $B_1 \hookrightarrow M$, $B_2 \hookrightarrow M$ mit

$$M = A \oplus B_1 = A \oplus B_2$$

existieren.

b) Gib ein Beispiel für einen Modul M an, der nicht einfach ist und bei dem für jeden Untermodul $A \hookrightarrow M$ genau ein $B \hookrightarrow M$ mit $M = A \oplus B$ existiert.

11. Sei X eine endliche Menge, $X = \{x_1, \ldots, x_n\}$, und sei $R := \mathsf{R}^X$ die Menge aller Abbildungen $f : X \to \mathsf{R}$ (wobei R = Körper der reellen Zahlen). Zeige:

a) R ist ein kommutativer Ring bei folgenden Definitionen:

$$\left.\begin{array}{l}(f + g)(x_i) = f(x_i) + g(x_i) \\ (f \circ g)(x_i) = f(x_i) \cdot g(x_i)\end{array}\right. \quad (f, g \in R, i = 1, \ldots, n).$$

b) R ist Hauptidealring.

c) Jedes Ideal ist Durchschnitt von maximalen Idealen, und der Durchschnitt aller maximalen Ideale ist 0.

d) Jedes Ideal ist direkter Summand.

e) R ist eine direkte Summe von einfachen Idealen.

12. Sei $\{A_i | i \in I\}$ eine Menge von Untermoduln eines Moduls M, und sei $B \hookrightarrow M$. Zeige:

a) $$\sum_{i \in I} (A_i \cap B) \hookrightarrow (\sum_{i \in I} A_i) \cap B .$$

b) $$(\bigcap_{i \in I} A_i) + B \subsetneqq \bigcap_{i \in I} (A_i + B)\,.$$

c) Gib ein Beispiel an, für das gilt:
$$\sum_{i \in I} (A_i \cap B) \neq (\sum_{i \in I} A_i) \cap B\,.$$

d) Gib ein Beispiel an, für das gilt:
$$(\bigcap_{i \in I} A_i) + B \neq \bigcap_{i \in I} (A_i + B)\,.$$

13. Definition. Ein Ring R heißt *regulär* (im Sinne von v. *Neumann*) $:\Leftrightarrow \forall\, r \in R\, \exists\, r' \in R\, [rr'r = r]$.

Zeige: Die folgenden Bedingungen sind äquivalent.

(1) R ist regulär

(2) Jedes zyklische Rechtsideal von R ist direkter Summand von R_R

(3) Jedes zyklische Linksideal von R ist direkter Summand von ${}_RR$

(4) Jedes endlich erzeugte Rechtsideal von R ist direkter Summand von R_R

(5) Jedes endlich erzeugte Linksideal von R ist direkter Summand von ${}_RR$.

3 Homomorphismen von Moduln und Ringen

3.1 Definitionen und einfache Eigenschaften

Die strukturerhaltenden Abbildungen von Moduln heißen Homomorphismen. Diese werden ebenso definiert wie die linearen Abbildungen von linearen Vektorräumen.

3.1.1 Definition *Seien* A *und* B *beide* R-*Rechtsmoduln bzw.* S-*Linksmoduln bzw.* S-R-*Bimoduln. Ein* Homomorphismus α von A nach B *ist eine Abbildung*

$$\alpha: \ A \to B,$$

für die gilt:

(1) $\forall a_1, a_2 \in A \ \forall r_1, r_2 \in R \ [\alpha(a_1 r_1 + a_2 r_2) = \alpha(a_1) r_1 + \alpha(a_2) r_2]$

bzw.

(2) $\forall a_1, a_2 \in A \ \forall s_1, s_2 \in S \ [\alpha(s_1 a_1 + s_2 a_2) = s_1 \alpha(a_1) + s_2 \alpha(a_2)]$

bzw.

(3) $\forall a_1, a_2 \in A \ \forall s_1, s_2 \in S \ \forall r_1, r_2 \in R \ [\alpha(s_1 a_1 r_1 + s_2 a_2 r_2) = s_1 \alpha(a_1) r_1 + s_2 \alpha(a_2) r_2]$.

Die Schreibweise

$$\alpha: \ A_R \to B_R$$

bedeute, daß A und B R-Rechtsmoduln und α ein Homomorphismus seien. Analog für die anderen Fälle.

Um bei einem Homomorphismus den Ring und auch die Seite zu betonen, wird α im Falle $\alpha : A_R \to B_R$ auch als R-Modulhomomorphismus oder Rechtsmodulhomomorphismus bezeichnet. Statt der Schreibweise $\alpha(a)$ für das Bild von $a \in A$ bei α werden wir auch nur αa schreiben. Im Falle $\alpha : {}_SA \to {}_SB$ bezeichne $a\alpha$ das Bild von a bei α; damit nimmt die Gleichung in (2) die folgende Form an:

$$(s_1 a_1 + s_2 a_2)\alpha = s_1 (a_1 \alpha) + s_2 (a_2 \alpha).$$

Ein Homomorphismus wird also auf die entgegengesetzte Seite wie die Ringoperation geschrieben. Soll von dieser Schreibweise abgewichen werden, so geben wir dies besonders an.

Allgemein benutzt man bei einer Abbildung $\alpha : A \to B$ für die „Elementezuordnung" das Symbol $a \mapsto \alpha(a)$; wir fassen $\alpha : A \to B$ und $a \mapsto \alpha(a)$ zur folgenden Schreibweise zusammen:

$$\alpha : A \ni a \mapsto \alpha(a) \in B ,$$

die wir schon in Kapitel 1 benutzt haben.

Die folgenden allgemein für Abbildungen üblichen Begriffe werden auch für Homomorphismen benutzt:

Quelle von $\alpha = \mathrm{Qu}(\alpha) := A$

Ziel von $\alpha = \mathrm{Zi}(\alpha) := B$

Bild von $\alpha = \mathrm{Bi}(\alpha) := \{\alpha(a) \mid a \in A\}$

Injektion $\alpha :\Longleftrightarrow \forall a_1, a_2 \in A\ [\alpha(a_1) = \alpha(a_2) \Rightarrow a_1 = a_2]$ (d.h., α ist eineindeutig)

Surjektion $\alpha :\Longleftrightarrow \mathrm{Bi}(\alpha) = \mathrm{Zi}(\alpha)$ (d.h., α ist Abbildung „auf")

Bijektion $\alpha :\Longleftrightarrow$ Injektion $\alpha \wedge$ Surjektion α.

Sprechen wir im folgenden von Homomorphismen von Moduln ohne die Seite anzugeben, so soll es sich um Begriffe und Überlegungen handeln, die für einseitige Moduln gelten. Ausgeführt wird alles nur für Rechtsmoduln, wobei klar ist, daß alles was für Rechtsmoduln gilt, entsprechend auch für Linksmoduln richtig ist. Meist bleibt alles auch für Bimoduln gültig, doch braucht darauf nicht eingegangen zu werden.

Wir betrachten nun drei einfache

Beispiele für Homomorphismen. **1.** Der 0-Homomorphismus von A nach B:

$$0 : A \ni a \mapsto 0 \in B .$$

2. Die identische Injektion = Inklusion eines Untermoduls $A \hookrightarrow B$

$$\iota : A \ni a \mapsto a \in B .$$

3. Der natürliche (kanonische) Homomorphismus eines Moduls A auf den Faktormodul A/C, wobei $C \hookrightarrow A$:

$$\nu : A \ni a \mapsto a + C \in A/C .$$

Daß es sich dabei tatsächlich um Homomorphismen handelt, ist in den Fällen 1 und 2 unmittelbar klar; für ν folgt es sofort aus der Definition des Moduls A/C:

$$\nu(a_1 r_1 + a_2 r_2) = (a_1 r_1 + a_2 r_2) + C = (a_1 r_1 + C) + (a_2 r_2 + C) = (a_1 + C) r_1 + (a_2 + C) r_2 = \nu(a_1) r_1 + \nu(a_2) r_2 .$$

Die Homomorphismen 0, ι, ν werden im folgenden stets mit den gleichen Bedeutungen benutzt, wenn auch mit wechselnden Bezeichnungen für Quelle und Ziel. Für die identische Abbildung eines Moduls A, die ein Spezialfall der Inklusion ist, wird 1_A geschrieben.

Sind α und β Homomorphismen mit $Zi(\alpha) = Qu(\beta)$, etwa

$$\alpha: \ A \to B, \qquad \beta: \ B \to C,$$

dann ist die Hintereinanderausführung der Abbildungen α und β, bezeichnet mit $\beta\alpha$, offensichtlich wieder ein Homomorphismus und zwar von A nach C. Für $a \in A$ gilt dann $(\beta\alpha)a = \beta(\alpha a)$.

Wie leicht zu sehen, ist eine Abbildung $\alpha : A \to B$ genau dann eine Bijektion, wenn die (eindeutig bestimmte) Umkehrabbildung $\alpha^{-1} : B \to A$ mit $\alpha^{-1}\alpha = 1_A$, $\alpha\alpha^{-1} = 1_B$ existiert. Ist α ein bijektiver Homomorphismus, dann ist auch α^{-1} ein Homomorphismus: Seien $b_1 = \alpha(a_1)$, $b_2 = \alpha(a_2)$ beliebig aus B und $r_1, r_2 \in R$, dann gilt

$$\begin{aligned} \alpha^{-1}(b_1 r_1 + b_2 r_2) &= \alpha^{-1}(\alpha(a_1)r_1 + \alpha(a_2)r_2) \\ &= \alpha^{-1}(\alpha(a_1 r_1 + a_2 r_2)) = a_1 r_1 + a_2 r_2 \\ &= \alpha^{-1}(b_1)r_1 + \alpha^{-1}(b_2)r_2 . \end{aligned}$$

Sei im folgenden stets $\alpha : A \to B$ ein Homomorphismus.

Für $U \subset A$, $V \subset B$ wird definiert:

$$\begin{aligned} \alpha(U) &:= \{\alpha(u) \mid u \in U\} \\ \alpha^{-1}(V) &:= \{a \mid a \in A \wedge \alpha(a) \in V\}. \end{aligned}$$

Man beachte dabei, daß α^{-1} selbst im allgemeinen nicht definiert ist, es sei denn α ist bijektiv.

3.1.2 Lemma

(1) $U \subsetneq A \;\Rightarrow\; \alpha(U) \subsetneq B$.

(2) $V \subsetneq B \;\Rightarrow\; \alpha^{-1}(V) \subsetneq A$.

B e w e i s. (1) Seien $u_1, u_2 \in U$, also $\alpha(u_1), \alpha(u_2) \in \alpha(U) \wedge r_1, r_2 \in R \Rightarrow \alpha(u_1)r_1 + \alpha(u_2)r_2 = \alpha(u_1 r_1 + u_2 r_2) \in \alpha(U)$, da $u_1 r_1 + u_2 r_2 \in U$.

(2) Seien $a_1, a_2 \in \alpha^{-1}(V)$, also $\alpha(a_1), \alpha(a_2) \in V \wedge r_1, r_2 \in R \Rightarrow \alpha(a_1 r_1 + a_2 r_2) = \alpha(a_1)r_1 + \alpha(a_2)r_2 \in V \Rightarrow a_1 r_1 + a_2 r_2 \in \alpha^{-1}(V)$. □

3.1.3 Definition

K e r n *von* α $= Ke(\alpha) := \alpha^{-1}(0)$

B i l d *von* α $= Bi(\alpha) := \alpha(A)$

K o k e r n *von* α $= Koke(\alpha) := Zi(\alpha)/Bi(\alpha) = B/\alpha(A)$

K o b i l d *von* α $= Kobi(\alpha) := Qu(\alpha)/Ke(\alpha) = A/\alpha^{-1}(0)$.

$Bi(\alpha)$ hatten wir schon zuvor eingeführt. Auf Grund von 3.1.2 wissen wir, daß $Ke(\alpha)$ und $Bi(\alpha)$ Untermoduln sind, so daß die Definitionen von Kokern und Kobild sinnvoll sind.

Für die Kategorie M_R der R-Rechtsmoduln, die in 1.2.5 eingeführt wurde (beachte, daß jetzt alle Moduln unitär sind), übernehmen wir alle Beizeichnungen aus Kapitel 1. Insbesondere wollen wir jetzt mit Hilfe der Begriffe aus 1.1.3 injektive, surjektive und bijektive Homomorphismen kennzeichnen. Zunächst wiederholen wir diese Begriffe für die Kategorie M_R.

3.1.4 Definition *Ein Homomorphismus* $\alpha: A_R \to B_R$ *heißt*

M o n o m o r p h i s m u s $\alpha :\Longleftrightarrow$

$$\forall C \in M_R\ \forall \gamma_1, \gamma_2 \in \mathrm{Hom}_R(C, A)\ [\alpha\gamma_1 = \alpha\gamma_2 \Rightarrow \gamma_1 = \gamma_2]$$

E p i m o r p h i s m u s $\alpha :\Longleftrightarrow$

$$\forall C \in M_R\ \forall \beta_1, \beta_2 \in \mathrm{Hom}_R(B, C)\ [\beta_1\alpha = \beta_2\alpha \Rightarrow \beta_1 = \beta_2]$$

B i m o r p h i s m u s $\alpha :\Longleftrightarrow$

Epimorphismus $\alpha \wedge$ *Monomorphismus* α

I s o m o r p h i s m u s $\alpha :\Longleftrightarrow$

$$\exists \alpha' \in \mathrm{Hom}_R(B, A)\ [\alpha'\alpha = 1_A \wedge \alpha\alpha' = 1_B]$$

3.1.5 Lemma *Sei* $\alpha: A \to B$ *ein Homomorphismus, dann gilt:*

(1) *Injektion* $\alpha \iff$ *Monomorphismus* α.

(2) *Surjektion* $\alpha \iff$ *Epimorphismus* α.

(3) *Bijektion* $\alpha \iff$ *Bimorphismus* α

$\iff$ *Isomorphismus* α.

B e w e i s. (1) „$\Rightarrow$“: Sei $\alpha\gamma_1 = \alpha\gamma_2$ mit $\gamma_1, \gamma_2 \in \mathrm{Hom}_R(C, A)$. Angenommen $\gamma_1 \neq \gamma_2 \Rightarrow \exists c \in C\ [\gamma_1(c) \neq \gamma_2(c)] \Rightarrow \alpha(\gamma_1(c)) \neq \alpha(\gamma_2(c)) \Rightarrow \alpha\gamma_1 \neq \alpha\gamma_2$ ↯ . Also muß $\gamma_1 = \gamma_2$ gelten.

(1) „$\Leftarrow$“: Sei $\alpha(a_1) = \alpha(a_2) \Rightarrow \alpha(a_1) - \alpha(a_2) = \alpha(a_1 - a_2) = 0$.

Seien $\gamma_1 = \iota: (a_1 - a_2)R \ni (a_1 - a_2)r \mapsto (a_1 - a_2)r \in A$

$\gamma_2 = 0: (a_1 - a_2)R \ni (a_1 - a_2)r \mapsto 0 \in A$,

dann sind $\gamma_1, \gamma_2 \in \mathrm{Hom}_R((a_1 - a_2)R, A)$ und es gilt

$$\alpha(\gamma_1((a_1 - a_2)r)) = \alpha((a_1 - a_2)r) = \alpha(a_1 - a_2)r = 0$$
$$\alpha(\gamma_2((a_1 - a_2)r)) = \alpha(0) = 0$$

d.h. $\alpha\gamma_1 = \alpha\gamma_2$. Nach Voraussetzung folgt dann $\gamma_1 = \gamma_2 \Rightarrow \gamma_1(a_1 - a_2) = a_1 - a_2 = \gamma_2(a_1 - a_2) = 0 \Rightarrow a_1 = a_2$.

(2) „$\Rightarrow$“: Sei $\beta_1\alpha = \beta_2\alpha$ mit $\beta_1, \beta_2 \in \mathrm{Hom}_R(B, C)$. Angenommen $\beta_1 \neq \beta_2 \Rightarrow \exists b \in B\ [\beta_1(b) \neq \beta_2(b)]$. Da α surjektiv ist, existiert $a \in A$ mit $\alpha(a) = b \Rightarrow \beta_1\alpha(a) = \beta_1(b) \neq \beta_2(b) = \beta_2\alpha(a) \Rightarrow \beta_1\alpha \neq \beta_2\alpha$ ↯ . Also muß $\beta_1 = \beta_2$ gelten.

(2) „$\Leftarrow$“: Seien

$\beta_1 = \nu: B \to B/\mathrm{Bi}(\alpha)$

$\beta_2 = 0: B \to B/\mathrm{Bi}(\alpha)$,

dann gilt $\beta_1, \beta_2 \in \mathrm{Hom}_R(B, B/\mathrm{Bi}(\alpha))$ und $\beta_1\alpha = \beta_2\alpha = 0$. Nach Voraussetzung folgt dann $\beta_1 = \beta_2$ d.h. $B = \mathrm{Bi}(\alpha)$, und somit ist α surjektiv.

(3) „Bijektion $\alpha \Longleftrightarrow$ Bimorphismus α" folgt nach (1) und (2). Ferner ist klar, daß jede Bijektion ein Isomorphismus ist, denn für eine Bijektion α ist, wie schon zuvor gezeigt, α^{-1} ein Homomorphismus. Sei umgekehrt α ein Isomorphismus, dann folgt aus $\alpha'\alpha = 1_A$, daß α injektiv ist und aus $\alpha'\alpha = 1_B$, daß α surjektiv ist. (Selbstverständlich ist dann $\alpha^{-1} = \alpha'$.) □

3.1.6 Lemma *Seien* $\alpha : A \to B$ *und* $\beta : B \to C$ *Homomorphismen. Dann gilt*

(1) *Monomorphismen* $\alpha, \beta \Rightarrow$ *Monomorphismus* $\beta\alpha$
Epimorphismen $\alpha, \beta \Rightarrow$ *Epimorphismus* $\beta\alpha$

(2) *Monomorphismus* $\beta\alpha \Rightarrow$ *Monomorphismus* α
Epimorphismus $\beta\alpha \Rightarrow$ *Epimorphismus* β.

Beweis. (1) Seien $\gamma_1, \gamma_2 \in \mathrm{Hom}_R(M, A)$, dann gilt, da β und α Monomorphismen sind: $\beta\alpha\gamma_1 = \beta\alpha\gamma_2 \Rightarrow \alpha\gamma_1 = \alpha\gamma_2 \Rightarrow \gamma_1 = \gamma_2$; also ist $\beta\alpha$ ein Monomorphismus. Analog für Epimorphismen.

(2) Seien wieder $\gamma_1, \gamma_2 \in \mathrm{Hom}_R(M, A)$. Dann gilt, da $\beta\alpha$ ein Monomorphismus ist: $\alpha\gamma_1 = \alpha\gamma_2 \Rightarrow \beta\alpha\gamma_1 = \beta\alpha\gamma_2 \Rightarrow \gamma_1 = \gamma_2$; also ist α ein Monomorphismus. Analog für Epimorphismen. □

3.1.7 Definition *Zwei Moduln* A, B *heißen* isomorph, *in Zeichen* $A \cong B :\Longleftrightarrow$ *es existiert ein Isomorphismus* $\alpha : A \to B$.

Bemerkung. $\cong$ *ist eine Äquivalenzrelation der Klasse aller* R-*Rechtsmoduln.*

Beweis. (1) $A \cong A$, da 1_A Isomorphismus.

(2) Sei $\alpha : A \to B$ ein Isomorphismus, dann ist $\alpha^{-1} : B \to A$ ein Isomorphismus, d.h., aus $A \cong B$ folgt $B \cong A$.

(3) Seien $\alpha : A \to B$, $\beta : B \to C$ Isomorphismen, dann auch $\beta\alpha$, denn $\alpha^{-1}\beta^{-1}\beta\alpha = 1_A$ und $\beta\alpha\alpha^{-1}\beta^{-1} = 1_C$, d.h., aus $A \cong B$ und $B \cong C$ folgt $A \cong C$. □

3.1.8 Lemma *Sei* $\alpha : A \to B$ *ein Homomorphismus. Dann gilt:*

(1) *Monomorphismus* $\alpha \Longleftrightarrow \mathrm{Ke}(\alpha) = 0$.

(2) $U \hookrightarrow A \Rightarrow \alpha^{-1}(\alpha(U)) = U + \mathrm{Ke}(\alpha)$.

(3) $V \hookrightarrow B \Rightarrow \alpha(\alpha^{-1}(V)) = V \cap \mathrm{Bi}(\alpha)$.

(4) *Sei auch* $\beta : B \to C$ *ein Homomorphismus* $\Rightarrow \mathrm{Ke}(\beta\alpha) = \alpha^{-1}(\mathrm{Ke}(\beta)) \wedge \mathrm{Bi}(\beta\alpha) = \beta(\mathrm{Bi}(\alpha))$.

Beweis. (1) „$\Rightarrow$": Monomorphismus $\alpha \Rightarrow$ Injektion α (nach 3.1.5) $\Rightarrow \mathrm{Ke}(\alpha) = 0$ (denn $\alpha(0) = 0$).

(1) „$\Leftarrow$": Sei $\alpha(a_1) = \alpha(a_2) \Rightarrow \alpha(a_1 - a_2) = 0 \Rightarrow a_1 - a_2 \in \mathrm{Ke}(\alpha) = 0 \Rightarrow a_1 = a_2 \Rightarrow$ Injektion $\alpha \Rightarrow$ Monomorphismus α (nach 3.1.5).

(2) „$\alpha^{-1}(\alpha(U)) \hookrightarrow U + \mathrm{Ke}(\alpha)$": Sei $a \in \alpha^{-1}(\alpha(U)) \Rightarrow \alpha(a) \in \alpha(U) \Rightarrow \exists\, u \in U[\alpha(a) = \alpha(u)] \Rightarrow \alpha(a - u) = 0 \Rightarrow a - u \in \mathrm{Ke}(\alpha) \Rightarrow a \in U + \mathrm{Ke}(\alpha)$.

(2) „$U + Ke(\alpha) \subseteq \alpha^{-1}(\alpha(U))$“: Seien $u \in U$, $k \in Ke(\alpha) \Rightarrow \alpha(u + k) = \alpha(u) + \alpha(k) = \alpha(u) + 0 = \alpha(u) \in \alpha(U) \Rightarrow u + k \in \alpha^{-1}(\alpha(U))$.

(3) Übung für den Leser.

(4) $a \in Ke(\beta\alpha) \Longleftrightarrow \beta\alpha(a) = 0 \Longleftrightarrow \alpha(a) \in Ke(\beta) \Longleftrightarrow a \in \alpha^{-1}(Ke(\beta))$. $Bi(\beta\alpha) = \beta\alpha(A) = \beta(\alpha(A)) = \beta(Bi(\alpha))$. □

Aus dem Lemma folgt unmittelbar: Sei $U \subseteq A \wedge$ Monomorphismus $\alpha : A \to B \Rightarrow U = \alpha^{-1}(\alpha(U))$, d.h., jeden Untermodul U von A erhält man in der Form $\alpha^{-1}(V)$ mit $V \subseteq B$ (setze $V = \alpha(U)$); sei $V \subseteq B \wedge$ Epimorphismus $\alpha : A \to B \Rightarrow V = \alpha(\alpha^{-1}(V))$, d.h. jeden Untermodul V von B erhält man in der Form $\alpha(U)$ mit $U \subseteq A$ (setze $U = \alpha^{-1}(V)$).

Von diesen beiden Tatsachen wird im folgenden jeweils ohne besonderen Hinweis Gebrauch gemacht.

3.1.9 Folgerung *Ist*

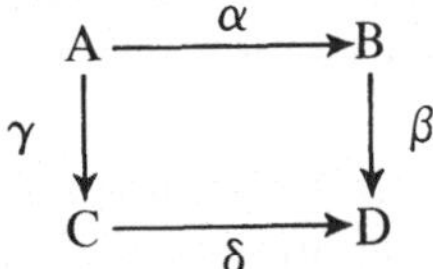

kommutativ, d.h. $\beta\alpha = \delta\gamma$, *und sind* γ *ein Epimorphismus,* β *ein Monomorphismus, dann gilt*

$$Bi(\alpha) = \beta^{-1}(Bi(\delta)), \qquad Ke(\delta) = \gamma(Ke(\alpha)).$$

B e w e i s. $Bi(\alpha) = \beta^{-1}(\beta(Bi(\alpha)))$ nach 3.1.8, da β Monomorphismus $\Rightarrow Bi(\alpha) = \beta^{-1}(Bi(\beta\alpha)) = \beta^{-1}(Bi(\delta\gamma)) = \beta^{-1}(Bi(\delta))$, da γ Epimorphismus; ferner $Ke(\delta) = \gamma(\gamma^{-1}(Ke(\delta)))$ nach 3.1.8, da γ Epimorphismus $\Rightarrow Ke(\delta) = \gamma(Ke(\delta\gamma))$ nach 3.1.8 $\Rightarrow Ke(\delta) = \gamma(Ke(\beta\alpha)) = \gamma(Ke(\alpha))$, da β Monomorphismus. □

Wir wenden uns jetzt der Frage zu, wie sich Summen und Durchschnitte von Untermoduln bei Homomorphismen und Inversenbildung verhalten (s. dazu auch Übung 1).

3.1.10 Lemma *Gegeben seien ein Homomorphismus* $\alpha : A \to B$ *sowie eine Menge* $\{A_i | i \in I\}$ *von* $A_i \subseteq A$ *und eine Menge* $\{B_i | i \in I\}$ *von* $B_i \subseteq B$. *Dann gilt*

(a) $$\alpha(\sum_{i \in I} A_i) = \sum_{i \in I} \alpha(A_i), \qquad \alpha^{-1}(\bigcap_{i \in I} B_i) = \bigcap_{i \in I} \alpha^{-1}(B_i).$$

(b) $$\alpha^{-1}(\sum_{i \in I} B_i) \supseteq \sum_{i \in I} \alpha^{-1}(B_i), \quad \alpha(\bigcap_{i \in I} A_i) \subseteq \bigcap_{i \in I} \alpha(A_i).$$

(c) *Sei jetzt* $B_i \subseteq Bi(\alpha)$ *für alle* $i \in I$, *dann gilt*

$$\alpha^{-1}(\sum_{i \in I} B_i) = \sum_{i \in I} \alpha^{-1}(B_i).$$

Sei jetzt $Ke(\alpha) \subseteq A_i$ *für alle* $i \in I$, *dann gilt*

$$\alpha(\bigcap_{i \in I} A_i) = \bigcap_{i \in I} \alpha(A_i).$$

B e w e i s. Die Behauptungen in (a) und (b) sind leicht zu verifizieren, was dem Leser zur Übung überlassen wird. Bleibt (c) zu beweisen.

Unter Berücksichtigung von (a) und 3.1.8 ergibt sich:

$$\alpha^{-1}(\sum_{i\in I} B_i) = \alpha^{-1}(\sum_{i\in I}(B_i \cap \mathrm{Bi}(\alpha))) = \alpha^{-1}(\sum_{i\in I}\alpha\alpha^{-1}(B_i))$$

$$= \alpha^{-1}\alpha(\sum_{i\in I}\alpha^{-1}(B_i)) = (\sum_{i\in I}\alpha^{-1}(B_i)) + \mathrm{Ke}(\alpha) = \sum_{i\in I}\alpha^{-1}(B_i)$$

sowie $\alpha(\bigcap_{i\in I} A_i) = \alpha(\bigcap_{i\in I}(A_i + \mathrm{Ke}(\alpha))) = \alpha(\bigcap_{i\in I}\alpha^{-1}\alpha(A_i))$

$$= \alpha\alpha^{-1}(\bigcap_{i\in I}\alpha(A_i)) = (\bigcap_{i\in I}\alpha(A_i)) \cap \mathrm{Bi}(\alpha) = \bigcap_{i\in I}\alpha(A_i). \qquad \square$$

3.1.11 Folgerung *Sei* $U_R \hookrightarrow M_R$, *dann gilt:* M/U *ist endlich koerzeugt* (2.3.14) $\Longleftrightarrow$ *in jeder Menge* $\{A_i | i \in I\}$ *von Untermoduln* $A_i \hookrightarrow M$ *mit*

$$\bigcap_{i\in I} A_i = U$$

gibt es eine endliche Teilmenge $\{A_i | i \in I_0\}$ *(d.h.* I_0 *endlich) mit*

$$\bigcap_{i\in I_0} A_i = U\,.$$

B e w e i s. „⇒": Bezeichne $\nu : M \to M/U$ den natürlichen Epimorphismus. Wegen $\bigcap_{i\in I} A_i = U$ gilt $U = \mathrm{Ke}(\nu) \hookrightarrow A_i$, so daß 3.1.10 (c) angewendet werden kann. Damit folgt

$$\bigcap_{i\in I}\nu(A_i) = \nu(\bigcap_{i\in I} A_i) = \nu(U) = 0 \hookrightarrow N/U.$$

Nach Voraussetzung gibt es dann eine endliche Teilmenge $I_0 \subset I$ mit

$$\bigcap_{i\in I_0}\nu(A_i) = 0\,.$$

Dann folgt nach 3.1.10 (a)

$$\nu^{-1}(0) = U = \nu^{-1}(\bigcap_{i\in I_0}\nu(A_i)) = \bigcap_{i\in I_0}\nu^{-1}\nu(A_i) = \bigcap_{i\in I_0}(A_i + U) = \bigcap_{i\in I_0} A_i\,.$$

„⇐": Sei jetzt $\{\Lambda_i | i \in I\}$ eine Menge von Untermoduln $\Lambda_i \hookrightarrow M/U$ mit

$$\bigcap_{i\in I}\Lambda_i = 0\,.$$

Dann folgt nach 3.1.10 (a)

$$\nu^{-1}(0) = U = \nu^{-1}(\bigcap_{i\in I}\Lambda_i) = \bigcap_{i\in I}\nu^{-1}(\Lambda_i)\,.$$

Nach Voraussetzung gibt es eine endliche Teilmenge $I_0 \subset I$ mit

$$\bigcap_{i\in I_0} \nu^{-1}(\Lambda_i) = U\,.$$

Wegen $U = \mathrm{Ke}(\nu) \subsetneq \nu^{-1}(\Lambda_i)$ folgt nach 3.1.10 (c)

$$\nu(\bigcap_{i\in I_0} \nu^{-1}(\Lambda_i)) = \bigcap_{i\in I_0} \nu\nu^{-1}(\Lambda_i) = \bigcap_{i\in I_0} (\Lambda_i \cap \mathrm{Bi}(\nu)) = \bigcap_{i\in I_0} \Lambda_i = \nu(U) = 0\,. \quad \square$$

Ein V e r b a n d bzw. v o l l s t ä n d i g e r V e r b a n d ist eine geordnete Menge, in der jede zweielementige Teilmenge bzw. jede Teilmenge ein Infimum und ein Supremum besitzt. Die Menge aller Untermoduln eines Moduls ist mit $\subsetneq$ als Ordnungsrelation ein vollständiger Verband, wobei das Infimum der Durchschnitt und das Supremum die Summe von Untermoduln ist.

Sei nun A_R gegeben, dann bezeichne Ver(A) den Verband der Untermoduln von A. Sei $\alpha : A \to L$ ein Homomorphismus, und bezeichne $C := \mathrm{Ke}(\alpha)$, $N := \mathrm{Bi}(\alpha)$. Dann betrachten wir den Teilverband

$$\mathrm{Ver}(A, \overline{C}) \;:=\; \{U \mid C \subsetneq U \subsetneq A\}$$

von Ver(A) und den Teilverband

$$\mathrm{Ver}(L, \underline{N}) \;:=\; \{V \mid V \subsetneq N\} \;(= \mathrm{Ver}(N))$$

von Ver(L). Mit diesen Bezeichnungen gilt der folgende Zusammenhang.

3.1.12 Lemma *Durch*

$$\hat{\alpha}: \quad \mathrm{Ver}(A, \overline{C}) \ni U \mapsto \alpha(U) \in \mathrm{Ver}(L, \underline{N})$$

wird eine Bijektion definiert, für die gilt:

(1) $\hat{\alpha}(U_1 + U_2) = \hat{\alpha}(U_1) + \hat{\alpha}(U_2)$

(2) $\hat{\alpha}(U_1 \cap U_2) = \hat{\alpha}(U_1) \cap \hat{\alpha}(U_2)$,

das bedeutet, daß $\hat{\alpha}$ *ein Verbandsisomorphismus zwischen* $\mathrm{Ver}(\mathrm{Qu}(\alpha), \overline{\mathrm{Ke}(\alpha)})$ *und* $\mathrm{Ver}(\mathrm{Zi}(\alpha), \underline{\mathrm{Bi}(\alpha)}) = \mathrm{Ver}(\mathrm{Bi}(\alpha))$ *ist.*

B e w e i s. Wir benutzen dazu 3.1.8. „Injektiv $\hat{\alpha}$“: Gelte $\alpha(U_1) = \alpha(U_2)$ für $U_1, U_2 \in \mathrm{Ver}(A, \overline{C}) \Rightarrow \alpha^{-1}(\alpha(U_1)) = U_1 + \mathrm{Ke}(\alpha) = \alpha^{-1}(\alpha(U_2)) = U_2 + \mathrm{Ke}(\alpha)$. Wegen $\mathrm{Ke}(\alpha) = C \subsetneq U_i$, $(i = 1, 2) \Rightarrow U_1 = U_2$.

„Surjektiv $\hat{\alpha}$“: Sei $V \subsetneq N = \mathrm{Bi}(\alpha) \Rightarrow \alpha^{-1}(0) = C \subsetneq \alpha^{-1}(V) \subsetneq A \wedge \alpha(\alpha^{-1}(V)) = V \cap N = V$, d.h. $\hat{\alpha}(\alpha^{-1}(V)) = V$.

(1) $\hat{\alpha}(U_1 + U_2) = \alpha(U_1 + U_2) = \alpha(U_1) + \alpha(U_2) = \hat{\alpha}(U_1) + \hat{\alpha}(U_2)$.

(2) Trivialerweise gilt $\hat{\alpha}(U_1 \cap U_2) \subsetneq \hat{\alpha}(U_1) \cap \hat{\alpha}(U_2)$. Sei jetzt $x \in \hat{\alpha}(U_1) \cap \hat{\alpha}(U_2)$, d.h. $x = \alpha(u_1) = \alpha(u_2)$ mit $u_1 \in U_1, u_2 \in U_2 \Rightarrow \alpha(u_1 - u_2) = 0 \Rightarrow u_1 - u_2 = c \in \mathrm{Ke}(\alpha) = C \Rightarrow u_1 = u_2 + c$. Wegen $C \subsetneq U_2 \Rightarrow u_1 = u_2 + c \in U_1 \cap U_2 \Rightarrow x = \alpha(u_1) \in \alpha(U_1 \cap U_2) \Rightarrow \hat{\alpha}(U_1) \cap \hat{\alpha}(U_2) \subsetneq \hat{\alpha}(U_1 \cap U_2)$. $\square$

3.1.13 Folgerung *Sei* C $\subsetneq$ A *und sei* ν : A $\to$ A/C, *dann ist*

$$\hat{\nu}: \quad \mathrm{Ver}(A, \bar{C}) \ni U \mapsto \nu(U) \in \mathrm{Ver}(A/C)$$

ein Verbandsisomorphismus.

3.1.14 Folgerung *Maximal* C $\subsetneq$ A $\iff$ *einfach* A/C.

Zur Übung gebe man einen neuen und vollständigen Beweis von 2.5.6.

3.2 Ringhomomorphismen

Wir machen jetzt einige Bemerkungen über Ringhomomorphismen.

3.2.1 Definition *Seien* R *und* S *Ringe, dann ist ein Ringhomomorphismus*

$$\rho: \quad R \to S$$

eine Abbildung, bei der für alle $r_1, r_2 \in R$ *gilt:*

$$\rho(r_1 + r_2) = \rho(r_1) + \rho(r_2),$$

$$\rho(r_1 r_2) = \rho(r_1)\,\rho(r_2)\,.$$

ρ *heißt* u n i t ä r , *wenn – wie hier stets vorausgesetzt –* R *und* S *Ringe mit Einselement sind und* ρ *das Einselement aus* R *auf das aus* S *abbildet.*

Auch für die Kategorie der Ringe benutzen wir die in 1.1.3 eingeführten Begriffe.

3.2.2 Lemma *Sei* ρ : R $\to$ S *ein Ringhomomorphismus, dann gilt:*

(1) *Injektion* ρ $\Rightarrow$ *Monomorphismus* ρ .

(2) *Surjektion* ρ $\Rightarrow$ *Epimorphismus* ρ .

(3) *Bijektion* ρ $\iff$ *Isomorphismus* ρ

$\Rightarrow$ *Bimorphismus* ρ .

B e w e i s. Wie im Beweis von 3.1.5. □

Es soll betont werden, daß zwar von (1) die Umkehrung gilt, nicht aber von (2) und (3) (s. Übungen). Hierin unterscheidet sich die Kategorie der Ringe von der der Moduln.

Man nennt zwei Ringe R und S i s o m o r p h , in Zeichen R $\cong$ S, wenn ein Isomorphismus von R nach S existiert. Offensichtlich ist $\cong$ eine Äquivalenzrelation in der Klasse aller Ringe. Ein Isomorphismus von R nach R heißt ein A u t o m o r p h i s m u s.

Wie bei Moduln existieren Ringhomomorphismen ι und ν sowie 0, falls der Nullring zugelassen wird. Sei C ein zweiseitiges Ideal in einem Ring R, dann wird ν durch

$$\nu: \quad R \ni r \mapsto r + C \in R/C$$

definiert, wobei R/C der Restklassenring (2.5.2) ist.

Ferner ist es klar, daß das Bild eines (unitären) Unterringes bei einem (unitären) Ringhomomorphismus ρ wieder ein (unitärer) Unterring von $\mathrm{Zi}(\rho)$ ist. Insbesondere ist $\mathrm{Bi}(\rho)$ ein (unitärer) Unterring von $\mathrm{Zi}(\rho)$.

Wichtiger als die Unterringe eines Ringes sind meist die Ideale. Dazu stellen wir fest

3.2.3 Lemma *Sei* $\rho : R \to S$ *ein Ringhomomorphismus und sei* V *ein zweiseitiges Ideal in* S, *dann ist* $\rho^{-1}(V)$ *ein zweiseitiges Ideal in* R.

B e w e i s. Seien $u_1, u_2 \in \rho^{-1}(V)$ und $r \in R$, dann gilt: $\rho(u_1 + u_2) = \rho(u_1) + \rho(u_2) \in V \Rightarrow u_1 + u_2 \in \rho^{-1}(V)$; $\rho(u_1 r) = \rho(u_1)\rho(r) \in V \Rightarrow u_1 r \in \rho^{-1}(V)$ und analog $ru_1 \in \rho^{-1}(V) \Rightarrow \rho^{-1}(V)$ ist zweiseitiges Ideal in R. □

Aus dem Lemma folgt, daß $\mathrm{Ke}(\rho)$ ein zweiseitiges Ideal in R ist, für das dann der Restklassenring $R/\mathrm{Ke}(\rho)$ existiert. Speziell ist $\mathrm{Ke}(\nu) = C$ für $\nu : R \to R/C$.

Es soll jetzt gezeigt werden, daß zu jedem unitären Ringhomomorphismus

$$\rho : R \to S$$

ein Funktor (s. 1.3)

$$F_\rho : \mathsf{M}_S \to \mathsf{M}_R$$

existiert. Dazu wird jedem Modul M_S in folgender Weise ein Modul M_R zugeordnet: Die additive Gruppe M^+ von M_R sei gleich der von M_S; die R-Modulstruktur wird durch

$$mr := m\rho(r), \qquad m \in M^+, r \in R$$

definiert. Daß dann M_R tatsächlich ein unitärer R-Modul ist, ist unmittelbar zu bestätigen.

Sei jetzt

$$\varphi : M_S \to N_S$$

gegeben. Dann gilt offenbar

$$\varphi(mr) = \varphi(m\rho(r)) = \varphi(m)\rho(r) = \varphi(m)r\,,$$

also ist jeder S-Homomorphismus auch ein R-Homomorphismus. Um zu zeigen, daß F_ρ mit $F_\rho(M_S) = M_R$, $F_\rho(\varphi) = \varphi$ ein Funktor ist, bleibt die Feststellung

$$F_\rho(1_{M_S}) = 1_{M_R}, \qquad F_\rho(\psi\varphi) = \psi\varphi = F_\rho(\psi)F_\rho(\varphi)\,.$$

Ein solcher Funktor F_ρ wird in der englisch-sprachigen Literatur meist als c h a n g e o f r i n g s bezeichnet.

Daß jeder S-Homomorphismus ein R-Homomorphismus ist, zieht $\mathrm{Hom}_S(M, N) \subsetneq \mathrm{Hom}_R(M, N)$ nach sich. Ist ρ surjektiv, so gilt sogar $\mathrm{Hom}_S(M, N) = \mathrm{Hom}_R(M, N)$. Die S-Untermoduln von M_S sind offenbar auch R-Untermoduln, und im Falle eines surjektiven ρ stimmen die S-Untermoduln mit den R-Untermoduln überein.

Beispiele f ü r R i n g h o m o m o r p h i s m e n. **1.** Sei R ein unitärer Unterring von S, und sei $\rho = \iota$ die Inklusionsabbildung.

2. Zu jedem Ring S mit dem Einselement 1 gibt es einen Ringhomomorphismus

$$\rho: \quad \mathsf{Z} \ni z \mapsto z1 \in \mathsf{S},$$

und der zugehörige Funktor F_ρ ist der Vergißfunktor von M_S in die Kategorie der abelschen Gruppen.

3. Sei C ein zweiseitiges Ideal von R und sei

$$\nu: \quad R \to R/C$$

der natürliche Epimorphismus, dann ist jeder R/C-Modul auch ein R-Modul, und für $M_{R/C}$, $N_{R/C}$ gilt

$$\mathrm{Hom}_{R/C}(M, N) = \mathrm{Hom}_R(M, N).$$

3.3 Generatoren und Kogeneratoren

Generatoren und Kogeneratoren sind kategorische Begriffe, die in der modernen Entwicklung der Theorie der Moduln, aber auch in anderen Kategorien eine wichtige Rolle spielen. Wir geben hier die Definitionen und einige einfache Folgerungen daraus an. Später kommen wir auf diese Begriffe mehrfach zurück.

3.3.1 Definition

(a) *Der Modul* B_R *heißt* G e n e r a t o r (*von* M_R) : $\iff$

$$\forall M \in \mathsf{M}_R \left[M = \sum_{\varphi \in \mathrm{Hom}_R(B, M)} \mathrm{Bi}(\varphi)\right].$$

(b) *Der Modul* C_R *heißt* K o g e n e r a t o r (*von* M_R) : $\iff$

$$\forall M \in \mathsf{M}_R \left[0 = \bigcap_{\varphi \in \mathrm{Hom}_R(M, C)} \mathrm{Ke}(\varphi)\right].$$

Für beliebige Moduln B, M ist

$$\mathrm{Bi}(B, M) := \sum_{\varphi \in \mathrm{Hom}_R(B, M)} \mathrm{Bi}(\varphi)$$

als Summe von Untermoduln von M selbst ein Untermodul von M. Die Generatoreigenschaft von B besagt, daß Bi(B, M) für jedes M so groß wie möglich ist, nämlich gleich M.

Für beliebige Moduln C, M ist

$$\mathrm{Ke}(M, C) := \bigcap_{\varphi \in \mathrm{Hom}_R(M, C)} \mathrm{Ke}(\varphi)$$

als Durchschnitt von Untermoduln von M selbst ein Untermodul von M. Die Kogeneratoreigenschaft von C besagt, daß Ke(M, C) für jedes M so klein wie möglich ist, nämlich gleich 0.

Ein Beispiel für einen Generator von M_R ist sofort anzugeben: R_R ist Generator. Sei nämlich $m \in M$, dann existiert der Homomorphismus

$$\varphi_m : R \ni r \mapsto mr \in M$$

mit $\varphi_m(1) = m1 = m$. Damit folgt

$$M = \sum_{m \in M} \operatorname{Bi}(\varphi_m) \hookrightarrow \operatorname{Bi}(R, M) \hookrightarrow M,$$

also gilt $\operatorname{Bi}(R, M) = M$.

Für M_R existieren auch Kogeneratoren, jedoch können Beispiele dafür erst später angegeben werden, wenn injektive Moduln zur Verfügung stehen.

3.3.2 Folgerung

(a) *Ist* B *ein Generator, und ist* A *ein Modul mit* $\operatorname{Bi}(A, B) = B$, *dann ist auch* A *ein Generator.*

(b) *Jeder Modul, der epimorph auf* R_R *abgebildet werden kann, ist ein Generator.*

(c) *Ist* C *ein Kogenerator, und ist* D *ein Modul mit* $\operatorname{Ke}(C, D) = 0$, *dann ist auch* D *ein Kogenerator.*

Beweis. (a) Offenbar gilt:

$$\sum_{\substack{\psi \in \operatorname{Hom}_R(A, B) \\ \varphi \in \operatorname{Hom}_R(B, M)}} \operatorname{Bi}(\varphi\psi) = \sum_{\varphi, \psi} \varphi(\operatorname{Bi}(\psi)) = \sum_{\varphi} \varphi\Big(\sum_{\psi} \operatorname{Bi}(\psi)\Big)$$

$$= \sum_{\varphi} \varphi(B) = \sum_{\varphi} \operatorname{Bi}(\varphi) = M .$$

(b) Folgt aus (a), da R_R ein Generator ist.

(c) Offenbar gilt:

$$\bigcap_{\substack{\varphi \in \operatorname{Hom}_R(M, C) \\ \psi \in \operatorname{Hom}_R(C, D)}} \operatorname{Ke}(\psi\varphi) = \bigcap_{\varphi, \psi} \varphi^{-1}(\operatorname{Ke}(\psi)) = \bigcap_{\varphi} \varphi^{-1}\Big(\bigcap_{\psi} \operatorname{Ke}(\psi)\Big)$$

$$= \bigcap_{\varphi} \varphi^{-1}(0) = \bigcap_{\varphi} \operatorname{Ke}(\varphi) = 0 .$$

□

Generatoren und Kogeneratoren können in folgender Weise durch Eigenschaften von Homomorphismen gekennzeichnet werden.

3.3.3 Satz

(a) *Generator* B $\Longleftrightarrow$

$$\forall \mu \in \operatorname{Hom}_R(M, N), \mu \neq 0 \ \exists\ \varphi \in \operatorname{Hom}_R(B, M) \ [\mu\varphi \neq 0] .$$

(b) *Kogenerator* C $\Longleftrightarrow$

$$\forall \lambda \in \operatorname{Hom}_R(L, M), \lambda \neq 0 \ \exists\ \varphi \in \operatorname{Hom}_R(M, C) \ [\varphi\lambda \neq 0] .$$

Beweis. (a) „⇒": Wegen $\mu \neq 0$ gibt es $m \in M$ mit $\mu(m) \neq 0$. Da B Generator ist, gibt es eine Darstellung

$$m = \sum_{i=1}^{k} \varphi_i(b_i), \qquad \varphi_i \in \mathrm{Hom}_R(B, M),\ b_i \in B,$$

daher gilt

$$0 \neq \mu(m) = \sum_{i=1}^{k} \mu\varphi_i(b_i),$$

und folglich gibt es ein φ_i mit $\mu\varphi_i \neq 0$.

(a) „⇐": Angenommen $\mathrm{Bi}(B, M) \neq M$, dann sei

$$\nu: \quad M \to M/\mathrm{Bi}(B, M)$$

der natürliche Epimorphismus. Wegen $\nu \neq 0$ gibt es $\varphi \in \mathrm{Hom}_R(B, M)$ mit $\nu\varphi \neq 0$, folglich gilt $\mathrm{Bi}(\varphi) \not\subseteq \mathrm{Bi}(B, M)$ im Widerspruch zur Definition von $\mathrm{Bi}(B, M)$.

(b) „⇒": Wegen $\lambda \neq 0$ gibt es ein $\ell \in L$ mit $\lambda(\ell) \neq 0$. Da C Kogenerator ist, gibt es ein $\varphi \in \mathrm{Hom}_R(M, C)$ mit $\lambda(\ell) \notin \mathrm{Ke}(\varphi)$. Daher gilt $\varphi\lambda(\ell) \neq 0$, also $\varphi\lambda \neq 0$.

(b) „⇐": Angenommen $\mathrm{Ke}(M, C) \neq 0$, dann sei

$$\iota: \quad \mathrm{Ke}(M, C) \to M$$

die Inklusionsabbildung. Wegen $\iota \neq 0$ gibt es $\varphi \in \mathrm{Hom}_R(M, C)$ mit $\varphi\iota \neq 0$. Folglich gilt $\mathrm{Ke}(M, C) \not\subseteq \mathrm{Ke}(\varphi)$ im Widerspruch zur Definition von $\mathrm{Ke}(M, C)$. □

3.4 Produktzerlegungen von Homomorphismen

Es ist oft zweckmäßig, einen gegebenen Homomorphismus in ein Produkt von zwei Homomorphismen zu zerlegen, wobei mindestens einer oder sogar beide Faktoren besonders „angenehme" Eigenschaften besitzen sollten. Das erste und besonders wichtige Beispiel für eine solche Zerlegung ist der Homomorphiesatz:

3.4.1 Homomorphiesatz (a) *Jeder Modulhomomorphismus*

$$\alpha: \quad A \to B$$

besitzt eine Zerlegung $\alpha = \alpha'\nu$, *wobei*

$$\nu: \quad A \to A/\mathrm{Ke}(\alpha)$$

der natürliche Epimorphismus ist (*siehe* 3.1), *und* α' *der durch*

$$\alpha': \quad A/\mathrm{Ke}(\alpha) \ni a + \mathrm{Ke}(\alpha) \mapsto \alpha(a) \in B$$

definierte Monomorphismus. α' *ist dann und nur dann ein Isomorphismus, wenn* α *ein Epimorphismus ist.*

(b) *Jeder Ringhomomorphismus*

$$\rho: \quad R \to S$$

besitzt eine Zerlegung $\rho = \rho'\nu$, *wobei*

$$\nu: \quad R \to R/\mathrm{Ke}(\rho)$$

der natürliche Epimorphismus ist und ρ' *der durch*

$$\rho': \quad R/\mathrm{Ke}(\rho) \ni r + \mathrm{Ke}(\rho) \mapsto \rho(r) \in S$$

definierte Monomorphismus. ρ' *ist dann und nur dann ein Isomorphismus, wenn* ρ *surjektiv ist.*

Bemerkung. Die Gleichung $\alpha = \alpha'\nu$ ist dazu äquivalent, daß das Diagramm

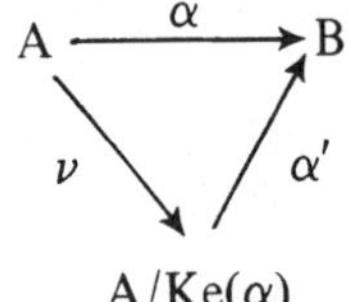

kommutativ ist (analog für die Gleichung $\rho = \rho'\nu$).

Beweis. Es genügt den Beweis für (a) zu führen, da er für (b) ganz analog verläuft.

Zuerst ist festzustellen, daß α' eine Abbildung ist: Sei $a + \mathrm{Ke}(\alpha) = a_1 + \mathrm{Ke}(\alpha) \Rightarrow a_1 = a + u, u \in \mathrm{Ke}(\alpha) \Rightarrow \alpha'(a_1 + \mathrm{Ke}(\alpha)) = \alpha(a_1) = \alpha(a + u) = \alpha(a) + \alpha(u) = \alpha(a) = \alpha'(a + \mathrm{Ke}(\alpha))$.

Dann ist α' offensichtlich ein Homomorphismus. Um zu sehen, daß α' ein Monomorphismus ist, sei (wegen 3.1.8) $\alpha'(a_1 + \mathrm{Ke}(\alpha)) = \alpha(a_1) = 0 \Rightarrow a_1 \in \mathrm{Ke}(\alpha) \Rightarrow a_1 + \mathrm{Ke}(\alpha) = 0 + \mathrm{Ke}(\alpha) \Rightarrow \mathrm{Ke}(\alpha') = 0$.

Sei jetzt $a \in A$ beliebig, dann gilt:

$$\alpha'(\nu(a)) = \alpha'(a + \mathrm{Ke}(\alpha)) = \alpha(a) \Rightarrow \alpha = \alpha'\nu\,.$$

Da α' ein Monomorphismus ist,und wegen $\mathrm{Bi}(\alpha') = \mathrm{Bi}(\alpha)$ ist α' genau dann ein Isomorphismus, wenn α ein Epimorphismus ist. □

3.4.2 Folgerung

(a) *Ist* $\alpha: A \to B$ *ein Modulhomomorphismus, dann ist*

$$\hat{\alpha}: \quad A/\mathrm{Ke}(\alpha) \ni a + \mathrm{Ke}(\alpha) \mapsto \alpha(a) \in \mathrm{Bi}(\alpha)$$

ein Isomorphismus, also gilt

$$A/\mathrm{Ke}(\alpha) \cong \mathrm{Bi}(\alpha)\,.$$

(b) *Ist* $\rho: R \to S$ *ein Ringhomomorphismus, dann ist*

$$\hat{\rho}: \quad R/\mathrm{Ke}(\rho) \ni r + \mathrm{Ke}(\rho) \mapsto \rho(r) \in \mathrm{Bi}(\rho)$$

ein Isomorphismus, also gilt

$$R/\mathrm{Ke}(\rho) \cong \mathrm{Bi}(\rho) \qquad (\textit{als Ringe})\,.$$

B e w e i s. (a) $\hat{\alpha}$ erhält man aus α' durch Einschränkung von $Zi(\alpha') = Zi(\alpha)$ auf $Bi(\alpha)$.
(b) Analog. □

Da die bisherigen Angaben über Ringhomomorphismen für die späteren Überlegungen ausreichen, beschränken wir uns von jetzt ab auf Modulhomomorphismen. Seien also A, B, C, . . . sowie alle Homomorphismen aus einer Modulkategorie, wobei es sich um Rechts-, Links- oder Bimoduln handeln darf.

3.4.3 Erster Isomorphiesatz *Seien* $B \subsetneq A \wedge C \subsetneq A$, *dann gilt*

$$(B + C)/C \cong B/(B \cap C) .$$

B e w e i s. Zum Beweis betrachten wir die Homomorphismen

$$\nu : \quad B + C \to (B + C)/C$$

mit $Ke(\nu) = C$ und

$$\alpha := \nu|B : \quad B \to (B + C)/C$$

mit $Ke(\alpha) = B \cap C$. Darauf wird 3.4.2 angewendet:

$$(B + C)/C \cong Bi(\nu) = \nu(B + C) = \nu(B) + \nu(C) = \nu(B)$$

$$B/(B \cap C) \cong Bi(\alpha) = \alpha(B) = \nu(B)$$

$$\Rightarrow \quad (B + C)/C \cong B/(B \cap C) .$$ □

Man kann diesen Satz auch ohne Verwendung von 3.4.2 dadurch beweisen, daß man verifiziert, daß

$$B/(B \cap C) \ni b + (B \cap C) \mapsto b + C \in (B + C)/C$$

ein Isomorphismus ist. Dies sei dem Leser als Übung überlassen.

3.4.4 Folgerung $A = B \oplus C \Rightarrow A/C \cong B$.

B e w e i s. $A/C = (B + C)/C \cong B/(B \cap C) = B/0 \cong B$. □

Als weitere Folgerung geben wir das L e m m a v o n Z a s s e n h a u s an, das im nächsten Abschnitt wesentlich benutzt wird. Es zeigt, daß u.U. zunächst eine Umformung vorgenommen werden muß, um den 1. Isomorphiesatz anwenden zu können.

3.4.5 Lemma *Seien* $U' \subsetneq U \subsetneq A \wedge V' \subsetneq V \subsetneq A$, *dann gilt*

$$(U' + (U \cap V))/(U' + (U \cap V')) \cong (V' + (U \cap V))/(V' + (U' \cap V)) .$$

B e w e i s. Wir zeigen, daß die linke Seite isomorph zu

$$(U \cap V)/((U' \cap V) + (V' \cap U))$$

ist. Da dieser Ausdruck symmetrisch in U und V ist, ist dann auch die rechte Seite dazu isomorph, woraus sich die Behauptung ergibt.

Wegen $U \cap V' \subsetneq U \cap V$ gilt

$$U' + (U \cap V) = (U \cap V) + (U' + (U \cap V')),$$

und ferner wegen des modularen Gesetzes (2.3.15)

$$\begin{aligned}(U \cap V) \cap (U' + (U \cap V')) &= (U \cap V \cap U') + (U \cap V') \\ &= (U' \cap V) + (U \cap V').\end{aligned}$$

Nach dem 1. Isomorphiesatz folgt damit

$$\begin{aligned}&(U' + (U \cap V))/(U' + (U \cap V')) \\ &\quad = ((U \cap V) + (U' + (U \cap V')))/(U' + (U \cap V')) \\ &\quad \cong (U \cap V)/((U \cap V) \cap (U' + (U \cap V'))) \\ &\quad = (U \cap V)/((U' \cap V) + (U \cap V')).\end{aligned}$$

□

3.4.6 Zweiter Isomorphiesatz *Sei* $C \subsetneq B \subsetneq A$, *dann gilt*

$$A/B \cong (A/C)/(B/C).$$

Beweis. Seien

$$\nu_1 : \; A \to A/C$$
$$\nu_2 : \; A/C \to (A/C)/(B/C),$$

wobei ν_2 sinnvoll ist, da wegen $C \subsetneq B \subsetneq A$ auch B/C Untermodul von A/C ist.

Da ν_1 und ν_2 Epimorphismen sind, ist $\nu_2\nu_1$ ein Epimorphismus (3.1.6) und folglich ergibt 3.4.2

$$A/\mathrm{Ke}(\nu_2\nu_1) \cong (A/C)/(B/C).$$

Dabei gilt wegen 3.1.8

$$\begin{aligned}\mathrm{Ke}(\nu_2\nu_1) &= \nu_1^{-1}(\mathrm{Ke}(\nu_2)) = \nu_1^{-1}(B/C) = \nu_1^{-1}(\nu_1(B)) \\ &= B + \mathrm{Ke}(\nu_1) = B + C = B,\end{aligned}$$

womit die Behauptung folgt. □

Beispiel. $\mathbb{Z}/3\mathbb{Z} \cong (\mathbb{Z}/6\mathbb{Z})/(3\mathbb{Z}/6\mathbb{Z})$.

Es soll schließlich ein Resultat angegeben werden, das als Verallgemeinerung des Homomorphiesatzes 3.4.1 betrachtet werden kann.

3.4.7 Satz *Seien* $\alpha : A \to B$ *ein Homomorphismus und* $\varphi : A \to C$ *ein Epimorphismus mit* $\mathrm{Ke}(\varphi) \subsetneq \mathrm{Ke}(\alpha)$. *Dann existiert ein Homomorphismus* $\lambda : C \to B$ *mit*

(1) $\alpha = \lambda\varphi$

(2) $\mathrm{Bi}(\lambda) = \mathrm{Bi}(\alpha)$

(3) *Monomorphismus* $\lambda \iff \mathrm{Ke}(\varphi) = \mathrm{Ke}(\alpha)$.

B e m e r k u n g. (1) bedeutet, daß das Diagramm

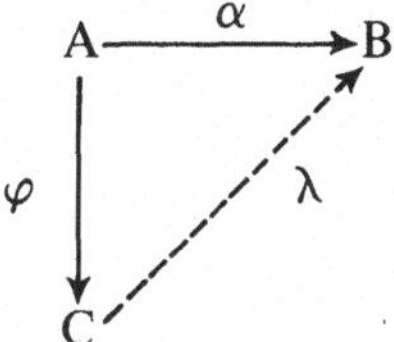

kommutativ ist.

B e w e i s. Da φ ein Epimorphismus ist, gibt es zu beliebigem $c \in C$ ein $a \in A$ mit $\varphi(a) = c$. Sei zu jedem $c \in C$ ein $a_c \in A$ mit $\varphi(a_c) = c$ fest gewählt (Auswahlaxiom), dann wird durch

$$\lambda: \quad C \to B \quad \text{mit} \quad \lambda(c) := \alpha(a_c)$$

eine Abbildung definiert. Um zu zeigen, daß λ sogar ein Homomorphismus ist, muß zunächst festgestellt werden, daß λ von der Wahl der a_c mit $\varphi(a_c) = c$ unabhängig ist: Sei $c = \varphi(a) = \varphi(a_c)$ mit $a, a_c \in A \Rightarrow \varphi(a - a_c) = 0 \Rightarrow a - a_c \in \mathrm{Ke}(\varphi) \subsetneq \mathrm{Ke}(\alpha)$ (nach Voraussetzung) $\Rightarrow \alpha(a - a_c) = 0 \Rightarrow \alpha(a) = \alpha(a_c) = \lambda(c)$.

Nun ergibt sich sofort, daß λ ein Homomorphismus ist: Seien $c_1 = \varphi(a_1)$, $c_2 = \varphi(a_2)$ mit $a_1, a_2 \in A$ und seien $r_1, r_2 \in R \Rightarrow$

$$\begin{aligned} & \varphi(a_1 r_1 + a_2 r_2) = \varphi(a_1) r_1 + \varphi(a_2) r_2 = c_1 r_1 + c_2 r_2 \\ \Rightarrow \quad & \lambda(c_1 r_1 + c_2 r_2) = \alpha(a_1 r_1 + a_2 r_2) = \alpha(a_1) r_1 + \alpha(a_2) r_2 \\ & = \lambda(c_1) r_1 + \lambda(c_2) r_2 \,. \end{aligned}$$

(1) und (2) folgen unmittelbar aus der Definition von λ. Zum Beweis von (3) sei zuerst λ ein Monomorphismus. Nach Voraussetzung gilt $\mathrm{Ke}(\varphi) \subsetneq \mathrm{Ke}(\alpha)$. Zum Beweis von $\mathrm{Ke}(\alpha) \subsetneq \mathrm{Ke}(\varphi)$ sei $a \in \mathrm{Ke}(\alpha)$, dann folgt wegen $0 = \alpha(a) = \lambda(\varphi(a))$, daß $\varphi(a) = 0$, also $a \in \mathrm{Ke}(\varphi)$ gilt. Sei nun $\mathrm{Ke}(\varphi) = \mathrm{Ke}(\alpha)$ vorausgesetzt, dann folgt aus $\lambda(c) = 0$ und $c = \varphi(a)$, daß $\alpha(a) = 0$ gilt, also $a \in \mathrm{Ke}(\alpha) = \mathrm{Ke}(\varphi)$ und folglich $c = \varphi(a) = 0$. □

Wir weisen auf zwei Spezialfälle von 3.4.7 hin:

1. Seien $\alpha : A \to B$, $A' \subsetneq \mathrm{Ke}(\alpha)$, $C = A/A'$, $\varphi = \nu : A \to A/A'$, dann ist das Diagramm

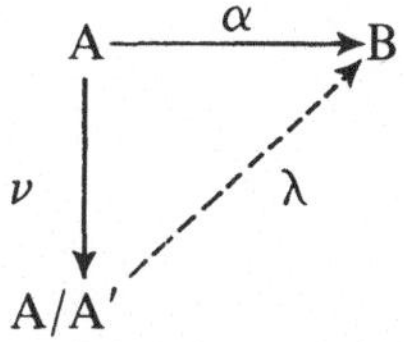

kommutativ, wobei $\lambda(a + A') = \alpha(a)$. Für $A' = \mathrm{Ke}(\alpha)$ ist dies der Homomorphiesatz 3.4.1.

2. Seien $A'' \subsetneq A' \subsetneq A$, $\alpha = \nu' : A \to A/A'$, $C = A/A''$, $\varphi = \nu'' : A \to A/A''$ dann ist das Diagramm

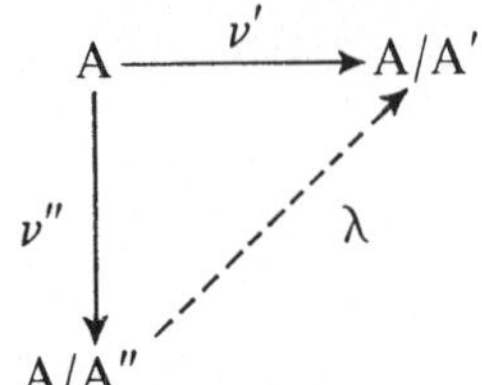

kommutativ, wobei $\lambda(a + A'') = a + A'$.

Gegeben sei jetzt eine Produktzerlegung $\lambda = \beta\alpha$ eines gegebenen Homomorphismus λ,

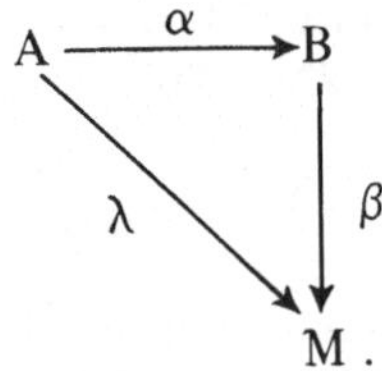

Wir fragen nach dem Zusammenhang zwischen Eigenschaften von λ und „Zerlegungseigenschaften" von B.

Bevor wir damit beginnen, erinnern wir an die Definition der (inneren) direkten Summe (2.4), die jetzt nur für zwei Summanden gebraucht wird. In diesem Falle gilt:

$$B = B_0 \oplus B_1 \iff B = B_0 + B_1 \wedge B_0 \cap B_1 = 0 .$$

3.4.8 Definition

(1) *Der Untermodul* $B_0 \subsetneq B$ *heißt* d i r e k t e r S u m m a n d *von* B :⟺ *es existiert ein Untermodul* $B_1 \subsetneq B$ *mit* $B = B_0 \oplus B_1$.

(2) *Ein Monomorphismus* $\alpha : A \to B$ *heißt* z e r f a l l e n d :⟺ $\text{Bi}(\alpha)$ *ist direkter Summand in* B.

(3) *Ein Epimorphismus* $\beta : B \to C$ *heißt* z e r f a l l e n d :⟺ $\text{Ke}(\beta)$ *ist direkter Summand in* B.

3.4.9 Lemma *Das Diagramm*

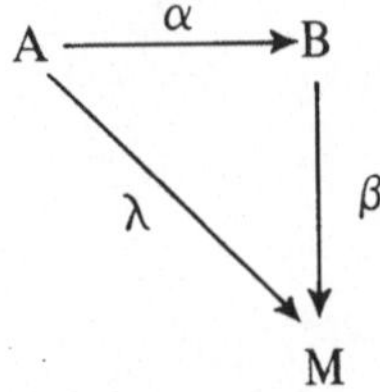

sei kommutativ, d.h. $\lambda = \beta\alpha \Rightarrow$

(1) $\text{Bi}(\alpha) + \text{Ke}(\beta) = \beta^{-1}(\text{Bi}(\lambda))$,

(2) $\text{Bi}(\alpha) \cap \text{Ke}(\beta) = \alpha(\text{Ke}(\lambda))$.

B e w e i s. (1) $\lambda = \beta\alpha \Rightarrow \mathrm{Bi}(\lambda) = \mathrm{Bi}(\beta\alpha) = \beta(\mathrm{Bi}(\alpha)) \Rightarrow \beta^{-1}(\mathrm{Bi}(\lambda)) = \beta^{-1}(\beta(\mathrm{Bi}(\alpha))) = \mathrm{Bi}(\alpha) + \mathrm{Ke}(\beta)$ nach 3.1.8.

(2) $\mathrm{Ke}(\lambda) = \mathrm{Ke}(\beta\alpha) = \alpha^{-1}(\mathrm{Ke}(\beta))$ nach 3.1.8 $\Rightarrow \alpha(\mathrm{Ke}(\lambda)) = \alpha(\alpha^{-1}(\mathrm{Ke}(\beta))) = \mathrm{Bi}(\alpha) \cap \mathrm{Ke}(\beta)$ nach 3.1.8.

3.4.10 Folgerung

(a) *Epimorphismus* $\lambda \Rightarrow \mathrm{Bi}(\alpha) + \mathrm{Ke}(\beta) = \beta^{-1}(\mathrm{M}) = \mathrm{B}$.

(b) *Monomorphismus* $\lambda \Rightarrow \mathrm{Bi}(\alpha) \cap \mathrm{Ke}(\beta) = \alpha(0) = 0$.

(c) *Isomorphismus* $\lambda \Rightarrow \mathrm{Bi}(\alpha) \oplus \mathrm{Ke}(\beta) = \mathrm{B}$.

B e w e i s. Unmittelbare Folge aus 3.4.9. □

3.4.11 Folgerung

(1) *Für* $\alpha: \mathrm{A} \to \mathrm{B}$ *sind äquivalent :*

(a) α *ist ein zerfallender Monomorphismus*

(b) *es existiert ein Homomorphismus* $\beta: \mathrm{B} \to \mathrm{A}$ mit $\beta\alpha = 1_{\mathrm{A}}$.

(2) *Für* $\beta: \mathrm{B} \to \mathrm{C}$ *sind äquivalent:*

(a) β *ist ein zerfallender Epimorphismus*

(b) *es existiert ein Homomorphismus* $\gamma: \mathrm{C} \to \mathrm{B}$ *mit* $\beta\gamma = 1_{\mathrm{C}}$.

B e w e i s. (1) „(a) $\Rightarrow$ (b)" Sei $\mathrm{B} = \mathrm{Bi}(\alpha) \oplus \mathrm{B}_1$ und sei $\pi: \mathrm{B} \to \mathrm{Bi}(\alpha)$ die durch

$$\pi(\alpha(a) + b_1) := \alpha(a), \quad \alpha(a) \in \mathrm{Bi}(\alpha),\ b_1 \in \mathrm{B}_1$$

definierte Projektion von B auf $\mathrm{Bi}(\alpha)$. Ferner bezeichne $\alpha_0: \mathrm{A} \ni a \mapsto \alpha(a) \in \mathrm{Bi}(\alpha)$, d.h., α_0 sei der durch Einschränkung des Zieles B von α auf $\mathrm{Bi}(\alpha)$ definierte Isomophismus.

Für $\beta := \alpha_0^{-1}\pi$ gilt dann

$$\beta\alpha(a) = \alpha_0^{-1}\pi\alpha(a) = \alpha_0^{-1}(\alpha(a)) = a, \quad a \in \mathrm{A},$$

also $\beta\alpha = 1_{\mathrm{A}}$.

(1) „(a) $\Leftarrow$ (b)" Wegen $\beta\alpha = 1_{\mathrm{A}}$ ist α ein Monomorphismus, der nach 3.4.10 (c) zerfällt.

(2) „(a) $\Rightarrow$ (b)" Sei $\mathrm{B} = \mathrm{Ke}(\beta) \oplus \mathrm{B}_1$, und sei $\iota: \mathrm{B}_1 \ni b \mapsto b \in \mathrm{B}$ die Inklusionsabbildung von B_1 in B. Ferner bezeichne β_1 die Einschränkung von β auf B_1, dann ist β_1 ein Isomorphismus (da β ein Epimorphismus und $\mathrm{Ke}(\beta) \cap \mathrm{B}_1 = 0$). Für $\gamma := \iota\beta_1^{-1}$ gilt dann

$$\beta\gamma(c) = \beta\iota\beta_1^{-1}(c) = \beta(\beta_1^{-1}(c)) = c, \quad c \in \mathrm{C},$$

also $\beta\gamma = 1_{\mathrm{C}}$.

(2) „(a) $\Leftarrow$ (b)" Wegen $\beta\gamma = 1_{\mathrm{C}}$ ist β ein Epimorphismus, der nach 3.4.10 (c) zerfällt. □

Wir weisen besonders auf die Spezialfälle hin, in denen α die Inklusionsabbildung eines Untermoduls $\mathrm{A} \hookrightarrow \mathrm{B}$ ist und $\beta: \mathrm{B} \to \mathrm{B}/\mathrm{A}$ der natürliche Epimorphismus.

3.5 Der Satz von Jordan-Hölder-Schreier

Es werden jetzt endliche Ketten von Untermoduln eines Moduls A betrachtet.

Seien

$$0 = B_0 \subsetneq B_1 \subsetneq B_2 \subsetneq \ldots \subsetneq B_{k-1} \subsetneq B_k = A\,,$$
$$0 = C_0 \subsetneq C_1 \subsetneq C_2 \subsetneq \ldots \subsetneq C_{\ell-1} \subsetneq C_\ell = A\,.$$

Die erste dieser beiden Ketten bezeichnen wir mit B und die zweite mit C. Dann gelten folgende

3.5.1 Definitionen

(1) Länge der Kette B := k.

(2) *Die* Faktoren der Kette B *sind die Faktormoduln* B_i/B_{i-1}, $i = 1, \ldots, k$. *Der i-te Faktor von* B *ist* B_i/B_{i-1}.

(3) *Die Ketten* B *und* C *heißen* isomorph, $\mathsf{B} \cong \mathsf{C} :\Longleftrightarrow$ *es existiert eine Bijektion* δ *zwischen der Indexmenge* I *von* B *und der Indexmenge* J *von* C, *derart daß gilt:*

$$B_i/B_{i-1} \cong C_{\delta(i)}/C_{\delta(i)-1}\,, \qquad i = 1, \ldots, k$$

(4) C *heißt eine* Verfeinerung *von* B *und* B *eine* Teilkette *von* $\mathsf{C} :\Longleftrightarrow$ *entweder* $\mathsf{B} = \mathsf{C}$ (*triviale Verfeinerung*) *oder* B *ergibt sich aus* C *durch Weglassen gewisser der* C_j *aus* C.

(5) *Die Kette* B *von* A *heißt eine* Kompositionskette $:\Longleftrightarrow \forall i = 1, \ldots, k$ [*maximal* B_{i-1} *in* B_i] ($\Longleftrightarrow \forall i = 1, \ldots, k$ [*einfach* B_i/B_{i-1}] *nach* 3.1.14).

(6) *Der Modul* A *heißt* von endlicher Länge $:\Longleftrightarrow A = 0 \vee A$ *besitzt eine Kompositionskette.*

Bemerkung. *Gilt* $\mathsf{B} \cong \mathsf{C}$ *und gilt* $B_i = B_{i-1}$ *für ein gewisses* i, *dann gibt es ein* j *so, daß wenn* B_j *in* B *und* C_j *in* C *weggelassen werden, die dadurch entstehenden Ketten wieder isomorph sind.*

Beweis. Der Beweis ergibt sich sofort aus der Tatsache, daß $B_i = B_{i-1}$ zunächst $B_i/B_{i-1} = 0$ und somit $C_{\delta(i)}/C_{\delta(i)-1} = 0$ also $C_{\delta(i)} = C_{\delta(i)-1}$ nach sich zieht. Durch Weglassen von B_i bzw. $C_{\delta(i)}$ fällt also genau der Faktor $B_i/B_{i-1} = 0 = C_{\delta(i)}/C_{\delta(i)-1}$ weg, während sich die anderen Faktoren nicht ändern. □

Von dieser Bemerkung werden wir im folgenden ohne besondere Erwähnung Gebrauch machen. Ferner ist es klar, daß die in (3) definierte Isomorphie eine Äquivalenzrelation in der Menge aller Ketten von A von der Form B ist.

Beispiele. 1. Sei $V = V_K$ ein Vektorraum und sei $\{x_1, \ldots, x_n\}$ eine Basis von V. Dann ist

$$0 \subsetneq x_1K \subsetneq x_1K + x_2K \subsetneq \ldots \subsetneq \sum_{i=1}^{n-1} x_iK \subsetneq \sum_{i=1}^{n} x_iK = V$$

eine Kompositionskette von V.

2. Jede Kette von $\mathsf{Z_Z}$ kann echt verfeinert werden. Ist

$$0 \subsetneq B_1 \subsetneq \ldots \subsetneq \mathsf{Z}$$

eine solche Kette mit $B_1 \neq 0$ (was keine Einschränkung bedeutet), dann kann, da Z keine einfachen Ideale enthält, B_1 nicht einfach sein. Also kann zwischen 0 und B_1 ein davon verschiedenes Ideal eingeschoben werden. Folglich besitzt $\mathsf{Z_Z}$ keine Kompositionskette.

3. In $\mathsf{Q_Z}$ kann jede Kette

$$0 \subsetneq B_1 \subsetneq B_2 \subsetneq \ldots \subsetneq B_k = \mathsf{Q_Z}$$

mit $0 \neq B_1$ und $B_{k-1} \neq \mathsf{Q_Z}$ sowohl zwischen 0 und B_1 als auch zwischen B_{k-1} und Q echt verfeinert werden, da $\mathsf{Q_Z}$ weder minimale (= einfache) noch maximale Untermoduln enthält. Auch $\mathsf{Q_Z}$ besitzt demnach keine Kompositionskette.

Wir beweisen jetzt den Satz von Jordan-Hölder-Schreier, aus dem sich dann als wichtigste Folgerung ergibt, daß, wenn ein Modul eine Kompositionskette besitzt, diese bis auf Isomorphie eindeutig bestimmt ist.

3.5.2 Satz (von Jordan-Hölder-Schreier) *Je zwei (endliche!) Ketten eines Moduls haben isomorphe Verfeinerungen.*

Beweis. Seien B und C die gegebenen endlichen Ketten des Moduls A. Zwischen B_i und B_{i+1}, $(i = 0, \ldots, k-1)$ werden die Moduln

$$B_{i,j} = B_i + (B_{i+1} \cap C_j), \qquad j = 0, \ldots, \ell$$

eingeschoben, für die offenbar

$$B_i - B_{i,0} \subsetneq B_{i,1} \subsetneq \ldots \subsetneq B_{i,\ell} = B_{i+1}$$

gilt. Zwischen C_j und C_{j+1}, $(j = 0, \ldots, \ell - 1)$ werden analog die Moduln

$$C_{i,j} = C_j + (C_{j+1} \cap B_i), \quad i = 0, \ldots, k$$

eingeschoben, für die

$$C_j = C_{0,j} \subsetneq C_{1,j} \subsetneq \ldots \subsetneq C_{k,j} = C_{j+1}$$

gilt. Die so verfeinerten Ketten werden mit B^* und C^* bezeichnet; sie haben beide die gleiche Länge $k\ell$. Nach 3.4.5 folgt

$$B_{i,j+1}/B_{i,j} \cong C_{i+1,j}/C_{i,j}, \qquad \begin{pmatrix} i = 0, \ldots, k-1 \\ j = 0, \ldots, \ell - 1 \end{pmatrix}.$$

Da in diesen $k\ell$ Isomorphismen genau alle $k\ell$ Faktoren von B^* und genau alle $k\ell$ Faktoren von C^* vorkommen, folgt $B^* \cong C^*$. □

3.5.3 Folgerung *Sei* A *ein Modul endlicher Länge. Dann gilt:*

(1) *Jede Kette* B *der Form*

$$0 = B_0 \underset{\neq}{\subsetneq} B_1 \underset{\neq}{\subsetneq} \dots \underset{\neq}{\subsetneq} B_k = A$$

kann zu einer Kompositionskette verfeinert werden.

(2) *Je zwei Kompositionsketten von* A *sind isomorph.*

Beweis. (1) Nach Voraussetzung gibt es eine Kompositionskette C von A. Nach dem Satz von Jordan-Hölder-Schreier besitzen B und C isomorphe Verfeinerungen B* und C*. Da C als Kompositionskette nur trivial verfeinert werden kann, gibt es (nach der Bemerkung im Anschluß an 3.5.1) eine Verfeinerung B° von B mit $B^\circ \cong C$. Da in C alle Faktoren einfach sind, gilt dies auch für die Faktoren von B°, folglich ist B° eine Kompositionskette.

(2) Seien jetzt B und C Kompositionsketten und sei im Sinne von (1): $B^\circ \cong C$. Da B° Verfeinerung von B und beides Kompositionsketten sind, folgt $B = B^\circ$ und somit $B \cong C$. □

3.5.4 Definition *Sei* A *ein Modul endlicher Länge, dann sei* Länge von A = Lg(A) := *Länge einer (und damit jeder beliebigen) Kompositionskette von* A.

3.5.5 Folgerung *Sei* $A \subsetneq M$, *dann gilt:* M *ist dann und nur dann ein Modul endlicher Länge, wenn* A *und* M/A *Moduln endlicher Länge sind. Ist dies der Fall, dann gilt*

$$\mathrm{Lg}(M) = \mathrm{Lg}(A) + \mathrm{Lg}(M/A).$$

Beweis. Ist 0 = A oder A = M, dann ist die Behauptung klar. Sei nun $0 \underset{\neq}{\subsetneq} A \underset{\neq}{\subsetneq} M$ und sei M von endlicher Länge. Dann kann die Kette

$$0 \subsetneq A \subsetneq M$$

zu einer Kompositionskette verfeinert werden:

$$0 \subsetneq A_1 \subsetneq \dots \subsetneq A_k = A \subsetneq \dots \subsetneq A_n = M.$$

Dann ist das Anfangsstück der Kette bis $A_k = A$ eine Kompositionskette von A. Behauptung:

$$0 = A/A \subsetneq A_{k+1}/A \subsetneq \dots \subsetneq A_n/A = M/A$$

ist eine Kompositionskette von M/A. Dies gilt, da wegen des zweiten Isomorphiesatzes

$$(A_{k+i+1}/A)/(A_{k+i}/A) \cong A_{k+i+1}/A_{k+i}$$

einfach ist. Aus vorstehendem folgt Lg (M) = Lg(A) + Lg(M/A).

Seien jetzt A und M/A von endlicher Länge, und seien

$$0 \subsetneq A_1 \subsetneq \dots \subsetneq A_k = A\,,$$
$$0 \subsetneq \overline{B}_1 \subsetneq \dots \subsetneq \overline{B}_\ell = M/A$$

Kompositionsketten von A bzw. M/A. Sei $\nu: M \to M/A$ und $B_i := \nu^{-1}(\overline{B}_i)$, dann gilt

$A \subsetneq B_i$ und $\nu(B_i) = B_i/A = \overline{B}_i$. Da $\overline{B}_{i+1}/\overline{B}_i$ einfach ist, ist wegen

$$(B_{i+1}/A)/(B_i/A) \cong B_{i+1}/B_i,$$

auch B_{i+1}/B_i einfach. Folglich ist

$$0 \subsetneq A_1 \subsetneq \ldots \subsetneq A_k = A \subsetneq B_1 \subsetneq \ldots \subsetneq B_\ell = M$$

eine Kompositionskette von M, d.h., M ist von endlicher Länge. □

Der Beweis hat insbesondere gezeigt, wie man aus Kompositionsketten von A und von M/A eine solche von M gewinnen kann.

Beispiel. Der Z-Modul $Z/6Z$ besitzt zwei Kompositionsketten:

$$0 \subsetneq 2Z/6Z \subsetneq Z/6Z\,,$$

$$0 \subsetneq 3Z/6Z \subsetneq Z/6Z\,.$$

Die Faktoren der ersten sind

$$2Z/6Z \cong Z/3Z, \qquad (Z/6Z)/(2Z/6Z) \cong Z/2Z,$$

die der zweiten sind

$$3Z/6Z \cong Z/2Z, \qquad (Z/6Z)/(3Z/6Z) \cong Z/3Z,$$

woraus sich sofort die Isomorphie der beiden Ketten ergibt.

Die Bedeutung des Satzes von Jordan-Hölder-Schreier für Moduln endlicher Länge wird durch folgende Überlegung deutlich. Sei A ein Modul endlicher Länge, seien B ein beliebiger Untermodul von A, C ein maximaler Untermodul von B, dann ist B/C ein Kompositionsfaktor (= Faktor einer Kompositionsreihe) von A. Dazu betrachte man die Kette

$$0 \subsetneq C \subsetneq B \subsetneq A$$

(bzw. die entsprechend kürzere Kette, falls C = 0 oder B = A). Diese kann nach 3.5.3 zu einer Kompositionskette verfeinert werden, wobei zwischen C und B kein Modul eingeschoben wird, da C maximal in B ist. Folglich ist tatsächlich B/C Kompositionsfaktor von A, d.h. einer der bis auf Isomorphie eindeutig bestimmten endlich vielen Kompositionsfaktoren von A.

3.6 Funktoreigenschaften von Hom

Wie schon in Kapitel 1 angegeben, ist Hom_R ein im ersten Argument kontravarianter und im zweiten kovarianter Funktor der Kategorie M_R (oder ${}_SM$ oder ${}_SM_R$) in die Kategorie der Mengen S:

$$\mathrm{Hom}_R: \quad \mathrm{Obj}(M_R) \times \mathrm{Obj}(M_R) \ni (A, B) \mapsto \mathrm{Hom}_R(A, B) \in \mathrm{Obj}(S)$$

$$\mathrm{Hom}_R: \quad \mathrm{Mor}(M_R) \times \mathrm{Mor}(M_R) \ni (\alpha, \gamma) \mapsto \mathrm{Hom}_R(\alpha, \gamma) \in \mathrm{Mor}(S),$$

wobei $Hom_R(A, B)$ die Menge der Homomorphismen von A in B ist und $Hom_R(\alpha, \gamma)$ folgendermaßen definiert ist: Für

$$\alpha: \ A \to B, \qquad \gamma: C \to D$$

sei $\quad Hom_R(\alpha, \gamma): \ Hom_R(B, C) \ni \beta \mapsto \gamma\beta\alpha \in Hom_R(A, D).$

Ist R = K ein Körper, d.h. M_K die Kategorie der K-Vektorräume, dann wird $Hom_K(A, B)$ in bekannter Weise durch die Definitionen

$$(\alpha_1 + \alpha_2)(a) := \alpha_1(a) + \alpha_2(a),$$
$$(\alpha k)(a) := \alpha(ak)$$

(mit $\alpha_1, \alpha_2, \alpha \in Hom_K(A, B)$, $a \in A$, $k \in K$) wieder zu einem Vektorraum über K, und Hom_K kann jetzt als Funktor in die Kategorie M_K selbst (und nicht nur in S) betrachtet werden. Diese Eigenschaft soll jetzt verallgemeinert werden.
Sei jetzt R wieder ein beliebiger Ring mit Einselement. Durch die folgende Definition wird $Hom_R(A, B)$ zu einer abelschen Gruppe: Für $\alpha_1, \alpha_2 \in Hom_R(A, B)$ wird $\alpha_1 + \alpha_2 \in Hom_R(A, B)$ definiert durch

$$(\alpha_1 + \alpha_2)(a) = \alpha_1(a) + \alpha_2(a), \quad a \in A.$$

Die Gruppeneigenschaften für $Hom_R(A, B)$, die aus denen für B folgen, sind dann leicht zu bestätigen; insbesondere ist die Nullabbildung von A in B das Nullelement von $Hom_R(A, B)$ und die Abbildung $-\alpha$ mit

$$(-\alpha)(a) := -\alpha(a)$$

ist der zu $\alpha \in Hom_R(A, B)$ inverse Homomorphismus.

Bei dieser Auffassung von $Hom_R(A, B)$ wird Hom_R zu einem Funktor in die Kategorie A der abelschen Gruppen. Dazu ist noch festzustellen, daß jetzt $Hom_R(\alpha, \gamma)$ ein Gruppenhomomorphismus von $Hom_R(B, C)$ in $Hom_R(A, D)$ ist:

$$\begin{aligned} Hom_R(\alpha, \gamma)(\beta_1 + \beta_2) &= \gamma(\beta_1 + \beta_2)\alpha \\ &= \gamma\beta_1\alpha + \gamma\beta_2\alpha \\ &= Hom_R(\alpha, \gamma)(\beta_1) + Hom_R(\alpha, \gamma)(\beta_2), \end{aligned}$$

denn

$$\begin{aligned} (\gamma(\beta_1 + \beta_2)\alpha)(a) &= \gamma((\beta_1 + \beta_2)(\alpha(a))) \\ &= \gamma(\beta_1(\alpha(a)) + \beta_2(\alpha(a))) = \gamma(\beta_1(\alpha(a))) + \gamma(\beta_2(\alpha(a))) \\ &= (\gamma\beta_1\alpha)(a) + (\gamma\beta_2\alpha)(a) = (\gamma\beta_1\alpha + \gamma\beta_2\alpha)(a). \end{aligned}$$

Sei jetzt auch S ein Ring mit Einselement, seien $A = {}_SA_R$ und wie bisher $B = B_R$, dann wird $Hom_R(A, B)$ durch die Definition

$$(\alpha s)(a) := \alpha(sa), \quad \alpha \in Hom_R(A, B), a \in A, s \in S,$$

zu einem S-Rechtsmodul, wie sofort zu bestätigen ist.

Sei ferner T ein Ring mit Einselement und seien $A = A_R$ sowie $B = {}_TB_R$, dann wird $Hom_R(A, B)$ durch die Definition

$$(t\alpha)(a) \quad := \quad t\alpha(a), \quad \alpha \in \mathrm{Hom}_R(A, B), a \in A, t \in T,$$

zu einem T-Linksmodul.

Gilt gleichzeitig $A = {}_S A_R$, $B = {}_T B_R$, dann folgt

$$\mathrm{Hom}_R(A, B) = {}_T \mathrm{Hom}_R(A, B)_S,$$

d.h., $\mathrm{Hom}_R(A, B)$ wird zu einem T-S-Bimodul.

3.6.1 Definition *Das* Z e n t r u m *des Ringes* R *ist*

$$\mathrm{Ze}(R) \quad := \quad \{s \mid s \in R \wedge \forall r \in R \, [sr = rs]\}.$$

Bemerkung. Ze(R) ist ein kommutativer Unterring von R, der das Einselement von R enthält.

Setzt man S := Ze(R) und sei $A = A_R$, dann wird A durch die folgende Definition zu einem S-R-Bimodul,

$$sa \quad := \quad as, \qquad s \in S = \mathrm{Ze}(R), a \in A,$$

wie man sofort bestätigt.

Da dies für jeden R-Modul gilt, folgt, daß $\mathrm{Hom}_R(A, B)$ als S = Ze(R)-Rechts-, Links- oder Bimodul betrachtet werden kann. Wie man leicht einsieht, kann dann auch Hom_R als Funktor in die Kategorie M_S bzw. ${}_S\mathsf{M}$ bzw. ${}_S\mathsf{M}_S$ aufgefaßt werden. Ist R kommutativ, d.h. S = Ze(R) = R, dann ist Hom_R ein Funktor in M_R, wie im Falle der Vektorräume über einem Körper.

Um in komplizierten Fällen Verwechslungen auszuschließen, schreiben wir beispielsweise in der Situation ${}_S A_R$, ${}_T B_R$ auch

$$\mathrm{Hom}_R({}_S A_R, {}_T B_R),$$

wobei der Index R an Hom_R angibt, daß es sich um die R-Homomorphismen handelt, und die Indizes S und T implizieren, daß $\mathrm{Hom}_R({}_S A_R, {}_T B_R)$ im zuvor angegebenen Sinne als T-S-Bimodul zu betrachten ist. In der Situation ${}_R A_S$, ${}_R B_T$ ist $\mathrm{Hom}_R({}_R A_S, {}_R B_T)$ ein S-T-Bimodul, und nach unserer Vereinbarung zu Beginn von 3.1 bedeutet

$$a(s\alpha t) = (as)(\alpha t) = (as\alpha)t = as\alpha t,$$

daß $a \in A$ zunächst mit $s \in S$ multipliziert wird; dann wird $\alpha \in \mathrm{Hom}_R(A, B)$ auf as angewendet und das Bild mit $t \in T$ multipliziert.

Betrachtet man Hom_R bei festem zweiten Argument M_R als Funktor im ersten Argument, dann wird die folgende Bezeichnungsweise benutzt:

$$\mathrm{Hom}_R(-, M): \quad \mathrm{Obj}(\mathsf{M}_R) \ni A \mapsto \mathrm{Hom}_R(A, M) \in \mathrm{Obj}(\mathsf{S})$$

$$\mathrm{Hom}_R(-, M): \quad \mathrm{Mor}(\mathsf{M}_R) \ni \alpha \mapsto \mathrm{Hom}_R(\alpha, M) \in \mathrm{Mor}(\mathsf{S}),$$

wobei gelte:

$$\mathrm{Hom}_R(\alpha, M) \quad := \quad \mathrm{Hom}_R(\alpha, 1_M).$$

Analog im zweiten Argument.

3.7 Der Endomorphismenring eines Moduls

Wie im vorstehenden Abschnitt erwähnt, ist $\mathrm{Hom}_R(A, A)$ für jeden Modul A eine additive abelsche Gruppe. Ferner wissen wir, daß die Hintereinanderausführung $\beta\alpha$ von zwei Homomorphismen

$$\alpha: \ A \to B, \qquad \beta: \ B \to C$$

wieder ein Homomorphismus ist. Folglich kann in $\mathrm{Hom}_R(A, A)$ das Produkt von je zwei Elementen als Hintereinanderausführung definiert werden, und dieses Produkt ist assoziativ (da Hintereinanderausführung von Abbildungen).

3.7.1 Satz $\mathrm{Hom}_R(A, A)$ *ist bei der durch*

$$(\alpha_1 + \alpha_2)(a) = \alpha_1(a) + \alpha_2(a)$$

definierten Addition und der durch

$$(\alpha_1 \alpha_2)(a) = \alpha_1(\alpha_2(a))$$

definierten Multiplikation ein Ring mit Einselement.

B e w e i s. Nach den vorhergehenden Ausführungen bleibt zu zeigen, daß die distributiven Gesetze gelten:

$$\begin{aligned} ((\alpha_1 + \alpha_2)\alpha_3)(a) &= (\alpha_1 + \alpha_2)(\alpha_3(a)) = \alpha_1(\alpha_3(a)) + \alpha_2(\alpha_3(a)) \\ &= (\alpha_1\alpha_3)(a) + (\alpha_2\alpha_3)(a) = (\alpha_1\alpha_3 + \alpha_2\alpha_3)(a) \end{aligned}$$

$$\Rightarrow \qquad (\alpha_1 + \alpha_2)\alpha_3 = \alpha_1\alpha_3 + \alpha_2\alpha_3 .$$

$$\begin{aligned} (\alpha_3(\alpha_1 + \alpha_2))(a) &= \alpha_3((\alpha_1 + \alpha_2)(a)) = \alpha_3(\alpha_1(a) + \alpha_2(a)) \\ &= \alpha_3(\alpha_1(a)) + \alpha_3(\alpha_2(a)) = (\alpha_3\alpha_1)(a) + (\alpha_3\alpha_2)(a) \\ &= (\alpha_3\alpha_1 + \alpha_3\alpha_2)(a) \end{aligned}$$

$$\Rightarrow \qquad \alpha_3(\alpha_1 + \alpha_2) = \alpha_3\alpha_1 + \alpha_3\alpha_2 .$$

Das Einselement von $\mathrm{Hom}_R(A, A)$ ist die identische Abbildung von A. □

3.7.2 Definition *Der in* 3.7.1 *angegebene Ring heißt der* E n d o m o r p h i s m e n - r i n g *von* A (*auch* R-*Endomorphismenring von* A *genannt*), *der mit* $\mathrm{End}(A_R)$ *bezeichnet wird.*

B e i s p i e l. Ist $V = V_K$ ein Vektorraum, dann ist $\mathrm{End}(V_K)$ der Ring der linearen Selbstabbildungen von V.

B e m e r k u n g. Ist V_K ein Vektorraum der Dimension n mit $0 < n < \infty$, dann ist $\mathrm{End}(V_K)$ ringisomorph zum Ring aller n-reihigen quadratischen Matrizen mit Koeffizienten in K. Der Beweis für diese Tatsache wird später in allgemeinerem Zusammenhang gegeben.

Wir wollen jetzt $\mathrm{End}(R_R)$ für einen beliebigen Ring R bestimmen. Dazu betrachten wir für festes $r_0 \in R$ die Abbildung

$$r_0^{(\ell)}: \quad R \ni x \mapsto r_0 x \in R .$$

Wegen des distributiven und assoziativen Gesetzes gilt $r_0^{(\ell)} \in \mathrm{Hom}_R(R_R, R_R)$; $r_0^{(\ell)}$ wird der durch r_0 erzeugte Linksmultiplikator genannt. Sei jetzt $\varphi \in \mathrm{End}(R_R)$, dann gilt für beliebiges $x \in R$ und das Einselement $1 \in R$:

$$\varphi(x) = \varphi(1x) = \varphi(1)x = \varphi(1)^{(\ell)}(x),$$

d.h. $\varphi = \varphi(1)^{(\ell)}$. Folglich besteht $\mathrm{End}(R_R)$ genau aus allen Linksmultiplikatoren, wofür wir dann

$$R^{(\ell)} = \mathrm{End}(R_R)$$

schreiben.

3.7.3 Lemma *Die Abbildung*

$$\rho : R \ni r \mapsto r^{(\ell)} \in R^{(\ell)}$$

ist ein Ringisomorphismus.

Beweis. Für $r_1, r_2, x \in R$ gilt

$$\begin{aligned}
&(r_1 + r_2)^{(\ell)}(x) &&= (r_1 + r_2)x = r_1 x + r_2 x \\
& &&= r_1^{(\ell)}(x) + r_2^{(\ell)}(x) = (r_1^{(\ell)} + r_2^{(\ell)})(x) \\
\Rightarrow\quad &(r_1 + r_2)^{(\ell)} &&= r_1^{(\ell)} + r_2^{(\ell)}. \\
&(r_1 r_2)^{(\ell)}(x) &&= (r_1 r_2)x = r_1(r_2 x) = r_1^{(\ell)}(r_2^{(\ell)}(x)) \\
& &&= (r_1^{(\ell)} r_2^{(\ell)})(x) \\
\Rightarrow\quad &(r_1 r_2)^{(\ell)} &&= r_1^{(\ell)} r_2^{(\ell)}.
\end{aligned}$$

Also ist ρ ein Ringhomomorphismus.

Sei jetzt $r_1 x = r_2 x \Rightarrow$ für $x = 1 : r_1 = r_1 1 = r_2 1 = r_2$, also gilt: $r_1^{(\ell)} = r_2^{(\ell)} \Rightarrow r_1 = r_2$, d.h., ρ ist injektiv.

Daß ρ surjektiv ist, ist klar. □

Analog kann man den Ring $R^{(r)}$ der Rechtsmultiplikatoren von R betrachten, und es gilt analog

$$R \cong R^{(r)} = \mathrm{End}({}_R R).$$

Es folgt jetzt ein wichtiges Resultat über den Endomorphismenring eines einfachen Moduls. Wir beweisen zunächst etwas allgemeiner

3.7.4 Lemma *Seien* A *und* B *zwei einfache* R*-Moduln. Dann ist jeder Homomorphismus von* A *in* B *entweder* 0 *oder ein Isomorphismus.*

Beweis. Sei $\alpha : A \to B$ ein Homomorphismus. Wegen $\mathrm{Ke}(\alpha) \hookrightarrow A$ gilt entweder $\mathrm{Ke}(\alpha) = A$, also $\alpha = 0$ oder $\mathrm{Ke}(\alpha) = 0$, d.h., α ist ein Monomorphismus. Wegen $\mathrm{Bi}(\alpha) \hookrightarrow B$ gilt entweder $\mathrm{Bi}(\alpha) = 0$, also $\alpha = 0$ oder $\mathrm{Bi}(\alpha) = B$, d.h., α ist ein Epimorphismus. Insgesamt: $\alpha \neq 0 \Rightarrow$ Isomorphismus α. □

3.7.5 Lemma (Schur) *Der Endomorphismenring eines einfachen Moduls ist ein Schiefkörper.*

B e w e i s. Nach 3.7.4 ist jeder von Null verschiedene Endomorphismus ein Automorphismus, besitzt also im Endomorphismenring ein inverses Element. Folglich ist der Endomorphismenring ein Schiefkörper. □

Kehren wir noch einmal zur allgemeinen Situation zurück, wo ein beliebiger Modul A_R gegeben ist, und sei $S := \text{End}(A_R)$. Die Endomorphismen operieren bei unserer Schreibweise von links auf A. Schreibt man für $\alpha \in S$, $a \in A$ statt $\alpha(a)$ nur αa, so bestätigt man leicht, daß A ein S-Linksmodul ist. Wegen

$$\alpha(ar) = \alpha(a)r = (\alpha a)r, \qquad \alpha \in S, a \in A, r \in R$$

ist A sogar ein S-R-Bimodul. Später kommen wir auf diese Bimodulstruktur mehrfach zurück, spielt doch der Zusammenhang zwischen der Struktur von A_R, ${}_SA$ und ${}_SA_R$ bei gewissen Überlegungen eine Rolle.

3.8 Duale Moduln

Wie im Spezialfall der Vektorräume spielen der Begriff des dualen Moduls und die damit gegebenen Zusammenhänge eine wichtige Rolle in der Theorie der Moduln. Das Hauptergebnis der folgenden Überlegungen besteht darin zu zeigen, daß (wie bei Vektorräumen, s. 1.4.4) der Übergang zum Bidualen ein Funktor Δ ist, und daß ein funktorieller Morphismus zwischen dem Identitätsfunktor und Δ besteht.

Wir beweisen sogleich den folgenden allgemeineren Satz:

3.8.1 Satz *Sei ${}_TL_R$ gegeben. Dann gilt*

(1) $\quad \text{Hom}_R(-, {}_TL_R) : \mathsf{M}_R \to {}_T\mathsf{M}$

mit $\quad \text{Hom}_R(-, {}_TL_R) : \text{Obj}(\mathsf{M}_R) \ni A \mapsto \text{Hom}_R(A, {}_TL_R) \in \text{Obj}({}_T\mathsf{M})$

$\quad \text{Hom}_R(-, {}_TL_R) : \text{Mor}(\mathsf{M}_R) \ni \alpha \mapsto \text{Hom}_R(\alpha, 1_L) \in \text{Mor}({}_T\mathsf{M})$

ist ein kontravarianter Funktor.

(2) *Sei* $\Delta_L := \text{Hom}_T({}_T\text{Hom}_R(-, {}_TL_R), {}_TL_R)$, *dann ist*

$$\Delta_L : \mathsf{M}_R \to \mathsf{M}_R$$

ein kovarianter Funktor.

(3) *Sei für* $A \in \mathsf{M}_R$

$$\Phi_A : A \to \Delta_L(A)$$

mit $\quad \Phi_A(a) : \text{Hom}_R(A, L) \ni \varphi \mapsto \varphi(a) \in L$,

dann ist

$$\Phi = (\Phi_A \mid A \in \mathsf{M}_R)$$

ein funktorieller Morphismus zwischen dem Identitätsfunktor 1_{M_R} *und* Δ_L.

B e w e i s. (1) Wie schon früher festgestellt, ist $\mathrm{Hom}_R(A_R, {}_TL_R)$ ein T-Linksmodul, und für $\alpha \in \mathrm{Hom}_R(A, B)$ gilt

$$\mathrm{Hom}_R(\alpha, 1_L): \quad \mathrm{Hom}_R(B, L) \ni \psi \mapsto \psi\alpha \in \mathrm{Hom}_R(A, L).$$

Es bleibt festzustellen, daß $\mathrm{Hom}_R(\alpha, 1_L)$ ein T-Linkshomomorphismus ist; dies folgt sofort aus

$$t\psi \cdot \alpha = t \cdot \psi\alpha, \qquad t \in T$$

Schließlich gilt

$$\mathrm{Hom}_R(1_A, 1_L) = 1_{\mathrm{Hom}_R(A, L)},$$
$$\mathrm{Hom}_R(\beta\alpha, 1_L) = \mathrm{Hom}_R(\alpha, 1_L)\, \mathrm{Hom}_R(\beta, 1_L),$$

womit alles bewiesen ist.

(2) Der Funktor Δ_L ist die Hintereinanderausführung der Funktoren

$$\mathrm{Hom}_R(-, {}_TL_R): \quad \mathsf{M}_R \to {}_T\mathsf{M}$$

und (des analog zu definierenden Funktors)

$$\mathrm{Hom}_T(-, {}_TL_R): \quad {}_T\mathsf{M} \to \mathsf{M}_R.$$

(3) Φ_A ist ein R-Homomorphismus. Seien $a_1, a_2 \in A$, $r_1, r_2 \in R$, $\varphi \in \mathrm{Hom}_R(A, L)$, dann gilt:

$$\begin{aligned}\varphi\Phi(a_1r_1 + a_2r_2) &= \varphi(a_1r_1 + a_2r_2)\\ &= \varphi(a_1)r_1 + \varphi(a_2)r_2\\ &= \varphi\Phi(a_1)r_1 + \varphi\Phi(a_2)r_2\\ &= \varphi(\Phi(a_1)r_1 + \Phi(a_2)r_2),\end{aligned}$$

was zu zeigen war.

Bleibt zu beweisen, daß das Diagramm

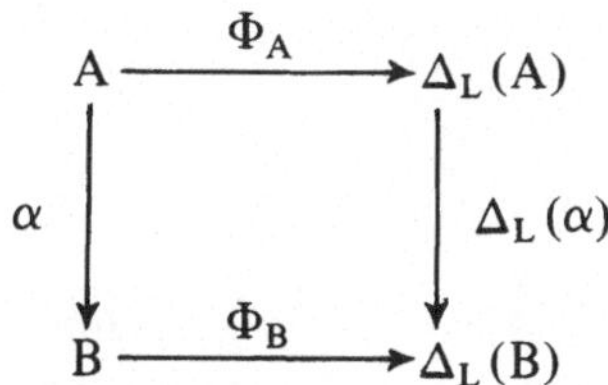

kommutativ ist. Für $a \in A$, $\psi \in \mathrm{Hom}_R(B, L)$ gilt einerseits

$$\psi\Phi_B(\alpha a) = \psi(\alpha a),$$

und andererseits

$$\psi\Delta_L(\alpha)\,\Phi_A(a) = \psi\alpha\Phi_A(a) = \psi\alpha(a) = \psi(\alpha a),$$

was zu zeigen war. □

Von besonderem Interesse ist der Spezialfall $T = R$ und ${}_TL_R = {}_RR_R$.

3.8.2 Definition (1) *Für* A_R *heißt*

$$A^* := \mathrm{Hom}_R(A, R)$$

der zu A_R d u a l e

und $A^{**} := \Delta(A) := \Delta_R(A) = \mathrm{Hom}_R({}_R\mathrm{Hom}_R(A_R, R_R), {}_RR)$

der zu A_R b i d u a l e M o d u l.

(2) *Für* $\alpha : A_R \to B_R$ *heißt*

$$\alpha^* := \mathrm{Hom}_R(\alpha, R) = \mathrm{Hom}_R(\alpha, 1_R)$$

der zu α d u a l e

und $\alpha^{**} := \mathrm{Hom}_R(\mathrm{Hom}_R(\alpha, R), R)$

der zu α b i d u a l e H o m o m o r p h i s m u s.

(3) *Für* $a \in A$ *heißt* $a^{**} := \Phi_A(a)$ *das zu* a b i d u a l e E l e m e n t.

Für viele Überlegungen ist es von Interesse zu wissen, welche Eigenschaften der Homomorphismus

$$\Phi_A : A \ni a \mapsto a^{**} \in A^{**}$$

besitzt. Ist A_R ein endlichdimensionaler Vektorraum, dann ist bekanntlich Φ_A ein Isomorphismus. Im allgemeinen ist dies nicht der Fall. Verschiedene Möglichkeiten werden durch besondere Bezeichnungen gekennzeichnet:

3.8.3 Definition *Sei* $\Phi_A : A \ni a \mapsto a^{**} \in A^{**}$.

(1) A_R *heißt* t o r s i o n s l o s $:\Longleftrightarrow$ Φ_A *ist ein Monomorphismus.*

(2) A_R *heißt* r e f l e x i v $:\Longleftrightarrow$ Φ_A *ist ein Isomorphismus.*

Da wir später zahlreiche Anwendungen dieser Begriffe zu betrachten haben, soll jetzt auf Beispiele verzichtet werden.

3.9 Exakte Folgen

In der homologischen Algebra spielen Komplexe und exakte Folgen eine wichtige Rolle. Sie gehören mit zu den algebraischen Grundbegriffen und werden insbesondere zur Definition der Funktoren Ext und Tor benutzt. Zwar gehen wir in diesem Buch nicht weiter auf homologische Begriffe ein, doch sollen wenigstens Komplexe und exakte Folgen angegeben werden. Ihre Zweckmäßigkeit zeigt sich bereits bei einer Anwendung in Kapitel 12 dieses Buches.

Sei R ein Ring und sei

$$\underline{A} := \ldots \xrightarrow{\alpha_{i-2}} A_{i-1} \xrightarrow{\alpha_{i-1}} A_i \xrightarrow{\alpha_i} A_{i+1} \xrightarrow{\alpha_{i+1}} \ldots$$

eine an einer oder beiden Seiten endliche oder unendliche Folge von Homomorphismen von R-Rechtsmoduln $A_i \xrightarrow{\alpha_i} A_{i+1}$. Zum Beispiel kann $\underline{A}$ die Form

$$\underline{A} = 0 \longrightarrow A_1 \xrightarrow{\alpha_1} A_2 \xrightarrow{\alpha_2} A_3 \xrightarrow{\alpha_3} \dots$$

oder $\underline{A} = \dots \xrightarrow{\alpha_{-4}} A_{-3} \xrightarrow{\alpha_{-3}} A_{-2} \xrightarrow{\alpha_{-2}} A_{-1} \longrightarrow 0$

oder $\underline{A} = 0 \longrightarrow A \xrightarrow{f} M \xrightarrow{g} W \longrightarrow 0$

haben, wobei

$$0 \to A \quad \text{bzw.} \quad W \to 0$$

jeweils der in diesem Falle eindeutig bestimmte R-Homomorphismus ist. Schließlich kann auch die Numerierung invers sein wie zum Beispiel bei

$$\underline{A} = \dots \xrightarrow{\alpha_3} A_3 \xrightarrow{\alpha_2} A_2 \xrightarrow{\alpha_1} A_1 \longrightarrow 0 .$$

3.9.1 Definition (a) *Eine Folge $\underline{A}$ heißt ein* K o m p l e x : $\Longleftrightarrow$ *für jede Teilfolge der Form*

$$A_{i-1} \xrightarrow{\alpha_{i-1}} A_i \xrightarrow{\alpha_i} A_{i+1}$$

gilt $\quad \mathrm{Bi}(\alpha_{i-1}) \subseteq \mathrm{Ke}(\alpha_i)$.

(b) *Eine Folge (oder Komplex) $\underline{A}$ heißt* e x a k t : $\Longleftrightarrow$ *für jede Teilfolge der Form*

$$A_{i-1} \xrightarrow{\alpha_{i-1}} A_i \xrightarrow{\alpha_i} A_{i+1}$$

gilt $\quad \mathrm{Bi}(\alpha_{i-1}) = \mathrm{Ke}(\alpha_i)$.

(c) *Eine exakte Folge $\underline{A}$ heißt* z e r f a l l e n d e e x a k t e F o l g e : $\Longleftrightarrow$ *für jede Teilfolge der Form*

$$A_{i-1} \xrightarrow{\alpha_{i-1}} A_i \xrightarrow{\alpha_i} A_{i+1}$$

gilt: $\quad \mathrm{Bi}(\alpha_{i-1}) = \mathrm{Ke}(\alpha_i)$ *ist direkter Summand von* A_i.

(d) *Ist $\underline{A}$ ein Komplex, dann heißt die Folge*

$$\dots, \mathrm{Ke}(\alpha_i)/\mathrm{Bi}(\alpha_{i-1}), \mathrm{Ke}(\alpha_{i+1})/\mathrm{Bi}(\alpha_i), \dots$$

die H o m o l o g i e *von $\underline{A}$ und* $\mathrm{Ke}(\alpha_i)/\mathrm{Bi}(\alpha_{i-1})$ *heißt der i-te* H o m o l o g i e m o d u l *von $\underline{A}$.*

(e) *Eine exakte Folge der Form*

$$0 \to A \xrightarrow{f} M \xrightarrow{g} W \to 0$$

heißt k u r z e e x a k t e F o l g e.

Wir weisen darauf hin, daß eine Folge $\underline{A}$ genau dann ein Komplex ist, wenn (für alle vorkommenden Indexpaare i, i − 1)

$$\alpha_i\alpha_{i-1} = 0$$

gilt (denn $\alpha_i\alpha_{i-1} = 0 \Longleftrightarrow \mathrm{Bi}(\alpha_{i-1}) \subseteq \mathrm{Ke}(\alpha_i)$).

Alle diese Begriffe wurden der Vollständigkeit halber erwähnt; in diesem Buch (in Kapitel 12) werden wir jedoch nur kurze exakte Folgen zu betrachten haben. Wir beschränken uns nun auf das, was wir dort brauchen.

Machen wir uns zunächst klar, was es bedeutet, daß die kurze Folge

$$0 \to A \xrightarrow{f} M \xrightarrow{g} W \to 0$$

exakt ist. Da die erste Abbildung $0 \to A$ das Bild 0 hat, bedeutet Exaktheit von $0 \to A \xrightarrow{f} M$, daß f ein Monomorphismus ist. Da die letzte Abbildung $W \to 0$ die Nullabbildung mit Kern = W ist, bedeutet Exaktheit von $M \xrightarrow{g} W \to 0$, daß g ein Epimorphismus ist. Wegen $\mathrm{Bi}(f) = \mathrm{Ke}(g)$ folgt dann $M/\mathrm{Bi}(f) \cong W$.

Ist $A \subseteq M$, dann erhält man insbesondere die kurze exakte Folge

$$0 \to A \xrightarrow{\iota} M \xrightarrow{\nu} M/A \to 0,$$

wobei ι die Inklusionsabbildung und ν der natürliche Epimorphismus sind.

Später wird der folgende Hilfssatz gebraucht.

3.9.2 Hilfssatz *Alle Moduln seien* R*-Rechtsmoduln und alle Homomorphismen* R*-Homomorphismen. Sei*

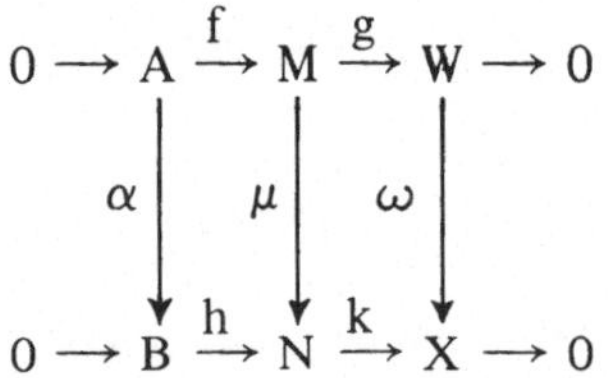

ein kommutatives Diagramm (d.h., es gelte $\mu f = h\alpha$ *und* $\omega g = k\mu$*) mit exakten Zeilen und seien* α, μ, ω *Monomorphismen, dann gilt:* μ *ist dann und nur dann ein Isomorphismus, wenn* α *und* ω *beide Isomorphismen sind.*

B e w e i s. Sei zuerst μ ein Isomorphismus. Sei $b \in B \Rightarrow h(b) \in N \Rightarrow$ es gibt $m \in M$ mit $\mu(m) = h(b) \Rightarrow \omega g(m) = k\mu(m) = kh(b) = 0$. Da ω ein Monomorphismus ist, folgt $g(m) = 0$, also $m \in \mathrm{Ke}(g) = \mathrm{Bi}(f) \Rightarrow$ es gibt $a \in A$ mit $f(a) = m \Rightarrow h\alpha(a) = \mu f(a) = \mu(m) = h(b) \Rightarrow h(\alpha(a) - b) = 0$, und da h ein Monomorphismus ist, folgt $\alpha(a) = b$, d.h., α ist auch surjektiv und somit ein Isomorphismus.

Sei jetzt $x \in X$ gegeben $\Rightarrow$ es gibt $n \in N$ mit $k(n) = x \Rightarrow$ es gibt $m \in M$ mit $\mu(m) = n \Rightarrow \omega g(m) = k\mu(m) = k(n) = x \Rightarrow \omega$ ist ebenfalls surjektiv, also ein Isomorphismus.

Seien jetzt umgekehrt α und ω beides Isomorphismen und sei $n \in N$ gegeben. Dann gibt es ein $w \in W$ mit $\omega(w) = k(n)$. Folglich existiert ein $m \in M$ mit $g(m) = w \Rightarrow$

$k\mu(m) = \omega g(m) = \omega(w) = k(n) \Rightarrow k(n - \mu(m)) = 0 \Rightarrow$ es gibt $b \in B$ mit $h(b) = n - \mu(m) \Rightarrow$ es existiert ein $a \in A$ mit $\alpha(a) = b \Rightarrow \mu f(a) = h\alpha(a) = h(b) = n - \mu(m) \Rightarrow \mu(f(a) + m) = n$, also ist μ surjektiv und folglich ein Isomorphismus. □

Dieser Beweis ist ein typisches Beispiel für die sogenannte Diagrammjagd. Es leuchtet ein, daß dieser Beweis ohne die Diagrammschreibweise sehr unübersichtlich würde.

Wenden wir uns jetzt zerfallenden kurzen exakten Folgen zu. Sei

$$0 \longrightarrow A \xrightarrow{f} M \xrightarrow{g} W \longrightarrow 0$$

eine exakte Folge. Offensichtlich ist das Zerfallen der Teilfolgen

$$0 \longrightarrow A \xrightarrow{f} M \quad \text{und} \quad M \xrightarrow{g} W \longrightarrow 0$$

stets gegeben, so daß es für das Zerfallen der gegebenen kurzen exakten Folge nur auf das Zerfallen von

$$A \xrightarrow{f} M \xrightarrow{g} W$$

ankommt, d.h., ob $Bi(f) = Ke(g)$ direkter Summand in M ist.

3.9.3 Hilfssatz *Sei* $\underline{A} = 0 \longrightarrow A \xrightarrow{f} M \xrightarrow{g} W \longrightarrow 0$ *eine kurze exakte Folge.*

(a) *Äquivalent sind:*

(1) $\underline{A}$ *zerfällt.*

(2) *Es existiert ein Homomorphismus* $f_0 : M \to A$ *mit* $f_0 f = 1_A$.

(3) *Es existiert ein Homomorphismus* $g_0 : W \to M$ *mit* $gg_0 = 1_W$.

(b) *Ist* $\underline{A}$ *zerfallend, so existieren* f_0 *und* g_0 *wie in* (2) *bzw.* (3), *so daß*

$$0 \longleftarrow A \xleftarrow{f_0} M \xleftarrow{g_0} W \longleftarrow 0$$

exakt und zerfallend ist.

Beweis. (a) „(1) $\Longleftrightarrow$ (2)": 3.4.11 (1). „(1) $\Longleftrightarrow$ (3)": 3.4.11 (2).

(b) Sei $f_0 : M \to A$ mit $f_0 f = 1_A$ beliebig gewählt. Nach 3.4.10 folgt

$$M = Bi(f) \oplus Ke(f_0) = Ke(g) \oplus Ke(f_0) .$$

Daher ist $g|Ke(f_0)$ ein Isomorphismus. Sei dazu $h : W \to Ke(f_0)$ der inverse Isomorphismus und sei $\iota : Ke(f_0) \to M$ die Inklusionsabbildung, dann sei $g_0 := \iota h$. Wegen $M = Ke(g) \oplus Ke(f_0)$ und da g ein Epimorphismus ist, läßt sich jedes Element aus W in der Form $g(x)$ mit $x \in Ke(f_0)$ schreiben. Dann folgt

$$gg_0(g(x)) = g\iota(hg(x)) = g(x),$$

also $gg_0 = 1_W$ sowie $g_0 g(x) = x$, also $Bi(g_0) = Ke(f_0)$.

Folglich ist

$$0 \longleftarrow A \xleftarrow{f_0} M \xleftarrow{g_0} W \longleftarrow 0$$

exakt und wegen $gg_0 = 1_W$, $f_0 f = 1_A$ nach (a) zerfallend. □

Übungen zu Kapitel 3

1. Seien $A, L \in \mathsf{M}_R$, $\alpha : A \to L$, $B \hookrightarrow A$, $C \hookrightarrow A$, $M \hookrightarrow L$, $N \hookrightarrow L$.

a) Zeige: Die folgenden Aussagen sind äquivalent:

(1) $\alpha(B \cap C) = \alpha(B) \cap \alpha(C)$

(2) $(B + \mathrm{Ke}(\alpha)) \cap (C + \mathrm{Ke}(\alpha)) = (B \cap C) + \mathrm{Ke}(\alpha)$

(3) $(B \cap \mathrm{Ke}(\alpha)) + (C \cap \mathrm{Ke}(\alpha)) = (B + C) \cap \mathrm{Ke}(\alpha)$.

b) Zeige: Die folgenden Aussagen sind äquivalent:

(1) $\alpha^{-1}(M + N) = \alpha^{-1}(M) + \alpha^{-1}(N)$

(2) $(M \cap \mathrm{Bi}(\alpha)) + (N \cap \mathrm{Bi}(\alpha)) = (M + N) \cap \mathrm{Bi}(\alpha)$

(3) $(M + \mathrm{Bi}(\alpha)) \cap (N + \mathrm{Bi}(\alpha)) = (M \cap N) + \mathrm{Bi}(\alpha)$.

2. Gib ein Beispiel an, für das die Bedingungen in 1a bzw. 1b nicht erfüllt sind.

3. a) Gegeben seien ein Modulhomomorphismus $\varphi : M \to N$ sowie $A \hookrightarrow M$, $V \hookrightarrow N$.
Zeige: $\varphi^{-1}(\varphi(A) + V) = A + \varphi^{-1}(V)$.
b) Gegeben seien ein Modulhomomorphismus $\varphi : M \to N$ sowie $B \hookrightarrow N$, $U \hookrightarrow M$.
Zeige: $\varphi(\varphi^{-1}(B) \cap U) = B \cap \varphi(U)$.

4. a) Zeige: In der Kategorie der unitären Ringe ist jeder Monomorphismus injektiv. (Hinweis: Benutze $\mathbb{Z}[x]$ = Polynomring in x mit Koeffizienten in $\mathbb{Z}$).
b) Zeige: $\iota : \mathbb{Z} \to \mathbb{Q}$ ist ein Epimorphismus in der Kategorie der unitären Ringe.

5. Bestimme alle Kompositionsreihen von $\mathbb{Z}/30\mathbb{Z}$ und gib alle Isomorphismen zwischen diesen an.

6. a) Bestimme die folgenden Gruppen:

$\mathrm{Hom}_{\mathbb{Z}}(\mathbb{Q}, \mathbb{Z})$, $\mathrm{Hom}_{\mathbb{Z}}(\mathbb{Q}/\mathbb{Z}, \mathbb{Z})$

$\mathrm{Hom}_{\mathbb{Z}}(\mathbb{Q}, \mathbb{Q})$, $\mathrm{Hom}_{\mathbb{Z}}(\mathbb{Z}/n\mathbb{Z}, \mathbb{Q})$ für $n \in \mathbb{N}$.

b) Zeige für $M \in \mathsf{M}_R$: $\mathrm{Hom}_R(R, M) \cong M$.

7. Sei A eine additive abelsche Gruppe und sei End(A) der Endomorphismenring von A, wobei für $\alpha \in \mathrm{End}(A)$ und $a \in A$ αa das Bild von a bei α sei.

Seien ferner R ein Ring und

$$\rho : \quad R \to \mathrm{End}(A)$$

ein Ringhomomorphismus bzw. unitärer Ringhomomorphismus.

a) Zeige: Durch die Definition

$$ra := \rho(r)a, \; a \in A, \; r \in R,$$

wird A zu einem R-Linksmodul bzw. unitären R-Linksmodul.

b) Zeige: Man erhält jeden R-Linksmodul bzw. unitären R-Linksmodul ${}_RA$ mit A als additiver Gruppe eindeutig in der zuvor angegebenen Weise.

c) Gib ein Beispiel für eine additive abelsche Gruppe A und einen Ring R so an, daß A auf zwei verschiedene Weisen unitärer R-Linksmodul ist.

d) Formuliere den entsprechenden Zusammenhang für R-Rechtsmoduln ohne die Multiplikation in End(A) zu ändern.

8. Zeige: Für jeden Vektorraum V_K ist der Endomorphismenring $\mathrm{End}(V_K)$ regulär (zur Definition s. Kapitel 2, Übung 13).

4 Direkte Produkte, direkte Summen, freie Moduln

In der Strukturtheorie der Moduln wird einerseits versucht, einen gegebenen Modul durch additive Zerlegungen oder Restklassenzerlegungen auf einfachere Moduln zurückzuführen. Andererseits ist man bestrebt, aus gegebenen Moduln neue Moduln zu konstruieren. Selbstverständlich erfolgt diese Konstruktion nicht willkürlich; ein Leitprinzip ist die Frage nach Moduln mit gewissen universellen Eigenschaften. Solche universellen Eigenschaften haben wir bereits bei den Produkten und Koprodukten in Kategorien (1.5) kennengelernt. Produkte und Koprodukte sollen jetzt in der Kategorie der Moduln untersucht werden.

4.1 Konstruktion von Produkten und Koprodukten

Wir beginnen damit, an einige bekannte mengentheoretische Begriffe zu erinnern. Sei $(A_i | i \in I)$ eine Familie von Mengen A_i zur Indexmenge $I \neq \emptyset$. Dann ist das Produkt $\prod_{i\in I} A_i$ der Familie $(A_i | i \in I)$ die Menge der Abbildungen

$$\alpha: \ I \to \bigcup_{i\in I} A_i$$

mit $\alpha(i) \in A_i$ für alle $i \in I$.

B e z e i c h n u n g e n. (1) $a_i := \alpha(i)$ heißt die i-te Komponente von α.

(2) $(a_i) := (\alpha(i)) := \alpha$.

Damit gilt dann offenbar für $(a_i), (a_i') \in \prod_{i\in I} A_i$:

$$(a_i) = (a_i') \iff \forall\, i \in I\ [a_i = a_i'] .$$

Man beachte, daß I nicht abzählbar zu sein braucht. Ist I jedoch abzählbar, etwa $I = \{1, 2, 3, \ldots\}$, dann wird auch die Schreibweise

$$(a_1 a_2 a_3 \ldots) \ := \ (a_i) = \alpha$$

benutzt. Ist I endlich, etwa $I = \{1, 2, \ldots, n\}$, dann sei

$$(a_1 a_2 \ldots a_n) \ := \ (a_i) = \alpha.$$

Gelte jetzt $A_i \in \mathsf{M}_R$ für alle $i \in I$, dann wird $\prod_{i\in I} A_i$ durch komponentenweise Definition zu einem unitären R-Rechtsmodul.

4.1.1 Definition *Seien* $(a_i), (b_i) \in \prod_{i\in I} A_i$, $r \in R$.

Addition: $(a_i) + (b_i) := (a_i + b_i)$.

Modulmultiplikation: $(a_i)r := (a_i r)$.

Schreibt man wieder $\alpha = (a_i)$, $\beta = (b_i)$, dann erhält man stattdessen:

$$(\alpha + \beta)(i) := \alpha(i) + \beta(i), \quad i \in I$$
$$(\alpha r)(i) := \alpha(i) r, \quad i \in I.$$

Der Beweis, daß $\prod_{i \in I} A_i$ bei dieser Definition ein Objekt aus M_R ist, ist trivial. Speziell ist die Nullabbildung $I \ni i \mapsto 0_i \in \bigcup_{i \in I} A_i$, wobei 0_i die Null aus A_i ist, das Nullelement von $\prod A_i$ und zu $\alpha = (a_i)$ ist $-\alpha := (-a_i)$ das inverse Element bezüglich der Addition.

4.1.2 Definition *Ein Element* $(a_i) \in \prod_{i \in I} A_i$ *heißt* endlichwertig: $\iff$ *die Menge der* $i \in I$ *mit* $a_i \neq 0$ *ist endlich (wobei die leere Menge auch als endlich betrachtet wird).*

Man sieht dann mit dem Untermodulkriterium, daß die Menge aller endlichwertigen Elemente aus $\prod A_i$ ein Untermodul von $\prod A_i$ ist.

4.1.3 Definition

(1) *Ist* $(A_i | i \in I)$ *eine Familie von Objekten aus* M_R, *dann heißt* $\prod_{i \in I} A_i \in M_R$ *das* direkte Produkt *der Familie* $(A_i | i \in I)$.

(2) *Der Untermodul aller endlichwertigen Elemente aus* $\prod_{i \in I} A_i$ *heißt die (äußere)* direkte Summe *der Familie* $(A_i | i \in I)$ *und wird mit* $\coprod_{i \in I} A_i$ *bezeichnet.*

4.1.4 Bemerkung. *Ist* I *endlich, dann gilt*

$$\prod_{i \in I} A_i = \coprod_{i \in I} A_i .$$

In 1.5 hatten wir in einer beliebigen Kategorie Produkt und Koprodukt zu einer Familie von Objekten definiert. Es soll nun gezeigt werden, daß das direkte Produkt bzw. die direkte Summe zusammen mit gewissen Familien von Homomorphismen Produkt bzw. Koprodukt in M_R ist.

Dazu betrachten wir die folgenden Abbildungen, wobei $j \in I$ sei:

$$\pi_j : \prod_{i \in I} A_i \ni (a_i) \mapsto a_j \in A_j$$

$$\sigma : \coprod_{i \in I} A_i \ni (a_i) \mapsto (a_i) \in \prod_{i \in I} A_i$$

$$\eta_j : A_j \ni a_j \mapsto \underline{a}_j \in \coprod_{i \in I} A_i, \quad \text{mit } \underline{a}_j(i) = \begin{cases} 0 & \text{für } i \neq j \\ a_j & \text{für } i = j \end{cases}$$

Man verifiziert dann leicht die folgenden Eigenschaften.

4.1.5 Lemma

(1) π_j *und* $\pi_j\sigma$ *sind Epimorphismen.*

(2) η_j *und* $\sigma\eta_j$ *sind Monomorphismen.*

(3) $$\pi_k\sigma\eta_j = \begin{cases} 1_{A_j} & \text{für } k = j \\ 0 & \text{für } k \neq j \end{cases}$$

(4) $$(\sigma\eta_j\pi_j)^2 = \sigma\eta_j\pi_j,\ (\eta_j\pi_j\sigma)^2 = \eta_j\pi_j\sigma.$$

(5) *Gilt* $I = \{1, 2, \ldots, n\} \Rightarrow$

$$(\eta_j\pi_j)^2 = \eta_j\pi_j \wedge 1_{\Pi A_i} = \sum_{j=1}^{n} \eta_j\pi_j .$$

4.1.6 Satz

(1) $(\prod_{i\in I} A_i, (\pi_i|i \in I))$ *ist ein Produkt der Familie* $(A_i|i \in I)$ *in der Kategorie* M_R, *d.h., für jedes Objekt* C *aus* M_R *und jede Familie* $(\gamma_i|i \in I)$ *von Homomorphismen*

$$\gamma_i : C \to A_i, \quad i \in I$$

existiert genau ein Homomorphismus

$$\gamma : C \to \prod_{i\in I} A_i ,$$

so daß gilt

$$\gamma_i = \pi_i\gamma , \quad i \in I .$$

(2) $(\coprod_{i\in I} A_i, (\eta_i|i \in I))$ *ist ein Koprodukt der Familie* $(A_i|i \in I)$ *in der Kategorie* M_R, *d.h., für jedes Objekt* B *aus* M_R *und jede Familie* $(\beta_i|i \in I)$ *von Homomorphismen*

$$\beta_i : A_i \to B, \quad i \in I$$

existiert genau ein Homomorphismus

$$\beta : \coprod_{i\in I} A_i \to B ,$$

so daß gilt

$$\beta_i = \beta\eta_i, \quad i \in I.$$

B e w e i s. (1) Wir geben das gewünschte $\gamma : C \to \prod_{i\in I} A_i$ an: Sei

$$\gamma(c) := (\gamma_i(c)) \in \prod_{i\in I} A_i \quad \text{für } c \in C.$$

Dann ist γ ein Homomorphismus und es gilt

$$(\pi_j\gamma)(c) = \pi_j(\gamma(c)) = \gamma_j(c), \quad c \in C,$$

also $\gamma_j = \pi_j\gamma$, $j \in I$.

Eindeutigkeit von γ : Sei auch $\gamma' : C \to \prod_{i \in I} A_i$ mit $\gamma_j(c) = (\pi_j\gamma')(c) = \pi_j(\gamma'(c))$, dann folgt $\gamma'(c) = (\gamma_i(c)) = \gamma(c)$, also $\gamma' = \gamma$.

(2) Auch jetzt wird das gewünschte $\beta : \coprod_{i \in I} A_i \to B$ explizit angegeben: Sei

$$\beta((a_i)) := \sum \beta_i(a_i) \in B,$$

wobei die Summe nur über die $i \in I$ mit $a_i \neq 0$ zu erstrecken ist; nach Definition von $\coprod A_i$ ist daher die Summe sinnvoll (die Summe über die leere Indexmenge ist wie immer gleich 0 zu setzen).

Dann ist β ein Homomorphismus, und es gilt

$$(\beta\eta_j)(a_j) = \beta(\underline{a}_j) = \beta_j(a_j),$$

also $\beta_j = \beta\eta_j, \quad j \in I.$

Eindeutigkeit von β : Sei auch $\beta' : \coprod_{i \in I} A_i \to B$ mit $\beta_j = \beta'\eta_j$, dann folgt

$$\beta(\underline{a}_j) = \beta_j(a_j) = \beta'\eta_j(a_j) = \beta'(\underline{a}_j)$$

und da jedes Element aus $\coprod A_i$ Summe von endlich vielen $\underline{a}_j$ ist, ergibt sich $\beta = \beta'$. □

Die folgende Bezeichnungsweise ist üblich und wird auch von uns benutzt.

4.1.7 Bezeichnungen. Sei I eine nichtleere Menge und sei $A \in \mathsf{M}_R$. Dann sei

$$A^I := \prod_{i \in I} A_i \qquad \text{mit } A_i = A \text{ für jedes } i \in I,$$

$$A^{(I)} := \coprod_{i \in I} A_i \qquad \text{mit } A_i = A \text{ für jedes } i \in I.$$

Man nennt A^I bzw. $A^{(I)}$ das direkte Produkt bzw. die direkte Summe von I Kopien von A.

4.2 Zusammenhang zwischen der äußeren und inneren direkten Summe

In 2.4 wurde die innere direkte Summe eingeführt und im vorhergehenden Abschnitt haben wir die (äußere) direkte Summe definiert. Hier soll gezeigt werden, daß diese Begriffe nicht wesentlich verschieden voneinander sind, so daß sie im folgenden meist identifiziert werden können, ohne daß dies zu Mißverständnissen führt.

Dazu haben wir den Monomorphismus

$$\eta_j : A_j \ni a_j \mapsto \underline{a}_j \in \coprod_{i \in I} A_i,$$

wobei $\underline{a}_j(i) = \begin{cases} 0 & \text{für } i \neq j \\ a_j & \text{für } i = j \end{cases}$ ist,

aus 4.1 heranzuziehen. Sei $A_j' := \eta_j(A_j)$, dann ist A_j' ein zu A_j isomorpher Modul.

Im Falle, daß I die Menge $\{1, 2, 3, \dots, n\}$ ist, folgt

$$\underline{a}_j = (0 \dots 0\, a_j\, 0 \dots 0)\,,$$
$$\uparrow \text{ j-te Stelle}$$

sowie $A_j' = \{(0 \dots 0\, a_j\, 0 \dots 0) \mid a_j \in A_j\}$.

4.2.1 Satz *Sei* $(A_i | i \in I)$ *eine Familie von* R-*Moduln, dann gilt:*

$$\coprod_{i \in I} A_i = \bigoplus_{i \in I} A_i' \quad \text{und} \quad A_i \cong A_i'\,,$$

das heißt, die äußere direkte Summe der A_i *ist gleich der inneren direkten Summe der zu den* A_i *isomorphen Untermoduln* A_i' *von* $\coprod_{i \in I} A_i$.

Beweis. Nach Definition der A_i' gilt $\sum_{i \in I} A_i' \subseteq \coprod_{i \in I} A_i$. Sie nun $0 \neq (a_i) \in \coprod_{i \in I} A_i$ und seien $a_{i_1} \neq 0, \dots, a_{i_n} \neq 0$ sowie $a_i = 0$ für alle anderen $i \in I$, dann folgt

$$(a_i) \in A_{i_1}' + \dots + A_{i_n}', \quad \text{also} \quad \sum_{i \in I} A_i' = \coprod_{i \in I} A_i.$$

Sei $\quad (a_i) \in A_j' \cap \sum_{\substack{i \neq j \\ i \in I}} A_i' \;\Rightarrow\; a_i = 0 \text{ für } i \neq j$

und $\quad a_j = 0 \;\Rightarrow\; (a_i) = 0.$

Wie zuvor festgestellt, gilt schließlich $A_i \cong A_i'$, wobei $a_i \mapsto \eta_i(a_i)$. □

Achtung. Die isomorphen Moduln A_i und A_i' werden im folgenden meist identifiziert und an Stelle von A_i' wird wieder A_i geschrieben. Auf Grund von Satz 4.2.1 wird außerdem die Unterscheidung zwischen der äußeren und inneren direkten Summe oft fallen gelassen und in beiden Fällen $\oplus A_i$ geschrieben und direkte Summe genannt. Um welche direkte Summe es sich jeweils handelt, ergibt sich, falls nicht angegeben, aus dem Zusammenhang.

4.3 Homomorphismen von direkten Produkten und Summen

Seien $(A_i | i \in I)$, $(B_i | i \in I)$ zwei Familien von $A_i, B_i \in M_R$. Ferner sei $(\alpha_i | i \in I)$ eine Familie von Homomorphismen

$$\alpha_i : \; A_i \to B_i, \qquad i \in I\,.$$

Unter diesen Voraussetzungen gilt.

4.3.1 Lemma *Die folgendermaßen definierten Abbildungen*

$$\prod_{i \in I} \alpha_i : \; \prod_{i \in I} A_i \ni (a_i) \mapsto (\alpha_i(a_i)) \in \prod_{i \in I} B_i\,,$$

$$\bigoplus_{i \in I} \alpha_i : \; \bigoplus_{i \in I} A_i \ni (a_i) \mapsto (\alpha_i(a_i)) \in \bigoplus_{i \in I} B_i$$

sind Homomorphismen mit

(1) $\text{Mono}\ \Pi\alpha_i \iff \text{Mono} \bigoplus \alpha_i \iff \forall\, i \in I\ [\text{Mono}\ \alpha_i]$,

(2) $\text{Epi}\ \Pi\alpha_i \iff \text{Epi} \bigoplus \alpha_i \iff \forall\, i \in I\ [\text{Epi}\ \alpha_i]$,

(3) $\text{Iso}\ \Pi\alpha_i \iff \text{Iso} \bigoplus \alpha_i \iff \forall\, i \in I\ [\text{Iso}\ \alpha_i]$.

B e w e i s. Übung für den Leser. □

4.3.2 Lemma *Voraussetzungen wie bisher. Seien ferner*

$$\left.\begin{array}{l} \iota_i : \text{Ke}(\alpha_i) \ni a_i \mapsto a_i \in A_i, \\ \iota_i' : \text{Bi}(\alpha_i) \ni b_i \mapsto b_i \in B_i \end{array}\right. \quad i \in I,$$

dann sind Isomorphismen:

(1) $\prod_{i\in I} \text{Ke}(\alpha_i) \ni (a_i) \mapsto (\iota_i(a_i)) \in \text{Ke}(\prod_{i\in I} \alpha_i)$,

(2) $\bigoplus_{i\in I} \text{Ke}(\alpha_i) \ni (a_i) \mapsto (\iota_i(a_i)) \in \text{Ke}(\bigoplus_{i\in I} \alpha_i)$,

(3) $\prod_{i\in I} \text{Bi}(\alpha_i) \ni (b_i) \mapsto (\iota_i'(b_i)) \in \text{Bi}(\prod_{i\in I} \alpha_i)$,

(4) $\bigoplus_{i\in I} \text{Bi}(\alpha_i) \ni (b_i) \mapsto (\iota_i'(b_i)) \in \text{Bi}(\bigoplus_{i\in I} \alpha_i)$,

also $\prod_{i\in I} \text{Ke}(\alpha_i) \cong \text{Ke}(\prod_{i\in I} \alpha_i)$, $\bigoplus_{i\in I} \text{Ke}(\alpha_i) \cong \text{Ke}(\bigoplus_{i\in I} \alpha_i)$,

$\prod_{i\in I} \text{Bi}(\alpha_i) \cong \text{Bi}(\prod_{i\in I} \alpha_i)$, $\bigoplus_{i\in I} \text{Bi}(\alpha_i) \cong \text{Bi}(\bigoplus_{i\in I} \alpha_i)$.

B e w e i s. Übung für den Leser. □

4.3.3 Lemma *Gegeben seien Familien* $(A_i | i \in I)$, $(B_j | j \in J)$, *dann ist*

$$\text{Hom}_R(\bigoplus_{i\in I} A_i, \prod_{j\in J} B_j) \ni \varphi \mapsto (\pi_j\, \varphi\, \eta_i) \in \prod_{(i,j)\in I\times J} \text{Hom}_R(A_i, B_j)$$

ein Gruppenisomorphismus.

B e w e i s. Daß es sich um einen Gruppenhomomorphismus handelt, ist klar. Bleibt zu beweisen

„Mono": Sei $0 \neq \varphi \in \text{Hom}_R(\bigoplus A_i, \Pi B_j) \Rightarrow$ es existiert $(a_i) \in \bigoplus A_i$ mit $\varphi((a_i)) \neq 0$. Wegen $(a_i) = \sum_{a_i \neq 0} \underline{a}_i \Rightarrow \varphi((a_i)) = \varphi(\Sigma\, \underline{a}_i) = \Sigma\, \varphi(\underline{a}_i) \neq 0 \Rightarrow$ es existiert i mit $\varphi(\underline{a}_i) = \varphi\eta_i(a_i) \neq 0 \Rightarrow$ es existiert j mit $\pi_j\varphi\eta_i(a_i) \neq 0 \Rightarrow \pi_j\varphi\eta_i \neq 0$.

„Epi": Sei $(\alpha_{ji}) \in \Pi\ \text{Hom}_R(A_i, B_j)$. Zu festem $i \in I$ gibt es dann zu der Familie $(\alpha_{ji} | j \in J)$, wobei $\alpha_{ji} : A_i \to B_j$, nach 4.1.6 einen Homomorphismus $\beta_i : A_i \to \prod_{j\in J} B_j$, so daß

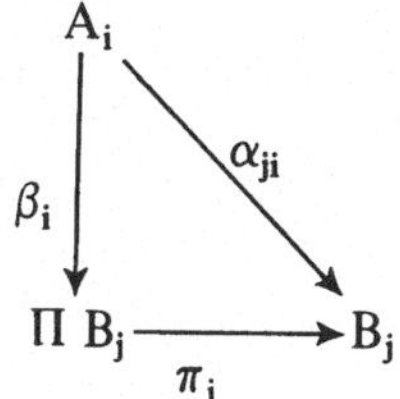

kommutativ ist.

Zu der Familie $(\beta_i | i \in I)$ existiert dann nach 4.1.6 ein $\varphi : \bigoplus A_i \to \Pi B_j$, so daß

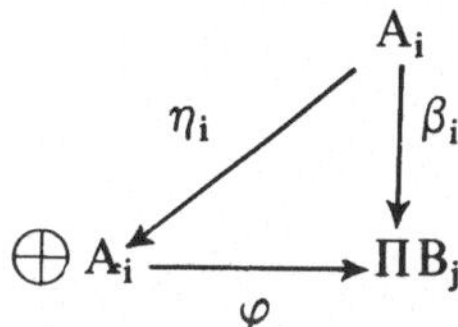

kommutativ ist. Dann folgt $\alpha_{ji} = \pi_j \beta_i = \pi_j \varphi \eta_i \Rightarrow$ Behauptung. □

S p e z i a l f ä l l e.

$$\mathrm{Hom}_R(\bigoplus_{i \in I} A_i, B) \cong \prod_{i \in I} \mathrm{Hom}_R(A_i, B), \quad \text{wobei} \quad \varphi \mapsto (\varphi \eta_i).$$

$$\mathrm{Hom}_R(A, \prod_{j \in J} B_j) \cong \prod_{j \in J} \mathrm{Hom}_R(A, B_j), \quad \text{wobei} \quad \varphi \mapsto (\pi_j \varphi).$$

4.4 Freie Moduln

In 2.3.5 wurde eine Basis eines Moduls als ein freies Erzeugendensystem definiert. Moduln, die eine Basis besitzen, können in folgender Weise gekennzeichnet werden.

4.4.1 Lemma *Sei* $F = F_R$, *dann sind die folgenden Bedingungen äquivalent:*

(1) F *besitzt eine Basis*

(2) $F = \bigoplus_{i \in I} A_i \wedge \forall\, i \in I\, [R_R \cong A_i]$

B e w e i s. Wir bemerken zunächst, daß (1) und (2) für $F = 0$ erfüllt sind, und zwar mit $\emptyset$ als Basis und $I = \emptyset$. Das ergibt sich aus der Festsetzung, daß die Summe über die leere Indexmenge gleich 0 ist. Wir können daher $F \neq 0$ voraussetzen.

„(1) ⇒ (2)" Sei X eine Basis von F und $a \in X$. Dann ist

$$\varphi_a : \quad R_R \ni r \mapsto ar \in R_R$$

offensichtlich ein Epimorphismus. Da ferner aus $ar = 0 = a0$ wegen der Basiseigenschaft $r = 0$ folgt, ist dies ein Isomorphismus.

Behauptung. $F = \bigoplus_{a \in X} aR$.

Da X als Basis auch ein Erzeugendensystem ist, gilt jedenfalls $F = \sum_{a \in X} aR$. Sei für $a_0 \in X$

$$c \in a_0 R \cap \sum_{\substack{a \in X \\ a \neq a_0}} aR ,$$

dann existieren verschiedene $a_1, \ldots, a_n \in X$, $a_i \neq a_0$ sowie $r_0, r_1, \ldots, r_n \in R$ mit

$$c = a_0 r_0 = \sum_{i=1}^{n} a_i r_i$$

$$\Rightarrow \quad a_0 r_0 + \sum a_i(-r_i) = 0$$

$\Rightarrow$ wegen Basiseigenschaft 2.3.5 (4):

$$r_0 = r_1 = \ldots = r_n = 0 \quad \Rightarrow a_0 R \cap \sum_{\substack{a \in X \\ a \neq a_0}} aR = 0,$$

also $\quad F = \bigoplus_{a \in X} aR$.

„(2) ⇒ (1)“ Sei $\varphi_i : R_R \cong A_i$ der nach Voraussetzung existierende Isomorphismus. Behauptung. $\{\varphi_i(1) | i \in I\}$ ist eine Basis von F. Wegen $A_i = \varphi_i(R) = \varphi_i(1 \cdot R) = \varphi_i(1)R$ gilt $F = \bigoplus_{i \in I} A_i = \bigoplus_{i \in I} \varphi_i(1)R$, also ist $\{\varphi_i(1) | i \in I\}$ ein Erzeugendensystem von F. Sei $I' \subset I$, I' endlich und

$$\sum_{i \in I'} \varphi_i(1) r_i = 0 \ ,$$

dann folgt nach 2.4.2 für alle $i \in I'$

$$\varphi_i(1) r_i = \varphi_i(r_i) = 0$$

und, da φ_i ein Isomorphismus ist, $r_i = 0$, also ist $\{\varphi_i(1) \mid i \in I\}$ tatsächlich eine Basis von F. □

4.4.2 Definition *Ein Modul* F, *der die Bedingungen von* 4.4.1 *erfüllt, heißt* f r e i e r M o d u l.

4.4.3 Lemma *Sei* I *eine Menge, dann ist* $R^{(I)}$ *ein freier* R-*Modul mit einer Basis der Mächtigkeit von* I.

B e w e i s. Wir betrachten die Familie $(A_i | i \in I)$ mit $A_i = R_R$ für alle $i \in I$. Dann folgt nach 4.2.1

$$R^{(I)} = \coprod_{i \in I} A_i = \bigoplus_{i \in I} A_i' \qquad \text{mit } R_R = A_i \overset{\varphi_i}{\cong} A_i'.$$

Wie zuvor gezeigt, folgt, daß $R^{(I)}$ frei ist und die Basis $\{\varphi_i(1) | i \in I\}$ besitzt. □

Wir erinnern uns daran (s. 4.2), daß im Falle $I = \{1, 2, \ldots, n\}$

$$\varphi_i(1) = (0 \ldots 0\ 1\ 0 \ldots 0)$$

gilt, d.h., daß dann $\{\varphi_i(1) | i = 1, \ldots, n\}$ die „kanonische Basis des R^n" ist.

4.4.4 Folgerung *Jeder Modul* M_R *ist epimorphes Bild eines freien* R-*Rechtsmoduls. Ist* M_R *endlich erzeugt, dann ist* M_R *ein epimorphes Bild eines freien* R-*Rechtsmoduls mit endlicher Basis.*

B e w e i s. Sei Y eine Erzeugendensystem von M, dann betrachten wir den freien Modul

$$R^{(Y)} = \bigoplus_{b \in Y} \varphi_b(1)R\,.$$

Durch $R^{(Y)} \ni \Sigma\, \varphi_b(1)r_b \mapsto \Sigma\, br_b \in M$

wird dann wegen der Eindeutigkeit der Basisdarstellung in $R^{(Y)}$ ein Epimorphismus definiert. □

4.4.5 B e z e i c h n u n g. Daß wir die Basis von $R^{(I)}$ mit $\{\varphi_i(1) \,|\, i \in I\}$ bezeichnet haben, soll uns im folgenden nicht auf diese Bezeichnung festlegen. Offenbar kann sie auch durch jede andere Menge bezeichnet werden, die zu I gleichmächtig ist z.B. durch I selbst. Dafür ergibt sich die Schreibweise

$$M = \bigoplus_{i \in I} iR\,,$$

wobei es dann allerdings darauf ankommt, mit den Elementen aus I in der richtigen Weise im Sinne einer Basis von $R^{(I)}$ zu rechnen.

Wir weisen noch auf eine wichtige Eigenschaft der freien Moduln hin, die später (bei den projektiven Moduln) eine grundlegende Rolle spielt.

4.4.6 Satz *Ist*

$$\varphi : A_R \to F_R$$

ein Epimorphismus und ist F_R *frei, dann zerfällt* φ (Definition s. 3.4.8).

B e w e i s. Sei Y eine Basis von F_R und zu jedem $b \in Y$ sei $a_b \in A$ mit $\varphi(a_b) = b$ gewählt. Dann ist die Abbildung

$$\varphi' : \quad F \ni \sum br_b \mapsto \sum a_b r_b \in A$$

ein R-Homomorphismus (da Y Basis ist).
Dafür gilt

$$\varphi\varphi'(\sum br_b) = \varphi(\sum a_b r_b) = \sum \varphi(a_b)r_b = \sum br_b\,,$$

also $\varphi\varphi' = 1_F$, und folglich

$$A = \mathrm{Bi}(\varphi') \oplus \mathrm{Ke}(\varphi).$$ □

4.5 Freie und teilbare abelsche Gruppen

Jede abelsche Gruppe kann in natürlicher Weise als $\mathbb{Z}$-Modul betrachtet werden, so daß alle modultheoretischen Begriffe auf abelsche Gruppen anwendbar sind. Eine abelsche Gruppe heißt demnach frei, wenn sie als $\mathbb{Z}$-Modul frei ist, d.h., wenn sie eine direkte Summe von Kopien von $\mathbb{Z}_{\mathbb{Z}}$ ist.

Wenn im folgenden von Gruppen die Rede ist, so soll es sich immer um additive abelsche Gruppen handeln.

4.5.1 Definition *Eine Gruppe* A *heißt* t e i l b a r $:\Longleftrightarrow$

$$\forall z \in \mathbb{Z}\ [z \neq 0 \Rightarrow Az = A].$$

4.5.2 Lemma *Jedes epimorphe Bild einer teilbaren Gruppe ist teilbar und folglich ist jede Faktorgruppe einer teilbaren Gruppe teilbar.*

B e w e i s. Sei A teilbar und sei

$$\Phi:\ A \to B$$

ein Epimorphismus. Dann gilt für $0 \neq z \in \mathbb{Z}$:

$$Bz = \Phi(A)z = \Phi(Az) = \Phi(A) = B,$$

also ist B teilbar. □

4.5.3 Lemma *Direktes Produkt und direkte Summe von teilbaren Gruppen sind teilbar.*

B e w e i s. Sei $(A_i \mid i \in I)$ eine Familie von teilbaren Gruppen. Dann gilt für $0 \neq z \in \mathbb{Z}$

$$(\prod_{i\in I} A_i)z = \prod_{i\in I}(A_i z) = \prod_{i\in I} A_i,$$

$$(\bigoplus_{i\in I} A_i)z = \bigoplus_{i\in I}(A_i z) = \bigoplus_{i\in I} A_i,$$

wie man sofort der Definition des direkten Produktes und der direkten Summe entnimmt. □

Beispiele $\mathbb{Q}$ und $\mathbb{Q}/\mathbb{Z}$ sind teilbare Gruppen. $\mathbb{Z}$ ist nicht teilbar.

4.5.4 Satz *Jede abelsche Gruppe kann monomorph in eine teilbare Gruppe abgebildet werden.*

B e w e i s. Sei A eine abelsche Gruppe. Nach 4.4.4 gibt es eine freie abelsche Gruppe F und einen Epimorphismus

$$\Phi:\ F \to A.$$

Dann ist, wenn noch $\bar{x} := x + \mathrm{Ke}(\Phi)$ gesetzt wird,

$$\Phi':\ F/\mathrm{Ke}(\Phi) \ni \bar{x} \mapsto \Phi(x) \in A$$

ein Isomorphismus (3.4.1). Sei Y eine Basis von $F = F_Z$, dann betrachten wir

$$D = Q^{(Y)} = \bigoplus_{b \in Y} bQ .$$

Wegen $Q_Z \cong bQ_Z$ ist bQ teilbar und nach 4.5.3 dann auch D. Wegen $F = \bigoplus b\mathbf{Z}$ ist F Untergruppe von D. Dann ist auch Ke(Φ) Untergruppe von D und nach 4.5.2 ist $\overline{D} := D/\mathrm{Ke}(\Phi)$ teilbar. Sei noch

$$\iota : \; F/\mathrm{Ke}(\Phi) \ni \overline{x} \mapsto \overline{x} \in \overline{D}$$

die Inklusionsabbildung, dann ist $\iota\Phi'^{-1}$ der gesuchte Monomorphismus von A in die teilbare Gruppe $\overline{D}$. □

Wir beweisen jetzt den zu 4.4.6 dualen Satz, der zeigt, daß die teilbaren Gruppen injektive **Z**-Moduln (Definition im nächsten Kapitel) sind.

4.5.5 Satz *Ist*

$$\varphi : D_Z \to B_Z$$

ein Monomorphismus und ist D_Z *teilbar, dann zerfällt* φ *(d.h.,* Bi(φ) *ist direkter Summand in* B).

B e w e i s. Nach 4.5.2 ist Bi(φ) teilbar, so daß wir ohne Einschränkung D_Z als Untermodul von B_Z und $\varphi = \iota$ als Inklusionsabbildung betrachten können. Sei dann

$$\Gamma := \{U \mid U \hookrightarrow B \wedge D \cap U = 0\}.$$

Wegen $U = 0 \in \Gamma$ ist $\Gamma \neq \emptyset$; da ferner die Vereinigungsmenge jeder bezüglich der Inklusion total geordneten Teilmenge von Γ offenbar wieder Element von Γ ist, gibt es auf Grund des Zornschen Lemmas ein maximales Element in Γ, das wieder mit U bezeichnet werden soll. Dafür gilt dann

$$D + U = D \oplus U \hookrightarrow B ,$$

und es soll $B = D \oplus U$ gezeigt werden.

Für beliebiges $b \in B$ betrachten wir das Ideal $z_0\mathbf{Z}$ der $z \in \mathbf{Z}$ mit $bz \in D + U$. Sei $bz_0 = d + u$. Da D teilbar ist, gibt es ein d_0 mit $d_0 z_0 = d \Rightarrow (b - d_0)z_0 = u$. Offensichtlich ist dann $z_0\mathbf{Z}$ auch das Ideal der $z \in \mathbf{Z}$ mit $(b - d_0)z \in D + U$.

Behauptung. $D \cap (U + (b - d_0)\mathbf{Z}) = 0$.

Angenommen $d_1 = u_1 + (b - d_0)z_1 \in D \cap (U + (b - d_0)\mathbf{Z}) \Rightarrow (b - d_0)z_1 = d_1 - u_1 \in D + U \Rightarrow z_1 = z_0 t, t \in \mathbf{Z} \Rightarrow (b - d_0)z_0 t = ut = d_1 - u_1 \Rightarrow 0 = d_1 - (u_1 + ut) \Rightarrow d_1 = 0$. Wegen der Maximalität von U folgt $(b - d_0)\mathbf{Z} \hookrightarrow U \Rightarrow b - d_0 \in U \Rightarrow b \in D + U$. Also gilt tatsächlich $B = D \oplus U$, was zu zeigen war. □

4.6 Monoidringe

Als weiteres Anwendungsbeispiel für freie Moduln soll hier der Monoidring eingeführt werden. Seien G ein beliebiges, multiplikativ geschriebenes Monoid, d.h., G ist eine Menge mit einer Operation $G \times G \ni (a, b) \mapsto ab \in G$, die assoziativ ist und zu der ein neutrales Element e existiert. Ferner sei R ein beliebiger Ring.

Sei im Sinne von 4.4.5

$$GR := \bigoplus_{g \in G} gR ,$$

wobei also G selbst als Basis genommen wird. Man beachte, daß dann $g1 = g$ für $g \in G$, $1 \in R$ gilt (g steht an Stelle von $\varphi_g(1)$ im Sinne von 4.4.5).

Durch Definition einer Multiplikation soll nun GR zu einem Ring (mit Einselement) gemacht werden.

4.6.1 Definition *Seien* T, T' *endliche Teilmengen aus* G. *Für*

$$\sum_{g \in T} gr_g, \quad \sum_{g' \in T'} g'r'_{g'} \in GR$$

sei dann

$$\Big(\sum_{g \in T} gr_g\Big)\Big(\sum_{g' \in T'} g'r'_{g'}\Big) := \sum_{\substack{g \in T \\ g' \in T'}} gg'r_g r'_{g'} .$$

Diese Definition besagt: In GR wird für ein Produkt von Elementen aus G das Produkt in G und für ein solches von Elementen aus R das Produkt in R genommen; im übrigen rechnet man distributiv und Elemente aus R und G sind vertauschbar.

Bemerkung. Auf der rechten Seite kann in $\Sigma\, gg'r_g r'_{g'}$ das gleiche Gruppenelement mehrfach in der Form gg' vorkommen; dies ist also im allgemeinen noch keine Basisdarstellung. Die Basisdarstellung ergibt sich, indem distributiv nach den Basiselementen zusammengefaßt wird:

$$\sum_{\substack{g \in T \\ g' \in T'}} gg'r_g r'_{g'} = \sum_{b \in TT'} b\, s_b \quad \text{mit } s_b = \sum_{\substack{gg' = b \\ g \in T,\, g' \in T'}} r_g r'_{g'} .$$

Für ein endliches Monoid $G = \{g_1, \dots, g_n\}$ kann die Definition in folgender Form geschrieben werden:

$$\Big(\sum_{i=1}^{n} g_i r_i\Big)\Big(\sum_{j=1}^{n} g_j r'_j\Big) = \sum_{i,j=1}^{n} g_i g_j r_i r'_j = \sum_{k=1}^{n} g_k s_k \text{ mit } s_k = \sum_{\substack{g_i g_j = g_k \\ i,j = 1,\dots,n}} r_i r'_j .$$

Es ist leicht nachzuprüfen, daß GR mit der angegebenen Definition ein Ring ist. Assoziativität folgt aus der in G und in R, und Distributivität folgt aus der in R. Sei e die Identität (= neutrales Element) von G, dann ist e = e1 das Einselement von GR, wie sofort aus 4.6.1 folgt.

4.6.2 Definition GR *heißt der* M o n o i d r i n g *von* G *mit Koeffizienten in* R. *Ist* G *eine Gruppe, dann heißt* GR *der* G r u p p e n r i n g *von* G *mit Koeffizienten in* R.

Betrachtet man den Unterring eR von GR, dann ist die Abbildung

$$eR \ni er \mapsto r \in R$$

ein Ringisomorphismus, und meist wird eR mit R identifiziert; für das 1-Element des Gruppenringes e1 (mit $1 \in R$) wird dann 1 geschrieben.

Schließlich weisen wir darauf hin, daß durch die Festsetzung

$$r\sum gr_g \ := \ er\sum gr_g = \sum grr_g, \qquad r \in R$$

GR zu einem R-Linksmodul wird, für den G wieder eine Basis ist. Da GR ein eR-GR-Bimodul ist, ist GR auch ein R-GR-Bimodul. Ist R kommutativ, dann ist GR eine R-Algebra (s. 2.2.5).

In die Untersuchung von Gruppenringen gehen ring- und modultheoretische, gruppentheoretische und – bei tiefergehenden Überlegungen – auch arithmetische Begriffe ein. Diese Vielseitigkeit macht dieses Gebiet besonders interessant und anregend.

4.7 Fasersumme und Faserprodukt

Gegeben seien zwei Homomorphismen mit der gleichen Quelle:

$$\alpha: \ A \to B, \qquad \varphi: \ A \to M.$$

Bei vielen Problemen, auf die wir später eingehen werden, erhebt sich dann die Frage, ob man diese Homomorphismen zu einem kommutativen Quadrat ergänzen kann.

$$(*) \qquad \begin{array}{ccc} A & \xrightarrow{\alpha} & B \\ \varphi \downarrow & & \downarrow \beta \\ M & \xrightarrow{\psi} & N \end{array}$$

Wir wollen zeigen, daß dies auf nichttriviale Weise möglich ist und zwar sogar mit einem „universellen" Paar ψ, β, d.h. mit einem solchen Paar, über das jede andere kommutative „quadratische Ergänzung" von α, φ faktorisiert werden kann.

Selbstverständlich erhebt sich auch die duale Frage, ob zu gegebenen ψ, β mit gleichem Ziel eine „universelle" kommutative „quadratische Ergänzung" φ, α existiert. Auch dafür ist die Antwort positiv.

Im ersten Fall heißt die Lösung Fasersumme (oder Pushout), im zweiten Fall Faserprodukt (oder Pullback).

4.7.1 Definition *Gegeben sei das kommutative Diagramm* (*).

(1) *Das Paar* (ψ, β) *heißt* F a s e r s u m m e *des Paares* (φ, α) $:\Longleftrightarrow$ *für jedes Paar* (ψ', β') *mit* $\psi' : M \to X$, $\beta' : B \to X$ *sowie* $\psi'\varphi = \beta'\alpha$ *gibt es genau ein* $\sigma : N \to X$ *mit* $\psi' = \sigma\psi, \beta' = \sigma\beta$.

(2) *Das Paar* (φ, α) *heißt* Faserprodukt *des Paares* (ψ, β) : $\iff$ *für jedes Paar* (φ', α') *mit* $\varphi' : Y \to M$, $\alpha' : Y \to B$ *sowie* $\psi\varphi' = \beta\alpha'$ *gibt es genau ein* $\tau : Y \to A$ *mit* $\varphi' = \varphi\tau$, $\alpha' = \alpha\tau$.

Machen wir uns die Situation an den entsprechenden Diagrammen klar:

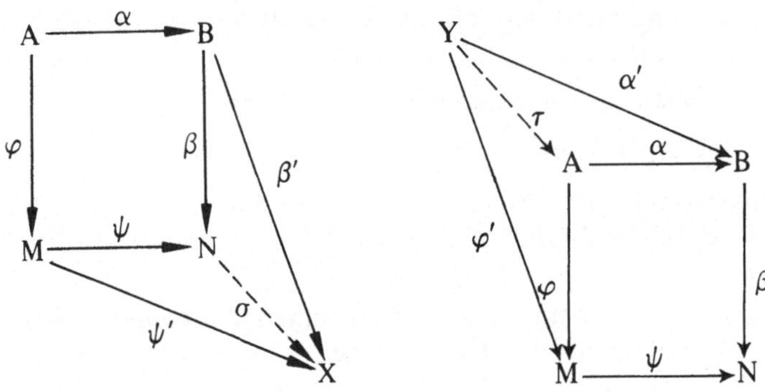

Bevor wir die Existenz von Fasersumme und Faserprodukt beweisen, stellen wir deren Eindeutigkeit fest.

4.7.2 Bemerkung. *Fasersumme und Faserprodukt sind zu gegebenen* (φ, α) *bzw.* (ψ, β) *bis auf Isomorphie eindeutig bestimmt.*

Beweis. *Seien* (ψ, β) *und* (ψ', β') *zwei Fasersummen für* (φ, α). *Dann existiert neben* $\sigma : N \to X$ auch $\rho : X \to N$ mit $\psi = \rho\psi'$, $\beta = \rho\beta'$. Für $\rho\sigma : N \to N$ gilt $\psi = \rho\psi' = \rho\sigma\psi$, $\beta = \rho\beta' = \rho\sigma\beta$. Wegen der geforderten Eindeutigkeit folgt $\rho\sigma = 1_N$, entsprechend erhält man $\sigma\rho = 1_X$, also sind σ und ρ zueinander inverse Isomorphismen. Dual folgt die Behauptung für Faserprodukte. □

Im folgenden bezeichnen wir Elemente aus $M \oplus B$ mit (m, b), Elemente aus $(M \oplus B)/U$ mit $\overline{(m, b)}$

4.7.3 Satz

(1) *Gegeben sei das Paar* (φ, α) *mit*

$$\varphi : A \to M, \quad \alpha : A \to B .$$

Sei $N := (M \oplus B)/U$ *mit* $U := \{(\varphi(a), -\alpha(a)) \mid a \in A\}$

und seien

$$\psi : M \ni m \mapsto \overline{(m, 0)} \in N ,$$

$$\beta : B \ni b \mapsto \overline{(0, b)} \in N ,$$

dann ist (ψ, β) *eine Fasersumme von* (φ, α).

(2) *Gegeben sei das Paar* (ψ, β) *mit*

$$\psi : M \to N, \quad \beta : B \to N .$$

Sei $\quad A := \{(m, b) \mid m \in M \wedge b \in B \wedge \psi(m) = \beta(b)\}$

und seien

$$\varphi : A \ni (m, b) \mapsto m \in M,$$
$$\alpha : A \ni (m, b) \mapsto b \in B,$$

dann ist (φ, α) *ein Faserprodukt von* (ψ, β).

B e w e i s. (1) Zunächst ist klar, daß U ein Untermodul ist, so daß N ein Faktormodul von $M \oplus B$ ist, und daß ψ und β Homomorphismen mit $\psi\varphi = \beta\alpha$ sind. Seien jetzt ψ', β' wie in 4.7.1 gegeben. Wir definieren $\sigma : N \to X$ durch $\sigma(\overline{(m, b)}) := \psi'(m) + \beta'(b)$. Um zu beweisen, daß σ eine Abbildung ist, genügt es zu zeigen, daß für $(m, b) \in U$ $\sigma(\overline{(m, b)}) = 0$ gilt:

$$\sigma(\overline{(\varphi(a), -\alpha(a))}) = \psi'\varphi(a) - \beta'\alpha(a) = 0$$

wegen $\psi'\varphi = \beta'\alpha$. Daß nun die Abbildung σ ein Homomorphismus ist und $\sigma\psi = \psi'$, $\sigma\beta = \beta'$ gilt, ist wieder unmittelbar klar. Bleibt die Eindeutigkeit von σ zu zeigen. Gelte auch $\psi' = \sigma_1 \psi, \beta' = \sigma_1 \beta$ für $\sigma_1 : N \to X$. Dann folgt

$$(\sigma - \sigma_1)\psi = 0, \qquad (\sigma - \sigma_1)\beta = 0,$$

also
$$0 = (\sigma - \sigma_1)\psi(m) = (\sigma - \sigma_1)(\overline{(m, 0)}),$$
$$0 = (\sigma - \sigma_1)\beta(b) = (\sigma - \sigma_1)(\overline{(0, b)}).$$

Da $\{\overline{(m, 0)}, \overline{(0, b)} \mid m \in M \wedge b \in B\}$ ein Erzeugendensystem von N ist, für das $\sigma - \sigma_1$ die Nullabbildung ist, folgt $\sigma - \sigma_1 = 0$. Damit ist für die Fasersumme alles gezeigt.

(2) Für das Faserprodukt verläuft der Beweis dual. Wir geben lediglich $\tau : Y \to A$ an:

$$\tau(y) := (\varphi'(y), \alpha'(y)), \qquad y \in Y$$

und stellen die Eindeutigkeit von τ fest. Sei $(\tau - \tau_1)(y) = (m, b)$, dann folgt

$$0 = \varphi(\tau - \tau_1)(y) = \varphi(m, b) = m$$
$$0 = \alpha(\tau - \tau_1)(y) = \alpha(m, b) = b,$$

also $(\tau - \tau_1)(y) = 0$, d.h. $\tau - \tau_1 = 0$. □

Im folgenden benutzen wir stets die Fasersumme und das Faserprodukt wie sie im Satz explizit angegeben sind.

Zur Definition der injektiven Moduln im nächsten Kapitel dient der folgende Satz.

4.7.4 Satz *Sei* (ψ, β) *Fasersumme von* (φ, α) *dann gilt:*

(1) $\mathrm{Mono}(\alpha) \Rightarrow \mathrm{Mono}(\psi)$, $\quad \mathrm{Epi}(\alpha) \Rightarrow \mathrm{Epi}(\psi)$,
$\mathrm{Mono}(\varphi) \Rightarrow \mathrm{Mono}(\beta)$, $\quad \mathrm{Epi}(\varphi) \Rightarrow \mathrm{Epi}(\beta)$.

(2) *Sei* α *Monomorphismus, dann gilt:* $\mathrm{Bi}(\psi)$ *ist direkter Summand in* N $\Longleftrightarrow$ *es existiert ein* $\kappa : B \to M$, *so daß* $\varphi = \kappa\alpha$ *gilt:*

(4.7.5)

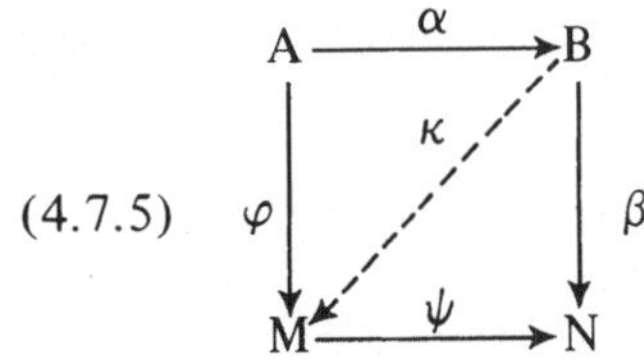

B e w e i s. (1) Sei α Monomorphismus und sei $\psi(m) = (\overline{m, 0}) = 0 \Rightarrow$ es gibt $a \in A$ mit $(m, 0) = (\varphi(a), -\alpha(a)) \Rightarrow -\alpha(a) = 0 \Rightarrow a = 0 \Rightarrow m = \varphi(a) = 0$.

Sei α Epimorphismus und sei $(\overline{m, b}) \in N$, dann gibt es $a \in A$ mit $b = -\alpha(a) \Rightarrow$

$$\begin{aligned}\psi(m - \varphi(a)) &= (\overline{m - \varphi(a), 0}) \\ &= (\overline{m - \varphi(a), 0}) + (\overline{\varphi(a), -\alpha(a)}) = (\overline{m, b}),\end{aligned}$$

also ist auch ψ Epimorphismus.

Entsprechend für die zweite Zeile in (1).

(2) Sei $\mathrm{Bi}(\psi)$ direkter Summand in N :

$$N = \mathrm{Bi}(\psi) \oplus N_0 .$$

Da α Monomorphismus ist, ist nach (1) auch ψ Monomorphismus und folglich induziert ψ einen Isomorphismus $\psi_0 : M \to \mathrm{Bi}(\psi)$. Sei noch $\pi : N \to \mathrm{Bi}(\psi)$ die zu $N = \mathrm{Bi}(\psi) \oplus N_0$ gehörende Projektion, dann leistet $\kappa := \psi_0^{-1} \pi\beta$ das gewünschte:

$$\kappa\alpha(a) = \psi_0^{-1} \pi\, \beta\alpha(a) = \psi_0^{-1} \pi\, \psi\varphi(a) = \psi_0^{-1} \pi(\overline{\varphi(a), 0}) = \varphi(a) .$$

Sei jetzt umgekehrt κ mit $\varphi = \kappa\alpha$ gegeben. Dann betrachten wir

$$\xi : \ N \ni (\overline{m, b}) \mapsto m + \kappa(b) \in M .$$

Wegen $\xi(\overline{\varphi(a), -\alpha(a)}) = \varphi(a) - \kappa\alpha(a) = 0$ ist dies eine Abbildung und dann auch ein Homomorphismus. Wegen $\xi\psi(m) = \xi((\overline{m, 0})) = m$ gilt $\xi\psi = 1_M$, also folgt wie behauptet: $N = \mathrm{Bi}(\psi) \oplus \mathrm{Ke}(\xi)$. □

Wir kommen nun zum dualen Satz, der die Definition der projektiven Moduln vorbereitet.

4.7.6 Satz *Sei* (φ, α) *Faserprodukt von* (ψ, β), *dann gilt*

(1) $\mathrm{Mono}(\beta) \Rightarrow \mathrm{Mono}(\varphi)$, $\quad \mathrm{Epi}(\beta) \Rightarrow \mathrm{Epi}(\varphi)$,
$\mathrm{Mono}(\psi) \Rightarrow \mathrm{Mono}(\alpha)$, $\quad \mathrm{Epi}(\psi) \Rightarrow \mathrm{Epi}(\alpha)$.

(2) *Sei* ψ *Epimorphismus, dann gilt:* $\mathrm{Ke}(\alpha)$ *ist direkter Summand in* A $\iff$ *es existiert ein* $\kappa : B \to M$, *so daß* $\beta = \psi\kappa$ *gilt:*

(4.7.7)

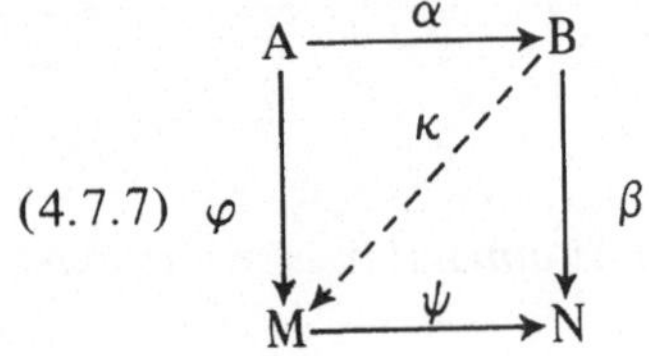

B e w e i s. Da der Beweis dual zu dem von 4.7.4 verläuft, fassen wir uns kurz.

(1) Sei ψ Epimorphismus. Sei $b \in B$, dann gibt es ein $m \in M$ mit $\psi(m) = \beta(b)$. Also folgt $(m, b) \in A$ und $\alpha((m, b)) = b$, d.h. α ist Epimorphismus. Entsprechend in den anderen Fällen.

(2) Sei $Ke(\alpha)$ direkter Summand in A :

$$A = Ke(\alpha) \oplus A_0 .$$

Da mit ψ auch α Epimorphismus ist, ist $\alpha_0 := \alpha | A_0$ ein Isomorphismus. Sei noch $\iota : A_0 \to A$ die Inklusion, dann leistet $\kappa := \varphi\iota\alpha_0^{-1}$ das gewünschte:

$$\psi\kappa(b) = \psi\varphi(\iota\alpha_0^{-1}(b)) = \beta\alpha\iota\alpha_0^{-1}(b) = \beta(b) .$$

Sei umgekehrt κ mit $\psi\kappa = \beta$ gegeben. Dann gilt für

$$\eta : \quad B \ni b \mapsto (\kappa(b), b) \in A$$

$\alpha\eta = 1_B$, woraus $A = Ke(\alpha) \oplus Bi(\eta)$ folgt. □

4.8 Eine Kennzeichnung von Generatoren und Kogeneratoren

In 3.3 haben wir Generatoren und Kogeneratoren kennengelernt. Für diese erfolgt eine weitere Kennzeichnung.

Wir bereiten diese Überlegungen durch einen Hilfssatz vor, der auch sonst von Interesse ist.

4.8.1 Hilfssatz *Bezeichnungen wie in* 4.1

(a) *Für jeden Homomorphismus* $\psi : \coprod_{i \in I} A_i \to M$ *gilt :*

$$Bi(\psi) = \sum_{i \in I} Bi(\psi\eta_i) .$$

(b) *Für jeden Homomorphismus* $\psi : M \to \prod_{i \in I} A_i$ *gilt:*

$$Ke(\psi) = \bigcap_{i \in I} Ke(\pi_i \psi)$$

B e w e i s. (a) Wegen der Endlichwertigkeit der Elemente des Koproduktes läßt sich jedes Element aus $\coprod_{i \in I} A_i$ als endliche Summe

$$\sum{}' \eta_i(a_i) \quad \text{mit} \quad a_i \in A_i$$

schreiben. Dann folgt

$$\psi(\sum{}' \eta_i(a_i)) = \sum{}' \psi\eta_i(a_i) ,$$

also gilt

$$Bi(\psi) \subsetneq \sum_{i \in I} Bi(\psi\eta_i) .$$

Ist umgekehrt $m \in \sum_{i \in I} \mathrm{Bi}(\psi\eta_i)$, so läßt sich m als endliche Summe

$$m = \sum{}' \psi\eta_i(a_i) = \psi(\sum{}' \eta_i(a_i)), \qquad a_i \in A_i$$

darstellen. Daraus folgt $m \in \mathrm{Bi}(\psi)$, also gilt auch

$$\sum_{i \in I} \mathrm{Bi}(\psi\eta_i) \subsetneq \mathrm{Bi}(\psi) .$$

(b) Ist $m \in \mathrm{Ke}(\psi)$, so folgt sofort $m \in \mathrm{Ke}(\pi_i\psi)$ für jedes $i \in I$, also gilt

$$\mathrm{Ke}(\psi) \subsetneq \bigcap_{i \in I} \mathrm{Ke}(\pi_i\psi) .$$

Sei umgekehrt $m \in \bigcap \mathrm{Ke}(\pi_i\psi)$, dann bedeutet dies, daß alle Komponenten von $\psi(m)$ gleich 0 sind, also gilt $\psi(m) = 0$, und es folgt

$$\bigcap_{i \in I} \mathrm{Ke}(\pi_i\psi) \subsetneq \mathrm{Ke}(\psi). \qquad \square$$

Wir kommen nun zu der Kennzeichnung der Generatoren und Kogeneratoren.

4.8.2 Satz

(a) *Die folgenden Bedingungen sind äquivalent:*

(1) B_R *ist Generator*

(2) *Jede direkte Summe von Kopien von* B *ist Generator*

(3) *Eine direkte Summe von Kopien von* B *ist Generator*

(4) *Jeder Modul* M_R *ist epimorphes Bild einer direkten Summe von Kopien von* B

(b) *Die folgenden Bedingungen sind äquivalent:*

(1) C_R *ist Kogenerator*

(2) *Jedes direkte Produkt von Kopien von* C *ist Kogenerator*

(3) *Ein direktes Produkt von Kopien von* C *ist Kogenerator*

(4) *Jeder Modul* M_R *kann monomorph in ein direktes Produkt von Kopien von* C *abgebildet werden.*

B e w e i s. (a) (1) $\Longleftrightarrow$ (2), (1) $\Longleftrightarrow$ (3) folgen aus 3.3.2.

„(1) $\Rightarrow$ (4)" Sei

$$\coprod_{\varphi \in \mathrm{Hom}_R(B, M)} B_\varphi \qquad \text{mit } B_\varphi = B \text{ für alle } \varphi \in \mathrm{Hom}_R(B, M),$$

dann betrachten wir den Homomorphismus

$$\psi : \coprod_{\varphi \in \mathrm{Hom}_R(B, M)} B_\varphi \to M ,$$

der durch

$$\psi((b_\varphi)) := \sum_{\substack{b_\varphi \text{ Komponente in } (b_\varphi)\\ b_\varphi \neq 0}} \varphi(b_\varphi)$$

definiert wird. Da in (b_φ) nur endlich viele $b_\varphi \neq 0$ sind, ist die rechts stehende Summe sinnvoll. Es folgt dann nach 4.8.1

$$\mathrm{Bi}(\psi) = \sum_{\varphi \in \mathrm{Hom}_R(B,\, M)} \mathrm{Bi}(\varphi) = M,$$

also ist ψ ein Epimorphismus.

„(4) ⇒ (1)" Gibt es umgekehrt einen Epimorphismus

$$\psi : \coprod_{i \in I} B_i \to M, \qquad \text{mit} \qquad B_i = B \text{ für alle } i \in I\,,$$

und ist η_i die i-te Inklusion von B in $\amalg B_i$, dann gilt $\psi\eta_i \in \mathrm{Hom}_R(B, M)$ sowie nach 4.8.1

$$M = \mathrm{Bi}(\psi) = \sum_{i \in I} \mathrm{Bi}(\psi\eta_i) \subseteq \sum_{\varphi \in \mathrm{Hom}_R(B,\, M)} \mathrm{Bi}(\varphi) \subseteq M,$$

also $\sum_{\varphi \in \mathrm{Hom}_R(B,\, M)} \mathrm{Bi}(\varphi) = M$, d.h., B ist ein Generator.

(b) (1) ⟺ (2), (1) ⟺ (3) folgen aus 3.3.2.

„(1) ⇒ (4)" Sei jetzt

$$\prod_{\varphi \in \mathrm{Hom}_R(M,\, C)} C_\varphi \qquad \text{mit } C_\varphi = C \text{ für alle } \varphi \in \mathrm{Hom}_R(M, C),$$

dann betrachten wir den Homomorphismus

$$\psi : M \to \prod_{\varphi \in \mathrm{Hom}_R(M,\, C)} C_\varphi\,,$$

der durch

$$\psi(m) := (c_\varphi) \qquad \text{mit } c_\varphi := \varphi(m) \text{ für alle } \varphi \in \mathrm{Hom}_R(M, C)$$

definiert wird. Für $m \in \mathrm{Ke}(\psi)$ folgt

$$m \in \bigcap_{\varphi \in \mathrm{Hom}_R(M,\, C)} \mathrm{Ke}(\varphi) = 0\,,$$

also ist ψ ein Monomorphismus.

„(4) ⇒ (1)" Gibt es umgekehrt einen Monomorphismus

$$\psi : \quad M \to \prod_{i \in I} C_i, \qquad \text{mit} \qquad C_i = C \text{ für alle } i \in I\,,$$

und sei π_i die i-te Projektion, dann gilt $\pi_i\psi \in \mathrm{Hom}_R(M, C)$, sowie nach 4.8.1

$$\bigcap_{\varphi \in \mathrm{Hom}_R(M,C)} \mathrm{Ke}(\varphi) \subsetneq \bigcap_{i \in I} \mathrm{Ke}(\pi_i \psi) = \mathrm{Ke}(\psi) = 0\,,$$

also $\bigcap_{\varphi \in \mathrm{Hom}_R(M,C)} \mathrm{Ke}(\varphi) = 0$, d.h., C ist ein Kogenerator. □

Übungen zu Kapitel 4

1. Zeige: a) Für einen Homomorphismus $\alpha : A \to B$ sind äquivalent:

(1) $\mathrm{Ke}(\alpha)$ ist direkter Summand von A und $\mathrm{Bi}(\alpha)$ ist direkter Summand von B;

(2) es gibt einen Homomorphismus $\beta : B \to A$ mit $\alpha = \alpha\beta\alpha$.

b) Wie vereinfacht sich die Äquivalenz, wenn α ein Monomorphismus oder Epimorphismus ist?

2. Gib Beispiele für eine Familie von Moduln $(A_i \mid i \in I)$ und einen Modul M mit

$$\mathrm{Hom}_R\Big(\prod_{i \in I} A_i, M\Big) \ncong \prod_{i \in I} \mathrm{Hom}_R(A_i, M)$$

bzw. $$\mathrm{Hom}_R\Big(M, \bigoplus_{i \in I} A_i\Big) \ncong \bigoplus_{i \in I} \mathrm{Hom}_R(M, A_i)$$

($\ncong$ bedeute „nicht isomorph als additive Gruppen“).

3. a) Sei $M_R \neq 0$ ein Modul mit $M_R \cong M_R \oplus M_R$ und sei $S := \mathrm{End}(M_R)$. Zeige: Für jedes $n \in \mathbb{N}$ existiert eine Basis von S_S mit n Elementen.

b) Gib ein Beispiel für einen Modul $M \neq 0$ mit $M \cong M \oplus M$ an und für jedes $n \in \mathbb{N}$ eine Basis von S_S mit n Elementen.

4. Zeige: Ein Ring $R \neq 0$ ist genau dann ein Schiefkörper, wenn jeder R-Rechtsmodul frei ist.

5. Zeige: 4.4.6 gilt auch für direkte Summanden von freien Moduln.

6. a) Zeige: Sind $\beta : B_R \to C_R$ ein Epimorphismus, $\varphi : F_R \to C_R$ ein Homomorphismus und F_R ein freier Modul, dann gibt es ein $\varphi' : F_R \to B_R$ mit $\varphi = \beta\varphi'$.

b) Zeige: (a) gilt auch, wenn F_R durch einen direkten Summanden eines freien Moduls ersetzt wird.

7. a) Zeige: Ist

$$\begin{array}{ccc} A & \xrightarrow{\alpha} & B \\ \varphi \downarrow & & \downarrow \beta \\ M & \xrightarrow{\psi} & N \end{array}$$

Fasersumme von (φ, α), dann gibt es einen Isomorphismus $\eta : B/\mathrm{Bi}(\alpha) \to N/\mathrm{Bi}(\psi)$, so daß

$$\begin{array}{ccc} B & \xrightarrow{\nu} & B/\mathrm{Bi}(\alpha) \\ \beta \downarrow & & \downarrow \eta \\ N & \xrightarrow{\nu} & N/\mathrm{Bi}(\psi) \end{array}$$

kommutativ ist (ν ist jeweils der natürliche Epimorphismus).

b) Formuliere und beweise die duale Aussage.

8. Sei R ein Integritätsring mit dem Quotientenkörper K. Ein Modul M_R heißt teilbar, wenn für jedes $0 \neq r \in R$ gilt $Mr = M$. Zeige:

a) Die Klasse der teilbaren R-Moduln ist gegenüber Faktormoduln, Produkten und Koprodukten abgeschlossen.

b) Die einzigen teilbaren Untermoduln von K_R sind 0 und K.

c) $R \neq K \Rightarrow$ jeder teilbare, zyklische R-Modul ist 0.

9. Sei R ein Integritätsring. Zeige:

a) M_R ist genau dann teilbar, wenn es zu jedem zyklischen Ideal $A \subsetneq R$ und zu jedem Homomorphismus $\varphi : A_R \to M_R$ einen Homomorphismus $\varphi' : R_R \to M_R$ mit $\varphi' | A = \varphi$ gibt.

b) Zerfällt jeder Monomorphismus $\varphi : M_R \to N_R$ für festes M_R und beliebiges N_R, dann ist M_R teilbar.

10. a) Sei T eine teilbare abelsche Gruppe.

(1) Zeige: Läßt man in einem beliebigen Erzeugendensystem von T über Z endlich viele, beliebige Elemente weg, so ist die Restmenge immer noch ein Erzeugendensystem (s. auch 2.3.7).

(2) Zeige, daß T keine maximalen Untergruppen enthält.

b) Zeige: Eine abelsche Gruppe, die keine maximale Untergruppe besitzt, ist teilbar.

c) Gib ein Beispiel einer teilbaren abelschen Gruppe, die eine einfache Untergruppe enthält.

11. Für eine abelsche Gruppe A wird die Torsionsuntergruppe T(A) durch

$$T(A) := \{a \mid a \in A \wedge \exists\, z \in Z\, [z \neq 0 \wedge az = 0]\}$$

definiert. Zeige:

a) Teilbar $A \Rightarrow T(A)$ ist direkter Summand in A.

b) Teilbar $A \wedge T(A) = 0 \Rightarrow$ A ist Z-isomorph zu einer direkten Summe von Kopien von Q_Z.
(Hinweis: A läßt sich zu einem Q-Vektorraum machen).

12. Sei p eine Primzahl und sei

$$Q_p := \left\{ \frac{z}{p^n} \mid z \in Z \wedge n \in Z \right\}.$$

Zeige: $Q/Z = \bigoplus_{\text{Primzahl } p} Q_p/Z.$

13. Sei G eine Gruppe, R ein Ring und GR der Gruppenring von G mit Koeffizienten in R.

a) Zeige: Für $\Sigma\, g r_g,\ \Sigma\, g' r'_{g'} \in GR$ wird durch

$$(\Sigma\, g r_g) \circ (\Sigma\, g' r'_{g'}) := \Sigma\, g g' g^{-1} r_g r'_{g'}$$

eine neue GR-Linksmodulstruktur auf GR definiert.

b) Benutze a) um ein Beispiel für einen Modul zu geben, der sowie GR-Linksmodul als auch GR-Rechtsmodul ist, aber kein GR-GR-Bimodul.

14. Ein Modul M_R heißt (von Neumann-) regulär, wenn jeder zyklische Untermodul direkter Summand ist. Zeige:

(1) In einem regulären Modul ist jeder endlich erzeugte Untermodul direkter Summand.

(2) Regulär $R_R \iff$ regulär ${}_R R \iff$ zu jedem $r \in R$ gibt es ein $r' \in R$ mit $r = rr'r$ (s. auch Kapitel 2, Übung 13).

(3) Ist R regulär, dann ist jeder freie R-Rechtsmodul F regulär.

(Hinweis: Ist $\{x_i | i \in I\}$ eine Basis von F_R und $x \in F_R$, dann betrachte man das von den Koeffizienten von x in der Basisdarstellung erzeugte Linksideal von R, das nach (1) und (2) von der Form Re mit $e^2 = e$ ist; dies wird benutzt, um eine Projektion $F \to xR$ zu finden).

5 Injektive und projektive Moduln

Injektive und projektive Moduln oder allgemeiner injektive und projektive Objekte in einer Kategorie spielen in der jüngeren Entwicklung der Algebra eine wichtige Rolle. Die Bekanntschaft mit diesen Begriffen sollte daher möglichst frühzeitig erfolgen, um bei den weiteren Überlegungen diese Begriffe und die sich daraus ergebenden Gesichtspunkte zur Geltung bringen zu können. Hier sollen die allgemeinen Eigenschaften injektiver und projektiver Moduln zusammengestellt werden. Später werden wir mehrfach auf diese Begriffe zurückkommen.

Als Hilfsmittel zur Untersuchung der injektiven und projektiven Moduln brauchen wir kleine und große Untermoduln sowie Komplemente. Diese Begriffe werden auch bei anderen Gelegenheiten (wie z.B. beim Radikal und beim Sockel) wesentlich gebraucht und sollen daher sogleich etwas weitergehend untersucht werden, als es für die Überlegungen dieses Kapitels notwendig wäre.

5.1 Kleine und große Untermoduln

5.1.1 Definition

(a) *Ein Untermodul* A *eines Moduls* M *heißt* klein (= überflüssig) *in* M, *in Zeichen* $A \overset{\circ}{\hookrightarrow} M$, *bzw.* groß (= wesentlich) *in* M, *in Zeichen* $A \overset{*}{\hookrightarrow} M \;:\Longleftrightarrow$

$$\forall\, U \hookrightarrow M\,[A + U = M \;\Rightarrow\; U = M]$$

bzw. $$\forall\, U \hookrightarrow M\,[A \cap U = 0 \;\Rightarrow\; U = 0]\,.$$

(b) *Ein Rechts-, Links- oder zweiseitiges Ideal* A *eines Ringes* R *heißt* klein *bzw.* groß *in* R : $\Longleftrightarrow$ A *ist kleiner bzw. großer Untermodul von* R_R, ${}_RR$ *oder* ${}_RR_R$.

(c) *Ein Homomorphismus* $\alpha: A \to B$ *heißt* klein *bzw.* groß $:\Longleftrightarrow$

$$\mathrm{Ke}(\alpha) \overset{\circ}{\hookrightarrow} A \quad \textit{bzw.} \quad \mathrm{Bi}(\alpha) \overset{*}{\hookrightarrow} B.$$

Bemerkungen. Aus der Definition folgt unmittelbar:

(1) $A \overset{\circ}{\hookrightarrow} M \iff \forall\, U \underset{\neq}{\hookrightarrow} M\,[A + U \underset{\neq}{\hookrightarrow} M]\,.$

(2) $A \overset{*}{\hookrightarrow} M \iff \forall\, U \hookrightarrow M, U \neq 0\,[A \cap U \neq 0]\,.$

(3) $M \neq 0 \wedge A \overset{\circ}{\hookrightarrow} M \;\Rightarrow\; A \neq M.$

(4) $M \neq 0 \wedge A \overset{*}{\hookrightarrow} M \;\Rightarrow\; A \neq 0.$

5.1.2 Beispiele 1. Für jeden Modul M gilt: $0 \overset{\circ}{\subsetneq} M$, $M \overset{*}{\subsetneq} M$.

2. Ein Modul heißt *halbeinfach*, wenn jeder Untermodul direkter Summand ist (s. Kapitel 8).

Halbeinfach $M \Rightarrow 0$ ist der einzige kleine Untermodul von M, und M ist der einzige große Untermodul von M.

Beweis. $A \subsetneq M \Rightarrow$ es existiert $U \subsetneq M$ mit $A \oplus U = M$. Ist $A \overset{\circ}{\subsetneq} M \Rightarrow U = M \Rightarrow A = 0$. Ist $A \overset{*}{\subsetneq} M \Rightarrow U = 0 \Rightarrow A = M$.

3. Sei R ein *lokaler Ring* (siehe Kapitel 7), aber kein Schiefkörper, und sei A das zweiseitige Ideal der nicht invertierbaren Elemente aus R. Dann ist $A \neq 0$ (da R kein Schiefkörper), und A ist das größte echte Rechts-, Links- bzw. zweiseitige Ideal von R (s. 7.1.1). Daraus folgt, daß A klein und (wegen $A \neq 0$) groß in R_R, ${}_RR$ bzw. ${}_RR_R$ ist.

Beispiel. $R := \mathbb{Z}/p^n\mathbb{Z}$, $A := p\mathbb{Z}/p^n\mathbb{Z}$, p = Primzahl.

4. In einem freien $\mathbb{Z}$-Modul ist nur der triviale Untermodul 0 kleiner Untermodul.

Beweis. Sei

$$F = \bigoplus_{i \in I} x_i \mathbb{Z}$$

ein freier $\mathbb{Z}$-Modul mit der Basis $\{x_i | i \in I\}$, $A \subsetneq F$, $a \in A$ und sei

$$a = x_{i_1} z_1 + \ldots + x_{i_m} z_m, \qquad z_i \in \mathbb{Z}$$

mit $z_1 \neq 0$. Sei $n \in \mathbb{Z}$ mit $\mathrm{ggT}(z_1, n) = 1$ und $n > 1$ (z.B. sei n eine Primzahl p, die z_1 nicht teilt). Setze

$$U = \bigoplus_{\substack{i \in I \\ i \neq i_1}} x_i\mathbb{Z} + x_{i_1} n\mathbb{Z},$$

dann folgt $a\mathbb{Z} + U = F$, also erst recht $A + U = F$ mit $U \neq F$.

Insbesondere hat $\mathbb{Z}$ nur das kleine Ideal 0. Jedoch ist jedes Ideal $\neq 0$ groß in $\mathbb{Z}$, denn sind $a\mathbb{Z}$ und $b\mathbb{Z}$ zwei Ideale $\neq 0$, so gilt $0 \neq ab \in a\mathbb{Z} \cap b\mathbb{Z}$.

5. Jeder endlich erzeugte Untermodul von $\mathbb{Q}_\mathbb{Z}$ ist klein in $\mathbb{Q}_\mathbb{Z}$. Zum Beweis seien $q_1, \ldots, q_n \in \mathbb{Q}$, und sei $U \subsetneq \mathbb{Q}_\mathbb{Z}$ mit

$$q_1\mathbb{Z} + \ldots + q_n\mathbb{Z} + U = \mathbb{Q},$$

dann ist $\{q_1, \ldots, q_n\} \cup U$ ein Erzeugendensystem von $\mathbb{Q}$, folglich ist nach 2.3.7 bereits U ein Erzeugendensystem von $\mathbb{Q}$, also gilt $U = \mathbb{Q}$.

Wir kommen nun zu einfachen Folgerungen aus der Definition.

5.1.3 Lemma

(a) $A \subsetneq B \subsetneq M \subsetneq N \wedge B \overset{\circ}{\subsetneq} M \;\Rightarrow\; A \overset{\circ}{\subsetneq} N$.

(b) $A_i \overset{\circ}{\subsetneq} M,\ i = 1, \ldots, n \;\Rightarrow\; \sum_{i=1}^{n} A_i \overset{\circ}{\subsetneq} M$.

(c) $A \overset{\circ}{\subsetneq} M \wedge \varphi \in \mathrm{Hom}_R(M, N) \;\Rightarrow\; \varphi(A) \overset{\circ}{\subsetneq} N$.

(d) *Sind* $\alpha : A \to B$, $\beta : B \to C$ *kleine Epimorphismen, dann ist auch* $\beta\alpha : A \to C$ *ein kleiner Epimorphismus.*

Beweis. (a) Sei $A + U = N \Rightarrow B + U = N \Rightarrow B + (U \cap M) = M$ (modulares Gesetz) $\Rightarrow U \cap M = M$ (da $B \overset{\circ}{\hookrightarrow} M$) $\Rightarrow M \hookrightarrow U$, und da nach Voraussetzung $A \hookrightarrow M \Rightarrow U = A + U = N$, was zu zeigen war.

(b) Beweis durch Induktion nach n. Für n = 1 gilt die Behauptung nach Voraussetzung. Sei schon

$$A := A_1 + \ldots + A_{n-1} \overset{\circ}{\hookrightarrow} M,$$

und gelte für $U \hookrightarrow M$

$$A + A_n + U = M$$

$\Rightarrow A_n + U = M$, da $A \overset{\circ}{\hookrightarrow} M \Rightarrow U = M$, da $A_n \overset{\circ}{\hookrightarrow} M$.

(c) Sei $\varphi(A) + U = N$ mit $U \hookrightarrow N$, dann gilt für beliebiges $m \in M : \varphi(m) = \varphi(a) + u$ mit $a \in A$, $u \in U \Rightarrow \varphi(m - a) = u \Rightarrow m - a \in \varphi^{-1}(U) \Rightarrow m \in A + \varphi^{-1}(U) \Rightarrow A + \varphi^{-1}(U) = M \Rightarrow M = \varphi^{-1}(U)$, da $A \overset{\circ}{\hookrightarrow} M \Rightarrow \varphi(M) = \varphi\varphi^{-1}(U) = U \cap \mathrm{Bi}(\varphi) \Rightarrow \varphi(A) \hookrightarrow \varphi(M) \hookrightarrow U \Rightarrow U = \varphi(A) + U = N$, was zu zeigen war.

(d) Sei $\mathrm{Ke}(\beta\alpha) + U = A$ mit $U \hookrightarrow A$, dann folgt wegen $\mathrm{Ke}(\beta\alpha) = \alpha^{-1}(\mathrm{Ke}(\beta))$:

$$\alpha(\mathrm{Ke}(\beta\alpha)) + \alpha(U) = \mathrm{Ke}(\beta) + \alpha(U) = \alpha(A) = B.$$

Da nach Voraussetzung $\mathrm{Ke}(\beta) \overset{\circ}{\hookrightarrow} B$ gilt, erhält man $\alpha(U) = B$ und folglich

$$\mathrm{Ke}(\alpha) + U = A;$$

wegen $\mathrm{Ke}(\alpha) \overset{\circ}{\hookrightarrow} A$ folgt daraus $U = A$, was zu zeigen war. □

Bevor wir uns den dualen Eigenschaften bei großen Untermoduln zuwenden, folgt noch eine wichtige Feststellung für zyklische Untermoduln, die nicht klein sind.

5.1.4 Lemma *Für* $a \in M_R$ gilt: aR *ist nicht klein in* $M \iff$ *es gibt einen maximalen Untermodul* $C \hookrightarrow M$ *mit* $a \notin C$.

Beweis. „$\Leftarrow$": Ist C maximaler Untermodul von M mit $a \notin C$, so folgt $aR + C = M$, also ist aR nicht klein in M.

„$\Rightarrow$": Beweis mit Hilfe des Zornschen Lemmas. Sei

$$\Gamma := \{B \mid B \underset{\neq}{\hookrightarrow} M \wedge aR + B = M\}.$$

Da aR nicht klein ist, gibt es $B \in \Gamma$, d.h. $\Gamma \neq \emptyset$.

Sei $\Lambda \neq \emptyset$ eine total geordnete Teilmenge (bei $\hookrightarrow$) von Γ. Dann ist

$$B_0 := \bigcup_{B \in \Lambda} B$$

obere Schranke von Λ. Angenommen $a \in B_0$, so müßte a bereits in einem B enthalten sein; dafür folgte $aR \hookrightarrow B$, also

$$B = aR + B = M \quad ↯$$

Aus $a \notin B_0$ folgt $B_0 \underset{\neq}{\hookrightarrow} M$. Da $B \hookrightarrow B_0$ für $B \in \Lambda \Rightarrow$

$$aR + B_0 = M,$$

also gilt $B_0 \in \Gamma$, d.h., Λ besitzt eine obere Schranke in Γ. Das Zornsche Lemma besagt dann, daß Γ ein maximales Element C enthält.

Behauptung: C ist sogar maximaler Untermodul von M. Sei $C \underset{\neq}{\hookrightarrow} U \hookrightarrow M$, dann folgt $U \notin \Gamma$, da C maximal in Γ ist. Aus $M = aR + C \hookrightarrow aR + U \hookrightarrow M$ folgt $aR + U = M$, und wegen $U \notin \Gamma$ muß $U = M$ gelten, was zu zeigen war. □

Wenden wir uns jetzt den großen Untermoduln zu. Für diese gilt zunächst die zu 5.1.3 duale Aussage.

5.1.5 Lemma

(a) $A \hookrightarrow B \hookrightarrow M \hookrightarrow N \wedge A \hookrightarrow^* N \quad \Rightarrow \quad B \hookrightarrow^* M$.

(b) $A_i \hookrightarrow^* M, i = 1, \ldots, n \quad \Rightarrow \quad \bigcap_{i=1}^{n} A_i \hookrightarrow^* M$.

(c) $B \hookrightarrow^* N \wedge \varphi \in \mathrm{Hom}_R(M, N) \quad \Rightarrow \quad \varphi^{-1}(B) \hookrightarrow^* M$.

(d) *Sind* $\alpha : A \to B$, $\beta : B \to C$ *große Monomorphismen, dann ist auch* $\beta\alpha : A \to C$ *ein großer Monomorphismus.*

B e w e i s. (a) Aus $U \hookrightarrow M \wedge B \cap U = 0 \Rightarrow A \cap U = 0 \Rightarrow U = 0$, da $A \hookrightarrow^* N \wedge U \hookrightarrow M \hookrightarrow N$.

(b) Beweis durch Induktion nach n. Für $n = 1$ gilt die Behauptung nach Voraussetzung. Sei schon

$$A := \bigcap_{i=1}^{n-1} A_i \hookrightarrow^* M$$

und gelte für $U \hookrightarrow M : A \cap A_n \cap U = 0 \Rightarrow A_n \cap U = 0$, da $A \hookrightarrow^* M \Rightarrow U = 0$, da $A_n \hookrightarrow^* M$.

(c) Sei $U \hookrightarrow M \wedge \varphi^{-1}(B) \cap U = 0 \Rightarrow B \cap \varphi(U) = 0 \Rightarrow \varphi(U) = 0$, da $B \hookrightarrow^* N \Rightarrow U \hookrightarrow \mathrm{Ke}(\varphi) = \varphi^{-1}(0) \hookrightarrow \varphi^{-1}(B) \Rightarrow U = \varphi^{-1}(B) \cap U = 0$.

(d) Sei $U \hookrightarrow C$ und $\mathrm{Bi}(\beta\alpha) \cap U = 0$. Da β ein Monomorphismus ist, folgt

$$0 = \beta^{-1}(0) = \beta^{-1}(\mathrm{Bi}(\beta\alpha)) \cap \beta^{-1}(U) = \mathrm{Bi}(\alpha) \cap \beta^{-1}(U).$$

Wegen $\mathrm{Bi}(\alpha) \hookrightarrow^* B$ erhält man daraus $\beta^{-1}(U) = 0$, also folgt $\mathrm{Bi}(\beta) \cap U = 0$, und wegen $\mathrm{Bi}(\beta) \hookrightarrow^* C$ ergibt sich $U = 0$, was zu zeigen war. □

Für große Untermoduln gilt das folgende für Anwendungen wichtige Kriterium, das nicht unmittelbar dualisiert werden kann.

5.1.6 Lemma *Sei* $A \hookrightarrow M_R$, *dann gilt*

$$A \hookrightarrow^* M_R \iff \forall\, m \in M, m \neq 0\ \exists\, r \in R\ [mr \neq 0 \wedge mr \in A].$$

B e w e i s. „$\Rightarrow$": Wegen $m \neq 0 \Rightarrow mR \neq 0 \Rightarrow A \cap mR \neq 0$, da $A \subsetneq^* M \Rightarrow$ Behauptung.
„$\Leftarrow$": Sei $B \subsetneq M \wedge B \neq 0 \Rightarrow$ es gibt $m \in B$, $m \neq 0$. Sei $mr \neq 0 \wedge mr \in A \Rightarrow 0 \neq mr \in A \cap B \Rightarrow A \subsetneq^* M$. □

5.1.7 Folgerung *Seien* $M = \sum_{i \in I} M_i$, $M_i \subsetneq M$, $A_i \subsetneq^* M_i$ *für jedes* $i \in I$ *und gelte*

$$A := \sum_{i \in I} A_i = \bigoplus_{i \in I} A_i ,$$

dann folgt

$$A \subsetneq^* M \quad \text{und} \quad M = \bigoplus_{i \in I} M_i .$$

B e w e i s. $A \subsetneq^* M$: Da jedes Element aus M in einer Summe von endlich vielen der M_i liegt, genügt es nach 5.1.6, die Behauptung für eine endliche Indexmenge I, etwa $I = \{1, \dots, n\}$ zu zeigen. Beweis durch Induktion nach n. Der Induktionsbeginn $n = 1$ gilt nach Voraussetzung. Sei die Behauptung für $n - 1$ Summanden erfüllt, d.h., es gelte

$$A_1 + \dots + A_{n-1} \subsetneq^* M_1 + \dots + M_{n-1}.$$

Sei nun

$$0 \neq m = m_1 + \dots + m_{n-1} + m_n \quad \text{mit} \quad m_i \in M_i .$$

Ist darin $m_1 + \dots + m_{n-1} = 0 \Rightarrow m = m_n \neq 0 \Rightarrow$ es gibt $r \in R$ mit $0 \neq mr = m_n r \in A_n$. Sei daher $m_1 + \dots + m_{n-1} \neq 0$, dann gibt es nach Induktionsvoraussetzung ein $r \in R$ mit

$$0 \neq (m_1 + \dots + m_{n-1}) r \in A_1 + \dots + A_{n-1} .$$

Gilt für dieses r ferner $m_n r = 0$, dann ist man fertig. Sei also $m_n r \neq 0$. Dann gibt es ein $s \in R$ mit $0 \neq m_n rs \in A_n$, und es folgt $mrs \in A_1 + \dots + A_n$; wegen der Direktheit der Summe der A_i ist außerdem $mrs \neq 0$. Damit ist $A \subsetneq^* M$ gezeigt.
$M = \bigoplus_{i \in I} M_i$: Auch jetzt genügt es, $I = \{1, \dots, n\}$ vorauszusetzen und

$$0 \neq m_n = m_1 + \dots + m_{n-1} \in M_n \cap \sum_{i=1}^{n-1} M_i$$

anzunehmen. Dann existiert ein $r \in R$ mit

$$0 \neq (m_1 + \dots + m_{n-1}) r \in \sum_{i=1}^{n-1} A_i ,$$

also $$0 \neq m_n r = (m_1 + \dots + m_{n-1}) r \in M_n \cap \sum_{i=1}^{n-1} A_i .$$

Sei dann $s \in R$ mit $0 \neq m_n rs \in A_n$, so folgt

$$0 \neq m_n rs = (m_1 + \ldots + m_{n-1}) rs \in A_n \cap \sum_{i=1}^{n-1} A_i$$

im Widerspruch zur Voraussetzung. □

5.1.8 Folgerung *Seien* $M = \bigoplus_{i \in I} M_i$, $M_i \subsetneq M$, $A_i \subsetneq^* M_i$ *für jedes* $i \in I$, *dann gilt*

$$A := \sum_{i \in I} A_i = \bigoplus_{i \in I} A_i \quad \textit{und} \quad A \subsetneq^* M .$$

B e w e i s. Aus $M = \bigoplus M_i$ und $A_i \subsetneq M_i$ folgt $A = \bigoplus A_i$. Dann folgt $A \subsetneq^* M$ aus 5.1.7. □

5.1.9 Folgerung *Sei* $M = \bigoplus_{i \in I} M_i$ *und sei* $B \subsetneq M$, *dann sind die folgenden Bedingungen äquivalent:*

(1) $\forall i \in I \, [B \cap M_i \subsetneq^* M_i]$

(2) $\bigoplus_{i \in I} (B \cap M_i) \subsetneq^* M$

(3) $B \subsetneq^* M$.

B e w e i s. „(1) ⇒ (2)" 5.1.8.

„(2) ⇒ (3)" Wegen $\bigoplus_{i \in I} (B \cap M_i) \subsetneq^* B$ und 5.1.5 (a).

„(3) ⇒ (1)" Sei $0 \neq m_i \in M_i$, dann gibt es nach 5.1.6 ein $r \in R$ mit $0 \neq m_i r \in B$. Da aber auch $m_i r \in M_i$, folgt $0 \neq m_i r \in B \cap M_i$, also gilt (1). □

5.2 Komplemente

Es handelt sich hier darum, den Begriff der direkten Summe von zwei Untermoduln abzuschwächen. Eine direkte Summe

$$A \oplus B = M$$

ist, wie wir wissen, durch die beiden Bedingungen

$$A + B = M, \qquad A \cap B = 0$$

bestimmt, die in folgender Weise zur Definition von Komplementen abgeschwächt werden.

5.2.1 Definition *Gegeben sei* $A \subsetneq M$.

(a) $A' \subsetneq M$ *heißt* A d d i t i o n s k o m p l e m e n t, *kurz* A d k o, *von* A *in* M: ⇔

(1) $A + A' = M$

(2) A' *ist minimal in* $A + A' = M$, *d.h.* $\forall B \subsetneq M \, [(A + B = M \wedge B \subsetneq A') \Rightarrow B = A']$.

(b) $A' \hookrightarrow M$ *heißt* Durchschnittskomplement, *kurz* Duko, *von* A *in* M $:\Longleftrightarrow$

$$(1)\ A \cap A' = 0$$

(2) A' *ist maximal in* $A \cap A' = 0$, d.h., $\forall\, C \hookrightarrow M\ [(A \cap C = 0 \wedge A' \hookrightarrow C) \Rightarrow A' = C]$.

Zunächst soll die Vorbemerkung gerechtfertigt werden.

5.2.2 Folgerung *Seien* $A \hookrightarrow M$ *und* $B \hookrightarrow M$. *Dann gilt:* $A \oplus B = M \iff B$ *ist* Adko *und* Duko *von* A *in* M.

Beweis. „$\Leftarrow$": Folgt unmittelbar aus der Definition.

„$\Rightarrow$": Seien $A + C = M$ und $C \hookrightarrow B$. Nach dem modularen Gesetz folgt $(A \cap B) + C = B$, und wegen $A \cap B = 0$ ergibt sich $C = B$. Danach ist B Adko. Seien jetzt $A \cap C = 0$ und $B \hookrightarrow C \Rightarrow A \oplus C = M \Rightarrow B = C$ nach dem vorhergehenden Schluß bei vertauschten Rollen von B und C. Also ist B auch Duko von A. □

Es erhebt sich nun die Frage nach Eindeutigkeit und Existenz derartiger Komplemente. Schon im Falle $A \oplus B = M$ ist B (bei festem M und A) im allgemeinen nur bis auf Isomorphie eindeutig bestimmt. Bei Komplementen ist auch dies nicht mehr der Falls (s. das Beispiel in Übung 6d), doch wird sich später noch eine gewisse Eindeutigkeitsaussage ergeben.

Wenden wir uns jetzt der Frage der Existenz von Komplementen zu. Wie $\mathbf{Z}_{\mathbf{Z}}$ zeigt, brauchen Adkos nicht zu existieren: Seien $n, m \in \mathbf{Z}$ mit $(n, m) = 1$, dann gilt

$$n\mathbf{Z} + m\mathbf{Z} = \mathbf{Z};$$

für $n \neq 0$, $n \neq \pm 1$ und $(n, q) = 1$, $q > 1$ gilt auch $(n, qm) = 1$ sowie $qm\mathbf{Z} \underset{\neq}{\hookrightarrow} m\mathbf{Z}$, also gibt es zu $n\mathbf{Z}$ kein Adko.

Andererseits sind Beispiele für Moduln, die Adkos besitzen, leicht anzugeben, wie artinsche Moduln und halbeinfache Moduln. Im Gegensatz zu Adkos existieren stets Dukos, die außerdem noch speziell gewählt werden können.

5.2.3 Lemma *Seien* $A, B \hookrightarrow M$ *mit* $A \cap B = 0$. *Dann gibt es ein* Duko A' *von* A *mit* $B \hookrightarrow A'$ *und folglich ein* Duko A'' *von* A' *mit* $A \hookrightarrow A''$.

Beweis. Mit Hilfe des Lemmas von Zorn. Sei

$$\Gamma = \{C \mid C \hookrightarrow M \wedge B \hookrightarrow C \wedge A \cap C = 0\},$$

dann gilt $\Gamma \neq \emptyset$ wegen $B \in \Gamma$. Da die Vereinigung jeder total geordneten Teilmenge aus Γ offensichtlich wieder in Γ liegt, hat jede total geordnete Teilmenge aus Γ eine obere Schranke in Γ. Nach Zorn gibt es dann ein maximales Element A' in Γ. Mit A' an Stelle von A und A an Stelle von B folgt $A \hookrightarrow A''$. □

Die Tatsache, daß es zwar stets ein Duko, nicht aber ein Adko gibt, ist für die gesamte Theorie der Moduln von großer Bedeutung. Z.B. folgt daraus, daß es zwar stets eine injektive Hülle (Definition später), im allgemeinen aber keine projektive Hülle gibt. Der Grund dafür ist darin zu sehen, daß in der Kategorie der Moduln das Lemma von Zorn im dualen Fall nicht angewendet werden kann.

Zwischen den Begriffen k l e i n und A d k o bzw. g r o ß und D u k o besteht ein wichtiger Zusammenhang, der jetzt auseinandergesetzt werden soll.

5.2.4 Lemma

(a) *Sei* $A^{\cdot}$ Adko *von* A *in* M $\Rightarrow$

$$A \cap A^{\cdot} \overset{\circ}{\hookrightarrow} A^{\cdot} \wedge A \cap A^{\cdot} \overset{\circ}{\hookrightarrow} M .$$

(b) *Sei* $A^{\cdot\cdot}$ Adko *von* $A^{\cdot}$ *mit* $A^{\cdot\cdot} \hookrightarrow A$ $\Rightarrow$

(1) $A^{\cdot}$ *ist* Adko *von* $A^{\cdot\cdot}$,

(2) $A^{\cdot\cdot} \cap A^{\cdot} \overset{\circ}{\hookrightarrow} A^{\cdot}$,

(3) $A/A^{\cdot\cdot} \overset{\circ}{\hookrightarrow} M/A^{\cdot\cdot}$.

B e w e i s. (a) Sei $(A \cap A^{\cdot}) + U = A^{\cdot}$ mit $U \hookrightarrow A^{\cdot} \Rightarrow M = A + A^{\cdot} = A + (A \cap A^{\cdot}) + U = A + U \Rightarrow U = A^{\cdot} \Rightarrow A \cap A^{\cdot} \overset{\circ}{\hookrightarrow} A^{\cdot}$. Nach 5.1.3 (a) folgt $A \cap A^{\cdot} \overset{\circ}{\hookrightarrow} M$.

(b), (1) folgt wegen $A^{\cdot\cdot} \hookrightarrow A$ aus der Definition von $A^{\cdot}$.

(b), (2) folgt aus (1) und (a).

Zum Beweis von (3) sei $A/A^{\cdot\cdot} + U/A^{\cdot\cdot} = M/A^{\cdot\cdot}$ mit $A^{\cdot\cdot} \hookrightarrow U \hookrightarrow M \Rightarrow A + U = M$; aus $A^{\cdot\cdot} + A^{\cdot} = M$ und $A^{\cdot\cdot} \hookrightarrow U \Rightarrow A^{\cdot\cdot} + (A^{\cdot} \cap U) = U \Rightarrow M = A + U = A + A^{\cdot\cdot} + (A^{\cdot} \cap U) = A + (A^{\cdot} \cap U) \Rightarrow A^{\cdot} \cap U = A^{\cdot} \Rightarrow A^{\cdot} \hookrightarrow U \Rightarrow M = A^{\cdot\cdot} + A^{\cdot} \hookrightarrow U \hookrightarrow M \Rightarrow U = M \Rightarrow U/A^{\cdot\cdot} = M/A^{\cdot\cdot}$, was zu zeigen war. □

Die duale Aussage lautet folgendermaßen:

5.2.5 Lemma

(a) *Sei* A' Duko *von* A *in* M $\Rightarrow$

$$(A + A')/A' \overset{*}{\hookrightarrow} M/A' \wedge A + A' \overset{*}{\hookrightarrow} M.$$

(b) *Sei* A'' Duko *von* A' *in* M *mit* $A \hookrightarrow A''$ $\Rightarrow$

(1) A' *ist* Duko *von* A'',

(2) $(A'' + A')/A' \overset{*}{\hookrightarrow} M/A'$,

(3) $A \overset{*}{\hookrightarrow} A''$.

B e w e i s. (a) Sei $(A + A')/A' \cap U/A' = 0$ mit $A' \hookrightarrow U \hookrightarrow M \Rightarrow (A + A') \cap U = A' \Rightarrow A \cap U \hookrightarrow A' \Rightarrow A \cap U \hookrightarrow A \cap A' = 0 \Rightarrow A \cap U = 0 \Rightarrow U = A'$ wegen $A' \hookrightarrow U$ und der Maximalität von $A' \Rightarrow U/A' = A'/A' = 0$, was zu zeigen war. Nach 5.1.5 (c) ist dann auch $A + A'$ groß in M.

(b) (1) Folgt wegen $A \hookrightarrow A''$ aus der Definition von A'.

(b) (2) Folgt aus (1) und (a).

Zum Beweis von (3) sei $A \cap U = 0$ mit $U \hookrightarrow A''$; sei $a = b + u \in A \cap (A' + U)$ mit $a \in A$, $b \in A'$, $u \in U \Rightarrow a - u = b \in A'' \cap A' = 0 \Rightarrow a = u \in A \cap U = 0 \Rightarrow A \cap (A' + U) = 0 \Rightarrow A' + U = A'$ wegen der Maximalität von $A' \Rightarrow U \hookrightarrow A' \Rightarrow U \hookrightarrow A'' \cap A' = 0 \Rightarrow U = 0$, was zu zeigen war. □

Wir weisen noch darauf hin, daß nach 5.2.3 zu jedem A ein A'' mit $A \hookrightarrow A''$ existiert. Daraus wird später die Existenz der injektiven Hülle gefolgert.

5.3 Definition injektiver und projektiver Moduln und einfache Folgerungen

5.3.1 Satz

(a) *Für einen Modul* Q_R *sind äquivalent:*

(1) *Jeder Monomorphismus*

$$\xi : Q \to B$$

zerfällt (*d.h.*, $Bi(\xi)$ *ist direkter Summand in* B).

(2) *Zu jedem Monomorphismus* $\alpha : A \to B$ *und zu jedem Homomorphismus* $\varphi : A \to Q$ *gibt es einen Homomorphismus* $\kappa : B \to Q$ *mit* $\varphi = \kappa\alpha$.

(3) *Für jeden Monomorphismus* $\alpha : A \to B$ *ist*

$$\mathrm{Hom}(\alpha, 1_Q) : \mathrm{Hom}_R(B, Q) \to \mathrm{Hom}_R(A, Q)$$

ein Epimorphismus.

(b) *Für einen Modul* P_R *sind äquivalent:*

(1) *Jeder Epimorphismus*

$$\xi : B \to P$$

zerfällt (*d.h.*, $Ke(\xi)$ *ist direkter Summand in* B).

(2) *Zu jedem Epimorphismus* $\beta : B \to C$ *und zu jedem Homomorphismus* $\psi : P \to C$ *gibt es einen Homomorphismus* $\lambda : P \to B$ *mit* $\psi = \beta\lambda$.

(3) *Für jeden Epimorphismus* $\beta : B \to C$ *ist*

$$\mathrm{Hom}(1_P, \beta) : \mathrm{Hom}_R(P, B) \to \mathrm{Hom}_R(P, C)$$

ein Epimorphismus.

D i a g r a m m zu (a), (2)

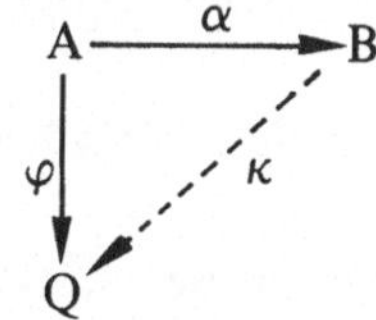

$\varphi = \kappa\alpha$ (d.h., das Diagramm ist kommutativ)

D i a g r a m m zu (b), (2)

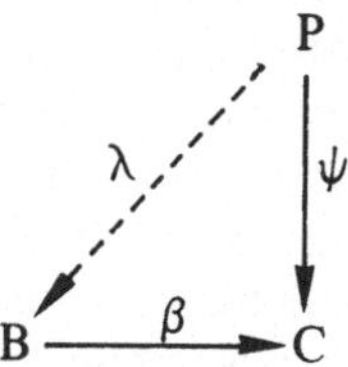

$\psi = \beta\lambda$ (d.h., das Diagramm ist kommutativ)

Beweis von 5.3.1. (a) „(1) ⇒ (2)“ Folgt aus 4.7.4, da nach Voraussetzung ψ in 4.7.4 zerfällt.

„(2) ⇒ (1)“ Nach Voraussetzung gibt es ein $\kappa : B \to Q$, so daß das Diagramm

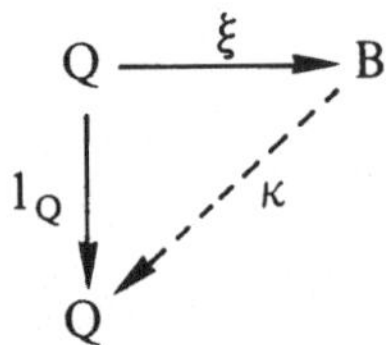

kommutativ ist, d.h., es gilt $1_Q = \kappa\xi$, also zerfällt ξ nach 3.4.11.

(a) „(2) ⟺ (3)“ Bei Beachtung der Definition von $\mathrm{Hom}(\alpha, 1_Q)$ (siehe 3.6) ist klar, daß (3) eine mit (2) äquivalente Umformulierung ist.

(b), „(1) ⇒ (2)“ Folgt aus 4.7.6, da nach Voraussetzung α in 4.7.6 zerfällt.

(b) „(2) ⇒ (1)“ Nach Voraussetzung gibt es ein $\lambda : P \to B$, so daß das Diagramm

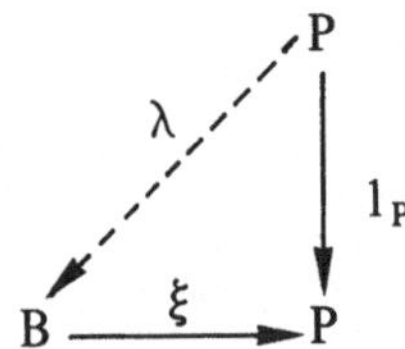

kommutativ ist, d.h., es gilt $1_P = \xi\lambda$, also zerfällt ξ nach 3.4.11.

(b) „(2) ⟺ (3)“ Äquivalente Umformulierung. □

5.3.2 Definition

(a) *Ein Modul* Q_R, *der die Bedingungen von* 5.3.1 (a) *erfüllt, heißt* injektiver R-*Modul.*

(b) *Ein Modul* P_R, *der die Bedingungen von* 5.3.1 (b) *erfüllt, heißt* projektiver R-*Modul.*

Diese Definition eines injektiven bzw. projektiven Moduls nimmt Bezug auf die Kategorie der unitären R-Rechtsmoduln, werden doch alle Monomorphismen $\alpha : A \to B$ bzw. alle Epimorphismen $\beta : B \to C$ zur Konkurrenz zugelassen. Es handelt sich also jeweils um eine kategorische Definition durch universelle Abbildungseigenschaften.

Es erhebt sich dann die Frage, ob man injektive und projektive Moduln auch durch „innere“ Eigenschaften kennzeichnen kann. Für projektive Moduln ist dies – wie wir bald sehen werden – leicht möglich: Ein R-Modul ist genau dann projektiv, wenn er zu einem direkten Summanden eines freien R-Moduls isomorph ist. Für injektive Moduln gibt es im allgemeinen keine entsprechend einfache Kennzeichnung durch innere Eigenschaften. Für $R = \mathbf{Z}$ hat man jedoch eine solche Kennzeichnung: Ein $\mathbf{Z}$-Modul ist genau dann injektiv, wenn er teilbar ist. Der allgemeine Fall wird hierauf zurückgeführt.

Wir kommen nun zunächst zu einigen einfachen Folgerungen aus der Definition.

5.3.3 Folgerung

(a) *Injektiv* $Q \wedge Q \cong A \Rightarrow$ *injektiv* A.

(b) *Projektiv* $P \wedge P \cong C \Rightarrow$ *projektiv* C.

B e w e i s. (a) Sei $\varphi : Q \cong A$. Ist $\alpha : A \to B$ ein Monomorphismus, dann auch $\alpha\varphi$. Nach 5.3.1 ist $\mathrm{Bi}(\alpha\varphi)$ direkter Summand in B. Wegen $\mathrm{Bi}(\alpha\varphi) = \mathrm{Bi}(\alpha)$ ist folglich auch A injektiv.

(b) Sei $\psi : C \cong P$. Ist $\beta : B \to C$ ein Epimorphismus, dann auch $\psi\beta$. Wegen $\mathrm{Ke}(\psi\beta) = \mathrm{Ke}(\beta)$ ist $\mathrm{Ke}(\beta)$ direkter Summand in B, und folglich ist C projektiv. □

5.3.4 Satz

(a) *Sei* $Q = \prod_{i \in I} Q_i$, *dann gilt*

$$\textit{Injektiv } Q \iff \forall\, i \in I\ [\textit{injektiv } Q_i].$$

(b) *Sei* $P = \coprod_{i \in I} P_i$, oder $P = \bigoplus_{i \in I} P_i$, *dann gilt:*

$$\textit{Projektiv } P \iff \forall\, i \in I\ [\textit{projektiv } P_i]\,.$$

B e w e i s. Bezeichnungen der zum direkten Produkt und zur direkten Summe gehörenden Injektionen und Projektionen wie in Kapitel 4.

(a) „⇒": Sei Q injektiv und seien $\alpha : A \to B$ ein Monomorphismus und $\varphi : A \to Q_j$ für $j \in I$ ein Homomorphismus. Zu $\sigma\eta_j\varphi$ gibt es dann nach Voraussetzung ein $\omega : B \to Q$ mit $\sigma\eta_j\varphi = \omega\alpha$:

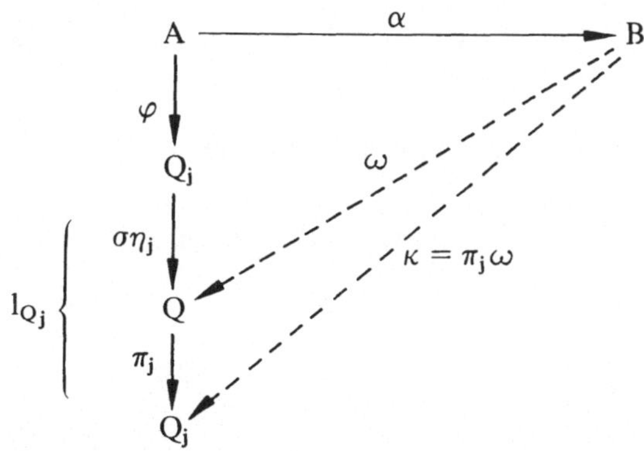

Der gesuchte Homomorphismus κ mit $\varphi = \kappa\alpha$ ist dann $\kappa := \pi_j\omega$, denn dafür gilt:

$$\varphi = 1_{Q_j}\varphi = (\pi_j\sigma\eta_j)\varphi = \pi_j(\sigma\eta_j\varphi) = \pi_j(\omega\alpha) = (\pi_j\omega)\alpha = \kappa\alpha.$$

(a) „⇐": Seien jetzt der Monomorphismus $\alpha : A \to B$ und der Homomorphismus $\varphi : A \to Q$ gegeben. Zu jedem $\pi_i\varphi$ existiert dann nach Voraussetzung ein κ_i mit $\pi_i\varphi =$

$\kappa_i\alpha$. Nach 4.1.6 gibt es dann ein $\kappa : B \to Q$ mit $\kappa_i = \pi_i\kappa$:

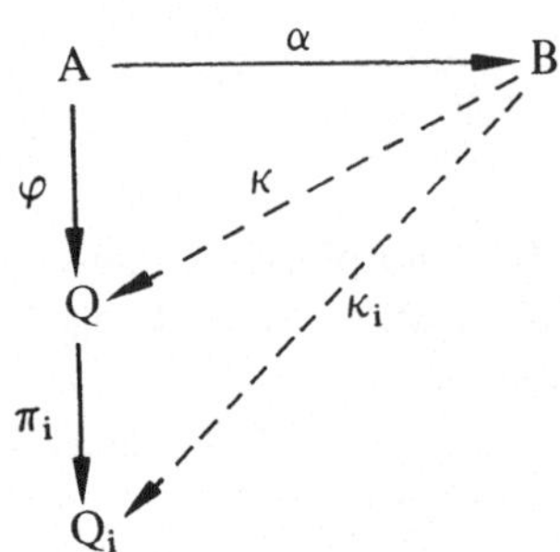

Behauptung. $\varphi = \kappa\alpha$. Aus $\pi_i\varphi = \kappa_i\alpha$ und $\kappa_i = \pi_i\kappa$ folgt $\pi_i\varphi = \pi_i\kappa\alpha$, also nach 4.1.6 (Eindeutigkeit) $\varphi = \kappa\alpha$.

(b) Wegen 5.3.3 genügt es den Fall $P = \coprod_{i \in I} P_i$ zu betrachten. Der Beweis erfolgt dual zu (a); wir können uns daher kurz fassen.

(b) „⇒": Jetzt ist die folgende Situation gegeben:

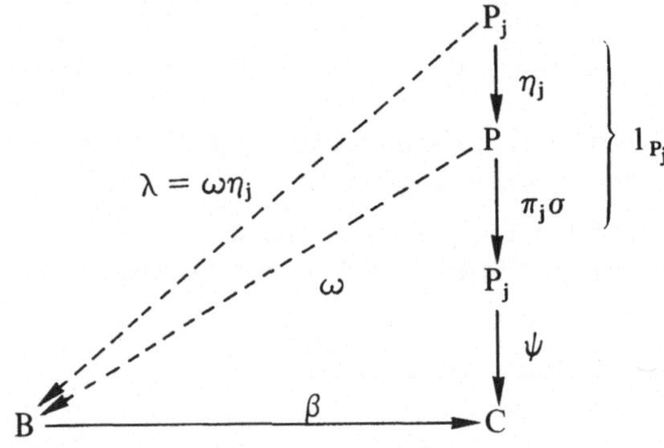

Dabei existiert ω mit $\psi\pi_j\sigma = \beta\omega$, da P projektiv ist, und $\lambda := \omega\eta_j$ leistet das gewünschte, denn dafür gilt

$$\psi = \psi 1_{P_j} = \psi\pi_j\sigma\eta_j = (\psi\pi_j\sigma)\eta_j = (\beta\omega)\eta_j = \beta(\omega\eta_j) = \beta\lambda.$$

(b) „⇐": In dem Diagramm

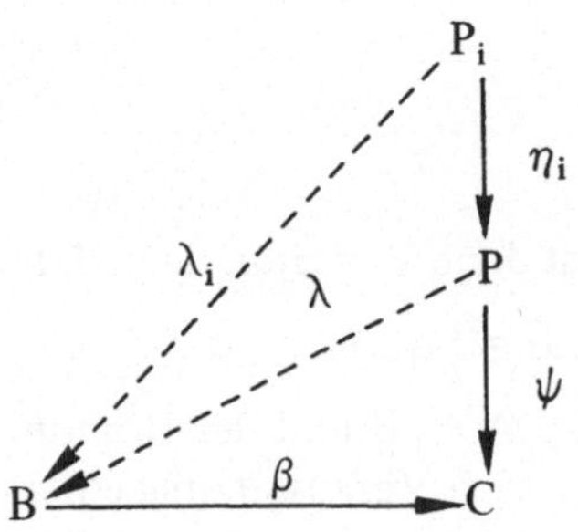

existieren λ_i mit $\psi\eta_i = \beta\lambda_i$ nach Voraussetzung und λ mit $\lambda_i = \lambda\eta_i$, da $P = \amalg P_i$ ist. Bleibt $\psi = \beta\lambda$ zu zeigen. Aus $\psi\eta_i = \beta\lambda_i$ und $\lambda_i = \lambda\eta_i$ folgt $\psi\eta_i = \beta\lambda\eta_i$, also nach 4.1.6 (Eindeutigkeit) $\psi = \beta\lambda$. □

Hiernach ist insbesondere jeder direkte Summand eines projektiven Moduls wieder projektiv und – da für endliche Indexmengen direkte Summen auch direkte Produkte sind – jeder direkte Summand eines injektiven Moduls wieder injektiv.

5.4 Projektive Moduln

Wir sind jetzt in der Lage, die bereits angekündigte „innere" Kennzeichnung der projektiven Moduln anzugeben.

5.4.1 Satz *Ein Modul ist dann und nur dann projektiv, wenn er zu einem direkten Summanden eines freien Moduls isomorph ist.*

B e w e i s. Nach 4.4.6 ist jeder freie Modul projektiv und nach 5.3.4 und 5.3.3 dann auch jeder Modul, der zu einem direkten Summanden eines freien Moduls isomorph ist. Um die Umkehrung zu zeigen, sei P ein projektiver Modul und

$$\xi : \ F \to P$$

ein nach 4.4.4 existierender Epimorphismus eines freien Moduls F auf P. Da P projektiv ist, zerfällt ξ:

$$F = \mathrm{Ke}(\xi) \oplus F_0$$

und F_0 ist dann isomorph zu P. □

Mit diesem Satz, zu dem es keinen dualen Satz bei den injektiven Moduln gibt, wird die Theorie der projektiven Moduln auf die Frage nach den Eigenschaften freier Moduln und ihrer direkten Summanden zurückgeführt.

Da bekanntlich jeder Untermodul eines freien $\mathbb{Z}$-Moduls wieder frei ist (s. Übung 10), erhält man die

Folgerung *Jeder projektive $\mathbb{Z}$-Modul ist frei.*

Ein wichtiges Hilfsmittel für die Untersuchung der projektiven Moduln ist das sogenannte D u a l b a s i s - L e m m a , das in gewisser Weise bei beliebigen projektiven Moduln an die Stelle der Basiseigenschaft der freien Moduln tritt.

5.4.2 Satz (D u a l b a s i s - L e m m a) *Die folgenden Eigenschaften sind äquivalent:*

(1) *Projektiv* P_R

(2) *Zu jeder Familie* $(y_i \mid i \in I)$ *von Erzeugenden von* P *über* R *existiert eine Familie* $(\varphi_i \mid i \in I)$ *von* $\varphi_i \in P^* := \mathrm{Hom}_R(P, R)$ *mit*

(a) $\forall\ p \in P\ [\varphi_i(p) \neq 0$ *nur für endlich viele* $i \in I]$

(b) $\forall\ p \in P\ [p = \sum\limits_{\substack{i \in I \\ \varphi_i(p) \neq 0}} y_i\varphi_i(p)]$

(3) *Es existieren Familien* $(y_i \mid i \in I)$ *mit* $y_i \in P$ *und* $(\varphi_i \mid i \in I)$ *mit* $\varphi_i \in P^*$, *so daß* (a) *und* (b) *gelten.*

B e w e i s. „(1) ⇒ (2)“ Wie in 4.4 festgestellt, gibt es einen freien R-Modul F mit einer Basis $\{x_i \mid i \in I\}$ und einen Epimorphismus $\xi : F \to P$ mit $\xi(x_i) = y_i$. Sei

$$\pi_j : \quad F \ni \sum x_i r_i \mapsto r_j \in R \ , \ j \in I$$

(wobei $r_j = 0$ zu setzen ist, falls in $\Sigma x_i r_i$ der Index j nicht auftritt), dann gilt für $a = \Sigma x_i r_i \in F : \pi_j(a) \neq 0$ nur für endlich viele $j \in I$ und $a = \Sigma x_i \pi_i(a)$.

Da P projektiv ist, existiert $\lambda : P \to F$, so daß $1_P = \xi\lambda$:

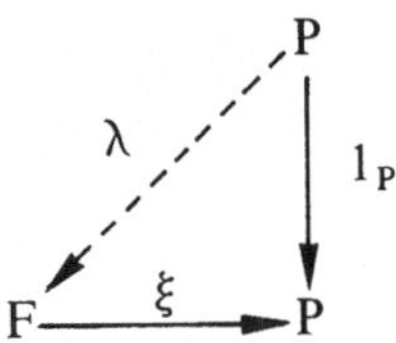

Bezeichne $\varphi_i := \pi_i\lambda$, $i \in I$, dann gilt $\varphi_i \in P^*$, und für $p \in P$ ist $\varphi_i(p) = \pi_i\lambda(p) \neq 0$ nur für endliche viele $i \in I$. Ferner gilt für $p \in P$

$$p = \xi\lambda(p) = \xi(\sum x_i \pi_i(\lambda(p))) = \sum \xi(x_i)\,\pi_i\lambda(p) = \sum y_i\varphi_i(p),$$

also gelten (a) und (b).

„(2) ⇒ (3)“ Klar.

„(3) ⇒ (1)“ Wegen (b) ist $(y_i \mid i \in I)$ eine Familie von Erzeugenden von P. Nun sei $\xi : F \to P$ wieder ein Epimorphismus wie im Beweis von (1) ⇒ (2). Sei ferner $\tau : P \to F$ definiert durch $\tau(p) := \Sigma x_i\varphi_i(p)$, dann ist τ zunächst eine Abbildung, da die $\varphi_i(p)$ eindeutig bestimmt sind und wegen (a) fast alle $\varphi_i(p)$ gleich 0 sind. Offensichtlich ist τ sogar ein R-Homomorphismus. Dann gilt

$$\xi\tau(p) = \xi(\sum x_i\varphi_i(p)) = \sum y_i\varphi_i(p) = p,$$

also $1_P = \xi\tau$, d.h. ξ zerfällt, und nach 5.4.1 ist dann P projektiv. □

5.5 Injektive Moduln

Im allgemeinen ist eine Kennzeichnung der injektiven Moduln durch „innere“ Eigenschaften nicht in so einfacher Weise möglich wie bei den projektiven Moduln. Für $R = \mathbb{Z}$ jedoch gibt es eine solche Kennzeichnung und diese hat auch große Bedeutung für den Fall eines beliebigen Ringes R, wird sie doch benutzt, um die Existenz injektiver Erweiterungen zu zeigen.

5.5.1 Satz *Ein* $\mathbb{Z}$-*Modul (= abelsche Gruppe) ist dann und nur dann injektiv, wenn er teilbar ist.*

B e w e i s. Sei D_Z teilbar, dann besagt 4.5.5, daß D_Z injektiv ist. Sei jetzt Q_Z injektiv. Seien $q_0 \in Q$, $0 \neq z_0 \in \mathbf{Z}$; betrachten wir die Homomorphismen

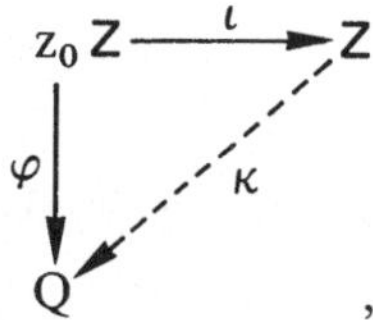

wobei ι die Inklusionsabbildung sei und φ durch $\varphi(z_0) := q_0$ definiert werde, dann gibt es, da Q injektiv ist, ein κ mit $\varphi = \kappa\iota$. Dafür gilt $\kappa(z_0) = \kappa(1 \cdot z_0) = \kappa(1)z_0 = \varphi(z_0) = q_0$. Da $q_0 \in Q$ beliebig war, folgt daraus $Qz_0 = Q$, d.h., Q ist teilbar. □

Sei jetzt R wieder ein beliebiger Ring. Da jeder Modul epimorphes Bild eines freien R-Moduls ist und die freien R-Moduln projektiv sind, ist jeder Modul epimorphes Bild eines projektiven R-Moduls. Wir wenden uns jetzt der dualen Frage zu und wollen zeigen, daß man jeden Modul monomorph in einen injektiven Modul abbilden kann.

5.5.2 Hilfssatz *Ist* D *ein teilbarer* (= *injektiver*) **Z**-*Modul, dann ist* $\mathrm{Hom}_Z(R, D)$ *als* R-*Rechtsmodul injektiv.*

B e w e i s. Sei $\alpha : A \to B$ ein R-Monomorphismus und $\varphi : A \to \mathrm{Hom}_Z(R, D)$ ein R-Homomorphismus. Bezeichne σ den durch

$$\sigma : \mathrm{Hom}_Z(R, D) \ni f \mapsto f(1) \in D$$

definierten **Z**-Homomorphismus. Dann betrachten wir das Diagramm

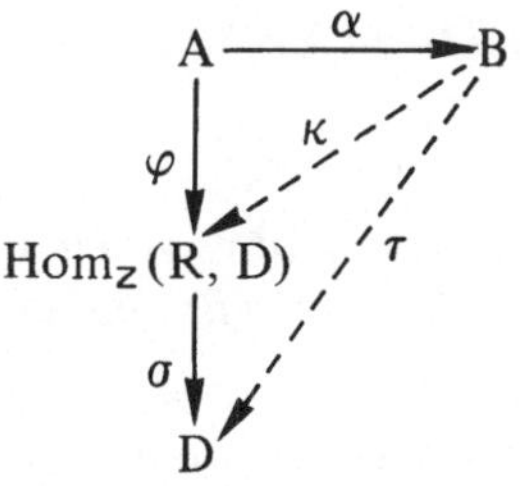

Faßt man α und φ nur als **Z**-Homomorphismen auf, dann gibt es, da D **Z**-injektiv ist, einen **Z**-Homomorphismus $\tau : B \to D$ mit $\sigma\varphi = \tau\alpha$. Sei nun $\kappa : B \to \mathrm{Hom}_Z(R, D)$ definiert durch

$$\kappa(b)(r) := \tau(br), \qquad b \in B, r \in R .$$

Dann ist für festes $b \in B$ offensichtlich $\kappa(b) \in \mathrm{Hom}_Z(R, D)$, und es gilt

$$\kappa(br_1)(r) = \tau(br_1 r) = \kappa(b)(r_1 r) = (\kappa(b)r_1)(r),$$

d.h. $\kappa(br_1) = \kappa(b)r_1$, also ist κ ein R-Homomorphismus. Dafür gilt

$$\kappa\alpha(a)\,(r) = \tau(\alpha(a)r) = \tau(\alpha(ar)) = \tau\alpha(ar) = \sigma\varphi(ar)$$
$$= \varphi(ar)\,(1) = (\varphi(a)r)\,(1) = \varphi(a)\quad(r)$$

und folglich $\kappa\alpha = \varphi$. □

5.5.3 Satz *Zu jedem Modul gibt es einen Monomorphismus in einen injektiven Modul.*

B e w e i s. Sei M_R gegeben. Nach 4.5.4 gibt es einen **Z**-Monomorphismus

$$\mu:\quad M \to D$$

in eine teilbare abelsche Gruppe D. Nach 5.5.2 ist $\mathrm{Hom}_Z(R, D)_R$ als R-Modul injektiv. Definiert man

$$\rho:\quad M \to \mathrm{Hom}_Z(R, D)$$

durch $\rho(m)\,(r) \;:=\; \mu(mr), \qquad m \in M,\ r \in R,$

dann ist ρ offenbar ein R-Homomorphismus und, da μ ein Monomorphismus ist, sogar ein Monomorphismus. □

5.5.4 Folgerung *Injektiv* $Q_R \iff Q_R$ *ist isomorph zu einem direkten Summanden eines Moduls der Form* $\mathrm{Hom}_Z(R, D)_R$ *mit einer teilbaren abelschen Gruppe* D.

B e w e i s. „⇒“: Im Beweis von 5.5.3.
„⇐“: Nach 5.5.2 und 5.3.4. □

Die Folgerung 5.5.4 kann als „innere“ Kennzeichnung der injektiven Moduln betrachtet werden.

5.5.5 Folgerung *Jeder Modul ist Untermodul eines injektiven Moduls.*

Den B e w e i s formulieren wir als selbständigen Hilfssatz.

5.5.6 Hilfssatz *Sei* $\rho : M_R \to N_R$ *ein Monomorphismus. Dann gibt es einen Modul* N' mit $M \hookrightarrow N'$ *und einen Isomorphismus* $\tau : N' \to N$, so daß $\rho = \tau\iota$ *gilt, wobei* ι *die Inklusionsabbildung von* M *in* N' *ist.*

B e w e i s. Sei D eine zur Komplementärmenge $N \backslash \rho(M)$ von $\rho(M)$ in N gleichmächtige Menge mit $D \cap M = \emptyset$ und $\beta : D \to N \backslash \rho(M)$ eine bijektive Abbildung. Sei dann $N' := M \cup D$ als Menge definiert, und sei

$$\tau:\quad N' \to N$$

die durch

$$\tau(m) \;:=\; \rho(m), \qquad m \in M$$
$$\tau(d) \;:=\; \beta(d), \qquad d \in D$$

definierte bijektive Abbildung.

Um N' zu einem M_R enthaltenden R-Modul und τ zu einem R-Modulisomorphismus zu machen, setze man:

$$x + y := \tau^{-1}(\tau(x) + \tau(y)), \qquad x, y \in N'$$
$$x r := \tau^{-1}(\tau(x)r), \qquad r \in R.$$

Wie sofort zu sehen, sind dann alle Behauptungen erfüllt. □

Aus diesem Hilfssatz folgt 5.5.5, da mit $N = \mathrm{Hom}_Z(R, D)_R$ auch der dazu isomorphe Modul N' injektiv ist.

5.6 Injektive und projektive Hüllen

Nachdem wir gesehen haben, daß jeder Modul einerseits monomorph in einen injektiven Modul abgebildet werden kann und andererseits epimorphes Bild eines projektiven Moduls ist, behandeln wir jetzt die Frage, ob es in gewissem Sinne „kleinste" solcher Moduln gibt.

5.6.1 Definition *Sei* M_R *gegeben.*

(a) *Ein Monomorphismus* $\eta : M \to Q$ *heißt eine injektive Hülle von* M $:\Longleftrightarrow$ Q *ist injektiv und* η *großer Monomorphismus* (s. 5.1.1).

(b) *Ein Epimorphismus* $\xi : P \to M$ *heißt eine projektive Hülle von* M $:\Longleftrightarrow$ P *ist projektiv und* ξ *kleiner Epimorphismus* (s. 5.1.1).

Ist $\eta : M \to Q$ eine injektive Hülle, dann wird, wenn dies zu keinen Mißverständnissen führen kann, oft auch Q allein als injektive Hülle von M bezeichnet ohne Angabe von η. Entsprechendes gilt im Falle der projektiven Hülle.

In diesem Sinne werden wir eine injektive Hülle von M auch mit I(M) und eine projektive Hülle von M mit P(M) bezeichnen. Man beachte dabei jedoch, daß I(M) und P(M) durch M nicht eindeutig bestimmt sind, sondern nur bis auf Isomorphie (s. 5.6.3).

Beispiel $\mathbb{Z}_\mathbb{Z} \xrightarrow{\iota} \mathbb{Q}_\mathbb{Z}$ ist eine injektive Hülle von $\mathbb{Z}_\mathbb{Z}$, denn ι ist ein Monomorphismus, $\mathbb{Q}_\mathbb{Z}$ ist injektiv (= teilbar), und nach 5.1.6 ist $\mathbb{Z}_\mathbb{Z}$ groß in $\mathbb{Q}_\mathbb{Z}$.

5.6.2 Folgerung

(a) *Ist* $\eta_i : M_i \to Q_i$ *für* $i = 1, 2, \dots, n$ *eine injektive Hülle von* M_i, *dann ist*

$$\bigoplus_{i=1}^{n} \eta_i : \bigoplus_{i=1}^{n} M_i \to \bigoplus_{i=1}^{n} Q_i$$

eine injektive Hülle von $\bigoplus_{i=1}^{n} M_i$.

(b) *Ist* $\xi_i : P_i \to M_i$ *für* $i = 1, 2, \ldots, n$ *eine projektive Hülle von* M_i, *dann ist*

$$\bigoplus_{i=1}^{n} \xi_i : \bigoplus_{i=1}^{n} P_i \to \bigoplus_{i=1}^{n} M_i$$

eine projektive Hülle von $\bigoplus_{i=1}^{n} M_i$.

B e w e i s. (a) Folgt nach 5.1.7 und 5.3.4.
(b) Folgt nach 5.1.3 und 5.3.4. □

Es erheben sich nun sofort zwei Fragen, und zwar die nach Eindeutigkeit und Existenz der Hüllen. Wir beginnen mit der Frage nach der Eindeutigkeit und beweisen sogleich ein etwas allgemeineres Resultat.

5.6.3 Satz

(a) *Seien* $\varphi : M_1 \to M_2$ *ein Isomorphismus,* $\eta_1 : M_1 \to Q_1$ *eine injektive Hülle und* $\eta_2 : M_2 \to Q_2$ *ein Monomorphismus mit injektivem* Q_2. *Dann existiert ein zerfallender Monomorphismus*

$$\psi : Q_1 \to Q_2 ,$$

so daß das Diagramm

$$\begin{array}{ccc} M_1 & \xrightarrow{\varphi} & M_2 \\ {\scriptstyle \eta_1}\downarrow & & \downarrow{\scriptstyle \eta_2} \\ Q_1 & \xrightarrow{\psi} & Q_2 \end{array}$$

kommutativ ist und

$$\tilde{\eta}_2 : \quad M_2 \ni m \mapsto \eta_2(m) \in \mathrm{Bi}(\psi)$$

eine injektive Hülle von M_2 *ist. Dann und nur dann ist* η_2 *eine injektive Hülle von* M_2, *wenn* ψ *ein Isomorphismus ist.*

(b) *Seien* $\varphi : M_1 \to M_2$ *ein Isomorphismus,* $\xi_1 : P_1 \to M_1$ *ein Epimorphismus mit projektivem* P_1 *und* $\xi_2 : P_2 \to M_2$ *eine projektive Hülle. Dann existiert ein zerfallender Epimorphismus*

$$\psi : \quad P_1 \to P_2 ,$$

so daß das Diagramm

$$\begin{array}{ccc} P_1 & \xrightarrow{\psi} & P_2 \\ {\scriptstyle \xi_1}\downarrow & & \downarrow{\scriptstyle \xi_2} \\ M_1 & \xrightarrow{\varphi} & M_2 \end{array}$$

kommutativ ist und, wenn $P_1 = \mathrm{Ke}(\psi) \oplus P_0$ *(beachte* $P_0 \cong P_1/\mathrm{Ke}(\psi)$*) gesetzt wird,* $\hat{\xi}_1 := \xi_1 \mid P_0$ *eine projektive Hülle von* M_1 *ist. Dann und nur dann ist* ξ_1 *eine projektive Hülle von* M_1*, wenn* ψ *ein Isomorphismus ist.*

B e w e i s. (a) In dem kommutativen Diagramm

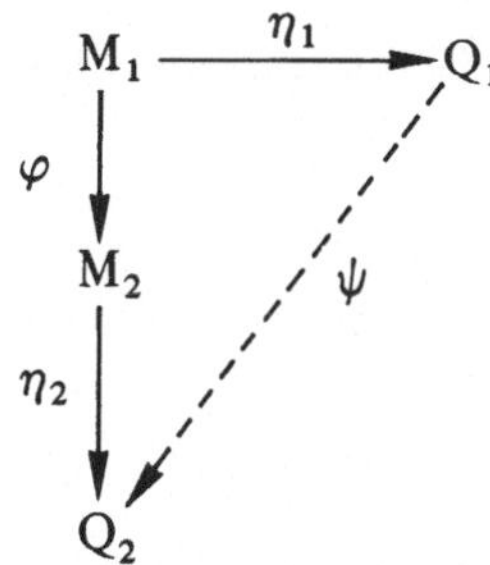

existiert ψ, da Q_2 injektiv ist. Da $\eta_2\varphi = \psi\eta_1$ ein Monomorphismus ist, folgt $\mathrm{Ke}(\psi) \cap \mathrm{Bi}(\eta_1) = 0$. Da $\mathrm{Bi}(\eta_1)$ groß in Q_1 ist, folgt $\mathrm{Ke}(\psi) = 0$, d.h. ψ ist ein Monomorphismus. Da Q_1 injektiv ist, zerfällt ψ und $\mathrm{Bi}(\psi)$ ist injektiv.

Wegen $\mathrm{Bi}(\eta_2) \hookrightarrow \mathrm{Bi}(\psi)$ ist die Definition von $\tilde{\eta}_2$ sinnvoll. Mit η_2 ist auch $\tilde{\eta}_2$ ein Monomorphismus und $\mathrm{Zi}(\tilde{\eta}_2) = \mathrm{Bi}(\psi)$ ist injektiv. Bleibt zu zeigen, daß $\mathrm{Bi}(\tilde{\eta}_2) = \mathrm{Bi}(\eta_2)$ groß in $\mathrm{Bi}(\psi)$ ist. Sei

$$\tilde{\psi}: \quad Q_1 \ni q \mapsto \psi(q) \in \mathrm{Bi}(\psi),$$

dann ist $\tilde{\psi}$ ein Isomorphismus und es gilt

$$\tilde{\psi}\eta_1(M_1) = \tilde{\eta}_2\varphi(M_1) = \tilde{\eta}_2(M_2).$$

Da $\eta_1(M_1)$ groß in Q_1 ist, folgt daraus nach 5.1.5 (c)(mit $\varphi = \psi^{-1}$), daß auch $\tilde{\eta}_2(M_2)$ groß in $\mathrm{Zi}(\tilde{\psi}) = \mathrm{Bi}(\psi)$ ist.

Ist η_2 injektive Hülle von M_2, dann gilt $\mathrm{Bi}(\eta_2) \hookrightarrow^{*} Q_2$, und wegen $\mathrm{Bi}(\eta_2) \hookrightarrow \mathrm{Bi}(\psi)$ folgt $\mathrm{Bi}(\psi) \hookrightarrow^{*} Q_2$. Da aber $\mathrm{Bi}(\psi)$ direkter Summand in Q_2 ist, ist dies nur mit $\mathrm{Bi}(\psi) = Q_2$ möglich, d.h., ψ ist ein Isomorphismus. Ist umgekehrt ψ ein Isomorphismus, so folgt $\eta_2 = \tilde{\eta}_2$, also ist jetzt η_2 eine injektive Hülle von M_2.

(b) In dem kommutativen Diagramm

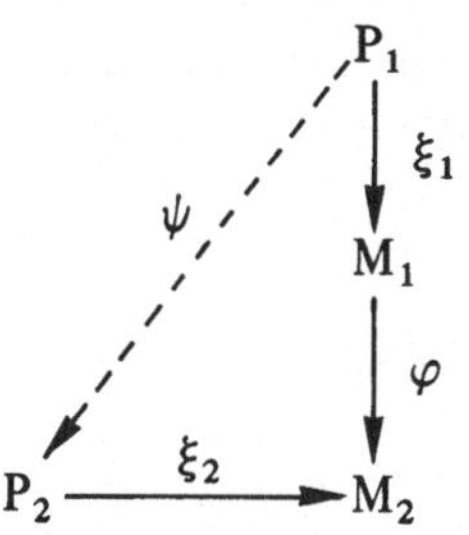

existiert ψ, da P_1 projektiv ist. Da $\varphi\xi_1 = \xi_2\psi$ ein Epimorphismus ist, folgt $\mathrm{Bi}(\psi) +$

$Ke(\xi_2) = P_2$. Da $Ke(\xi_2)$ klein in P_2 ist, folgt $Bi(\psi) = P_2$, d.h., ψ ist ein Epimorphismus. Da P_2 projektiv ist, zerfällt ψ:

$$P_1 = Ke(\psi) \oplus P_0,$$

und $P_0 \cong P_1/Ke(\psi)$ ist projektiv.

Wegen $Ke(\psi) \hookrightarrow Ke(\xi_1)$ ist mit ξ_1 auch $\hat{\xi}_1 := \xi_1 \mid P_0$ ein Epimorphismus. Da P_0 projektiv ist, bleibt $Ke(\hat{\xi}_1) \overset{\circ}{\hookrightarrow} P_0$ zu zeigen. Sei

$$\hat{\psi}: \quad P_0 \ni p \mapsto \psi(p) \in P_2,$$

dann ist $\hat{\psi}$ ein Isomorphismus, und es gilt wegen $\varphi\hat{\xi}_1 = \xi_2\hat{\psi}$ und da φ und $\hat{\psi}$ Isomorphismen sind,

$$Ke(\hat{\xi}_1) = \hat{\psi}^{-1}(Ke(\xi_2)).$$

Da $Ke(\xi_2)$ klein in P_2 ist, folgt nach 5.1.3 (c), daß $Ke(\hat{\xi}_1)$ klein in $\hat{\psi}^{-1}(P_2) = P_0$ ist.

Ist ξ_1 projektive Hülle von M_1, dann gilt $Ke(\xi_1) \overset{\circ}{\hookrightarrow} P_1$, und wegen $Ke(\psi) \hookrightarrow Ke(\xi_1)$ folgt $Ke(\psi) \overset{\circ}{\hookrightarrow} P_1$. Da aber $Ke(\psi)$ direkter Summand in P_1 ist, ist dies nur mit $Ke(\psi) = 0$ möglich, d.h., ψ ist ein Isomorphismus. Ist umgekehrt ψ ein Isomorphismus, so folgt $\xi_1 = \hat{\xi}_1$, also ist jetzt ξ_1 eine projektive Hülle von M_1. □

Wir weisen noch einmal ausdrücklich darauf hin, daß nach 5.6.3 die injektive Hülle und die projektive Hülle (falls sie existiert) bis auf Isomorphie eindeutig bestimmt sind. Z.B. setze man im injektiven Fall $M = M_1 = M_2$ und $\varphi = 1_M$, dann ist η_2 genau dann eine injektive Hülle von M, wenn ψ ein Isomorphismus ist.

Wir kommen nun zur Frage der Existenz der projektiven und injektiven Hülle. Während – wie anschließend gezeigt wird – zu jedem Modul eine injektive Hülle existiert, gilt die duale Aussage nicht. Es gibt also Moduln, die keine projektive Hülle besitzen. Z.B. hat kein **Z**-Modul eine projektive Hülle, der nicht selbst bereits projektiv (= frei) ist, denn wie schon in 5.1.2 gezeigt, ist der triviale Untermodul 0 der einzige kleine Untermodul von freien **Z**-Moduln.

Es erhebt sich dann die interessante Frage nach einer Kennzeichnung der Ringe R, für die jeder R-Modul eine projektive Hülle besitzt. Es sind dies die perfekten Ringe, die später behandelt werden.

5.6.4 Satz *Jeder Modul* M *besitzt eine injektive Hülle. Genauer: Ist* $\mu: M \to Q$ *ein Monomorphismus in einen injektiven Modul* Q *und ist* $Bi(\mu)''$ *ein zweifaches Durchschnittskomplement von* $Bi(\mu)$ *in* Q *mit* $Bi(\mu) \hookrightarrow Bi(\mu)''$, *dann ist*

$$\tilde{\mu}: \quad M \to Bi(\mu)''$$

mit $\tilde{\mu}(m) = \mu(m)$ *für alle* $m \in M$ *(Einschränkung des Zieles von* μ *auf* $Bi(\mu)''$*) eine injektive Hülle von* M.

B e w e i s. Sei $A := Bi(\mu)$. Wie in 5.2.5 (b) gezeigt, ist A groß in A″. Bleibt zu zeigen, daß A″ injektiv ist. Dazu wird bewiesen, daß A″ direkter Summand in Q ist; da Q injektiv ist, folgt dies dann nach 5.3.4 auch für A″. Wir betrachten das Diagramm

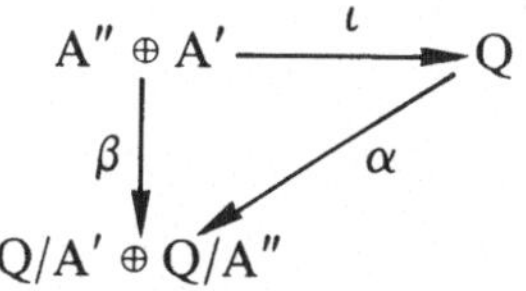

wobei ι die Inklusionsabbildung ist. Um α und β zu definieren, schreiben wir die Elemente von $Q/A' \oplus Q/A''$ als Paare. Sei dann für $a'' + a' \in A'' \oplus A'$

$$\beta(a'' + a') := (a'' + a' + A', a'' + a' + A'') = (a'' + A', a' + A'')$$

sowie für $q \in Q$

$$\alpha(q) := (q + A', q + A'').$$

Dann ist das Diagramm kommutativ, d.h., es gilt $\beta = \alpha\iota$, woraus $\mathrm{Bi}(\beta) \hookrightarrow \mathrm{Bi}(\alpha)$ folgt. Wegen $A'' \cap A' = 0$ sind α und β Monomorphismen. Da Q injektiv ist und α ein Monomorphismus, zerfällt α.

Behauptung. $\mathrm{Bi}(\beta)$ ist groß in $Q/A' \oplus Q/A''$, denn nach 5.2.5 sind $A'' + A'/A' \overset{*}{\hookrightarrow} Q/A'$ und $A'' + A'/A'' \overset{*}{\hookrightarrow} Q/A''$, woraus nach 5.1.7 die Behauptung folgt.

Wegen $\mathrm{Bi}(\beta) \hookrightarrow \mathrm{Bi}(\alpha)$ ist dann auch $\mathrm{Bi}(\alpha)$ groß in $Q/A' \oplus Q/A''$. Da α zerfällt, folgt $\mathrm{Bi}(\alpha) = Q/A' \oplus Q/A''$, d.h. α ist ein Isomorphismus. Zu beliebigem $q \in Q$ gibt es daher ein $q_1 \in Q$ mit $(q + A', 0 + A'') = (q_1 + A', q_1 + A'')$, woraus zunächst $q_1 \in A''$ und dann $q \in A'' + A'$ folgt. Also gilt $A'' \oplus A' = Q$. □

Wir fassen jetzt noch einmal zusammen, wie wir die injektive Hülle zu einem Modul M_R gewonnen haben:

1. Einbettung (Monomorphismus) von M als abelscher Gruppe in eine teilbare abelsche Gruppe D.

2. Einbettung $\mu : M_R \to \mathrm{Hom}_Z(R, D)_R$, wobei der Modul $\mathrm{Hom}_Z(R, D)_R$ injektiv ist.

3. Sei $\mathrm{Bi}(\mu)''$ ein zweifaches Durchschnittskomplement von $\mathrm{Bi}(\mu)$ in $\mathrm{Hom}_Z(R, D)_R$ mit $\mathrm{Bi}(\mu) \hookrightarrow \mathrm{Bi}(\mu)''$, dann ist

$$\tilde{\mu} : M \ni m \mapsto \mu(m) \in \mathrm{Bi}(\mu)''$$

eine injektive Hülle von M.

Es liegt auf der Hand, daß bei dieser komplizierten Konstruktion im allgemeinen kaum zu erwarten ist, daß man von Eigenschaften von M unmittelbar auf solche der injektiven Hülle von M schließen kann. Die Frage, welche Eigenschaften von M beim Übergang zur injektiven Hülle von M erhalten bleiben bzw. verloren gehen, ist jedenfalls eine interessante Frage, die unter verschiedenen Gesichtspunkten und Voraussetzungen untersucht worden ist.

Eine injektive Hülle, die selbst eine „minimale injektive Erweiterung" ist, kann auch als eine „maximale große (= wesentliche) Erweiterung" gekennzeichnet werden.

5.6.5 Definition *Sei* $\alpha : A \to B$ *ein Monomorphismus.*

(1) *α heißt* große Erweiterung *von* A $:\Longleftrightarrow$ $\mathrm{Bi}(\alpha) \subsetneq^* \mathrm{B}$.

(2) *α heißt* maximale große Erweiterung *von* A : $\Longleftrightarrow$ *α ist große Erweiterung von* A *und jede große Erweiterung von* B *ist ein Isomorphismus.*

5.6.6 Satz *Sei γ : M $\to$ W ein Monomorphismus. Dann gilt: γ ist genau dann eine maximale große Erweiterung von* M, *wenn γ eine injektive Hülle von* M *ist.*

Beweis. Sei η : M $\to$ Q eine injektive Hülle von M, dann betrachten wir das kommutative Diagramm

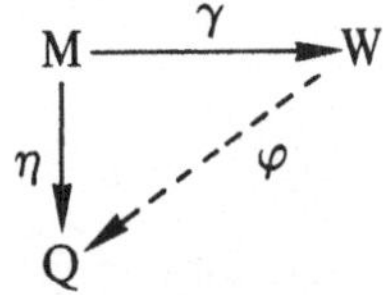

wobei φ existiert, da Q injektiv ist. Wegen $\mathrm{Bi}(\gamma) \subsetneq^* \mathrm{W}$ und $\mathrm{Bi}(\gamma) \cap \mathrm{Ke}(\varphi) = 0$ gilt $\mathrm{Ke}(\varphi) = 0$, d.h. φ ist ein Monomorphismus. Wegen $\mathrm{Bi}(\eta) \subsetneq \mathrm{Bi}(\varphi)$ und $\mathrm{Bi}(\eta) \subsetneq^* \mathrm{Q}$ folgt $\mathrm{Bi}(\varphi) \subsetneq^* \mathrm{Q}$. Sei nun γ maximale große Erweiterung, dann folgt, daß φ ein Isomorphismus ist, also ist γ eine injektive Hülle.

Daß umgekehrt jede injektive Hülle maximale große Erweiterung ist, folgt aus der Tatsache, daß jeder Monomorphismus

$$\alpha: \ \mathrm{Q} \to \mathrm{B}$$

mit injektivem Q zerfällt und echte direkte Summanden nicht groß in einem Obermodul sind. □

Wenden wir uns jetzt noch einmal kurz der projektiven Hülle zu. Wie wir wissen, braucht diese nicht zu existieren. Setzt man jedoch voraus, daß entsprechende Additionskomplemente existieren, so kann man Satz 5.6.4 dualisieren. Die im Beweis von Satz 5.6.4 benutzten Durchschnittskomplemente existieren auf Grund des Zornschen Lemmas, während die dualen Additionskomplemente nur unter entsprechenden Voraussetzungen existieren. Die genaue Formulierung soll hier nicht angegeben werden. Später, bei der Behandlung der semi-perfekten und perfekten Moduln, wird die Frage nach der Existenz projektiver Hüllen eingehend untersucht.

5.7 Das Baersche Kriterium

Um festzustellen, ob ein Modul Q injektiv ist, hat man nach Definition der Injektivität zu prüfen, ob es zu jedem Monomorphismus α : A $\to$ B und zu jedem Homomorphismus φ : A $\to$ Q einen Homomorphismus κ : B $\to$ Q mit $\varphi = \kappa\alpha$ gibt. Es liegt die Frage nahe, ob man die Klasse der „Testmonomorphismen" α : A $\to$ B einschränken kann. Dies ist in der Tat möglich, und zwar genügt es, alle Inklusionen von Rechtsidealen $\mathrm{U} \subsetneq \mathrm{R_R}$ zu betrachten.

5.7.1 Satz (Baersches Kriterium) *Ein Modul* Q_R *ist genau dann injektiv, wenn zu jedem Rechtsideal* $U \subsetneq R_R$ *und jedem Homomorphismus* $\rho : U \to Q$ *ein Homomorphismus* $\tau : R_R \to Q$ *mit* $\rho = \tau\iota$ *existiert, wobei* ι *die Inklusionsabbildung von* U *in* R *sei.*

Beweis. Daß die Bedingung notwendig für Injektivität ist, ist klar. Der Beweis dafür, daß sie hinreichend ist, erfolgt in zwei Schritten.

1. Schritt. Sei $\alpha : A \to B$ ein Monomorphismus und sei $\varphi \in \mathrm{Hom}_R(A, Q)$. Sei $C \underset{\neq}{\hookrightarrow} B$ mit $\mathrm{Bi}(\alpha) \hookrightarrow C$ und sei $\gamma : C \to Q$ mit $\varphi(a) = \gamma\alpha(a)$ für alle $a \in A$.

Behauptung. Dann gibt es ein $C_1 \hookrightarrow B$ mit $C \underset{\neq}{\hookrightarrow} C_1$ und ein $\gamma_1 : C_1 \to Q$ mit $\gamma_1 \mid C = \gamma$ (also auch $\varphi(a) = \gamma_1\alpha(a)$).

Zum Beweis dieser Behauptung sei $b \in B$, $b \notin C$; setze $C_1 = C + bR$. Wäre $C \cap bR = 0$, so könnte man γ sofort trivial auf C_1 fortsetzen. Die Schwierigkeit entsteht dadurch, daß $C \cap bR \neq 0$ sein kann. Sei

$$U = \{u \mid u \in R \wedge bu \in C\},$$

dann ist U offenbar ein Rechtsideal in R und

$$\xi : \quad U \ni u \mapsto bu \in C$$

ist ein R-Homomorphismus. Sei $\rho := \gamma\xi$, dann gilt $\rho : U \to Q$, und nach Voraussetzung gibt es ein $\tau : R \to Q$ mit $\rho = \tau\iota$:

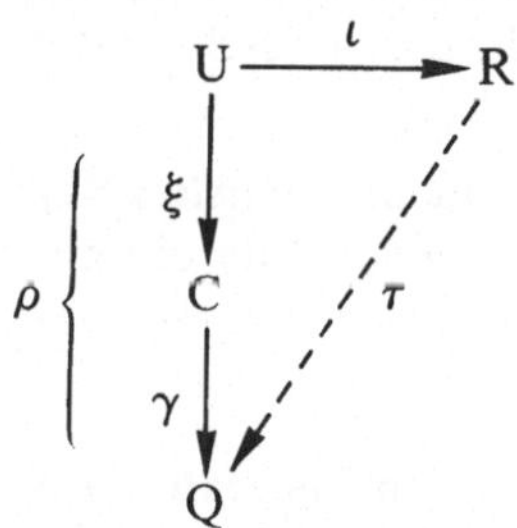

Wir definieren jetzt $\gamma_1 : C_1 \to Q$ durch

$$\gamma_1 : \quad C + bR \ni c + br \mapsto \gamma(c) + \tau(r) \in Q.$$

Um festzustellen, daß γ_1 eine Abbildung ist, sei

$$c + br = c_1 + br_1, \qquad c, c_1 \in C, \quad r, r_1 \in R$$

$\Rightarrow c - c_1 = b(r_1 - r) \in C \cap bR \Rightarrow r - r_1 \in U \Rightarrow \gamma\xi(r - r_1) = \tau(r - r_1) \Rightarrow \gamma(c - c_1) = \gamma(b(r_1 - r)) = \gamma\xi(r_1 - r) = \tau(r_1 - r) \Rightarrow$

$$\gamma(c) + \tau(r) = \gamma(c_1) + \tau(r_1), \qquad \text{w.z.z.w.}$$

Da γ und τ R-Homomorphismen sind, ist auch γ_1 ein R-Homomorphismus und nach Definition von γ_1 gilt $\gamma_1 \mid C = \gamma$.

2. S c h r i t t. Sei $C_0 := \mathrm{Bi}(\alpha)$ und sei α_0 der durch α induzierte Isomorphismus von A auf C_0. Sei noch $\gamma_0 := \varphi\alpha_0^{-1}$, dann gilt $\varphi(a) = \gamma_0\alpha(a)$ für alle $a \in A$. Der Homomorphismus γ_0 wird nun mit Hilfe des 1. Schrittes und des Zornschen Lemmas auf ganz B fortgesetzt. Sei dazu Γ die Menge aller Paare (C, γ) mit $\mathrm{Bi}(\alpha) = C_0 \hookrightarrow C \hookrightarrow B$ und $\gamma : C \to Q$ mit $\gamma \mid C_0 = \gamma_0$. Diese Menge ist wegen $(C_0, \gamma_0) \in \Gamma$ nicht leer. In Γ wird eine Ordnung definiert durch

$$(C, \gamma) \leqslant (C_1, \gamma_1) \quad :\Longleftrightarrow \begin{cases} 1. & C \hookrightarrow C_1 \\ 2. & \gamma_1 \mid C = \gamma . \end{cases}$$

Sei jetzt Λ eine nichtleere total geordnete Teilmenge von Γ und sei

$$D := \bigcup_{(C,\gamma) \in \Lambda} C ,$$

dann gilt $C_0 \hookrightarrow D \hookrightarrow B$. Sei ferner

$$\delta : \quad D \ni d \mapsto \gamma(d) \in Q ,$$

für $d \in C$ mit $(C, \gamma) \in \Lambda$. Dann ist dies wegen 2. ein Homomorphismus mit $\delta \mid C_0 = \gamma_0$. Somit ist (D, δ) obere Schranke von Λ in Γ. Nach dem Zornschen Lemma existiert daher ein maximales Element in Γ, das wegen des 1. Schrittes gleich einem (B, κ) mit $\varphi = \kappa\alpha$ sein muß. Damit ist der Beweis vollständig. □

Wir weisen noch darauf hin, daß dieser Satz gültig bleibt, wenn man darin R_R durch einen beliebigen Generator ersetzt (s. Übung 21). Die dazu duale Behauptung gilt jedoch nicht.

Eine wichtige Anwendung des Baerschen Kriteriums folgt im nächsten Kapitel, wo gezeigt wird, daß ein Ring R genau dann noethersch ist, wenn jede direkte Summe von injektiven R-Moduln wieder injektiv ist.

5.8 Weitere Kennzeichnungen und Eigenschaften von Generatoren und Kogeneratoren

In 3.3 sowie 4.8 haben wir Generatoren und Kogeneratoren eingeführt und gekennzeichnet. Hier sollen diese Überlegungen weitergeführt werden. Insbesondere wird eine Charakterisierung von Kogeneratoren gegeben, die ermöglicht, diese zu konstruieren und damit deren Existenz nachzuweisen. Darüber hinaus kann ein „minimaler" Kogenerator angegeben werden.

5.8.1 Satz (a) *Der Modul* B_R *ist genau dann Generator, wenn zu jedem projektiven Modul* P_R *eine direkte Summe von Kopien von* B *existiert, die einen zu* P *isomorphen direkten Summanden enthält.*

(b) *Der Modul* C_R *ist genau dann Kogenerator, wenn zu jedem injektiven Modul* Q_R *ein direktes Produkt von Kopien von* C_R *existiert, das einen zu* Q *isomorphen direkten Summanden enthält.*

B e w e i s. (a) Sei B_R Generator. Dann existiert nach 4.8.2 (4) ein Epimorphismus einer direkten Summe von Kopien von B auf P. Da nach 5.3.1 jeder Epimorphismus auf einen projektiven Modul zerfällt, folgt die Bedingung. Die Umkehrung folgt ebenfalls aus 4.8.2 (4), wenn man beachtet, daß jeder direkte Summand eines Moduls epimorphes Bild des Moduls ist und jeder Modul M nach 4.4.4 epimorphes Bild eines projektiven (sogar freien) Moduls ist.

(b) Dual zu (a), wobei an Stelle von 4.4.4 jetzt 5.5.3 tritt. □

5.8.2 Folgerung

(a) *Sei* P *ein projektiver Generator, dann gilt:*
Der Modul B *ist dann und nur dann Generator, wenn es eine direkte Summe von Kopien von* B *gibt, die einen zu* P *isomorphen direkten Summanden enthält.*

(b) *Sei* Q *ein injektiver Kogenerator, dann gilt:*
Der Modul C *ist dann und nur dann ein Kogenerator, wenn es ein direktes Produkt von Kopien von* C *gibt, das einen zu* Q *isomorphen direkten Summanden enthält.*

B e w e i s. (a) Ist B Generator, dann folgt die Behauptung nach 5.8.1. Ist umgekehrt die Bedingung erfüllt, d.h.

$$\coprod_{i \in I} B_i = P' \oplus L, \quad B_i = B, \quad P' \cong P,$$

dann kann dieser Modul offenbar epimorph auf P abgebildet werden, ist also ein Generator, und nach 4.8.2 folgt dies auch für B selbst.

(b) Dual zu (a). □

Ein projektiver Modul P wird dadurch definiert, daß für jeden Epimorphismus $\beta : B \to C$ auch $\mathrm{Hom}(1_P, \beta)$ ein Epimorphismus ist. Ein Generator D kann nun umgekehrt dadurch gekennzeichnet werden, daß für jeden Epimorphismus $\mathrm{Hom}(1_D, \beta)$ auch β ein Epimorphismus ist. Entsprechendes gilt im dualen Falle.

5.8.3 Satz

(a) *Der Modul* D_R *ist dann und nur dann Generator, wenn jeder Homomorphismus* $\beta : B \to C$, *für den* $\mathrm{Hom}(1_D, \beta)$ *ein Epimorphismus ist, selbst ein Epimorphismus ist.*

(b) *Der Modul* C_R *ist dann und nur dann ein Kogenerator, wenn jeder Homomorphismus* $\alpha : A \to B$, *für den* $\mathrm{Hom}(\alpha, 1_C)$ *ein Epimorphismus ist, ein Monomorphismus ist.*

B e w e i s. (a) Sei D Generator, dann gilt

$$C = \sum_{\varphi \in \mathrm{Hom}_R(D, C)} \mathrm{Bi}(\varphi) .$$

Da $\mathrm{Hom}(1_D, \beta)$ ein Epimorphismus ist, gibt es zu jedem $\varphi \in \mathrm{Hom}_R(D, C)$ ein $\varphi' \in \mathrm{Hom}_R(D, B)$ mit $\varphi = \beta\varphi'$. Dann folgt

$$C = \sum_{\varphi \in \mathrm{Hom}_R(D,C)} \mathrm{Bi}(\varphi) = \sum_{\varphi' \in \mathrm{Hom}_R(D,B)} \mathrm{Bi}(\beta\varphi') \hookrightarrow \mathrm{Bi}(\beta) \hookrightarrow C,$$

also $\mathrm{Bi}(\beta) = C$, d.h., β ist ein Epimorphismus.

Um die Umkehrung zu beweisen, sei M_R beliebig. Man definiere

$$B := \coprod_{\varphi \in \mathrm{Hom}_R(D,M)} D_\varphi$$

mit $D_\varphi = D$ für jedes $\varphi \in \mathrm{Hom}_R(D, M)$, sowie $\beta : B \to M$ durch

$$\beta((d_\varphi)) = \sum_{d_\varphi \neq 0} \varphi(d_\varphi) .$$

Für $\varphi_0 \in \mathrm{Hom}_R(D, M)$ gilt dann offensichtlich $\varphi_0 = \beta\eta_{\varphi_0}$, wobei $\eta_{\varphi_0} : D \to \coprod D_\varphi$ der kanonische Monomorphismus ist. Daraus folgt, daß $\mathrm{Hom}_R(1_D, \beta)$ ein Epimorphismus ist. Nach Voraussetzung ist dann β ein Epimorphismus. Folglich gilt

$$M = \mathrm{Bi}(\beta) = \sum_{\varphi \in \mathrm{Hom}_R(D,M)} \mathrm{Bi}(\varphi) ,$$

also ist D ein Generator.

(b) Da der Beweis dual verläuft, können wir uns kurz fassen. Ist C Kogenerator, dann folgt die Behauptung aus der Beziehung

$$0 = \bigcap_{\varphi \in \mathrm{Hom}_R(A,C)} \mathrm{Ke}(\varphi) = \bigcap_{\varphi' \in \mathrm{Hom}_R(B,C)} \mathrm{Ke}(\varphi'\alpha)$$

$$= \bigcap_{\varphi'} \alpha^{-1}(\mathrm{Ke}(\varphi')) \hookleftarrow \alpha^{-1}(0) = \mathrm{Ke}(\alpha) \hookleftarrow 0,$$

also $\mathrm{Ke}(\alpha) = 0$, d.h., α ist ein Monomorphismus.

Um die Umkehrung zu zeigen, sei M_R beliebig. Man definiere

$$B := \prod_{\varphi \in \mathrm{Hom}_R(M,C)} C_\varphi \quad \text{mit } C_\varphi = C \text{ für jedes } \varphi \in \mathrm{Hom}_R(M, C),$$

sowie $\alpha : M \to B$ durch

$$\alpha(m) := (\varphi(m)), \quad m \in M .$$

Für $\varphi_0 \in \mathrm{Hom}_R(M, C)$ gilt dann $\varphi_0 = \pi_{\varphi_0}\alpha$, wobei $\pi_{\varphi_0} : \prod C_\varphi \to C_{\varphi_0} = C$ der kanonische Epimorphismus ist. Daher ist $\mathrm{Hom}(\alpha, 1_C)$ ein Epimorphismus, und nach Voraussetzung ist dann α ein Monomorphismus. Folglich gilt

$$0 = \mathrm{Ke}(\alpha) = \bigcap_{\varphi \in \mathrm{Hom}_R(M,C)} \mathrm{Ke}(\varphi),$$

also ist C ein Kogenerator. □

5.8.4 Folgerung

(a) *Sei* P_R *ein projektiver Generator und sei* $\beta : B_R \to C_R$ *ein Homomorphismus, dann gilt: Epimorphismus* $\beta \iff$ *Epimorphismus* $\mathrm{Hom}(1_P, \beta)$.

(b) *Sei* Q_R *ein injektiver Kogenerator und sei* $\alpha : A_R \to B_R$ *ein Homomorphismus, dann gilt: Monomorphismus* $\alpha \iff$ *Epimorphismus* $\mathrm{Hom}(\alpha, 1_Q)$.

B e w e i s. „$\Rightarrow$": Gilt, da P projektiv bzw. Q injektiv ist.

„$\Leftarrow$": Nach 5.8.3. □

Wenden wir uns jetzt insbesondere den Kogeneratoren zu. Sei E_R ein einfacher Modul und $I(E_R)$ eine injektive Hülle von E, für die wir $E \hookrightarrow I(E)$ voraussetzen wollen. Sei C_R ein Kogenerator, dann muß es wegen

$$\bigcap_{\varphi \in \mathrm{Hom}_R(I(E),\, C)} \mathrm{Ke}(\varphi) = 0$$

einen Homomorphismus $\varphi \in \mathrm{Hom}_R(I(E), C)$ mit $E \not\hookrightarrow \mathrm{Ke}(\varphi)$ geben. Da E einfach ist, folgt $E \cap \mathrm{Ke}(\varphi) = 0$. Da E groß in I(E) ist, folgt daraus $\mathrm{Ke}(\varphi) = 0$, d.h., φ ist ein Monomorphismus. Offensichtlich (nach 5.6.3) ist auch

$$\varphi' : \; E \ni x \mapsto \varphi(x) \in \mathrm{Bi}(\varphi)$$

eine injektive Hülle von E, wobei also der zu I(E) isomorphe Modul $\mathrm{Bi}(\varphi)$ injektiver Untermodul von C ist. Als injektiver Untermodul ist er sogar direkter Summand von C. Wir haben damit festgestellt, daß der Kogenerator C zu jedem einfachen Modul E eine injektive Hülle enthält. Wesentlich ist nun, daß diese Eigenschaft für Kogeneratoren charakteristisch ist.

5.8.5 Satz

(a) *Der Modul* C_R *ist dann und nur dann ein Kogenerator, wenn er für jeden einfachen Modul eine injektive Hülle enthält.*

(b) *Sei* $\{E_j \mid j \in J\}$ *ein Repräsentantensystem für die Klassen isomorpher einfacher* R-*Moduln, und sei jeweils* $I(E_j)$ *eine injektive Hülle von* E_j, *dann ist*

$$C_0 := \coprod_{j \in J} I(E_j)$$

ein Kogenerator.

(c) *Ein Modul* C_R *ist dann und nur dann ein Kogenerator, wenn er einen zu* C_0 *isomorphen Untermodul besitzt.*

B e w e i s. (a) Daß ein Kogenerator für jeden einfachen Modul E eine injektive Hülle enthält, haben wir zuvor überlegt. Sei dies nun umgekehrt für C erfüllt. Sei $0 \neq m \in M$, dann ist mR endlich erzeugt und besitzt daher nach 2.3.12 einen maximalen Untermodul A. Dann ist $E := mR/A$ einfach. Sei

$$\gamma : \; E \to I(E)$$

eine injektive Hülle von E mit $I(E) \hookrightarrow C$, die nach Voraussetzung existiert. Da γ ein

Monomorphismus ist, ist $\gamma(m + A) \neq 0$. Sei $\nu : mR \to mR/A$ der natürliche Epimorphismus, dann ist $\gamma\nu(m) = \gamma(m + A) \neq 0$. Da I(E) injektiv ist, gibt es ein $\gamma' : M \to I(E)$, so daß das Diagramm

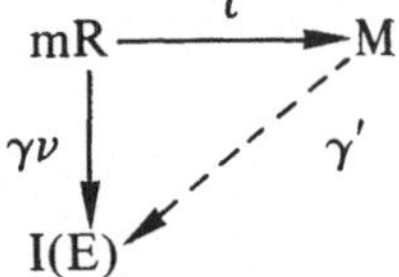

kommutativ ist. Folglich gilt $\gamma'(m) \neq 0$. Sei dann φ definiert durch

$$\varphi: \quad M \ni x \mapsto \gamma'(x) \in C,$$

so folgt $\varphi(m) \neq 0$, d.h. $m \notin Ke(\varphi)$. Also gilt insgesamt

$$\bigcap_{\varphi \in Hom_R(M, C)} Ke(\varphi) = 0,$$

d.h., C ist tatsächlich ein Kogenerator.

(b) Unter Beachtung von 5.6.3 folgt nach (a), daß $C_0 = \coprod_{j \in J} I(E_j)$ ein Kogenerator ist.

(c) Gilt $C_1 \hookrightarrow C$ mit $C_1 \cong C_0$, so folgt nach (a), daß C ein Kogenerator ist. Sei jetzt umgekehrt C ein Kogenerator, dann gibt es nach (a) zu jedem E_j eine injektive Hülle $Q_j \hookrightarrow C$, die nach 5.6.3 zu $I(E_j)$ isomorph ist; sei $\gamma_j : I(E_j) \cong Q_j$.

Behauptung:

$$\sum_{j \in J} Q_j = \bigoplus_{j \in J} Q_j ,$$

wobei es sich um die Summe in C handeln soll. Sei $E_j' := \gamma_j(E_j)$, dann ist E_j' zu E_j isomorph und $E_j' \hookrightarrow^* Q_j$. Zum Beweis der Behauptung genügt es nach 5.1.7

$$\sum_{j \in J} E_j' = \bigoplus_{j \in J} E_j'$$

zu zeigen. Nimmt man an, diese Summe wäre nicht direkt, dann gäbe es eine endliche Teilsumme $\neq 0$, die nicht direkt ist. Unter allen endlichen Teilsummen $\neq 0$, die nicht direkt sind, sei (bei neuer Indizierung) $E_1' + \ldots + E_n'$ eine mit kleinstem n. Dann gilt

$$E_2' + \ldots + E_n' = E_2' \oplus \ldots \oplus E_n',$$

sowie $E_1' \cap (E_2' \oplus \ldots \oplus E_n') \neq 0$. Da E_1' einfach ist, folgt

$$E_1' \hookrightarrow E_2' \oplus \ldots \oplus E_n' .$$

Sei π_i die Projektion von $E_2' \oplus \ldots \oplus E_n'$ auf E_i', $i = 2, \ldots, n$, dann gibt es ein $i_0 \in \{2, \ldots, n\}$ mit $\pi_{i_0}(E_1') \neq 0$. Da E_1' und E_{i_0}' einfach sind, folgt $E_1' \cong \pi_{i_0}(E_1') = E_{i_0}'$, also auch $E_1 \cong E_1' \cong E_{i_0}' \cong E_{i_0}$, im Widerspruch zur Voraussetzung über $\{E_j \mid j \in J\}$.

Es gilt also tatäschlich

$$\sum_{j\in J} Q_j = \bigoplus_{j\in J} Q_j ,$$

und daher können die Isomorphismen $\gamma_j : I(E_j) \cong Q_j$ zu einem Isomorphismus

$$\gamma : \coprod_{j\in J} I(E_j) \to \bigoplus_{j\in J} Q_j$$

zusammengesetzt werden (s. 4.3.1), für den gilt: $\gamma((a_j)) = \Sigma' \gamma_j(a_j)$, wobei $(a_j) \in \amalg I(E_j)$, $\Sigma' \gamma_j(a_j) \in \bigoplus Q_j$. □

Die Bedingung (b) dieses Satzes liefert uns einen „minimalen" Kogenerator C_0 (s. dazu auch Übung 28), der für endliches J injektiv ist. Für beliebiges J ist C_0 injektiv falls R_R noethersch ist (s. (6.5.1).

Um im allgemeinen Fall einen injektiven Kogenerator zu erhalten, nehme man einen beliebigen injektiven Obermodul von $\coprod_{j\in J} E_j$ wie zum Beispiel $I(\coprod_{j\in J} E_j)$.

Mit injektiven Kogeneratoren werden wir uns später noch eingehend beschäftigen, wobei der vorstehende Satz wesentlich benutzt wird.

5.8.6 Beispiel Für R = Z ist Q/Z ein injektiver Kogenerator. Da Q/Z teilbar ist, ist Q/Z zunächst injektiv. Für einen beliebigen Ring R ist jeder zyklische R-Modul M = mR isomorph zu einem Modul R/A mit $A_R \hookrightarrow R_R$ (A = Ke(α), wenn $\alpha : R \ni r \mapsto mr \in M$). Folglich ist jeder zyklische und daher insbesondere jeder einfache Z-Modul zu einem Modul der Form Z/nZ (mit n ∈ Z) isomorph. Da für n ≠ 0

$$\mathbf{Z}/n\mathbf{Z} \ni \bar{z} \mapsto \frac{z}{n} + \mathbf{Z} \quad \in \mathbf{Q}/\mathbf{Z}$$

offensichtlich ein Monomorphismus ist, enthält Q/Z zu jedem einfachen Z-Modul ein isomorphes Exemplar. Folglich ist Q/Z auch ein Kogenerator.

Übungen zu Kapitel 5

1. Sei $A \hookrightarrow B \hookrightarrow M$. Zeige:

a) $B \overset{\circ}{\hookrightarrow} M \iff B/A \overset{\circ}{\hookrightarrow} M/A \wedge A \overset{\circ}{\hookrightarrow} M$.

b) $A \overset{*}{\hookrightarrow} M \iff A \overset{*}{\hookrightarrow} B \wedge B \overset{*}{\hookrightarrow} M$.

c) Sei $A^{\cdot}$ Adko von A in M. Zeige für $T \hookrightarrow M : T \overset{\circ}{\hookrightarrow} M \Rightarrow T \cap A^{\cdot} \overset{\circ}{\hookrightarrow} A^{\cdot}$.

d) Sei A' Duko von A in M. Zeige für $T \hookrightarrow M : T \overset{*}{\hookrightarrow} M \Rightarrow (T + A')/A' \overset{*}{\hookrightarrow} M/A'$.

2. Seien A und B Untermoduln von M.

a) Zeige: $A + B = M \wedge A \cap B \overset{\circ}{\hookrightarrow} B \Rightarrow$ B ist Adko von A in M.

b) Zeige: $A \cap B = 0 \wedge (A + B)/B \overset{*}{\hookrightarrow} M/B \Rightarrow$ B ist Duko von A in M.

3. Zeige: Für $A \hookrightarrow M$ sind folgende Eigenschaften äquivalent:

a) $A \overset{\circ}{\hookrightarrow} M$.

b) Für jedes Erzeugendensystem $(x_i \mid i \in I)$ von M und jede Familie $(a_i \mid i \in I)$ mit $a_i \in A$ ist auch $(x_i - a_i \mid i \in I)$ Erzeugendensystem von M.

c) Es gibt ein Erzeugendensystem $(x_i \mid i \in I)$ von M, so daß für jede Familie $(a_i \mid i \in I)$ mit $a_i \in A$ auch $(x_i - a_i \mid i \in I)$ ein Erzeugendensystem von M ist. (Beachte Spezialfall $M_R = R_R$ mit 1 als Erzeugendensystem.)

d) Läßt man in einem Erzeugendensystem von M alle Elemente aus A weg, so ergibt sich wieder ein Erzeugendensystem von M.

4. Für $m \in M_R$ sei

$$\underline{r}_R(m) = \{r \mid r \in R \wedge mr = 0\}.$$

Zeige:

$$\mathrm{Si}(M) := \{m \mid m \in M \wedge \underline{r}_R(m) \subseteq^* R_R\}$$

ist ein Untermodul von M_R (Si(M) heißt der s i n g u l ä r e Untermodul von M).

5. Zeige:

a) Seien R ein kommutativer Ring, $A \subseteq R_R$ und $A^{\cdot}$ ein Adko von A in R. Dann gibt es ein $B \subseteq A$ mit $A^{\cdot} \oplus B = R$.

b) Ist R ein Integritätsring und hat $A \underset{\neq}{\subseteq} R_R$ ein Adko in R, so ist A klein in R.

6. Ein Untermodul $X \subseteq M_R$ heißt a b g e s c h l o s s e n in M, wenn aus $X \subseteq^* U \subseteq M$ stets folgt $X = U$. Zeige:

a) Für X sind äquivalent:
i) X ist abgeschlossen in M.
ii) X ist Durchschnittskomplement eines Untermoduls von M, d.h., es gibt ein $A \subseteq M$ mit $X = A'$.
iii) Aus $X \subseteq V \subseteq^* M$ folgt stets $V/X \subseteq^* M/X$, d.h., die natürliche Abbildung $\nu : M \to M/X$ „erhält" große Untermoduln.

b) Sei zusätzlich $M \subseteq^* Q_R$ mit Q_R injektiv (also injektive Hülle von M). Dann gilt: X ist genau dann abgeschlossen in M, wenn es einen direkten Summanden $Y \subseteq Q$ gibt mit $Y \cap M = X$.

c) Genau dann ist in M_R jeder Untermodul direkter Summand (= M_R halbeinfach), wenn jeder Untermodul abgeschlossen ist.

d) Gib ein Beispiel dafür, daß ein abgeschlossener Untermodul im allgemeinen nicht direkter Summand ist (etwa in $M_{\mathbb{Z}} := (\mathbb{Z}/8\mathbb{Z}) \oplus (\mathbb{Z}/2\mathbb{Z})$).

e) Ist R ein Integritätsring, so ist in jedem R-Modul M der Torsionsuntermodul

$$T(M) := \{m \mid m \in M \wedge mr = 0 \text{ für ein } r \in R, r \neq 0\}$$

abgeschlossen.

7. Es sollen für $R = \mathbb{Z}$, d.h. in der Kategorie der abelschen Gruppen, die abgeschlossenen Untergruppen charakterisiert werden. Zeige für $X \subseteq M_{\mathbb{Z}}$:

a) Ist X Durchschnittskomplement von A in M und gilt $m \in M$, $m \notin X$, $mp \in X$ für eine Primzahl p, so gibt es ein $x \in X$ mit $mp = xp$.
(Zeige, daß $(m\mathbb{Z} + X)/X$ einfach ist und $(X + A)/X$ groß in M/X, so daß folgt $m \in X + A$.)

b) Ist $X \underset{\neq}{\subseteq^*} U \subseteq M$, so gibt es ein $u \in U$ und eine Primzahl p mit $u \notin X$, $up \in X$.

(Zeige, daß U/X eine einfache Untergruppe besitzt.)

c) Eine Untergruppe X ist genau dann abgeschlossen in M, wenn für jede Primzahl p gilt: $Xp = X \cap Mp$.

d) Eine Untergruppe X ist genau dann abgeschlossen in M, wenn gilt:

$$\mathrm{Soc}(M / X) = (\mathrm{Soc}(M) + X) / X.$$

Dabei ist Soc(M) die Summe aller einfachen Untergruppen von M.

8. Sei $0 \neq e \neq 1$ ein Idempotent ($e = e^2$) aus dem Zentrum von R. Zeige: Der R-Rechtsmodul eR ist projektiv, aber nicht frei.

9. Seien $\beta_1 : P_1 \to M$, $\beta_2 : P_2 \to M$ Epimorphismen und P_1, P_2 projektiv. Zeige:

$$P_1 \oplus \mathrm{Ke}(\beta_2) \cong P_2 \oplus \mathrm{Ke}(\beta_1).$$

10. Sei $U \hookrightarrow F$, wobei F ein freier R-Rechtsmodul sei mit einer Basis $(e_i \mid i \in I)$. Die Menge I sei wohlgeordnet (durch $\leqslant$), und zu jedem $j \in I$ werde definiert:

$$F_j = \bigoplus_{i<j} e_iR, \quad \overline{F}_j = \bigoplus_{i \leqslant j} e_iR, \quad U_j = U \cap F_j, \quad \overline{U}_j = U \cap \overline{F}_j,$$

sowie $A_j = \pi_j(\overline{U}_j)$, wobei π_j die j-te Projektion von F nach R sei. Zeige:

a) Ist das Rechtsideal A_j projektiv, so gibt es ein $V_j \cong A_j$ mit $\overline{U}_j = U_j \oplus V_j$

b) Gibt es für jedes $i \in I$ ein V_i mit $\overline{U}_i = U_i \oplus V_i$, so folgt

$$U = \bigoplus_{i \in I} V_i.$$

(Um zu zeigen, daß $X = \Sigma V_i$ mit U übereinstimmt, zeige man, daß die Menge $\{i \mid i \in I \wedge \overline{U}_i \not\hookrightarrow X\}$ leer ist.)

c) Ist in R jedes Rechtsideal projektiv, so ist jeder Untermodul eines freien R-Rechtsmoduls direkte Summe von Rechtsidealen (bis auf Isomorphie).

d) Über einem nullteilerfreien Hauptidealring ist jeder Untermodul eines freien Moduls wieder frei.

11. Sei $(T_i \mid i \in I)$ eine Familie von Ringen und sei

$$R := \prod_{i \in I} T_i.$$

R wird selbst zu einem Ring, wenn Addition und Multiplikation komponentenweise definiert werden. R heißt dann das Ringprodukt der Familie $(T_i \mid i \in I)$. Sei

$$A := \coprod_{i \in I} T_i,$$

dann gilt offenbar $A \subset R$. Bezeichne e_k für $k \in I$ dasjenige Element aus A, dessen k-te Komponente 1 ist und dessen übrige Komponenten 0 sind. Zeige:

a) A ist ein zweiseitiges Ideal in R mit $A_R = \bigoplus_{i \in I} e_iR$ und $A_R \hookrightarrow^* R_R$.

b) A_R ist projektiv.

c) $\mathrm{Hom}_R((R/A)_R, R_R) = 0$ und $(R/A)_R$ ist für unendliches I nicht projektiv.

d) Für $j \in I$ gilt: $(e_jR)_R$ ist injektiv $\Longleftrightarrow$ $(T_j)_{T_j}$ ist injektiv.

e) Sind alle $(T_j)_{T_j}$ injektiv und ist I unendlich, dann ist A_R direkte Summe von injektiven R-Moduln, aber A_R selbst ist nicht injektiv.

f) Injektiv $R_R \iff \forall\, j \in I$ [injektiv $(T_j)_{T_j}$].

12. Sei R ein Integritätsring mit dem Quotientenkörper $K \neq R$. Zeige:

a) $\mathrm{Hom}_R(K, R) = 0$.

b) K_R ist nicht projektiv.

c) Hat ein projektiver Modul P_R einen endlich erzeugten großen Untermodul, dann ist P_R selbst endlich erzeugt.

d) Jedes (als R-Modul) projektive Ideal ist endlich erzeugt.

(Hinweis: Benutze für c) das Dualbasis-Lemma.)

13. Zeige in der Kategorie der abelschen Gruppen (also $R = \mathbb{Z}$):

a) Ist P projektiv (= frei) und sind A, B zwei direkte Summanden in P, so ist auch $A \cap B$ direkter Summand in P

b) Ist Q injektiv (= teilbar) und sind A, B zwei direkte Summanden in Q, so ist auch $A + B$ direkter Summand in Q.

14. Zeige: Ein Modul P ist genau dann projektiv, wenn es zu jedem Epimorphismus $\beta: Q \to C$ mit injektiven Q und zu jedem Homomorphismus $\varphi: P \to C$ einen Homomorphismus $\varphi': P \to Q$ mit $\varphi = \beta\varphi'$ gibt.

15. Im folgenden sei stets I(M) eine injektive Hülle von M mit $M \hookrightarrow I(M)$.

a) Zeige: Jeder Endomorphismus φ von I(M) mit $\varphi(m) = m$ für alle $m \in M$ ist ein Automorphismus.

b) Zeige, daß die folgenden Bedingungen äquivalent sind:

(1) Jeder Endomorphismus φ von I(M) mit $\varphi(m) = m$ für alle $m \in M$ ist die Identität von I(M);

(2) $\mathrm{Hom}_R(I(M)/M, I(M)) = 0$.

16. Sei stets $M \hookrightarrow I(M)$ bzw. $X \hookrightarrow I(X)$. M heiße X-eindeutig, wenn $\mathrm{Hom}_R(I(M)/M, I(X)) = 0$ ist. Zeige:

a) M ist X-eindeutig $\iff$ zu jedem Homomorphismus $\varphi: M \to X$ gibt es nur einen Homomorphismus $\varphi': I(M) \to I(X)$ mit $\varphi(m) = \varphi'(m)$ für alle $m \in M$.

b) Injektiv M $\iff \forall\, X \in \mathcal{M}_R$ [M ist X-eindeutig].

c) $\forall\, x \in X\, [\{r \mid r \in R \wedge xr = 0\} \hookrightarrow^* R_R \Rightarrow x = 0] \iff \forall\, M \in \mathcal{M}_R$ [M ist X-eindeutig].

d) M ist $\prod_{i \in I} X_i$-eindeutig $\iff \forall\, i \in I$ [M ist X_i-eindeutig].

e) $M_1 \oplus M_2$ ist X-eindeutig $\iff$ M_1 und M_2 sind X-eindeutig.

f) $M_1 \oplus M_2$ ist $M_1 \oplus M_2$-eindeutig $\iff$ M_i ist M_j-eindeutig für i, j = 1, 2.

g) Seien C ein Kogenerator und X ein beliebiger Modul. Genau die injektiven Moduln sind $C \oplus X$-eindeutig. Insbesondere gilt: $C \oplus X$ ist $C \oplus X$-eindeutig $\iff$ C und X sind injektiv.

17. Zeige: Sind Q_1, Q_2 injektiv und $\mu_1: Q_1 \to Q_2$, $\mu_2: Q_2 \to Q_1$ Monomorphismen, dann gilt: $Q_1 \cong Q_2$. (Hinweis: Ohne Einschränkung kann $Q_2 \hookrightarrow Q_1$, $\mu_1: Q_1 \to Q_1$ und μ_2 als Inklusionsabbildung angenommen werden. Sei $Q_1 = Q_2 \oplus A$, dann seien $B := A + \mu_1(A) + \mu_1^2(A) + \mu_1^3(A) + \ldots$ und C eine injektive Hülle von $B \cap Q_2 = \mu_1(B)$ in Q_2. Mit Hilfe des Homomorphismus $B \ni b \mapsto \mu_1(b) \in C$ zeige man $A \oplus C \cong C$.)

18. Sei $S := \mathrm{End}(M_R)$, wobei M als S-R-Bimodul ${}_SM_R$ betrachtet wird. Zeige:

a) Seien $x \in M$, xR einfach und xR in einem injektiven Untermodul von M_R enthalten. Dann ist Sx einfacher S-Linksmodul.

b) Seien $x, y \in M$, $xR \cong yR$ und xR in einem injektiven Untermodul von M_R enthalten. Dann ist Sx zu einem Untermodul von Sy isomorph.

c) Seien $x, y \in M$, $xR \cong yR$ sowie xR und yR in injektiven Untermoduln von M enthalten. Dann folgt $I(Sx) \cong I(Sy)$.

19. Zeige für einen Integritätsring R: Jeder teilbare, torsionsfreie R-Modul ist injektiv.
(T e i l b a r $M_R :\Longleftrightarrow \forall r \in R, r \neq 0\, [Mr = M]$;
t o r s i o n s f r e i $M_R :\Longleftrightarrow \forall\, m \in M, m \neq 0\ \forall r \in R, r \neq 0\, [mr \neq 0]$)

20. Sei R ein Integritätsring mit Quotientenkörper K. Im Verband $L(K_R)$ der R-Untermoduln von K_R wird eine Multiplikation definiert:

$$U \cdot V := \left\{\sum_{i=1}^{n} u_i v_i \mid u_i \in U \wedge v_i \in V \wedge n \in \mathbb{N}\right\}.$$

Diese Multiplikation ist kommutativ und assoziativ und hat R als Einselement. Zeige:

a) Für $0 \neq U \hookrightarrow K_R$ sind äquivalent:

(1) Es gibt ein $V \hookrightarrow K_R$ mit $U \cdot V = R$

(2) U_R ist projektiv und endlich erzeugt

(3) U_R ist projektiv.

(Hinweis: Benutze das Dualbasis-Lemma).

b) Gilt $0 \neq U_R \hookrightarrow R_R$, so sind die drei Bedingungen in a) noch äquivalent mit

(4) Für alle teilbaren M_R ist die Abbildung

$$\mathrm{Hom}(\iota, 1_M) \;:\; \mathrm{Hom}_R(R, M) \to \mathrm{Hom}_R(U, M)$$

surjektiv.

c) Für R sind äquivalent:

(1) Jedes Ideal ist projektiv

(2) Jeder teilbare R-Modul ist injektiv.

Ein Integritätsring mit der Eigenschaft (1) aus c) heißt D e d e k i n d r i n g. Insbesondere ist jeder nullteilerfreie Hauptidealring ein Dedekindring.

21. M_R heiße X_R-i n j e k t i v $:\Longleftrightarrow$ für jeden Monomorphismus $\alpha : A \to X$ ist

$$\mathrm{Hom}(\alpha, 1_M) : \;\mathrm{Hom}_R(X, M) \to \mathrm{Hom}_R(A, M)$$

surjektiv. Zeige:

a) Seien $\xi_1 : X_1 \to X$ ein Monomorphismus und $\xi_2 : X \to X_2$ ein Epimorphismus mit $\mathrm{Bi}(\xi_1) = \mathrm{Ke}(\xi_2)$. Ist M X-injektiv, dann ist M auch X_1- und X_2-injektiv.

b) Sei M X-injektiv und M_1 groß in M. Dann gilt: M_1 ist X-injektiv $\Longleftrightarrow$ für jedes $\varphi \in \mathrm{Hom}_R(X, M)$ gilt $\mathrm{Bi}(\varphi) \hookrightarrow M_1$.

c) Ist M X_i-injektiv für jedes X_i der Familie $(X_i \mid i \in I)$, dann ist M auch $(\coprod_{i \in I} X_i)$-injektiv (Hinweis: Verwende (b) mit einer injektiven Hülle von M).

d) Sei M X-injektiv und sei X Generator, dann ist M injektiv (Verallgemeinerung von Satz 5.7.1).

22. M_R heiße Y_R-projektiv $:\Longleftrightarrow$ für jeden Epimorphismus $\beta : Y \to B$ ist

$$\mathrm{Hom}(1_M, \beta): \quad \mathrm{Hom}_R(M, Y) \to \mathrm{Hom}_R(M, B)$$

surjektiv. Zeige:

a) Sei $R = \mathbb{Z}$. $\mathbb{Q}_{\mathbb{Z}}$ ist $\mathbb{Z}_{\mathbb{Z}}$-projektiv, aber nicht $\mathbb{Z}^{\mathbb{N}}$-projektiv ($\mathbb{Z}^{\mathbb{N}} = \prod_{n \in \mathbb{N}} \mathbb{Z}_n$ mit $\mathbb{Z}_n = \mathbb{Z}$ für alle $n \in \mathbb{N}$).

b) Ist jeder einfache R-Rechtsmodul X-projektiv, dann ist X halbeinfach (= Summe seiner einfachen Untermoduln).

23. Zeige:

a) Ist R ein Dedekindring (siehe Üb. 20) mit dem Quotientenkörper $K \neq R$, so ist K/R ein injektiver Kogenerator von $\mathcal{M}_R$.

b) Ist R ein nullteilerfreier Hauptidealring mit genau einem maximalen Ideal $pR \neq 0$, so sind die K/R-projektiven Moduln (siehe Übung 22) genau die torsionsfreien R-Moduln.

(Hinweis: Man benutze die folgenden zwei Tatsachen über R:

(1) Ist ein R-Modul M nicht torsionsfrei, so hat er einen direkten Summanden, der isomorph zu K/R oder $R/(p^n)$ für ein $n \geqslant 1$ ist.

(2) Die R-Moduln $A_n := R/(p^n)$ haben folgende Eigenschaft: $A_n \hookrightarrow B \wedge B/A_n$ torsionsfrei $\Rightarrow A_n$ ist direkter Summand in B.)

24. Sei $S := \mathrm{End}(C_R)$ und betrachte C als S-R-Bimodul ${}_SC_R$. Für $U \subset C$ sei

$$\underline{\ell}_S(U) \quad := \quad \{s \mid s \in S \wedge s(U) = 0\}$$

sowie für $T \subset S$

$$\underline{r}_C(T) \quad := \quad \{c \mid c \in C \wedge t(c) = 0 \text{ für alle } t \in T\},$$

dann ist $\underline{\ell}_S(U)$ ein Linksideal von S und $\underline{r}_C(T)$ ist ein Untermodul von C_R. Analog seien weitere Annullatoren gebildet.

Zeige für einen Kogenerator C_R:

a) $B \hookrightarrow C_R \;\Rightarrow\; \underline{r}_C\underline{\ell}_S(B) = B$.

b) $A \hookrightarrow R_R \;\Rightarrow\; \underline{r}_R\underline{\ell}_C(A) = A$.

c) Kogenerator ${}_SS \;\Rightarrow\;$ injektiv C_R.

(Hinweis: Sei $\eta : C \to I(C)$ eine injektive Hülle; mit Hilfe des Linksideals $L \hookrightarrow {}_SS$,

$$L := \{\lambda\eta \mid \lambda \in \mathrm{Hom}_R(I(C), C)\}$$

zeige man, daß η zerfällt.)

d) Ist R auf beiden Seiten Kogenerator, dann ist R auf beiden Seiten injektiv.

25. Sei Q_R injektiv, $S := \mathrm{End}(Q_R)$ und seien $U \hookrightarrow Q$, $V \hookrightarrow Q$. Zeige:

a) $\underline{\ell}_S(U \cap V) = \underline{\ell}_S(U) + \underline{\ell}_S(V)$.

b) $\underline{\ell}_S\underline{r}_Q(I) = I$ für alle endlich erzeugten Linksideale $I \hookrightarrow {}_SS$.

26. Sei $S = \mathrm{End}(M_R)$. Für $U \hookrightarrow M$ definiert man in S das Rechtsideal

$$\lambda_S(U) \quad := \quad \{s \mid s \in S \wedge \mathrm{Bi}(s) \hookrightarrow U\},$$

für $T \subset S$ definiert man in M den R-Untermodul

$$\rho_M(T) := \sum_{s \in T} Bi(s) .$$

Zeige:

a) Generator $M_R \Rightarrow \rho_M \lambda_S(U) = U$ für alle $U \hookrightarrow M_R$.

b) Projektiv $M_R \Rightarrow \lambda_S(U + V) = \lambda_S(U) + \lambda_S(V)$ für alle $U, V \hookrightarrow M_R$.

c) Projektiv $M_R \Rightarrow \lambda_S \rho_M(I) = I$ für alle endlich erzeugten $I \hookrightarrow S_S$.

27. Sei $R = K[x, y]$ der Polynomring in den Unbestimmten x und y über einem Körper K. Für festes $n \in \mathbb{N}$ bezeichne A das durch die Elemente

$$\{x^i y^{n+1-i} \mid 0 \leqslant i \leqslant n + 1\}$$

erzeugte Ideal von R, und sei $S := R/A$.

Zeige:

a) S_S ist nicht injektiv.

b) Der R-Modul

$$M := \left(\sum_{i=0}^{n} x^i y^{n-i} R\right) / (x^{n+1} R + y^{n+1} R)$$

ist auch ein S-Modul (d.h. $MA = 0$) und besitzt genau einen einfachen Untermodul E_S.

c) Die Inklusion $E_S \hookrightarrow M_S$ ist eine maximale große Erweiterung.

d) M_S ist injektiver Kogenerator.

28. Der in 5.8.6 (b) eingeführte Kogenerator C_0 sei injektiv, und sei auch D ein Kogenerator von M_R, zu dem es in jedem Kogenerator von M_R einen isomorphen Untermodul gibt. Zeige: $C_o \cong D$.

6 Artinsche und noethersche Moduln

Einer der Ausgangspunkte der historischen Entwicklung der „nichtkommutativen" Ringe und Moduln über solchen Ringen war die Theorie der Algebren über einem Körper K. Die Algebren selbst, ihre Ideale sowie Moduln über einer solchen Algebra sind dann gleichzeitig K-Vektorräume. Es ist folglich möglich, die Theorie der Vektorräume mit heranzuziehen, was in der Anfangsphase der Entwicklung weitgehend getan wurde. Wird eine Endlichkeitsvoraussetzung gebraucht, so ist es klar, daß endliche Dimension des zu Grunde liegenden K-Vektorraums gefordert wird.

Die weitere Entwicklung zielte darauf ab, sich von der Voraussetzung einer Algebra möglichst zu befreien. Hat man nur einen Ring (der keine Algebra ist), so steht die lineare Theorie zunächst jedenfalls nicht mehr zur Verfügung, und es erhebt sich insbesondere die Frage nach einem Ersatz für die Endlichkeitsbedingung bei den Algebren, die jetzt nicht mehr anwendbar ist.

Hier hat vor allem Emmy Noether die geeigneten Begriffe und Auffassungen bereitgestellt und damit die Grundlage für die weitere Entwicklung gelegt. Als Endlichkeitsvoraussetzungen hat sie die Maximal- und Minimalbedingung eingeführt, die auch äquivalent als Kettenbedingungen formuliert werden können. Diese haben sich auch in anderen Gebieten der Algebra als ebenso bedeutungsvoll wie naturgemäß erwiesen. Diese Bedingungen sollen bereits jetzt bereitgestellt werden, so daß bei den folgenden Überlegungen stets darauf zurückgegriffen werden kann. Mit den Überlegungen in diesem Kapitel ist die Untersuchung der artinschen und noetherschen Moduln aber in keiner Weise abgeschlossen, sondern wir werden später, wenn weitere Begriffe und Hilfsmittel zur Verfügung stehen, mehrfach darauf zurückkommen.

Damit kein Mißverständnis entsteht, soll betont werden, daß es sich im folgenden um endliche oder abzählbare Ketten von Untermoduln mit der Inklusion als Ordnungsrelation handelt.

6.1 Definitionen und Charakterisierungen

6.1.1 Definitionen

(1) *Ein Modul* $M = M_R$ *heißt* noethersch *bzw.* artinsch $:\Longleftrightarrow$ *jede nichtleere Menge von Untermoduln besitzt (bezüglich der Inklusion als Ordnung) ein maximales bzw. minimales Element.*

(2) *Ein Ring R heißt* rechts noethersch *bzw.* artinsch $:\Longleftrightarrow$ R_R *ist noethersch bzw. artinsch.*

(3) *Eine Kette von Untermoduln von* M

$$\ldots \subsetneq A_{i-1} \subsetneq A_i \subsetneq A_{i+1} \subsetneq \ldots$$

(endlich oder unendlich) heißt stationär $:\Longleftrightarrow$ *die Kette enthält nur endlich viele verschiedene* A_i.

Bemerkungen. a) Diese Eigenschaften bleiben offensichtlich bei Isomorphie erhalten.

b) Ein noetherscher bzw. artinscher Modul wird auch Modul mit Maximal- bzw. Minimalbedingung genannt.

6.1.2 Satz *Sei* $M = M_R$ *und sei* $A \subsetneq M$.

(I) *Die folgenden Eigenschaften sind äquivalent:*

(1) M *ist artinsch*

(2) A *und* M/A *sind artinsch*

(3) *Jede absteigende Kette* $A_1 \supsetneq A_2 \supsetneq A_3 \supsetneq \ldots$ *von Untermoduln von* M *ist stationär.*

(4) *Jeder Faktormodul von* M *ist endlich koerzeugt*

(5) *In jeder Menge* $\{A_i \mid i \in I\} \neq \emptyset$ *von Untermoduln* $A_i \subsetneq M$ *gibt es eine endliche Teilmenge* $\{A_i \mid i \in I_0\}$ *(d.h. endlich* $I_0 \subset I$*) mit*

$$\bigcap_{i \in I} A_i = \bigcap_{i \in I_0} A_i .$$

(II) *Die folgenden Eigenschaften sind äquivalent:*

(1) M *ist noethersch*

(2) A *und* M/A *sind noethersch*

(3) *Jede aufsteigende Kette* $A_1 \subsetneq A_2 \subsetneq A_3 \subsetneq \ldots$ *von Untermoduln von* M *ist stationär*

(4) *Jeder Untermodul von* M *ist endlich erzeugt*

(5) *In jeder Menge* $\{A_i \mid i \in I\} \neq \emptyset$ *von Untermoduln* $A_i \subsetneq M$ *gibt es eine endliche Teilmenge* $\{A_i \mid i \in I_0\}$ *(d.h. endlich* $I_0 \subset I$*) mit*

$$\sum_{i \in I} A_i = \sum_{i \in I_0} A_i .$$

(III) *Die folgenden Eigenschaften sind äquivalent:*

(1) M *ist artinsch und noethersch*

(2) M *ist von endlicher Länge* (s. 3.5.1).

Beweis. (I) „(1) ⇒ (2)“ Da jede nichtleere Menge von Untermoduln von A auch eine solche von M ist, gibt es darin ein minimales Element, also ist A artinsch.

Sei $\nu : M \to M/A$ und sei $\{\Omega_i \mid i \in I\}$ eine nichtleere Menge von Untermoduln von M/A.

Behauptung. Ist $\nu^{-1}(\Omega_{i_0})$ minimal in $\{\nu^{-1}(\Omega_i) \mid i \in I\}$, dann ist Ω_{i_0} minimal in $\{\Omega_i \mid i \in I\}$. Angenommen $\Omega_i \subsetneq \Omega_{i_0} \Rightarrow \nu^{-1}(\Omega_i) \subsetneq \nu^{-1}(\Omega_{i_0}) \Rightarrow$ wegen Minimalität von Ω_{i_0}: $\nu^{-1}(\Omega_i) = \nu^{-1}(\Omega_{i_0}) \Rightarrow \Omega_i = \nu\nu^{-1}(\Omega_i) = \nu\nu^{-1}(\Omega_{i_0}) = \Omega_{i_0}$. Also ist M/A artinsch. Dies folgt auch unmittelbar aus 3.1.13.

(I) „(2) $\Rightarrow$ (3)" Sei $A_1 \supsetneq A_2 \supsetneq A_3 \supsetneq \ldots$ eine absteigende Kette von $A_i \subsetneq M$ und sei wieder $\nu : M \to M/A$. Seien

$$\Gamma := \{A_i \mid i = 1, 2, 3, \ldots\}, \qquad \nu(\Gamma) := \{\nu(A_i) \mid i = 1, 2, 3, \ldots\},$$
$$\Gamma_A := \{A_i \cap A \mid i = 1, 2, 3, \ldots\}$$

Da Γ nicht leer ist, sind $\nu(\Gamma)$ und Γ_A nicht leer. Nach Voraussetzung gibt es dann ein minimales Element in $\nu(\Gamma)$, etwa $\nu(A_\ell)$, und ein minimales Element in Γ_A, etwa $A_m \cap A$. Sei $n := \mathrm{Max}(\ell, m)$, dann gilt

$$\nu(A_n) = \nu(A_{n+i}), \qquad A_n \cap A = A_{n+i} \cap A, \quad i = 0, 1, 2, \ldots$$

Behauptung. $A_n = A_{n+i}$, $i = 0, 1, 2, \ldots$, so daß die gegebene Kette tatäschlich stationär ist.

Aus $\nu(A_n) = \nu(A_{n+i}) \Rightarrow A_n + A = \nu^{-1}\nu(A_n) = \nu^{-1}\nu(A_{n+i}) = A_{n+i} + A$, d.h. $A_n + A = A_{n+i} + A$. Ferner gilt $A_n \cap A = A_{n+i} \cap A$ sowie nach Voraussetzung $A_n \supsetneq A_{n+i}$. Nach dem modularen Gesetz folgt nun

$$\begin{aligned} A_n &= (A_n + A) \cap A_n = (A_{n+i} + A) \cap A_n = A_{n+i} + (A \cap A_n) \\ &= A_{n+i} + (A \cap A_{n+i}) = A_{n+i}. \end{aligned}$$

(I) „(3) $\Rightarrow$ (1)" Beweis indirekt. Die nichtleere Menge Λ von Untermoduln enthalte kein minimales Element. Zu jedem $U \in \Lambda$ gibt es dann ein $U' \in \Lambda$ mit $U' \underset{\neq}{\subsetneq} U$. Zu jedem U sei ein solches U' fest gewählt (Auswahlaxiom). Für beliebiges $U_0 \in \Lambda$ ist dann

$$U_0 \underset{\neq}{\supsetneq} U_0' \underset{\neq}{\supsetneq} U_0'' \underset{\neq}{\supsetneq} \ldots$$

eine unendliche, echt absteigende Kette im Widerspruch zu (3).

(I) „(4) $\iff$ (5)" Folgt unmittelbar aus 3.1.11 (wenn man noch in (5) $U := \bigcap_{i\in I} A_i$ schreibt).

(I) „(1) $\Rightarrow$ (5)" Nach (1) gibt es in der Menge aller Durchschnitte von je endlich vielen der A_i, $i \in I$ ein minimales Element; sei dies $D := \bigcap_{i \in I_0} A_i$.

Wegen der Minimalität von D folgt für jedes $j \in I$: $D \cap A_j = D$ und daher $D \subsetneq \bigcap_{j\in I} A_j$, also $D = \bigcap_{j \in I} A_j$.

(I) „(5) $\Rightarrow$ (3)" Sei $A_1 \supsetneq A_2 \supsetneq A_3 \supsetneq \ldots$ gegeben, dann gibt es nach (5) ein n mit

$$\bigcap_{i=1,2,3,\ldots} A_i = \bigcap_{i=1,\ldots,n} A_i$$

und folglich gilt $A_n = A_i$ für $i \geqslant n$.

(II) Der Beweis erfolgt dual zum artinschen Fall bis auf (4) $\Longleftrightarrow$ (5); diese Äquivalenz wurde in 2.3.13 (mit M an Stelle von $\sum_{i \in I} A_i$ in (5)) gezeigt.

(III) „(1) $\Rightarrow$ (2)“ Da Mo noethersch ist, ist nach (II) jeder Untermodul noethersch. Folglich gibt es in jedem Untermodul $A \subsetneq M$ (einschließlich M selbst), $A \neq 0$ einen maximalen Untermodul A'. Sei zu jedem solchen A ein maximaler Untermodul A' fest gewählt. Dann betrachte man die Kette

$$M \underset{\neq}{\hookleftarrow} M' \underset{\neq}{\hookleftarrow} M'' \underset{\neq}{\hookleftarrow} M''' \underset{\neq}{\hookleftarrow} \dots$$

Da M artinsch ist, muß diese abbrechen und stellt dann eine Kompositionskette dar, d.h., M ist von endlicher Länge.

(III) „(2) $\Rightarrow$ (1)“ Sei $\mathsf{A} := A_1 \subsetneq A_2 \subsetneq A_3 \subsetneq \dots$ eine aufsteigende Kette von Untermoduln von M.

Die Länge von M (= Länge einer Kompositionskette von M) sei ℓ.

Behauptung: In A kommen höchstens $\ell + 1$ verschiedene A_i vor. Angenommen es gäbe mehr als $\ell + 1$, dann existiert eine Teilkette von A der Form

$$A_{i_1} \underset{\neq}{\subsetneq} A_{i_2} \underset{\neq}{\subsetneq} \dots \underset{\neq}{\subsetneq} A_{i_{\ell+2}}$$

Diese kann zu einer Kompositionskette von M verfeinert werden (s. 3.5.3) und folglich müßte M eine Länge $\geqslant \ell + 1$ besitzen $\lightning$. Hat aber A nur endlich viele verschiedene A_i, dann ist A stationär, also ist M noethersch. Analog ergibt sich, daß M artinsch ist. □

6.1.3 Folgerung

(1) *Ist* M *endliche Summe von noetherschen bzw. artinschen Untermoduln, dann ist* M *noethersch bzw. artinsch.*

(2) *Ist* R *ein rechts noetherscher bzw. artinscher Ring und ist* $M = M_R$ *endlich erzeugt, dann ist* M *noethersch bzw. artinsch.*

(3) *Jeder Faktorring eines rechts noetherschen bzw. artinschen Ringes ist wieder rechts noethersch bzw. artinsch.*

B e w e i s. (1) Sei $M = \sum_{i=1}^{n} A_i$ mit $A_i \subsetneq M$. Wir führen den Beweis durch Induktion nach der Anzahl n der Summanden. Für $n = 1$ stimmt die Behauptung mit der Voraussetzung überein. Die Behauptung sei richtig für $n - 1$ und sei

$$M = \sum_{i=1}^{n} A_i \quad \text{mit } A_i \text{ noethersch bzw. artinsch für alle i.}$$

Dann ist

$$L := \sum_{i=1}^{n-1} A_i \quad \text{noethersch bzw. artinsch.}$$

Nach dem 1. Isomorphiesatz (3.4.3) gilt

$$M/A_n = (L + A_n)/A_n \cong L/L \cap A_n .$$

Nach 6.1.2 ist mit L auch $L/L \cap A_n$ noethersch bzw. artinsch und daher auch M/A_n. Da auch A_n noethersch bzw. artinsch ist, folgt nun nach 6.1.2 die Behauptung.

(2) Für $x \in M$ betrachte man die Abbildung

$$\varphi_x : \quad R \ni r \mapsto xr \in M.$$

Dies ist offensichtlich ein Homomorphismus von R_R in M_R. Nach dem Homomorphiesatz erhält man

$$R/Ke(\varphi_x) \cong Bi(\varphi_x) = xR$$

als R-Rechtsmoduln. Ist R_R artinsch bzw. noethersch, dann folgt hieraus nach 6.1.2, daß dies auch für xR gilt. Ist $x_1, \ldots, x_n$ ein Erzeugendensystem von M_R, dann ergibt sich aus Folgerung (1) die Behauptung wegen

$$M = \sum_{i=1}^{n} x_i R .$$

(3) Sei $A \subsetneq {}_R R_R$, dann ist mit R_R auch $(R/A)_R$ noethersch bzw. artinsch. Wegen $(R/A)A = 0$ stimmen die Untermoduln von $(R/A)_R$ mit den Rechtsidealen von R/A überein, woraus die Behauptung folgt. □

6.2 Beispiele

1. Jeder endlichdimensionale Vektorraum ist von endlicher Länge. Um dies einzusehen, sei V_K ein Vektorraum über dem Schiefkörper K und sei $\{x_1, \ldots, x_n\}$ eine Basis von V_K. Dann ist

$$0 \underset{\neq}{\subsetneq} x_1 K \underset{\neq}{\subsetneq} x_1 K + x_2 K \underset{\neq}{\subsetneq} \cdots \underset{\neq}{\subsetneq} x_1 K + \ldots + x_n K = V$$

eine Kompositionskette von V, denn wegen

$$(x_1 K + \ldots + x_{i+1} K)/(x_1 K + \ldots + x_i K) \cong x_{i+1} K \cong K$$

ist jeder Faktor einfach.

2. Jede endlichdimensionale Algebra R über einem Körper K ist auf beiden Seiten von endlicher Länge, da jedes Rechts- oder Linksideal gleichzeitig Unterraum von R betrachtet als K-Vektorraum ist.

3. Ein Vektorraum V_K unendlicher Dimension ist weder artinsch noch noethersch. Sei $\{x_i \mid i \in \mathbb{N}\}$ eine Menge linear unabhängiger Elemente, dann betrachte man die Ketten

$$\sum_{i=1}^{\infty} x_i K \underset{\neq}{\supsetneq} \sum_{i=2}^{\infty} x_i K \underset{\neq}{\supsetneq} \sum_{i=3}^{\infty} x_i K \underset{\neq}{\supsetneq} \cdots$$

und $\quad x_1 K \subsetneqq x_1 K + x_2 K \subsetneqq x_1 K + x_2 K + x_3 K \subsetneqq \dots$

die beide nicht stationär sind.

4. $\mathbb{Z}_\mathbb{Z}$ ist noethersch aber nicht artinsch. Da jedes Ideal Hauptideal, also endlich erzeugt ist, ist $\mathbb{Z}_\mathbb{Z}$ noethersch.

Da $\quad \mathbb{Z} \supsetneqq 2\mathbb{Z} \supsetneqq 2^2\mathbb{Z} \supsetneqq \dots$

nicht stationär ist, ist $\mathbb{Z}_\mathbb{Z}$ nicht artinsch.

B e m e r k u n g. In $\mathbb{Z}$ haben wir einen Ring, der (auf jeder Seite) zwar noethersch aber nicht artinsch ist. Die umgekehrte Situation ist bei Ringen (mit Einselement!) nicht möglich! Später wird nämlich gezeigt, daß jeder artinsche Ring auch noethersch ist. Um ein Beispiel für einen artinschen Modul, der nicht noethersch ist, zu erhalten (s. nächstes Beispiel), kann man daher nicht auf einen Ring zurückgreifen.

5. Sei p eine Primzahl und sei

$$\mathbb{Q}_p := \left\{ \frac{a}{p^i} \mid a \in \mathbb{Z} \wedge i \in \mathbb{N} \right\}$$

d.h. die Menge der rationalen Zahlen, deren Nenner eine Potenz von p (einschl. $p^\circ = 1$) ist. Dann ist $\mathbb{Q}_p$ eine Untergruppe von $\mathbb{Q}$ (als additive Gruppe) und $\mathbb{Z} \subsetneqq \mathbb{Q}_p$.

Behauptung. $\mathbb{Q}_p/\mathbb{Z}$ ist als $\mathbb{Z}$-Modul artinsch, aber nicht noethersch.

B e w e i s. Sei $|\frac{1}{p^i} + \mathbb{Z})$ der durch $\frac{1}{p^i} + \mathbb{Z} \in \mathbb{Q}_p/\mathbb{Z}$ erzeugte $\mathbb{Z}$-Untermodul von $\mathbb{Q}_p/\mathbb{Z}$. Dann ist

$$0 \subsetneqq |\frac{1}{p} + \mathbb{Z}) \subsetneqq |\frac{1}{p^2} + \mathbb{Z}) \subsetneqq |\frac{1}{p^3} + \mathbb{Z}) \subsetneqq \dots$$

eine echt aufsteigende Kette, denn

$$\frac{1}{p^{i+1}} \notin |\frac{1}{p^i} + \mathbb{Z} ,$$

also ist $\mathbb{Q}_p/\mathbb{Z}$ nicht noethersch. Um zu beweisen, daß $\mathbb{Q}_p/\mathbb{Z}$ artinsch ist, zeigen wir, daß in der zuvor angegebenen Kette alle echten Untermoduln von $\mathbb{Q}_p/\mathbb{Z}$ vorkommen. In jeder nichtleeren Menge von Untermoduln gibt es dann selbstverständlich einen kleinsten Untermodul (nicht nur einen minimalen!).

Wir überlegen zuerst:

$$(*) \qquad (a, p) = 1 \Rightarrow |\frac{a}{p^i} + \mathbb{Z}) = |\frac{1}{p^i} + \mathbb{Z})$$

Wegen (a, p) = 1 (teilerfremd) gibt es b, c $\in \mathbb{Z}$ mit

$$ab + p^i c = 1 \Rightarrow \frac{ab}{p^i} - \frac{1}{p^i} = -c \in \mathbb{Z}$$

also $\frac{ab}{p^i} + \mathbb{Z} = \frac{1}{p^i} + \mathbb{Z} \Rightarrow |\frac{1}{p^i} + \mathbb{Z}) \subsetneq |\frac{a}{p^i} + \mathbb{Z})$.

Da andererseits $|\frac{a}{p^i} + \mathbb{Z}) \subsetneq |\frac{1}{p^i} + \mathbb{Z})$, folgt die Behauptung.

Sei jetzt $B \subsetneq \mathbb{Q}_p/\mathbb{Z}$, dann werden zwei Fälle unterschieden.

1. Fall. Zu jedem $n \in \mathbb{N}$ gibt es ein $i \in \mathbb{N}$ mit $i \geqslant n$ und ein $\frac{a}{p^i} + \mathbb{Z} \in B$ mit $(a, p) = 1$ (d.h., es gibt Elemente beliebig hoher Ordnung in B).
Wegen (*) folgt dann offenbar $B = \mathbb{Q}_p/\mathbb{Z}$, denn jedes $\frac{z}{p^n} + \mathbb{Z} \in B$.

2. Fall. Es gibt ein maximales $i \in \mathbb{N}$, zu dem ein $\frac{a}{p^i} + \mathbb{Z} \in B$ mit $(a, p) = 1$ existiert. (d.h., es gibt nicht Elemente beliebig hoher Ordnung in B). Nach (*) folgt dann

$$|\frac{a}{p^i} + \mathbb{Z}) = |\frac{1}{p^i} + \mathbb{Z}) = B. \qquad \square$$

6. Beispiel eines Ringes, der auf einer Seite artinsch und noethersch ist, also von endlicher Länge, aber weder artinsch noch noethersch auf der anderen Seite. Seien R und K Körper und sei R unendlich dimensionale Körpererweiterung von K. Beispiel: $\mathbb{R}$ und $\mathbb{Q}$.

Sei S der Ring aller Matrizen der Form

$$\begin{pmatrix} k & r_1 \\ 0 & r_2 \end{pmatrix} \quad \text{mit } k \in K,\ r_1, r_2 \in R.$$

Wie sofort zu sehen, ist S ein Ring mit dem Einselement

$$\begin{pmatrix} 1 & 0 \\ 0 & 1 \end{pmatrix}.$$

S ist links weder artinsch noch noethersch. Sei $\{x_i \mid i \in \mathbb{N}\}$ eine Menge von Elementen aus R, die linear unabhängig über K sind. Sei

$$s_i := \begin{pmatrix} 0 & x_i \\ 0 & 0 \end{pmatrix}, \quad i \in \mathbb{N}$$

dann gilt

$$\begin{pmatrix} k & r_1 \\ 0 & r_2 \end{pmatrix} s_i = \begin{pmatrix} 0 & kx_i \\ 0 & 0 \end{pmatrix},$$

also folgt für das durch s_i erzeugte Linksideal

$$Ss_i = \begin{pmatrix} 0 & Kx_i \\ 0 & 0 \end{pmatrix}$$

Dann ist

$$Ss_1 \underset{\neq}{\subsetneq} Ss_1 + Ss_2 \underset{\neq}{\subsetneq} Ss_1 + Ss_2 + Ss_3 \underset{\neq}{\subsetneq} \dots$$

eine echt aufsteigende Kette von Linksidealen und

$$\sum_{i=1}^{\infty} Ss_i \underset{\neq}{\supsetneq} \sum_{i=2}^{\infty} Ss_i \underset{\neq}{\supsetneq} \sum_{i=3}^{\infty} Ss_i \underset{\neq}{\supsetneq} \dots$$

eine echt absteigende Kette von Linksidealen.

Um zu sehen, daß S_S von endlicher Länge ist, soll eine Kompositionskette von S_S explizit angegeben werden. Dabei ist es nützlich, das Produkt von zwei Elementen aus S vor Augen zu haben:

$$\begin{pmatrix} h & a_1 \\ 0 & a_2 \end{pmatrix}\begin{pmatrix} k & r_1 \\ 0 & r_2 \end{pmatrix} = \begin{pmatrix} hk & hr_1 + a_1 r_2 \\ 0 & a_2 r_2 \end{pmatrix}$$

Seien jetzt

$$A_1 := \begin{pmatrix} 0 & 1 \\ 0 & 0 \end{pmatrix} S = \begin{pmatrix} 0 & R \\ 0 & 0 \end{pmatrix}, \quad A_2 := \begin{pmatrix} 0 & 0 \\ 0 & 1 \end{pmatrix} S = \begin{pmatrix} 0 & 0 \\ 0 & R \end{pmatrix},$$

dann sind diese Rechtsideale offenbar einfach (da R ein Körper ist), und es gilt $A_1 \cap A_2 = 0$.

Dann folgt, daß auch $A_1 + A_2/A_1 \cong A_2$ einfach ist.

Behauptung. $0 \subsetneq A_1 \subsetneq A_1 + A_2 \subsetneq S$ ist eine Kompositionskette von S_S. Dazu ist nur noch zu zeigen, daß $A_1 + A_2$ maximal in S_S ist. Sei

$$\begin{pmatrix} h & a_1 \\ 0 & a_2 \end{pmatrix} \notin A_1 + A_2,$$

dann folgt $h \neq 0$. Für

$$B := A_1 + A_2 + \begin{pmatrix} h & a_1 \\ 0 & a_2 \end{pmatrix} S$$

gilt dann

$$\left(\begin{pmatrix} h & a_1 \\ 0 & a_2 \end{pmatrix} + \begin{pmatrix} 0 & 0 \\ 0 & 1 - a_2 \end{pmatrix}\right)\begin{pmatrix} h^{-1} & -h^{-1}a_1 \\ 0 & 1 \end{pmatrix} = \begin{pmatrix} 1 & 0 \\ 0 & 1 \end{pmatrix} \in B,$$

also $B = S$.

6.3 Der Hilbertsche Basissatz

Der Hilbertsche Basissatz kann als Konstruktionsprinzip für gewisse noethersche Ringe betrachtet werden. Er besitzt wichtige Anwendungen in der algebraischen Geometrie.

6.3.1 Satz *Sei* R *ein rechts noetherscher Ring. Dann ist der Polynomring* $R[x]$ *(bei dem* x *mit den Elementen aus* R *kommutiert) rechts noethersch.*

Folgerung $R[x_1, \ldots, x_n]$ *ist rechts noethersch.*

Beweis des Satzes. Wir zeigen, daß jedes Rechtsideal A aus $R[x]$ endlich erzeugt ist. Zum Beweis setzen wir $A \neq 0$ voraus. Den Beweis führen wir in drei Schritten.

1. Schritt. Sei $P(x) = x^n r_n + x^{n-1} r_{n-1} + \ldots + r_0 \in R[x]$ mit $r_n \neq 0$, dann heißt r_n der höchste Koeffizient von P(x); der höchste Koeffizient des Nullpolynoms aus $R[x]$ werde gleich 0 gesetzt. Sei $A_0 :=$ Menge der höchsten Koeffizienten von Polynomen aus A.

Behauptung. $A_0 \subsetneq R_R$.

Beweis. Seien $a, b \in A_0$, $a \neq 0$, $b \neq 0$, dann gibt es

$$P_1(x) = x^m a + x^{m-1} a_{m-1} + \ldots \in A$$
$$P_2(x) = x^n b + x^{n-1} b_{n-1} + \ldots \in A.$$

Seien ferner $r_1, r_2 \in R$ mit $ar_1 + br_2 \neq 0$, dann folgt $P_1(x)x^n r_1 + P_2(x)x^m r_2 \in A$, also $ar_1 + br_2 \in A_0$ und folglich $A_0 \subsetneq R_R$.

Da R_R noethersch ist, ist A_0 endlich erzeugt. Sei $a_1, \ldots, a_k$ ein Erzeugendensystem von A_0, wobei alle $a_i \neq 0$ seien, dann gibt es $P_1(x), \ldots, P_k(x) \in A$ mit $a_1, \ldots, a_k$ als höchsten Koeffizienten (in der angegebenen Reihenfolge). Durch Multiplikation mit Potenzen von x kann noch erreicht werden, daß alle $P_i(x)$ den gleichen Grad, etwa n, besitzen; das sei vorausgesetzt. Sei nun

$$B := \sum_{i=1}^{k} P_i(x)R[x],$$

dann ist B endlich erzeugt und es gilt $B \subsetneq A$.

2. Schritt. Sei jetzt $F(x) \in A$.

Behauptung. F(x) kann in der Form

$$F(x) = G(x) + H(x)$$

geschrieben werden, wobei $G(x) \in B$ und $H(x) = 0$ oder der Grad von $H(x) \leqslant n$ ist.

Beweis. Für $F(x) = 0$ oder Grad von $F(x) \leqslant n$ gilt die Behauptung mit $F(x) = H(x)$. Sei daher Grad von $F(x) = t > n$. Ist b der höchste Koeffizient von F(x), dann kann b in der Form

$$b = a_1 r_1 + \ldots + a_k r_k, \quad r_i \in R$$

dargestellt werden. Das Polynom

$$F_1(x) \ := \ F(x) - (\sum P_i(x) r_i)\, x^{t-n}$$

hat dann einen Grad $\leqslant t-1$ oder $F_1(x) = 0$.

Mit $\quad G_1(x) \ := \ (\sum P_i(x) r_i)\, x^{t-n}$

gilt dann also

$$F(x) = G_1(x) + F_1(x),$$

wobei $G_1(x) \in B$. Falls noch Grad von $F_1(x) > n$, zerlege man $F_1(x)$ entsprechend:

$$F_1(x) = G_2(x) + F_2(x)$$

mit $G_2(x) \in B$ und $F_2(x) = 0$ oder Grad $F_2(x) \leqslant t-2$. Daraus folgt

$$F(x) = G_1(x) + G_2(x) + F_2(x)$$

mit $G_1(x) + G_2(x) \in B$ und $F_2(x) = 0$ oder Grad von $F_2(x) \leqslant t-2$.

Nach höchstens $t - n$ Schritten (d.h. also Induktion) ergibt sich die gewünschte Zerlegung

$$(*) \qquad F(x) = G(x) + H(x).$$

Wegen $F(x) \in A$ und $G(x) \in B \subsetneq A$ folgt

$$H(x) = F(x) - G(x) \in A \cap (R + xR + \ldots + x^n R).$$

3. Schritt. Nun betrachte man den R-Rechtsmodul

$$A \cap (R + xR + \ldots + x^n R).$$

Dies ist ein R-Untermodul des endlich erzeugten R-Rechtsmoduls $R + xR + \ldots + x^n R$, über dem rechts noetherschen Ring R. Dieser ist nach 6.1.3 und 6.1.2 dann auch endlich erzeugt; sei etwa

$$A \cap (R + xR + \ldots + x^n R) = \sum_{j=1}^{\ell} Q_j(x) R\,.$$

Behauptung.

$$A = \sum_{i=1}^{k} P_i(x)\, R[x] + \sum_{j=1}^{\ell} Q_j(x)\, R[x]\,.$$

Die rechte Seite ist wegen $P_i(x), Q_j(x) \in A$ in A enthalten und wegen $(*)$ ist A auch in der rechten Seite enthalten. Damit ist der Beweis vollständig. □

6.4 Endomorphismen von artinschen und noetherschen Moduln

Sei zunächst $M = M_R$ ein beliebiger Modul und φ ein Endomorphismus von M, d.h. ein Homomorphismus von M in sich. Dann ist auch φ^n, $n \in \mathbb{N}$ ein Endomorphismus von M und es gilt

$$\mathrm{Bi}(\varphi) \supsetneq \mathrm{Bi}(\varphi^2) \supsetneq \mathrm{Bi}(\varphi^3) \supsetneq \ldots$$
$$\mathrm{Ke}(\varphi) \subsetneq \mathrm{Ke}(\varphi^2) \subsetneq \mathrm{Ke}(\varphi^3) \subsetneq \ldots$$

Im Falle, daß M artinsch bzw. noethersch ist, muß die erste bzw. zweite dieser Ketten stationär sein. Daraus ergeben sich interessante Folgerungen.

6.4.1 Satz *Sei φ ein Endomorphismus von* M.
(1) *Artinsch* M $\Rightarrow \exists\, n_0 \in \mathbb{N}\ \forall n \geqslant n_0 [M = \mathrm{Bi}(\varphi^n) + \mathrm{Ke}(\varphi^n)]$.
(2) *Artinsch* M $\wedge$ *Monomorphismus* $\varphi \Rightarrow$ *Automorphismus* φ.
(3) *Noethersch* M $\Rightarrow \exists\, n_0 \in \mathbb{N}\ \forall n \geqslant n_0 [0 = \mathrm{Bi}(\varphi^n) \cap \mathrm{Ke}(\varphi^n)]$.
(4) *Noethersch* M $\wedge$ *Epimorphismus* $\varphi \Rightarrow$ *Automorphismus* φ.

B e w e i s. (1) Nach der vorhergehenden Bemerkung gibt es ein $n_0 \in \mathbb{N}$ mit $\mathrm{Bi}(\varphi^{n_0}) = \mathrm{Bi}(\varphi^n)$ für $n \geqslant n_0$. Für $n \geqslant n_0$ folgt dann $\mathrm{Bi}(\varphi^n) = \mathrm{Bi}(\varphi^{2n})$. Sei $x \in M \Rightarrow \varphi^n(x) \in \mathrm{Bi}(\varphi^n) = \mathrm{Bi}(\varphi^{2n}) \Rightarrow$ es existiert $y \in M$ mit $\varphi^n(x) = \varphi^{2n}(y) \Rightarrow \varphi^n(x - \varphi^n(y)) = 0 \Rightarrow k := x - \varphi^n(y) \in \mathrm{Ke}(\varphi^n) \Rightarrow$

$$x = \varphi^n(y) + k \in \mathrm{Bi}(\varphi^n) + \mathrm{Ke}(\varphi^n)\,,$$

was zu zeigen war.

(2) Ist φ ein Monomorphismus, so offenbar auch φ^n für jedes $n \in \mathbb{N}$, d.h. $\mathrm{Ke}(\varphi^n) = 0$. Dann folgt wegen (1) $M = \mathrm{Bi}(\varphi^{n_0})$, also auch $M = \mathrm{Bi}(\varphi)$, denn $\mathrm{Bi}(\varphi^{n_0}) \subsetneq \mathrm{Bi}(\varphi)$. Somit ist φ ein Epimorphismus, also ein Automorphismus.

(3) Jetzt gibt es ein $n_0 \in \mathbb{N}$ mit $\mathrm{Ke}(\varphi^{n_0}) = \mathrm{Ke}(\varphi^n)$ für $n \geqslant n_0$. Für $n \geqslant n_0$ folgt dann $\mathrm{Ke}(\varphi^n) = \mathrm{Ke}(\varphi^{2n})$. Sei $x \in \mathrm{Bi}(\varphi^n) \cap \mathrm{Ke}(\varphi^n)$, dann gibt es ein $y \in M$ mit $x = \varphi^n(y)$, und es gilt

$$0 = \varphi^n(x) = \varphi^{2n}(y).$$

Folglich gilt $y \in \mathrm{Ke}(\varphi^{2n}) = \mathrm{Ke}(\varphi^n)$, woraus man $x = \varphi^n(y) = 0$, also $0 = \mathrm{Bi}(\varphi^n) \cap \mathrm{Ke}(\varphi^n)$ erhält.

(4) Ist φ ein Epimorphismus, so auch φ^n für jedes $n \in \mathbb{N}$, d.h. $\mathrm{Bi}(\varphi^n) = M$. Dann folgt wegen (3) $0 = \mathrm{Ke}(\varphi^{n_0})$, also wegen $\mathrm{Ke}(\varphi) \subsetneq \mathrm{Ke}(\varphi^{n_0})$ auch $\mathrm{Ke}(\varphi) = 0$. Somit ist φ ein Monomorphismus, also ein Automorphismus. □

6.4.2 Folgerung *Sei* M *ein Modul endlicher Länge und φ ein Endomorphismus von* M. *Dann gilt*
(5) $\exists\, n_0 \in \mathbb{N}\ \forall\, n \geqslant n_0 [M = \mathrm{Bi}(\varphi^n) \oplus \mathrm{Ke}(\varphi^n)]$.
(6) *Automorphismus* $\varphi \iff$ *Epimorphismus* $\varphi \iff$ *Monomorphismus* φ.

B e w e i s. (5) Für n_0 nehme man jetzt das Maximum der Zahlen n_0 in (1) und (3).
(6) folgt aus (2) und (4). □

Durch 6.4.2 werden wohlbekannte Eigenschaften von endlichdimensionalen Vektorräumen verallgemeinert.

6.5 Eine Kennzeichnung von noetherschen Ringen

Wir geben hier eine Kennzeichnung der noetherschen Ringe, die für eine eingehende Theorie der Moduln über noetherschen Ringen von grundlegender Bedeutung ist. Der Beweis beruht wesentlich auf dem Baerschen Kriterium.

6.5.1 Satz *Für einen Ring* R *sind die folgenden Bedingungen äquivalent* :

(1) *Noethersch* R_R.

(2) *Jede direkte Summe von injektiven R-Rechtsmoduln ist injektiv.*

(3) *Jede abzählbare direkte Summe von injektiven Hüllen von einfachen* R-*Rechtsmoduln ist injektiv.*

Beweis. „(1) ⇒ (2)" Sei $Q := \bigoplus_{i\in I} Q_i$ eine (innere oder äußere) direkte Summe der injektiven R-Rechtsmoduln Q_i. Nach dem Baerschen Kriterium 5.7.1 genügt es zum Beweis der Injektivität zu zeigen, daß für jedes Rechtsideal $U \subsetneq R_R$ und jeden Homomorphismus $\rho : U \to Q$ ein Homomorphismus $\tau : R \to Q$ mit $\rho = \tau\iota$ existiert, wobei $\iota : U \to R$ die Inklusionsabbildung ist. Da R_R noethersch ist, ist U endlich erzeugt:

$$U = \sum_{i=1}^{n} u_i R.$$

Die Bilder $\rho(u_i)$, $i = 1, \ldots, n$ der u_i bei ρ haben nur in endlich vielen der Q_i von Null verschiedene Komponenten, etwa in den Q_i mit $i \in I_0$, wobei I_0 eine endliche Teilmenge von I ist.

Sei $\quad \iota_0 : \bigoplus_{i\in I_0} Q_i \to \bigoplus_{i\in I} Q_i$

die Inklusionsabbildung und ρ_0 der durch Einschränkung des Zieles von ρ auf $\bigoplus_{i\in I_0} Q_i$ induzierte Homomorphismus. Dann gilt $\rho = \iota_0\rho_0$. Da I_0 endlich ist, ist $\bigoplus_{i\in I_0} Q_i$ injektiv und es existiert ein Homomorphismus τ_0, so daß das folgende Diagramm kommutativ ist:

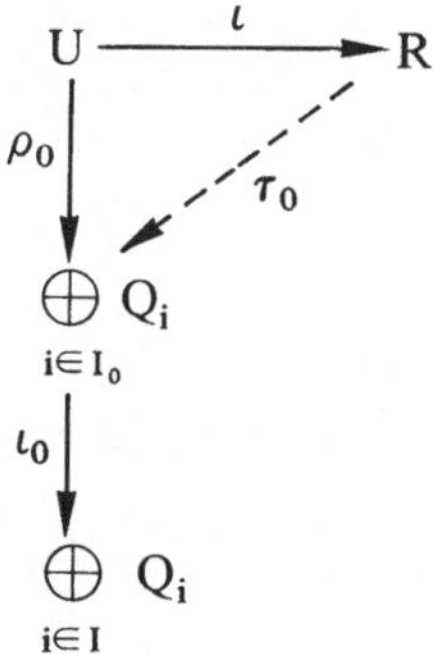

Folglich gilt $\rho = \iota_0\rho_0 = \iota_0\tau_0\iota = \tau\iota$, wenn $\tau := \iota_0\tau_0$ gesetzt wird.
„(2) ⇒ (3)" (3) ist Spezialfall von (2).

„(3) ⇒ (1)" Der Beweis wird indirekt geführt. Sei R_R nicht noethersch, dann gibt es eine echt aufsteigende Kette von Rechtsidealen von R:

$$A := A_1 \underset{\neq}{\subsetneq} A_2 \underset{\neq}{\subsetneq} A_3 \underset{\neq}{\subsetneq} \dots$$

Dann ist auch

$$A := \bigcup_{i=1}^{\infty} A_i$$

ein Rechtsideal von R und zu jedem $a \in A$ gibt es ein $n_a \in \mathbb{N}$, so daß $a \in A_i$ für alle $i \geqslant n_a$. Sei für jedes $i = 1, 2, 3, \dots$ $c_i \in A$, $c_i \notin A_i$. In dem zyklischen Modul $(c_iR + A_i)/A_i$ existiert nach 2.3.12 ein maximaler Untermodul N_i/A_i; dann ist

$$E_i := ((c_iR + A_i)/A_i)/(N_i/A_i)$$

ein einfacher R-Rechtsmodul. Bezeichne ν_i: $(c_iR + A_i)/A_i \to E_i$ den natürlichen Epimorphismus. Sei $I(E_i)$ injektive Hülle von E_i mit $E_i \hookrightarrow I(E_i)$ und sei $\iota_i : E_i \to I(E_i)$ die Inklusionsabbildung. Es existiert dann ein kommutatives Diagramm

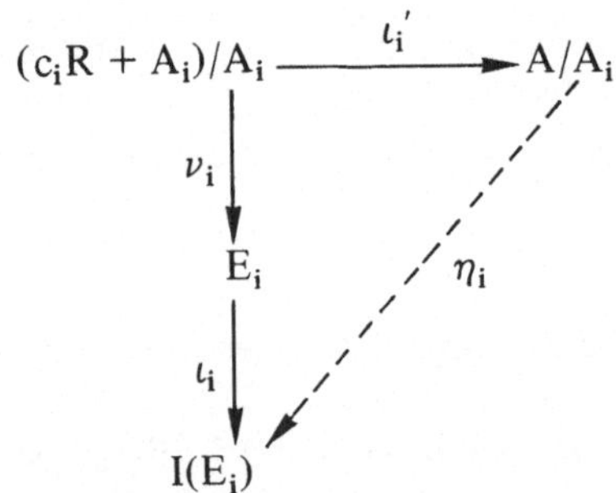

wobei ι_i' die entsprechende Inklusionsabbildung ist und $\eta_i(\bar{c}_i) = \iota_i\nu_i(\bar{c}_i) \neq 0$ für $i = 1, 2, 3, \dots$ gilt.

Wir definieren nun

$$\alpha\colon\ A \ni a \mapsto \sum_{i=1}^{n_a} \eta_i(a + A_i) \in \bigoplus_{i=1}^{\infty} I(E_i),$$

wobei also $\eta_i(a + A_i)$ die i-te Komponente von $\alpha(a)$ sei. Da $a \in A_i$ für $i \geqslant n_a$, liegt $\alpha(a)$ tatsächlich in der direkten Summe (Betrachtet man $\bigoplus I(E_i)$ als äußere direkte Summe, dann ist $\alpha(a) = (\eta_i(a + A_i))$ zu setzen). Da nach Voraussetzung $\bigoplus_{i=1}^{\infty} I(E_i)$ injektiv ist, gibt es ein β, so daß das Diagramm

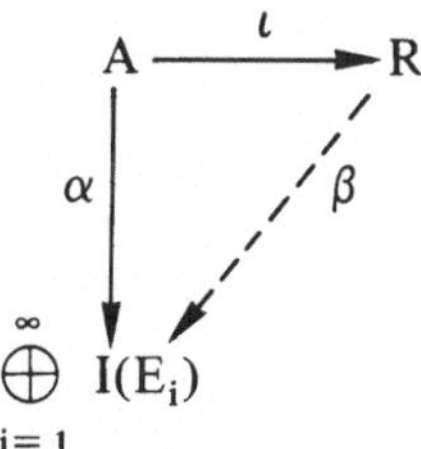

kommutativ ist. Sei b_i die i-te Komponente von $\beta(1)$ in $\bigoplus I(E_i)$, dann gibt es ein $n \in \mathbb{N}$ mit $b_i = 0$ für $i \geqslant n$. Wegen $\alpha(a) = \beta(a) = \beta(1)a$, $a \in A$ folgt $\eta_i(a + A_i) = b_i a$, also $\eta_i(a + A_i) = 0$ für $i \geqslant n$ und alle $a \in A$. Aber $\eta_n(c_n + A_n) \neq 0$ nach Definition von η_i, Widerspruch! Damit ist 6.5.1 vollständig bewiesen. □

B e m e r k u n g. Ist man in 6.5.1 nur an (1) ⟺ (2) interessiert, so kann der Beweis vereinfacht werden. Wir brauchen (3) ⇒ (1) für einen späteren Satz. Die Vereinfachung im Beweis von (2) ⇒ (1) gegenüber dem von (3) ⇒ (1) soll kurz angedeutet werden. Der Beweis erfolgt jetzt direkt, wobei von einer zunächst beliebigen Kette

$$A_1 \subsetneq A_2 \subsetneq A_3 \subsetneq \ldots$$

von Rechtsidealen ausgegangen wird. Sei wieder

$$A := \bigcup_{i=1}^{\infty} A_i.$$

Die η_i seien jetzt Inklusionsabbildungen

$$\eta_i : \; A/A_i \ni a + A_i \mapsto a + A_i \in I(A/A_i)$$

und $$\alpha : \; A \to \bigoplus_{i=1}^{\infty} I(A/A_i)$$

werde durch

$$\alpha(a) := \sum_{i=1}^{n_a} (a + A_i), \qquad a \in A$$

definiert. Dann folgt $\eta_i = 0$ für $i \geqslant n$ und folglich $A = A_i$ für $i \geqslant n$.

Ist R ein beliebiger Ring und sind η_i: $M_i \to I(M_i)$, $i = 1, \ldots, n$ endlich viele injektive Hüllen von R-Moduln, dann ist auch

$$\bigoplus_{i=1}^{n} \eta_i : \; \bigoplus_{i=1}^{n} M_i \to \bigoplus_{i=1}^{n} I(M_i)$$

eine injektive Hülle. Ist nun R_R noethersch, dann folgt aus 6.5.1 und 5.1.7, daß das entsprechende Resultat auch für eine beliebige Indexmenge gilt.

6.5.2 Folgerung *Sei* R_R *noethersch und sei* $(M_i \mid i \in I)$ *eine Familie von* R-*Rechtsmoduln. Ist jeweils*

$$\eta_i : \quad M_i \to I(M_i)$$

eine injektive Hülle von M_i, *dann ist*

$$\bigoplus_{i\in I} \eta_i : \quad \bigoplus_{i\in I} M_i \to \bigoplus_{i\in I} I(M_i)$$

eine injektive Hülle von $\bigoplus_{i\in I} M_i$.

6.6 Zerlegung injektiver Moduln über noetherschen und artinschen Ringen

Um die folgende Fragestellung auseinanderzusetzen, brauchen wir einige Definitionen.

6.6.1 Definitionen

(a) M_R *heißt* d i r e k t z e r l e g b a r *bzw.* d i r e k t u n z e r l e g b a r : $\Longleftrightarrow$ *es gibt einen bzw. keinen von* 0 *und* M *verschiedenen direkten Summanden von* M.

(b) *Sei* $U \hookrightarrow M_R$. M *heißt* i r r e d u z i b e l *über* U $:\Longleftrightarrow$ *für beliebige Untermoduln* $A, B \hookrightarrow M$ *mit* $U \underset{\neq}{\hookrightarrow} A$, $U \underset{\neq}{\hookrightarrow} B$ *gilt* $U \neq A \cap B$.

(c) M *heißt* i r r e d u z i b e l $:\Longleftrightarrow$ M *ist irreduzibel über* 0.

Eine der grundlegenden Fragen der Theorie der Moduln ist die nach einer Zerlegung eines Moduls in eine direkte Summe von Untermoduln. Die weitestgehende derartige Zerlegung ist offenbar dann erreicht, wenn alle Untermoduln der Zerlegung selbst direkt unzerlegbar sind. Es ergeben sich in diesem Zusammenhang drei Fragen:

1. Unter welchen Voraussetzungen besitzt ein Modul eine Zerlegung in eine direkte Summe von direkt unzerlegbaren Untermoduln?

2. Ist eine solche Zerlegung (falls sie existiert) eindeutig bestimmt?

3. Welche Eigenschaften haben direkt unzerlegbare Moduln?

Die Fragen 1 und 3 werden hier für injektive Moduln über noetherschen und artinschen Ringen beantwortet. Zur 2. Frage wird eine Antwort im nächsten Kapitel durch den Satz von Krull-Remak-Schmidt gegeben.

Beginnen wir mit der Untersuchung von direkt unzerlegbaren, injektiven Moduln, wobei zunächst der Ring R beliebig sei.

6.6.2 Satz *Sei* Q_R *injektiv,* $Q_R \neq 0$. *Dann sind folgende Bedingungen äquivalent:*

(1) Q *ist direkt unzerlegbar*

(2) Q *ist injektive Hülle von jedem Untermodul* $\neq 0$

(3) *Jeder Untermodul von* Q *ist irreduzibel*

(4) Q *ist injektive Hülle eines irreduziblen Untermoduls* $\neq 0$.

B e w e i s. „(1) $\Rightarrow$ (2)“ Sei $U \subsetneq Q$, $U \neq 0$ und sei $I(U) \subsetneq Q$ injektive Hülle von U. Wegen $U \neq 0$ gilt auch $I(U) \neq 0$. Da I(U) als injektiver Modul direkter Summand von Q ist, folgt $I(U) = Q$.

„(2) $\Rightarrow$ (3)“ Sei $M \subsetneq Q$ und seien $A, B \subsetneq M$, $A \neq 0$, $B \neq 0$. Da Q injektive Hülle von A ist, ist A groß in Q und es folgt $A \cap B \neq 0$.

„(3) $\Rightarrow$ (4)“ Als irreduziblen Untermodul nehme man Q selbst.

„(4) $\Rightarrow$ (1)“ Sei Q injektive Hülle des irreduziblen Untermoduls $M \neq 0$ von Q. Angenommen $Q = A \oplus B$, $A \neq 0$, $B \neq 0$. Da M groß in Q ist, folgt $M \cap A \neq 0$, $M \cap B \neq 0$. Da M irreduzibel ist, folgt $(M \cap A) \cap (M \cap B) \neq 0$ im Widerspruch zu $A \cap B = 0$. Also ist Q direkt unzerlegbar. □

6.6.3 Folgerungen

(a) *Die injektive Hülle eines einfachen R-Moduls ist direkt unzerlegbar.*

(b) *Ein direkt unzerlegbarer injektiver Modul Q enthält höchstens einen einfachen Untermodul.*

(c) *Ist* R_R *artinsch, dann ist jeder direkt unzerlegbare, injektive Modul* $Q_R \neq 0$ *injektive Hülle eines einfachen* R-*Moduls.*

B e w e i s. (a) Jeder einfache Modul ist irreduzibel.

(b) Seien E, E_1 einfache Untermoduln von Q. Aus $E \subsetneq^* Q$ folgt $E \cap E_1 \neq 0$, also $E = E \cap E_1 = E_1$.

(c) Sei $0 \neq q \in Q$, dann ist qR nach 6.1.3 artinsch. Also existiert in $qR \subsetneq Q$ ein einfacher Untermodul E. Nach dem Satz ist Q injektive Hülle von E. □

Wir kommen nun zu dem folgenden interessanten Satz, der eine neue Kennzeichnung der noetherschen bzw. artinschen Ringe liefert.

6.6.4 Satz

(a) *Die folgenden Bedingungen sind äquivalent:*

(1) R_R *ist noethersch.*

(2) *Jeder injektive Modul* Q_R *ist eine direkte Summe von direkt unzerlegbaren Untermoduln.*

(b) *Die folgenden Bedingungen sind äquivalent:*

(1) R_R *ist artinsch.*

(2) *Jeder injektive Modul* Q_R *ist eine direkte Summe von injektiven Hüllen von einfachen* R-*Moduln.*

Nach 6.6.3 (a) sind die in der Kennzeichnung der artinschen Ringe auftretenden injektiven Hüllen von einfachen R-Moduln ebenfalls direkt unzerlegbar. Aus dem Satz folgt also insbesondere: Ist R_R noethersch aber nicht artinsch, dann gibt es einen direkt unzerlegbaren, injektiven R-Modul, der keinen einfachen Untermodul enthält.

Der B e w e i s des Satzes wird jetzt nur für noethersche Ringe in der Richtung (1) $\Rightarrow$ (2) geführt. Um (1) $\Rightarrow$ (2) für artinsche Ringe zu erhalten, brauchen wir die

Tatsache, daß jeder rechts artinsche Ring auch rechts noethersch ist, die erst in Kapitel 9 bewiesen wird. Auch für den Beweis von (2) ⇒ (1) werden weitere Hilfsmittel benötigt, und zwar insbesondere die Eindeutigkeit (bis auf Isomorphie) der Zerlegung eines halbeinfachen Moduls in eine direkte Summe von einfachen Moduln. Sowie die notwendigen Hilfsmittel zur Verfügung stehen, werden wir den Beweis zu Ende führen (in 9.5). Wir beweisen also jetzt nur

6.6.5 Behauptung *Ist* R_R *noethersch, dann ist jeder injektive Modul* Q_R *direkte Summe von direkt unzerlegbaren Untermoduln. Ist* R_R *außerdem artinsch (später wird gezeigt: artinsch* $R_R \Rightarrow$ *noethersch* R_R*), dann ist jeder der direkt unzerlegbaren Summanden injektive Hülle eines einfachen* R*-Moduls.*

Zum Beweis von 6.6.5 brauchen wir zwei Hilfssätze, die auch sonst von Interesse sind.

6.6.6 Hilfssatz *Sei* Γ *eine Menge von Untermoduln eines Moduls* M_R. *Dann gibt es unter allen Teilmengen* Λ *von* Γ *mit*

$$(*) \qquad \sum_{U \in \Lambda} U = \bigoplus_{U \in \Lambda} U$$

eine maximale Menge Λ_0.

B e w e i s. Mit Hilfe des Zornschen Lemmas.
Sei

$$G := \{\Lambda \mid \Lambda \subset \Gamma \wedge (*) \text{ ist erfüllt}\},$$

dann ist G durch die Inklusion geordnet und $G \neq \emptyset$, denn $\emptyset \in G$ (da $0 = \sum_{U \in \emptyset} U = \bigoplus_{U \in \emptyset} U$). Sei H eine total geordnete Teilmenge aus G und sei

$$\Omega := \bigcup_{\Lambda \in H} \Lambda,$$

dann ist $\Omega \subset \Gamma$. Behauptung: $\Omega \in G$, d.h., $(*)$ ist für Ω erfüllt. Angenommen, das wäre nicht der Fall, dann wäre also die Summe aller Untermoduln aus Ω nicht direkt. Folglich müßte es schon eine endliche Teilsumme davon geben, die nicht direkt ist. Endlich viele Untermoduln aus Ω liegen aber bereits in einem $\Lambda \in H$ (da H total geordnete Teilmenge), so daß ihre Summe direkt ist. Folglich ist in der Tat $\Omega \in G$ und daher ist Ω obere Schranke von H in G. Folglich existiert nach Zorn ein maximales Element Λ_0 in G. □

6.6.7 Folgerung

(a) *Zu jedem Modul* M_R *gibt es eine maximale Menge von direkt unzerlegbaren, injektiven Untermoduln, deren Summe direkt ist.*

(b) *Zu jedem Modul* M_R *gibt es eine maximale Menge von einfachen Untermoduln, deren Summe direkt ist.*

B e w e i s. Folgt aus 6.6.6 für Γ = Menge der direkt unzerlegbaren, injektiven Untermoduln im Falle (a) und für Γ = Menge der einfachen Untermoduln im Falle (b). □

6.6.8 Hilfssatz *Ist* R_R *noethersch, dann enthält jeder Modul* $M_R \neq 0$ *einen irreduziblen Untermodul* $\neq 0$.

B e w e i s. Wir zeigen, daß jeder endlich erzeugte Untermodul $B \subsetneq M$, $B \neq 0$, der nach 6.1.3 noethersch ist, einen irreduziblen Untermodul $\neq 0$ enthält. Sei $\{X \mid X \subsetneq B \wedge X$ ist Duko in $B\}$ die Menge der echten Untermoduln von B, die Durchschnittskomplement eines Untermoduls von B in B sind. Diese Menge ist nicht leer, da 0 Duko von B ist. Da B noethersch ist, gibt es ein maximales Element X_0 in dieser Menge. Sei X_0 Duko von $U_0 \subsetneq B$. Klar ist dann $U_0 \neq 0$.

Behauptung. Jeder Untermodul $0 \neq C \subsetneq U_0$ ist groß in U_0 und folglich ist U_0 irreduzibel. Angenommen, für $L \subsetneq U_0$ gelte $C \cap L = 0$, dann folgt $C \cap (X_0 + L) = 0$. Wegen der Maximalität von X_0 und wegen $C \neq 0$ (also $C' \neq B$) folgt $X_0 + L = X_0$, also $L \subsetneq X_0$ und folglich $L \subsetneq U_0 \cap X_0 = 0$). Aus $C \cap L = 0$ ergibt sich daher $L = 0$, d.h. $C \subsetneq^{*} U_0$. □

B e w e i s von 6.6.5. Man betrachte eine maximale Menge von direkt unzerlegbaren, injektiven Untermoduln von Q, deren Summe direkt ist (6.6.7). Sei diese direkte Summe gleich $Q_0 := \bigoplus_{i \in I} Q_i$. Da alle Q_i injektiv sind, ist Q_0 nach 6.5.1 injektiv. Folglich ist Q_0 direkter Summand von Q:

$$Q = Q_0 \oplus Q_1.$$

Angenommen $Q_1 \neq 0$, dann enthält Q_1 einen irreduziblen Untermodul $M \neq 0$ (6.6.8). Sei I(M) eine injektive Hülle von M in Q_1, dann ist I(M) direkter Summand in Q_1, $Q_1 = I(M) \oplus Q_2$, und nach 6.6.2 ist I(M) direkt unzerlegbar. Dann wäre aber $Q_0 = \bigoplus_{i \in I} Q_i$ nicht maximal gewesen, da auch $Q_0 \oplus I(M)$ direkte Summe von direkt unzerlegbaren, injektiven Untermoduln von Q ist. Dieser Widerspruch besagt, daß bereits $Q = Q_0 = \bigoplus_{i \in I} Q_i$ gilt.

Ist R_R nicht nur noethersch, sondern auch artinsch, dann sind nach 6.6.3 alle $Q_i \neq 0$ injektive Hüllen von einfachen Untermoduln. □

Übungen zu Kapitel 6

1. Sei R_n der Ring aller n-reihigen quadratischen Matrizen mit Koeffizienten aus R. Zeige: R_n ist rechts artinsch bzw. noethersch $\iff$ R ist rechts artinsch bzw. noethersch.

2. Zeige: Jeder rechts artinsche Ring ohne Nullteiler ist ein Schiefkörper.

3. Sei $L := k(t_1, t_2, t_3, \ldots)$ der Körper der rationalen Funktionen in den Unbestimmten $t_1, t_2, t_3, \ldots$ mit Koeffizienten in dem Körper k. Die Elemente von L sind dann Quotienten von Polynomen $\frac{P_1(t_i)}{P_2(t_i)}$ (mit $P_2(t_i) \neq 0$). Sei $K := k(t_1^2, t_2^2, t_3^2, \ldots)$, dann ist K Unterkörper von L.

a) Zeige: $\tau : L \ni \dfrac{P_1(t_i)}{P_2(t_i)} \mapsto \dfrac{P_1(t_i^2)}{P_2(t_i^2)} \in K$

ist ein Ringisomorphismus.

b) Zeige: Die Produktmenge $R := L \times L$ wird durch die Definitionen

$$(\ell_1, \ell_2) + (m_1, m_2) := (\ell_1 + m_1, \ell_2 + m_2)$$
$$(\ell_1, \ell_2)(m_1, m_2) := (\ell_1 m_1, \ell_1 m_2 + \ell_2 \tau(m_1))$$

zu einem Ring mit Einselement.

c) Zeige: ${}_R R$ hat die Länge 2 (d.h. besitzt Komp.-Reihe der Form $0 \subsetneq A \subsetneq R$).

d) Zeige: R_R ist weder artinsch noch noethersch.

4. Ein Ring heißt rechts Hauptidealring $:\Longleftrightarrow$ jedes Rechtsideal ist Hauptideal (= zyklisch). Sei R rechts und links Hauptidealring ohne Nullteiler und sei $A \subsetneq R_R$, $A \neq 0$. Zeige: $(R/A)_R$ ist artinsch.

5. a) Genügt ein Modul M_R der Maximalbedingung für endlich erzeugte Untermoduln, so ist er bereits noethersch.

b) Gib ein Beispiel für einen Modul M_R, der der Maximalbedingung für zyklische Untermoduln genügt, aber nicht noethersch ist.

c) Zeige, daß für eine abelsche Gruppe $M = M_Z$ äquivalent sind:

(1) M genügt der Minimalbedingung für zyklische Untergruppen.

(2) $T(M) = M$, d.h. $\forall\, m \in M\ \exists\, z \in Z, z \neq 0\ [mz = 0]$.

(3) M genügt der Minimalbedingung für endlich erzeugte Untergruppen.

6. Seien A, B Ringe und ${}_A M_B$ ein A-B-Bimodul. Dann definiert man

$$R := \left\{ \begin{pmatrix} a & m \\ 0 & b \end{pmatrix} \middle|\, a \in A, m \in M, b \in B \right\} \text{ mit komponentenweiser Addition,}$$

und
$$\begin{pmatrix} a_1 & m_1 \\ 0 & b_1 \end{pmatrix}\begin{pmatrix} a_2 & m_2 \\ 0 & b_2 \end{pmatrix} := \begin{pmatrix} a_1 a_2 & a_1 m_2 + m_1 b_2 \\ 0 & b_1 b_2 \end{pmatrix}.$$

Das Einselement dieses Ringes ist dann $\begin{pmatrix} 1 & 0 \\ 0 & 1 \end{pmatrix}$.

Zeige:

a) Noethersch (bzw. artinsch) $R_R \Longleftrightarrow$ noethersch (bzw. artinsch) A_A, B_B, M_B.

b) Noethersch (bzw. artinsch) ${}_R R \Longleftrightarrow$ noethersch (bzw. artinsch) ${}_A A$, ${}_B B$, ${}_A M$.

(Hinweis: Betrachte den Ringhomomorphismus $\rho : R \to A \times B$ mit $\rho\begin{pmatrix} a & m \\ 0 & b \end{pmatrix} = (a, b)$ und zeige für den Kern $K := \mathrm{Ke}(\rho)$, daß K_R und M_B (bzw. ${}_R K$ und ${}_A M$) isomorphe Untermodulverbände haben).

7. Zeige:

a) Sei $M = U \oplus U_1 = V \oplus V_1$ mit $U \subsetneq V$. Dann hat U ein direktes Komplement in M, das V_1 enthält (d.h. $M = U \oplus W$ mit $V_1 \subsetneq W$), und V hat ein direktes Komplement in M, das in U_1 enthalten ist.

b) M_R genügt genau dann der Maximalbedingung für direkte Summanden, wenn er der Minimalbedingung für direkte Summanden genügt.

c) Genüge M_R der Maximalbedingung für direkte Summanden. Zeige, daß für $\varphi \in \text{End}_R(M)$ äquivalent sind

(1) φ ist linksinvertierbar (d.h. zerfallender Monomorphismus)

(2) φ ist rechtsinvertierbar (d.h. zerfallender Epimorphismus)

(3) φ ist invertierbar (d.h. Isomorphismus).

8. Gib ein Beispiel für einen Ring R und einen Modul M_R, der keine endliche Länge hat und mit der Eigenschaft, daß für jedes $\varphi \in \text{End}(M_R)$ gilt:

a) $\exists\, n_0 \in \mathbb{N}\ \forall n \geqslant n_0\ [M = \text{Bi}(\varphi^n) \oplus \text{Ke}(\varphi^n)]$ und

b) Automorphismus $\varphi \iff$ Monomorphismus $\varphi \iff$ Epimorphismus φ.

(Hinweis: Für M_R benutze eine direkte Summe von unendlich vielen nichtisomorphen, einfachen R-Moduln).

9. Zeige: Ist B_R artinsch und $B_R \neq 0$, dann gibt es einen unzerlegbaren Faktormodul $\neq 0$ von B. (M_R heißt unzerlegbar, wenn die Summe von je zwei echten Untermoduln wieder echter Untermodul von M_R ist).

10. Zeige, daß für einen kommutativen Ring R folgende Aussagen äquivalent sind:

(1) Für jedes $x \in R$ ist die Folge $xR \supsetneq x^2R \supsetneq x^3R \supsetneq \ldots$ stationär.

(2) Für jeden zyklischen Modul M_R sind die injektiven Endomorphismen bereits Automorphismen.

(3) Jedes Primideal in R ist bereits maximales Ideal.

(Hinweis: Bei (3) $\Rightarrow$ (1) betrachte die multiplikative Teilmenge $S_x := \{x^n(1-xr) \mid n \geqslant 0, r \in R\}$).

11. Für einen Modul M_R sind äquivalent:

(1) Jede Menge von Untermoduln, deren Summe direkt ist, ist endlich.

(2) Jeder Untermodul genügt der Maximalbedingung für direkte Summanden.

(3) Jede Folge $U_1 \subsetneq U_2 \subsetneq U_3 \subsetneq \ldots$ mit $U_i \hookrightarrow M$ und U_i direkter Summand in U_{i+1} ist stationär.

(4) Jede Folge $M \supsetneq U_1 \supsetneq U_2 \supsetneq U_3 \supsetneq \ldots$ mit U_{i+1} direkter Summand in U_i ist stationär.

(5) Jeder Untermodul hat einen endlich erzeugten, großen Untermodul.

(6) M genügt der Maximalbedingung für Dukos (= Durchschnittskomplemente).

(7) M genügt der Minimalbedingung für Dukos.

(8) Die injektive Hülle von M genügt der Maximalbedingung für direkte Summanden.

12. Für einen Modul M_R sei wie in Kapitel 5, Übung 4, der s i n g u l ä r e U n t e r m o d u l definiert durch

$$\text{Si}(M) := \{m \in M \mid \underline{r}_R(m) \subsetneq^* R_R\}.$$

Zeige, daß für einen Ring R mit $\text{Si}(R_R) = 0$ äquivalent sind:

(1) $I(R_R)$ genügt der Maximalbedingung für direkte Summanden.

(2) Für jede Familie $(Q_i \mid i \in I)$ mit Q_i injektiv und $\text{Si}(Q_i) = 0$ ist $\coprod_{i \in I} Q_i$ injektiv.

(Hinweis: Benutze die äquivalenten Aussagen in Übung 11 und zeige bei (2) $\Rightarrow$ (1) zuerst, daß bei einer aufsteigenden Folge

$$A_1 \subsetneq A_2 \subsetneq \ldots \subsetneq R_R$$

von Durchschnittskomplementen wegen $\text{Si}(R_R) = 0$ sogar $\text{Si}(R/A_i) = 0$ gilt).

13. a) Zeige, daß für einen Modul M_R äquivalent sind:

(1) $M^{(I)}$ ist injektiv für jede Indexmenge I.

(2) $M^{(N)}$ ist injektiv.

(3) M ist injektiv, und R genügt der Maximalbedingung für Rechtsideale, die Annullatoren von Teilmengen von M sind.

b) Zeige, daß für einen Ring R äquivalent sind:

(1) R_R noethersch.

(2) Für jeden injektiven Modul Q_R ist auch $Q^{(N)}$ injektiv.

7 Lokale Ringe, der Satz von Krull-Remak-Schmidt

In Kapitel 6 wurde gezeigt, daß jeder injektive Modul über einem noetherschen Ring direkte Summe von direkt unzerlegbaren Untermoduln ist. Es erhebt sich die Frage, ob und in welchem Sinne eine solche Zerlegung eindeutig bestimmt ist. Diese Frage wird durch den Satz von Krull-Remak-Schmidt beantwortet. Der Beweis des Satzes von Krull-Remak-Schmidt setzt voraus, daß die Endomorphismenringe der direkten Summanden sogenannte lokale Ringe sind. Wir haben daher zunächst lokale Ringe einzuführen und dann hinreichende Bedingungen dafür anzugeben, daß der Endomorphismenring eines direkt unzerlegbaren Moduls lokal ist.

7.1 Lokale Ringe

Ein Element r eines Ringes R heißt r e c h t s- bzw. l i n k s i n v e r t i e r b a r, wenn es ein $r' \in R$ mit $rr' = 1$ bzw. $r'r = 1$ gibt, und r' heißt dann R e c h t s i n v e r s e s bzw. L i n k s i n v e r s e s von r. Gilt $rr' = r'r = 1$, dann heißt r invertierbar und r' Inverses von r. Gibt es ein Rechts- und ein Linksinverses von r, dann sind diese gleich und folglich ist dies dann ein Inverses von r (s. 2.5.4).

Wie Beispiele zeigen, gibt es rechts- bzw. linksinvertierbare Elemente, die nicht invertierbar sind.

Wir haben jetzt Ringe zu betrachten, in denen die Menge aller nicht invertierbaren Elemente eine besondere Struktur hat. Dabei setzen wir stets $R \neq 0$ voraus.

7.1.1 Satz *Sei* A *die Menge aller nicht invertierbaren Elemente von* R, *dann sind folgende Eigenschaften äquivalent:*

(1) A *ist additiv abgeschlossen* ($\forall a_1, a_2 \in A\ [a_1 + a_2 \in A]$).

(2) A *ist ein zweiseitiges Ideal.*

(3r) A *ist größtes echtes Rechtsideal.*

(3ℓ) A *ist größtes echtes Linksideal.*

(4r) *In* R *existiert ein größtes echtes Rechtsideal.*

(4ℓ) *In* R *existiert ein größtes echtes Linksideal.*

(5r) *Für jedes* $r \in R$ *ist entweder* r *oder* $1 - r$ *rechtsinvertierbar.*

(5ℓ) *Für jedes* $r \in R$ *ist entweder* r *oder* $1 - r$ *linksinvertierbar.*

(6) *Für jedes* $r \in R$ *ist entweder* r *oder* $1 - r$ *invertierbar.*

B e w e i s. „(1) $\Rightarrow$ (2)" Wir zeigen zuerst, daß jedes rechts- bzw. linksinvertierbare Element invertierbar ist. Sei $bb' = 1$.

1. F a l l. $b'b \notin A \Rightarrow$ es gibt $s \in R$ mit $1 = sb'b \Rightarrow b' = sb'bb' = sb' \Rightarrow 1 = b'b$, was zu zeigen war.

2. F a l l. $b'b \in A$, dann muß $1 - b'b \notin A$ gelten, da sonst $1 - b'b + b'b = 1 \in A$ ↯. Sei jetzt $1 = s(1 - b'b) \Rightarrow b' = s(1 - b'b)b' = s(b' - b'bb') = s(b' - b') = 0$ im Widerspruch zu $bb' = 1$.

Da A nach Voraussetzung additiv abgeschlossen ist, braucht nur gezeigt zu werden:

$$\forall\, a \in A\ \ \forall\, r \in R\ [ar \in A \wedge ra \in A].$$

Angenommen $ar \notin A \Rightarrow$ es gibt $s \in R$ mit $ars = 1$. Nach der Vorbemerkung (mit $a = b$ und $rs = b'$) folgt $rsa = 1$ im Widerspruch zu $a \in A$. Analog für ra.
„(2) $\Rightarrow$ (3r)" Da $A \subsetneq {}_R R_R \Rightarrow A \subsetneq R_R$. Da $1 \notin A \Rightarrow A \neq R$. Sei $B \subsetneq R_R \wedge b \in B \Rightarrow bR \subsetneq B \subsetneq R_R \Rightarrow$ b hat kein Rechtsinverses $\Rightarrow$ b hat kein Inverses $\Rightarrow b \in A \Rightarrow B \subsetneq A$.

„(3r) $\Rightarrow$ (4r)" Klar.

„(4r) $\Rightarrow$ (5r)" Sei C ein größtes echtes Rechtsideal (was dann eindeutig bestimmt ist). Sei $r \in R$; angenommen, r und $1 - r$ wären beide nicht rechtsinvertierbar $\Rightarrow rR \subsetneq R_R \wedge (1 - r)R \subsetneq R_R \Rightarrow rR \subsetneq C \wedge (1 - r)R \subsetneq C \Rightarrow 1 \in rR + (1 - r)R \subsetneq C \Rightarrow C = R$ ↯.

„(5r) $\Rightarrow$ (6)" Es genügt zu zeigen, daß jedes rechtsinvertierbare Element invertierbar ist. Sei $bb' = 1$.

1. F a l l. $b'b$ rechtsinvertierbar $\Rightarrow$ es gibt $s \in R$ mit $1 = b'bs \Rightarrow b = bb'bs = bs \Rightarrow 1 = b'b$.

2. F a l l $1 - b'b$ rechtsinvertierbar $\Rightarrow$ es gibt $s \in R$ mit $1 = (1 - b'b)s \Rightarrow b = b(1 - b'b)s = bs - bb'bs = 0$ im Widerspruch zu $bb' = 1$.

„(6) $\Rightarrow$ (1)" Angenommen, für $a_1, a_2 \in A$ wäre $a_1 + a_2$ invertierbar $\Rightarrow$ es gibt $s \in R$ mit $(a_1 + a_2)s = 1 \Rightarrow a_1 s = 1 - a_2 s$. Wegen (6) $\Rightarrow$(5r) können wir (wie im Beweis (5r) $\Rightarrow$(6) gezeigt) benutzen, daß jedes rechtsinvertierbare Element invertierbar ist. Daher folgt aus $a \in A \wedge r \in R$ auch $ar \in A$ (denn $ar \notin A \Rightarrow$ ar rechtsinvertierbar $\Rightarrow$ a rechtsinvertierbar $\Rightarrow a \notin A$ ↯). Dann folgt $a_1 s \in A \wedge a_2 s \in A$; im Widerspruch dazu erhält man aus $a_2 s \in A$ wegen (6) $a_1 s = 1 - a_2 s \notin A$ ↯.

Analog erhält man die linksseitigen Behauptungen. □

7.1.2 Definition *Ein Ring, der die äquivalenten Eigenschaften von* 7.1.1 *erfüllt, heißt* l o k a l e r R i n g.

7.1.3 Folgerung *Sei* R *ein lokaler Ring und* A *das Ideal der nicht invertierbaren Elemente von* R. *Dann gilt*

(1) R/A *ist ein Schiefkörper.*

(2) *Jedes links- bzw. rechtsinvertierbare Element ist invertierbar.*

(3) *Jeder von Null verschiedene Ring, der Bild eines lokalen Ringes bei einem surjektiven Ringhomomorphismus ist, ist selbst lokal.*

S p e z i e l l: *Jedes isomorphe Bild eines lokalen Ringes ist lokal.*

B e w e i s. (1) Jedes nicht in A enthaltene Element besitzt ein Inverses.

(2) Im Beweis von 7.1.1 enthalten.

(3) Sei $\sigma : R \to S$ ein surjektiver Ringhomomorphismus. Wir zeigen, daß 7.1.1 (6) für S erfüllt ist. Sei $s \in S$, dann gibt es $r \in R$ mit $\sigma(r) = s$ und folglich $\sigma(1-r) = \sigma(1) - \sigma(r) = 1 - s$. Nach Voraussetzung ist entweder r oder $1 - r$ invertierbar. Sei r invertierbar, dann ist $\sigma(r^{-1})$ ein inverses Element von s, denn aus $rr^{-1} = r^{-1}r = 1$ folgt $\sigma(r)\,\sigma(r^{-1}) = s\,\sigma(r^{-1}) = \sigma(r^{-1}) \cdot s = \sigma(1) = 1 \in S$. Ist $1 - r$ invertierbar, so ist $\sigma((1-r)^{-1})$ ein inverses Element von $1 - s$. □

7.1.4 Beispiele für lokale Ringe. **1.** Der Potenzreihenring K[[x]] über einem Körper K ist lokal, denn die nicht invertierbaren Elemente sind genau die mit konstantem Glied = 0, und die Menge dieser Elemente ist additiv abgeschlossen.

2. Lokalisierungen von kommutativen Ringen nach Primidealen sind lokal. Wir geben kurz die Definition der L o k a l i s i e r u n g:

Sei R ein kommutativer Ring und sei $P \neq R$ ein Primideal in R, wobei also P definiert ist durch die Eigenschaft

$$\forall\, a, b \in R\ [ab \in P \Rightarrow (a \in P \vee b \in P)].$$

Damit ist äquivalent

$$\forall\, a, b \in R\ [(a \notin P \wedge b \notin P) \Rightarrow ab \notin P].$$

Sei jetzt

$$\Gamma = \{(r, a) \mid r \in R \wedge a \in R \setminus P\}.$$

In Γ wird eine Äquivalenzrelation $\sim$ eingeführt:

$$(r_1, a_1) \sim (r_2, a_2) :\iff \exists\, a \in R \setminus P\ [r_1 a_2 a = r_2 a_1 a]$$

Die Äquivalenzklasse mit dem Repräsentanten (r, a) wird durch $\frac{r}{a}$ bezeichnet.

Sei $R_{(P)}$ die Menge der Äquivalenzklassen, d.h.

$$R_{(P)} = \{\tfrac{r}{a} \mid r \in R \wedge a \notin P\}.$$

Dann wird $R_{(P)}$ durch die Definitionen

$$\frac{r_1}{a_1} + \frac{r_2}{a_2} := \frac{r_1 a_2 + r_2 a_1}{a_1 a_2}, \quad \frac{r_1}{a_1}\,\frac{r_2}{a_2} := \frac{r_1 r_2}{a_1 a_2}$$

zu einem Ring, was leicht nachzurechnen ist. Das Null- bzw. Einselement aus $R_{(P)}$ ist das Element $\frac{0}{1}$ bzw. $\frac{1}{1}$ mit 0 = Nullelement und 1 = Einselement aus R.

Die Abbildung

$$\varphi : \quad R \ni r \mapsto \frac{r}{1} \in R_{(P)}$$

ist ein Ringhomomorphismus, und oft wird Bi(φ) mit R identifiziert (z.B. wird $\mathbb{Z}$ als Unterring von $\mathbb{Q}$ betrachtet).

In $R_{(P)}$ sind genau die Elemente der Form $\frac{r}{a}$ mit $r \in P$ nicht invertierbar, wie sofort nachzuprüfen ist. Die Menge dieser Elemente ist aber additiv abgeschlossen, und folglich ist $R_{(P)}$ lokal.

Zur Übung führe der Leser die Beweise im einzelnen aus, insbesondere den Nachweis der Unabhängigkeit der Definitionen von Repräsentanten.

In einem kommutativen nullteilerfreien Ring R ist 0 ein Primideal und $R_{(0)}$ ist der Quotientenkörper von R. Ein Beispiel hierfür bildet $\mathbb{Z}$ mit $\mathbb{Z}_{(0)} = \mathbb{Q}$.

Ist R ein Hauptidealring und P = (p), dann wird auch $R_{(p)}$ anstatt $R_{(P)}$ geschrieben.

Beachte: $\mathbb{Q}_p \neq \mathbb{Z}_{(p)}$!

7.2 Lokale Endomorphismenringe

Es sollen jetzt Bedingungen dafür angegeben werden, daß der Endomorphismenring eines Moduls lokal ist. Eine notwendige Bedingung hierfür ist, daß der Modul direkt unzerlegbar ist. Diese Bedingung ist jedoch im allgemeinen nicht hinreichend, wie das Beispiel $\mathbb{Z}_{\mathbb{Z}}$ zeigt. Daher sind zusätzliche Eigenschaften anzugeben, die sichern, daß der Endomorphismenring lokal ist.

Wir beginnen damit, einige ringtheoretische Eigenschaften zu betrachten, die in diesem Zusammenhang von Interesse sind.

7.2.1 Definition *Sei* R *ein Ring und sei* $r \in R$.

(1) r *heißt* nilpotent $:\Longleftrightarrow \exists n \in \mathbb{N}\, [r^n = 0]$.

(2) r *heißt* idempotent $:\Longleftrightarrow r^2 = r$.

7.2.2 Folgerungen

(1) *Wenn* r *nilpotent ist, so ist* r *nicht invertierbar und* $1 - r$ *ist invertierbar.*

(2) *Wenn* r *idempotent ist, so ist auch* $1 - r$ *idempotent.*

(3) *Ist* r *idempotent und invertierbar, so ist* $r = 1$.

Beweis. (1) Angenommen rs = 1. Sei n_0 das kleinste $n \in \mathbb{N}$ mit $r^n = 0 \Rightarrow r^{n_0 - 1} \neq 0 \Rightarrow 0 = r^{n_0} s = r^{n_0 - 1} rs = r^{n_0 - 1} \cdot 1 = r^{n_0 - 1} \neq 0$ ↯ . Ferner gilt

$$(1 - r)(1 + r + \ldots + r^{n_0 - 1}) = (1 + r + \ldots + r^{n_0 - 1})(1 - r) = 1.$$

(2) $(1 - r)(1 - r) = 1 - r - r + r^2 = 1 - r - r + r = 1 - r$.

(3) $r^2 = r \wedge rr' = 1 \Rightarrow r = r \cdot rr' = r^2 r' = rr' = 1$. □

Beispiele 1. Sei R der Ring aller n x n-Matrizen mit Koeffizienten in einem Körper (oder Ring). Sei d_{ij} die Matrix, die im Schnittpunkt der i-ten Zeile und j-ten Spalte die 1 und sonst überall die 0 enthält. Dann gilt

$$d_{ij}\, d_{k\ell} = \delta_{jk}\, d_{i\ell} = \begin{cases} 0 & \text{für } j \neq k \\ d_{i\ell} & \text{für } j = k \end{cases},$$

insbesondere:

$$d_{ij}^2 = 0 \text{ für } i \neq j, \quad \text{d.h.,} \quad d_{ij} \text{ ist nilpotent,}$$
$$d_{ii}^2 = d_{ii} \qquad \text{d.h.,} \quad d_{ii} \text{ ist idempotent.}$$

2. Seien G eine endliche Gruppe der Ordnung n, K ein Körper und GK der Gruppenring. Sei

$$\gamma := \sum_{g \in G} g,$$

dann gilt $\gamma g = \gamma$ für jedes $g \in G$ und folglich $\gamma^2 = \gamma n$.

Ist die Charakteristik $\chi(K)$ von K ein Teiler von n, dann folgt $\gamma^2 = \gamma n = 0$, d.h., γ ist nilpotent. Ist $\chi(K)$ kein Teiler von n, dann gilt

$$\left(\gamma \frac{1}{n}\right)^2 = \gamma^2 \frac{1}{n^2} = \gamma \frac{n}{n^2} = \gamma \frac{1}{n},$$

und folglich ist $\gamma \frac{1}{n}$ idempotent.

Im folgenden Hilfssatz werden einige Zerlegungseigenschaften von Ringen zusammengestellt, die später auch bei anderen Gelegenheiten gebraucht werden.

7.2.3 Hilfssatz *Sei* R *ein Ring und sei*

$$R_R = \bigoplus_{i \in I} A_i$$

eine direkte Zerlegung von R *in Rechtsideale* A_i, $i \in I$.

Dann gilt:

(a) *Die Teilmenge*

$$I_0 = \{i \mid i \in I \wedge A_i \neq 0\}$$

ist endlich; folglich gilt

$$R = \bigoplus_{i \in I_0} A_i$$

(b) *Es existieren Elemente* $e_i \in A_i$ *für* $i \in I_0$, *so daß für* $i, j \in I_0$ *gilt:*

(1) $\quad A_i = e_i R, \qquad i \in I_0,$

(2) $\quad 1 = \sum_{i \in I_0} e_i,$

(3) $\quad e_i e_j = \begin{cases} e_i & \text{für } i = j \\ 0 & \text{für } i \neq j \end{cases}, \quad (i, j \in I_0),$

d.h., $\{e_i \mid i \in I_0\}$ *ist eine Menge von orthogonalen Idempotenten.*

(c) *Sind die* A_i, $i \in I_0$, *zweiseitige Ideale, dann sind die Elemente* e_i, $i \in I_0$ *in* (b) *aus dem Zentrum von* R (*d.h.* $e_i r = r e_i$ *für alle* $r \in R$).

(d) *Sind umgekehrt orthogonale Idempotente* $e_1, \ldots, e_n \in R$ *mit*

$$1 = \sum_{i=1}^{n} e_i$$

gegeben, dann folgt

$$R = \bigoplus_{i=1}^{n} e_i R ,$$

und die $e_i R$ *sind sogar zweiseitige Ideale, falls die* e_i *im Zentrum von* R *enthalten sind.*

Beweis. Sei $1 = \sum_{i \in I} e_i$, $e_i \in A_i$, und sei

$$I_0 \quad := \quad \{i \mid i \in I \wedge e_i \neq 0\} .$$

Dann ist I_0 endlich, und es gilt

$$1 = \sum_{i \in I_0} e_i$$

sowie $e_i \neq 0$ für $i \in I_0$. Wegen $e_i \in A_i$ folgt auch $A_i \neq 0$ für $i \in I_0$. Sei jetzt $a_j \in A_j$ für beliebiges $j \in I$, dann ergibt sich aus

$$1 = \sum_{i \in I_0} e_i$$

durch Multiplikation mit a_j von rechts

$$a_j = \sum_{i \in I_0} e_i a_j .$$

Wegen $R_R = \bigoplus_{i \in I} A_i$ und $e_i a_j \in A_i$ folgt daraus

1. für $j \notin I_0 : a_j = 0 \Rightarrow A_j = 0 \Rightarrow I_0 = \{i \mid i \in I \wedge A_i \neq 0\} \Rightarrow R = \bigoplus_{i \in I_0} A_i$, womit (a) bewiesen ist;

2. für $j \in I_0 : a_j = e_j a_j \Rightarrow A_j = e_j A_j \subseteq e_j R \subseteq A_j \Rightarrow A_j = e_j R$, sowie $0 = e_i a_j$ für $i \neq j$.

Beschränken wir uns jetzt auf $i, j \in I_0$, dann ergibt sich für $e_j = a_j$

$$e_j = e_j e_j, \quad e_i e_j = 0 \qquad \text{für } i \neq j,$$

womit insgesamt (b) bewiesen ist. Aus $r \in R$ und $1 = \sum_{i \in I_0} e_i$ folgt sowohl

$$r = \sum_{i \in I_0} e_i r \quad \text{als auch} \quad r = \sum_{i \in I_0} r e_i .$$

Sind die A_i zweiseitige Ideale, dann gilt $r e_i \in A_i$ und es folgt wegen

$$\sum_{i \in I_0} e_i r = \sum_{i \in I_0} r e_i$$

die Behauptung $e_i r = re_i$ von (c). Zum Beweis von (d) folgt zunächst

$$R = \sum_{i=1}^{n} e_i R \quad \text{aus} \quad 1 = \sum_{i=1}^{n} e_i$$

durch Multiplikation mit R von rechts. Sei nun

$$r \in e_{i_0} R \cap \sum_{\substack{i=1 \\ i \neq i_0}}^{n} e_i R ,$$

dann folgt $r = e_{i_0} r$ und

$$r = \sum_{\substack{i=1 \\ i \neq i_0}}^{n} e_i r_i ,$$

also $r = e_{i_0} r = \sum_{\substack{i=1 \\ i \neq i_0}}^{n} e_{i_0} e_i r_i = 0$. Folglich gilt

$$R = \bigoplus_{i=1}^{n} e_i R .$$

Liegen die e_i im Zentrum von R, dann ist $e_i R$ wegen $re_i R = e_i rR \hookrightarrow e_i R$ ein zweiseitiges Ideal. Damit ist der Hilfssatz bewiesen. □

7.2.4 Folgerung *Für einen Ring* R *sind äquivalent:*

(1) *Direkt unzerlegbar* R_R ,

(2) *direkt unzerlegbar* ${}_R R$,

(3) 1 *und* 0 *sind die einzigen Idempotente in* R.

Beweis. „(1) ⇒ (3)“ Sei e ein Idempotent, dann sind e, 1 – e orthogonale Idempotente mit $1 = e + (1 - e)$. Also folgt nach 7.2.3

$$R = eR \oplus (1 - e)R .$$

Wegen (1) gilt entweder $eR = 0$, also $e = 0$, oder $eR = R$. Im letzteren Falle folgt

$$(1-e)\, R = (1-e)\, eR = 0, \text{ also } (1-e)\, 1 = 1-e = 0$$

„(3) ⇒ (1)“ Angenommen $R_R = A \oplus B$, dann gibt es nach 7.2.3 ein Idempotent e mit $A = eR$. Wegen (3) folgt $e = 1$ oder $e = 0$, also $A = R$ oder $A = 0$, d.h., R_R ist direkt unzerlegbar.

Analog zeigt man (2) ⟺ (3). □

7.2.5 Satz *Sei* $S := \text{End}(M_R)$, *dann sind äquivalent:*

(1) *Direkt unzerlegbar* M_R ,

(2) *direkt unzerlegbar* S_S,

(3) *direkt unzerlegbar* ${}_S S$,

(4) 0 *und* 1 *sind die einzigen Idempotente in* S.

B e w e i s. Nach 7.2.4 sind (2), (3) und (4) äquivalent.

„(1) ⇒ (4)“ Sei $e \in S$ ein Idempotent, dann gilt

$$M = e(M) \oplus (1 - e)(M),$$

denn für $m \in M$ folgt $m = e(m) + (1 - e)(m)$, und nimmt man $e(m_1) = (1 - e)(m_2)$ an, so ergibt die Anwendung von e auf diese Gleichung

$$e^2(m_1) = e(m_1) = e(1 - e)(m_2) = 0 .$$

Wegen (1) muß $e(M) = 0$, also $e = 0$ oder $(1-e)(M) = 0$, also $1 = e$ sein.

„(4) ⇒ (1)“ Angenommen $M_R = A \oplus B$, dann ist

$$\eta : M \ni a + b \mapsto a \in M$$

ein Endomorphismus mit $\eta^2 = \eta$, also ein Idempotent in S. Nach Voraussetzung folgt $\eta = 0$ oder $\eta = 1$. Ist $\eta = 0$, dann folgt $A = 0$; ist $\eta = 1$, dann folgt $A = M$, d.h., M ist direkt unzerlegbar. □

7.2.6 Folgerung *Sei* $S := \text{End}(M_R)$ *lokal, dann ist* M_R *direkt unzerlegbar.*

B e w e i s. Nach 7.2.5 genügt es festzustellen, daß 0 und 1 die einzigen Idempotente in S sind. Sei $e \in S$ ein Idempotent, dann ist auch $1 - e$ ein Idempotent. Angenommen $e \neq 0$, $e \neq 1$, dann gilt auch $1 - e \neq 0$, $1 - e \neq 1$. Da e und $1 - e$ beide nicht invertierbar sind, müßte bei einem lokalen Ring auch $1 = e + 1 - e$ nicht invertierbar sein ↯. □

Unter zusätzlichen Voraussetzungen gilt von dieser Aussage die Umkehrung, wie wir in zwei Fällen zeigen werden.

7.2.7 Satz *Sei* $M_R \neq 0$ *ein direkt unzerlegbarer Modul von endlicher Länge, dann ist* $\text{End}(M_R)$ *lokal und die nichtinvertierbaren Elemente aus* $\text{End}(M_R)$ *sind genau die nilpotenten Elemente.*

B e w e i s. Sei $\varphi \in \text{End}(M_R)$. Dann gilt nach 6.4.2

$$\exists\, n \in \mathbb{N}\, [M = \text{Bi}(\varphi^n) \oplus \text{Ke}(\varphi^n)].$$

Da M direkt unzerlegbar ist, folgt entweder $\text{Ke}(\varphi^n) = 0$ oder $\text{Bi}(\varphi^n) = 0$.

1. F a l l. $\text{Ke}(\varphi^n) = 0 \Rightarrow \text{Ke}(\varphi) = 0 \Rightarrow$ Monomorphismus $\varphi \Rightarrow$ Automorphismus φ nach 6.4.2, d.h., φ ist invertierbar.

2. F a l l. $\text{Bi}(\varphi^n) = 0 \Rightarrow \varphi^n = 0 \Rightarrow 1 - \varphi$ invertierbar nach 7.2.2 (1).

Wir haben also festgestellt: Entweder ist φ oder $1 - \varphi$ invertierbar; nach 7.1.1 ist dann $\text{End}(M_R)$ lokal. Ist φ nicht invertierbar (2. Fall), dann ist φ nilpotent. Ist umgekehrt φ nilpotent, dann ist φ nach 7.2.2 nicht invertierbar. □

Als Spezialfall kann man diesem Satz das uns schon bekannte Resultat entnehmen, daß der Endomorphismenring eines einfachen Moduls ein Schiefkörper ist; denn der einzige nilpotente Endomorphismus eines einfachen Moduls ist die Nullabbildung.

Ein weiterer interessanter Fall wird durch den folgenden Satz angegeben.

7.2.8 Satz *Sei* $Q_R \neq 0$ *ein direkt unzerlegbarer injektiver Modul, dann ist* $\mathrm{End}(Q_R)$ *lokal.*

B e w e i s. Sei $\varphi : Q \to Q$ ein Monomorphismus, dann ist $\mathrm{Bi}(\varphi)$ injektiv, also direkter Summand in Q. Da Q direkt unzerlegbar ist, folgt $\mathrm{Bi}(\varphi) = Q$, d.h., φ ist ein Automorphismus und daher in $\mathrm{End}(Q_R)$ invertierbar. Daher hat jeder nichtinvertierbare Endomorphismus von Q einen von Null verschiedenen Kern.

Seien jetzt φ_1, φ_2 zwei nichtinvertierbare Endomorphismen von Q, dann gilt also $\mathrm{Ke}(\varphi_1) \neq 0$, $\mathrm{Ke}(\varphi_2) \neq 0$. Da Q nach 6.6.2 irreduzibel ist, folgt daraus

$$0 \neq \mathrm{Ke}(\varphi_1) \cap \mathrm{Ke}(\varphi_2) \subseteq \mathrm{Ke}(\varphi_1 + \varphi_2),$$

d.h. auch $\varphi_1 + \varphi_2$ ist nicht invertierbar. Nach 7.1.1 ist dann $\mathrm{End}(M_R)$ lokal. □

Im Hinblick auf den folgenden Satz von Krull-Remak-Schmidt ist die Frage von Interesse, welche Moduln sich in eine direkte Summe von Untermoduln mit lokalem Endomorphismenring zerlegen lassen. Eine positive Antwort auf diese Frage gibt es vor allem in den hier folgenden wichtigen Fällen:

1. M ist ein injektiver Modul über einem noetherschen (oder artinschen) Ring,
2. M ist ein Modul endlicher Länge,
3. M ist ein halbeinfacher Modul,
4. M ist ein projektiver, semi-perfekter Modul.

Fall 1 wurde von uns bereits durch 6.6.5 und 7.2.8 beantwortet. Fall 2 soll sogleich im Anschluß behandelt werden. Auf Fall 3 oder 4 gehen wir in Kapitel 8 bzw. 11 ein.

7.2.9 Satz *Sei* $M_R \neq 0$.

(a) *Sei* M *artinsch oder noethersch, dann gibt es direkt unzerlegbare Untermoduln* $M_1, \ldots, M_n$ *von* M *mit*

$$M = \bigoplus_{i=1}^{n} M_i .$$

(b) *Sei* M *von endlicher Länge (d.h. artinsch und noethersch), dann gibt es direkt unzerlegbare Untermoduln* $M_1, \ldots, M_n$ *von* M *mit*

$$M = \bigoplus_{i=1}^{n} M_i \wedge \textit{lokal}\ \mathrm{End}(M_i) \quad \textit{für}\ i = 1, \ldots, n .$$

B e w e i s. (a) Sei M artinsch. Sei Γ die Menge der direkten Summanden $B \neq 0$ von M. Wegen $M \neq 0$ und $M = M \oplus 0$ gilt $M \in \Gamma$, also $\Gamma \neq \emptyset$. Sei B_0 minimal in Γ, dann ist B_0 direkt unzerlegbar (da sonst B_0 nicht minimal in Γ wäre). Sei jetzt Λ die Menge der Untermoduln $C \subsetneq M$, so daß endlich viele direkt unzerlegbare Untermoduln $B_1 \neq 0, \ldots, B_\ell \neq 0$ mit

$$M = B_1 \oplus \ldots \oplus B_\ell \oplus C$$

existieren. Wegen der Existenz von B_0 ist $\Lambda \neq \emptyset$. Sei C_0 minimal in Λ und sei

$$M = M_1 \oplus \ldots \oplus M_n \oplus C_0$$

die entsprechende Zerlegung. Behauptung: $C_0 = 0$. Andernfalls würde C_0, da er als Untermodul eines artinschen Moduls wieder artinsch ist (6.1.2), nach der ersten Bemerkung einen direkt unzerlegbaren direkten Summanden $\neq 0$ abspalten im Widerspruch zur Minimalität von C_0.

Sei jetzt M noethersch und sei jetzt Γ die Menge der direkten Summanden $A \neq M$ von M. Wegen $0 \in \Gamma$ ist $\Gamma \neq \emptyset$. Sei A_0 maximal in Γ und gelte

$$M = A_0 \oplus B_0.$$

Wegen der Maximalität von A_0 ist B_0 direkt unzerlegbar und wegen $A_0 \neq M$ gilt $B_0 \neq 0$. Sei jetzt Λ die Menge aller Untermoduln von M, die direkte Summanden von M und endliche direkte Summe von direkt unzerlegbaren Untermoduln sind.

Wegen $\{0\} \in \Lambda$ ist $\Lambda \neq \emptyset$. Sei

$$B_1 + \ldots + B_k = B_1 \oplus \ldots \oplus B_k$$

mit direkt unzerlegbaren B_i maximales Element in Λ. Sei ferner

$$M = B_1 \oplus \ldots \oplus B_k \oplus C_0.$$

Angenommen $C_0 \neq 0$, dann müßte nach der ersten Überlegung der noethersche Modul C_0 einen direkt unzerlegbaren direkten Summanden $\neq 0$ enthalten. Dies widerspricht der Maximalität von $B_1 \oplus \ldots \oplus B_k$. Also ist $C_0 = 0$ und der Beweis vollständig.

B e m e r k u n g: Die „Symmetrie" beider Beweise beruht darauf, daß beim ersten nur die Minimal-, beim zweiten nur die Maximalbedingung für direkte Summanden benötigt wird. Nach Übung 7, Kapitel 6, sind aber diese beide Bedingungen äquivalent.

(b) Folgt aus (a), 6.1.2 und 7.2.7. □

7.3 Der Satz von Krull-Remak-Schmidt

Wir kommen jetzt zu dem wichtigen Eindeutigkeitssatz von K r u l l - R e m a k - S c h m i d t.

7.3.1 Satz *Seien*

$$M_R = \bigoplus_{i \in I} M_i \ \wedge \ \textit{lokal}\ \mathrm{End}(M_i)\ \textit{für alle}\ i \in I$$

und $M_R = \bigoplus_{j \in J} N_j \wedge$ *direkt unzerlegbar* N_j *und* $N_j \neq 0$ *für alle* $j \in J$,

dann existiert eine Bijektion $\beta : I \to J$ *mit* $M_i \cong N_{\beta(i)}$ *für alle* $i \in I$.

Den Beweis führen wir in mehreren Schritten, die wir zum Teil als Hilfssätze formulieren.

7.3.2 Hilfssatz *Seien*

$$M = \bigoplus_{i \in I} M_i \wedge \textit{lokal } \mathrm{End}(M_i) \textit{ für alle } i \in I$$

$$\wedge\ \sigma, \tau \in \mathrm{End}(M) \textit{ mit } 1_M = \sigma + \tau,$$

dann existieren zu jedem $j \in I$ *ein* $U_j \subsetneq M$ *und ein Isomorphismus* $\varphi_j : M_j \to U_j$, *der von* σ *oder* τ *induziert wird (d.h.* $\varphi_j(x) = \sigma(x)$ *für alle* $x \in M_j$ *oder* $\varphi_j(x) = \tau(x)$ *für alle* $x \in M_j$), *so daß gilt:*

$$M = U_j \oplus (\bigoplus_{\substack{i \in I \\ i \neq j}} M_i).$$

Beweis. Seien $\pi_j : M \to M_j$ die Projektionen, $\iota_j : M_j \to M$ die Injektionen für alle $j \in I$ (im Sinne von Kapitel 4).

Aus $1_M = \sigma + \tau$ folgt

$$1_{M_j} = \pi_j 1_M \iota_j = \pi_j(\sigma + \tau)\iota_j = \pi_j \sigma \iota_j + \pi_j \tau \iota_j .$$

Da in dem lokalen Ring $\mathrm{End}(M_j)$ die nichtinvertierbaren Elemente ein Ideal bilden (7.1.1), aber 1_{M_j} invertierbar ist, muß mindestens eines der Elemente $\pi_j \sigma \iota_j$, $\pi_j \tau \iota_j$ invertierbar, d.h. ein Automorphismus von M_j sein.

Sei etwa $\pi_j \sigma \iota_j$ ein Automorphismus. Dann wird definiert:

$$\begin{aligned} U_j &:= \sigma \iota_j(M_j) = \sigma(M_j)\,, \\ \varphi_j &: M_j \ni x \mapsto \sigma(x) \in U_j\,, \\ \iota_j' &: U_j \ni y \mapsto y \in M\,. \end{aligned}$$

Danach ist φ_j ein Epimorphismus. Für $x \in M_j$ gilt dann

$$\iota_j' \varphi_j(x) = \varphi_j(x) = \sigma(x) = \sigma \iota_j(x) \Rightarrow \iota_j' \varphi_j = \sigma \iota_j \Rightarrow \pi_j \iota_j' \varphi_j = \pi_j \sigma \iota_j .$$

Man hat damit das folgende kommutative Diagramm

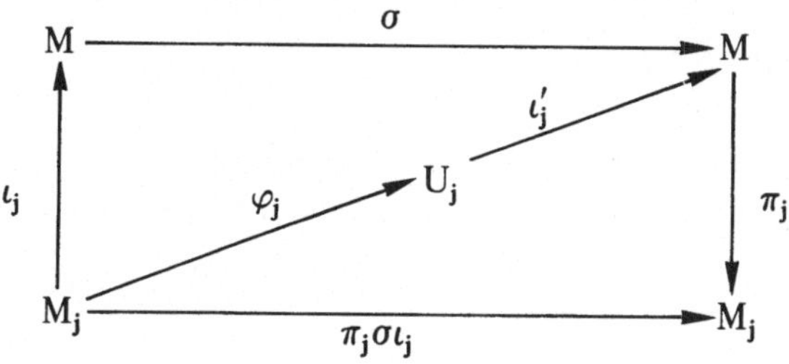

Da $\pi_j \sigma \iota_j$ ein Automorphismus ist, folgt aus der Kommutativität des unteren Dreiecks nach 3.4.10

$$M = \mathrm{Bi}(\iota_j' \varphi_j) \oplus \mathrm{Ke}(\pi_j) = U_j \oplus (\bigoplus_{\substack{i \in I \\ i \neq j}} M_i).$$ □

7.3.3 Hilfssatz *Voraussetzung wie in 7.3.2. Sei ferner* $E = \{i_1, \ldots, i_t\} \subset I$. *Dann gibt es* $C_{i_j} \subsetneq M$, $j = 1, \ldots, t$ *und Isomorphismen*

$$\gamma_{i_j} : M_{i_j} \to C_{i_j},$$

die entweder durch σ oder τ induziert werden, so daß gilt:

$$M = C_{i_1} \oplus \ldots \oplus C_{i_t} \oplus (\bigoplus_{\substack{i \in I \\ i \notin E}} M_i).$$

B e w e i s. Die C_{i_j} werden mit Hilfe von 7.3.2 sukzessiv bestimmt. Für $i_1 = j$ in 7.3.2 sei $C_{i_1} = U_{i_1}$, wofür dann

$$M = C_{i_1} \oplus (\bigoplus_{\substack{i \in I \\ i \neq i_1}} M_i)$$

gilt. Wegen $M_{i_1} \cong C_{i_1}$ ist auch $\mathrm{End}(C_{i_1})$ lokal. In dieser Zerlegung tausche man jetzt nach 7.3.2 M_{i_2} gegen ein C_{i_2} aus. B e a c h t e : C_{i_2} braucht nicht gleich U_{i_2} zu sein, da jetzt eine andere Zerlegung von M vorliegt! Nach t Schritten (d.h. durch Induktion) erhält man das gewünschte Resultat. □

7.3.4 Hilfssatz *Seien*

$$M = \bigoplus_{i \in I} M_i \quad \wedge \quad \textit{lokal}\ \mathrm{End}(M_i)\ \textit{für alle}\ i \in I \quad \wedge$$

$M = A \oplus B$ ∧ *direkt unzerlegbar* $A \neq 0$ ∧ $\pi' : M \to A$ *die zugehörige Projektion,*

dann existiert ein $k \in I$, *so daß* π' *einen Isomorphismus von* M_k *auf* A *induziert und* $M = M_k \oplus B$ *gilt.*

B e w e i s. Sei $\iota : A \to M$ die Inklusion und sei $\pi := \iota\pi'$. Wegen $1_M = \pi + (1_M - \pi)$ kann 7.3.2 mit $\sigma = \pi$ und $\tau = 1 - \pi$ benutzt werden. Wegen $A \neq 0$ gibt es $0 \neq a \in A$, wofür $\pi(a) = a$ gilt. Dann folgt $(1_M - \pi)(a) = 0$. Sei

$$a = \sum_{j=1}^{t} m_{i_j} \qquad \text{mit } 0 \neq m_{i_j} \in M_{i_j},\ i_j \in I,$$

die eindeutige Darstellung in $M = \bigoplus_{i \in I} M_i$.

Im Sinne von 7.3.3 seien jetzt die Moduln C_{i_j} und die Isomorphismen γ_{i_j} bestimmt. Angenommen die γ_{i_j} wären alle durch $1_M - \pi$ induziert, dann folgte

$$0 = (1_M - \pi)(a) = \sum_{j=1}^{t} (1_M - \pi)(m_{i_j})$$

mit $(1_M - \pi)(m_{i_j}) = \gamma_{i_j}(m_{i_j}) \in C_{i_j}$. Weil die Summe der C_{i_j} direkt ist, impliziert dies $\gamma_{i_j}(m_{i_j}) = 0$, also $m_{i_j} = 0$ und schließlich $a = 0$ ↯. Also gibt es mindestens ein i_j, so daß γ_{i_j} durch π induziert wird; dies werde mit k bezeichnet. Dann ist also

$$\gamma_k : M_k \ni x \mapsto \pi(x) \in C_k$$

ein Isomorphismus. Nach 7.3.3 ist C_k direkter Summand von M; sei also $M = C_k \oplus L$. Ferner gilt

$$C_k = \pi(M_k) \subsetneq \pi(M) = A .$$

Dann folgt

$$A = M \cap A = (C_k \oplus L) \cap A = C_k \oplus (L \cap A),$$

und da A direkt unzerlegbar und $C_k \neq 0$ ist (wegen $M_k \neq 0$), erhält man schließlich $A = C_k$.

Aus dem kommutativen Diagramm

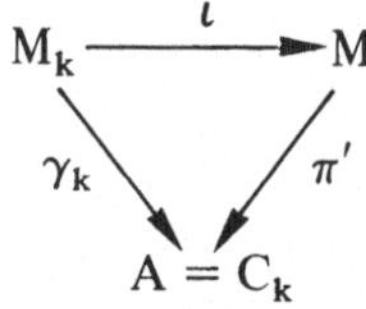

wobei $\iota : M_k \to M$ die Inklusionsabbildung ist, folgt dann nach 3.4.10

$$M = \mathrm{Bi}(\iota) \oplus \mathrm{Ke}(\pi') = M_k \oplus B,$$

womit der Hilfssatz bewiesen ist. □

B e w e i s von 7.3.1. Nach 7.3.4 (mit $A = N_j$) ist jedes N_j zu einem M_i isomorph; also ist $\mathrm{End}(N_j)$ lokal und die Voraussetzungen sind symmetrisch. Wir führen jetzt in I und in J je eine Äquivalenzrelation ein und zwar sei

$$i_1 \sim i_2 \quad :\Longleftrightarrow \quad M_{i_1} \cong M_{i_2}, \qquad (i_1, i_2 \in I),$$
$$j_1 \sim j_2 \quad :\Longleftrightarrow \quad N_{j_1} \cong N_{j_2}, \qquad (j_1, j_2 \in J).$$

Für $i \in I$ sei $\bar{i}$ die durch i erzeugte Äquivalenzklasse und $\bar{I}$ sei die Menge aller Äquivalenzklassen. Analoge Bezeichnung für J.

D e f i n i t i o n. $\Phi : \bar{I} \to \bar{J}$ sei durch $\Phi(\bar{i}) = \bar{j}$ definiert, falls $M_i \cong N_j$.

Φ ist eine bijektive Abbildung. Φ ist auf $\bar{I}$ definiert, da nach 7.3.4 (für $A = M_i$ und $M = \oplus N_j$ an Stelle von $M = \oplus M_i$ in 7.3.4) ein $j \in J$ mit $N_j \cong M_i$ existiert. Da die Isomorphie eine Äquivalenzrelation ist, ist Φ unabhängig vom Repräsentanten (in $\bar{I}$ und $\bar{J}$), d.h. tatsächlich eine Abbildung.

Φ ist injektiv, denn aus $\Phi(\bar{i}_1) = \bar{j}_1 = \bar{j}_2 = \Phi(\bar{i}_2)$ folgt $M_{i_1} \cong N_{j_1} \cong N_{j_2} \cong M_{i_2}$, also $\bar{i}_1 = \bar{i}_2$. Nach 7.3.4 (mit $A = N_j$) ist Φ auch *surjektiv.*

Zu zeigen bleibt noch, daß für jedes $i \in I$ eine Bijektion $\beta_{\bar{i}} : \bar{i} \to \Phi(\bar{i})$ existiert. Dann ist $\beta : I \ni i \mapsto \beta_{\bar{i}}(i) \in J$ die gesuchte Bijektion mit $M_i \cong N_{\beta(i)}$. Nach dem Satz von

Schröder-Bernstein (in jedem Lehrbuch über Mengenlehre zu finden) genügt es zu zeigen:

Es gibt injektive Abbildungen $\bar{i} \to \Phi(\bar{i})$ und $\Phi(\bar{i}) \to \bar{i}$.

Wegen der Symmetrie der Voraussetzungen braucht nur die Existenz einer Injektion, etwa $\Phi(\bar{i}) \to \bar{i}$ nachgewiesen zu werden.

1. Fall. $\bar{i}$ ist endlich; die Anzahl der Elemente von $\bar{i}$ sei etwa t. Sei ferner $E = \{j_1, \ldots, j_s\} \subset \Phi(\bar{i})$. Nach 7.3.4 (mit $A = N_{j_1}$) gibt es dann ein M_{i_1} mit $M_{i_1} \cong N_{j_1}$, d.h. $i_1 \in \bar{i}$ und

$$M = M_{i_1} \oplus (\bigoplus_{\substack{j \in J \\ j \neq j_1}} N_j) .$$

Nach 7.3.4 (mit $A = N_{j_2}$ und $B = M_{i_1} \oplus (\bigoplus_{\substack{j \in J \\ j \neq j_1, j \neq j_2}} N_j))$ gibt es weiterhin ein M_{i_2} mit $M_{i_2} \cong N_{j_2}$, d.h. $i_2 \in \bar{i}$ und

$$M = M_{i_1} \oplus M_{i_2} \oplus (\bigoplus_{\substack{j \in J \\ j \neq j_1, j \neq j_2}} N_j).$$

Sukzessiv erhält man so

$$M = M_{i_1} \oplus \ldots \oplus M_{i_s} \oplus (\bigoplus_{\substack{j \in J \\ j \notin E}} N_j) \wedge M_{i_\ell} \cong N_{j_\ell} \quad \text{für } \ell = 1, \ldots, s .$$

Da die Summe direkt ist, sind die $M_{i_1}, \ldots, M_{i_1}$ paarweise verschieden, also muß $s \leqslant t$ gelten. Folglich muß die Anzahl der Elemente von $\Phi(\bar{i}) \leqslant t$ sein, und die Behauptung ist klar.

2. Fall. $\bar{i}$ ist unendlich. Sei $\pi'_j : M \to N_j$ die Projektion, und sei für $k \in I$

$$E(k) := \{j \mid j \in J \wedge \pi'_j \text{ induziert einen Isomorphismus von } M_k \text{ auf } N_j\}.$$

Behauptung. E(k) ist endlich für alle $k \in I$.

Sei $0 \neq m \in M_k \wedge m = \sum_{\ell=1}^{t} n_{j_\ell}$, $0 \neq n_{i_\ell} \in N_{j_\ell} \Rightarrow \pi'_{j_\ell}(m) = n_{j_\ell}$; damit π'_j einen Isomorphismus induziert, muß $\pi'_j(m) \neq 0$ sein, d.h. $j \in \{j_1, \ldots, j_t\}$

Behauptung. $\Phi(\bar{i}) = \bigcup_{k \in \bar{i}} E(k)$.

„$\Phi(\bar{i}) \supset \bigcup_{k \in \bar{i}} E(k)$“: Sei $k \in \bar{i}$ und $j \in E(k)$“: Sei $k \in i$ und $j \in E(k)$.

$$\left.\begin{array}{l} k \in \bar{i} \quad\;\; \Rightarrow M_k \cong M_i \\ j \in E(k) \Rightarrow M_k \cong N_j \end{array}\right| \Rightarrow M_i \cong N_j \Rightarrow j \in \Phi(\bar{i}).$$

„$\Phi(i) \subset \bigcup_{k \in \bar{i}} E(k)$“: $j \in \Phi(i) \Rightarrow M_{i_1} \cong N_j$; nach 7.3.4 gibt es ein $k \in I$, so daß π'_j einen

Isomorphismus von M_k auf N_j induziert $\Rightarrow M_k \cong N_j \Rightarrow M_k \cong M_i \Rightarrow k \in \bar{i} \wedge j \in E(k)$. Sei $\dot{\bigcup}_{k \in \bar{i}} E(k)$ die disjunkte Vereinigung der Mengen E(k), dann gibt es eine Injektion $\Phi(\bar{i}) = \bigcup_{k \in \bar{i}} E(k) \to \dot{\bigcup}_{k \in \bar{i}} E(k)$. Da jedes E(k) endlich ist, gibt es für jedes E(k) eine Injektion in $\mathbb{N}$. Dann existiert eine Injektion

$$\dot{\bigcup_{k \in \bar{i}}} E(k) \to \bar{i} \times \mathbb{N}.$$

Da $\bar{i}$ unendlich ist, gibt es nach einem bekannten Schluß der Mengenlehre eine Bijektion $\bar{i} \times \mathbb{N} \to \bar{i}$. Alle Injektionen zusammen liefern eine Injektion $\Phi(\bar{i}) \to \bar{i}$.

Damit ist der Satz von Krull-Remak-Schmidt bewiesen. □

7.3.5 Folgerung: *Seien* $M = \bigoplus_{i \in I} M_i \wedge$ *lokal* $\mathrm{End}(M_i)$ *für alle* $i \in I \wedge N = \bigoplus_{j \in J} N_j \wedge$ *direkt unzerlegbar* N_j *und* $N_j \neq 0$ *für alle* $j \in J \wedge M \cong N$, *dann existiert eine Bijektion* $\beta : I \to J$ *mit* $M_i \cong N_{\beta(i)}$ *für alle* $i \in I$.

B e w e i s. Sei $\sigma : N \to M$ ein Isomorphismus, dann gilt

$$M = \bigoplus_{j \in J} \sigma(N_j)$$

mit direkt unzerlegbaren $\sigma(N_j)$, und nach 7.3.1 (mit $M = \bigoplus \sigma(N_j)$ an Stelle von $M = \bigoplus N_j$) folgt $M_i \cong \sigma(N_{\beta(i)}) \cong N_{\beta(i)}$. □

7.3.6 Folgerung *Die Zerlegung eines injektiven Moduls über einem noetherschen Ring bzw. eines Moduls endlicher Länge in eine direkte Summe von direkt unzerlegbaren Untermoduln ist im Sinne des Satzes von Krull-Remak-Schmidt eindeutig bestimmt.*

B e w e i s. Folgt aus 6.6.5 und 7.2.8 bzw. 7.2.9. □

Übungen zu Kapitel 7

1. Sei $\sigma : R \to S$ ein surjektiver Ringhomorphismus und $S \neq 0$. Zeige: Ist R lokal und ist A das Ideal der nicht invertierbaren Elemente aus R, dann ist $\sigma(A)$ das Ideal der nicht invertierbaren Elemente aus S.

2. a) Sei R ein lokaler Ring. Zeige, daß für M_R äquivalent sind:

(1) Der Untermodulverband von M ist totalgeordnet

(2) Die Menge der zyklischen Untermoduln von M ist totalgeordnet

(3) Jeder endlich erzeugte Untermodul von M ist zyklisch

(4) Jeder durch zwei Elemente erzeugbare Untermodul von M ist zyklisch.

b) Gib ein Beispiel für einen Ring R und einen Modul M_R derart, daß (3) erfüllt ist, aber nicht (1).

3. (Fortsetzung von Übung 11, Kapitel 6) Zeige, daß für einen injektiven Modul Q_R äquivalent sind:

(1) Q erfüllt die Maximalbedingung für direkte Summanden

(2) Q ist direkte Summe von endlich vielen direkt unzerlegbaren Untermoduln.

(Hinweis: Zeige bei (2) ⇒ (1) zuerst, daß jeder von Null verschiedene Untermodul von Q einen irreduziblen Untermodul enthält).

4. Ein Modul M, der den äquivalenten Bedingungen von Übung 11, Kapitel 6, genügt, heißt e n d l i c h d i m e n s i o n a l, und die (nach dem Satz von Krull-Remak-Schmidt eindeutig bestimmte) Anzahl der direkt unzerlegbaren Summanden in einer Zerlegung von I(M) heißt dann die Dimension von M (= dim(M)).

Zeige:

a) $\dim(M) = 0 \iff M = 0$, $\dim(M) = 1 \iff M$ irreduzibel $\wedge$ $M \neq 0$.

b) endlichdimensional $M \wedge U \subsetneq M \Rightarrow$ endlichdimensional $U \wedge \dim(U) \leqslant \dim(M)$.

c) Ist M endlichdimensional und $U \subsetneq M$, so gilt: $U \subsetneq^* M \iff \dim(U) = \dim(M)$.

d) Mit M_1, M_2 ist auch $M_1 \oplus M_2$ endlichdimensional, und es gilt: $\dim(M_1 \oplus M_2) = \dim(M_1) + \dim(M_2)$.

e) Ist $X \subsetneq M$ und sind X und M/X endlichdimensional, so ist auch M endlichdimensional und es gilt: $\dim(M) \leqslant \dim(X) + \dim(M/X)$.

5. a) Gib ein nilpotentes Element $\neq 0$ in $\mathbf{Z}/360\,\mathbf{Z}$ an.

b) Gib drei vom Einselement verschiedene idempotente Elemente in $\mathbf{Z}/360\,\mathbf{Z}$ an.

c) Zerlege den Ring $\mathbf{Z}/360\,\mathbf{Z}$ in eine direkte Summe von direkt unzerlegbaren Idealen.

6. Zeige:

a) $\mathbf{Q}_\mathbf{Z}$ ist direkt unzerlegbar.

b) $\mathbf{Q}_\mathbf{Z}$ ist die Summe von zwei echten Untermoduln.

c) Der Endomorphismenring von $\mathbf{Q}_\mathbf{Z}$ ist ringisomorph zu $\mathbf{Q}$ als Körper.

d) $\mathbf{Q}_\mathbf{Z}$ besitzt einen Faktormodul, der nicht direkt unzerlegbar ist.

7. Sei R ein Integritätsring und sei K der Quotientenkörper von R. Seien V und W K-Vektorräume und M bzw. N R-Untermoduln von V bzw. W. Seien $x_1, \ldots, x_m \in M$, $k_1, \ldots, k_m \in K$, $\sum_{i=1}^{m} x_i k_i \in M$, $\varphi \in \operatorname{Hom}_R(M, N)$. Zeige:

$$\varphi\left(\sum_{i=1}^{m} x_i k_i\right) = \sum_{i=1}^{m} \varphi(x_i) k_i .$$

(Beachte, daß weder $k_i \in R$ noch $x_i k_i \in M$ gelten muß!)

8. Seien R ein Integritätsring K der Quotientenkörper von R, $V = V_K$ ein n-dimensionaler Vektorraum über K, $U = U_R$ ein R-Untermodul von $V = V_R$.

Zeige: Es gibt direkt unzerlegbare R-Untermoduln $U_1, \ldots, U_m$ mit $m \leqslant n$ von U mit

$$U = U_1 \oplus \ldots \oplus U_m .$$

(Hinweis: Sei eine Zerlegung $U = U_1 \oplus \ldots \oplus U_m$ gegeben und seien $u_1 \in U_i$, $u_i \neq 0$, dann sind $u_1, \ldots, u_m$ linear unabhängig über K.)

9. Sei $V = V_{\mathbb{Q}}$ mit einer Basis $x_1, \ldots, x_{m+n}$, wobei $m, n \geq 2$. Seien p_i, q_j mit $1 \leq i \leq m + n$, $1 \leq j \leq m + n - 1$ Primzahlen, und seien

$$A_i := \mathbb{Q}_{p_i} = \left\{ \frac{z}{p_i^n} \mid z \in \mathbb{Z} \wedge n \in \mathbb{Z} \right\}, \quad 1 \leq i \leq m + n,\}$$

$$B_j := \frac{\mathbb{Z}}{q_j}, \quad 1 \leq j \leq m + n - 1,$$

$$y_j := x_j + x_{j+1}, \quad 1 \leq j \leq m + n - 1 .$$

a) Zeige: Seien $p_1, \ldots, p_n, q_1, \ldots, q_{n-1}$ paarweise verschieden, dann ist

$$U := \sum_{i=1}^{n} x_i A_i + \sum_{j=1}^{n-1} y_j B_j$$

ein direkt unzerlegbarer $\mathbb{Z}$-Modul.

(Hinweis: Angenommen $U = U' \oplus U''$ mit den Projektionen π' und π''. Zeige nacheinander: $\pi'(x_i)A_i \subsetneq U$, $\pi'(x_i) \in x_i A_i$, $\pi'(x_i) = 0$ oder $\pi''(x_i) = 0$, direkt unzerlegbar U mit Hilfe der Elemente $y_j \dfrac{1}{q_j}$.)

b) Seien p_i für $2 \leq i \leq n + m$, $i \neq n + 1$ und q_j für $1 \leq j \leq n + m - 1$ paarweise verschieden und gelte $p_1 = p_{n+1}$.

Zeige: $$U_1 := \sum_{i=1}^{n} x_i A_i + \sum_{j=1}^{n-1} y_j B_j$$

und $$U_2 := \sum_{i=n+1}^{m+n} x_i A_i + \sum_{j=n+1}^{m+n-1} y_j B_j$$

sind direkt unzerlegbar.

Definiere

$$\varphi : U_1 \oplus U_2 \to U_1 \oplus U_2$$

für $$u = \sum_{i=1}^{n+m} x_i a_i + \sum_{\substack{j=1 \\ j \neq n}}^{n+m-1} y_j b_j, \quad a_i \in A_i,\ b_j \in B_j$$

durch $\varphi(u) := (q_1(a_1 + b_1) + q_{n+1}(a_{n+1} + b_{n+1}))(x_1 - x_{n+1})$.

Zeige: φ ist ein R-Homomorphismus. Bestimme q_1, q_{n+1} so, daß $\varphi^2 = \varphi$ gilt. Folgere: $U_1 \oplus U_2$ läßt sich auf zwei nicht nur durch Isomorphie und Reihenfolge verschiedene Weisen als direkte Summe von direkt unzerlegbaren Untermoduln schreiben.

10. Sei $M = M_R$. Für $n \in \mathbb{N}$ sei $M^n := M^{\{1,2,\ldots,n\}}$.

Seien $A_R = \bigoplus_{i \in I} A_i$, $B_R = \bigoplus_{j \in J} B_j$,

lokal $\mathrm{End}(A_i)$ für $i \in I$, direkt unzerlegbar B_j für $j \in J$. Zeige:

a) Sei $n \in \mathbb{N}$. Aus $A^n \cong B^n$ folgt $A \cong B$.

b) Sei I endlich und seien S, T nichtleere Mengen. Aus $A^{(S)} \cong A^{(T)}$ folgt, daß S und T die gleiche Kardinalzahl haben.

8 Halbeinfache Moduln und Ringe

8.1 Definition und Kennzeichnung

Es gibt zwei unmittelbare und wichtige Verallgemeinerungen des Begriffs des Vektorraumes. Diese sind:

1. Freie Moduln und direkte Summanden von freien Moduln, die projektiven Moduln, die wir bereits in Kapitel 5 kennengelernt haben.

2. Moduln, in denen jeder Untermodul direkter Summand ist; diese heißen halbeinfache Moduln. Sie bilden das Thema der folgenden Überlegungen.

Zunächst werden einige Hilfsmittel bereitgestellt.

8.1.1 Lemma *Sei* $M = M_R$ *ein Modul, in dem jeder Untermodul direkter Summand ist. Dann enthält jeder von* 0 *verschiedene Untermodul einen einfachen Untermodul.*

B e w e i s. Sei $U \subsetneq M$, $U \neq 0$ und U endlich erzeugt. Nach 2.3.12 gibt es einen maximalen Untermodul $C \subsetneq U$. Nach Voraussetzung gilt $M = C \oplus M_1$; daraus folgt mit Hilfe des modularen Gesetzes $U = M \cap U = C \oplus (M_1 \cap U)$, also gilt $U/C \cong M_1 \cap U$. Da C maximal in U ist, ist U/C einfach. Also ist $M_1 \cap U$ einfacher Untermodul von U. □

8.1.2 Lemma *Sei* $M = \sum_{i \in I} M_i$ *mit einfachen Untermoduln* M_i. *Ferner sei* $U \subsetneq M$. *Dann gilt:*

(a) *Es gibt* $J \subset I$ *so, daß* $M = U \oplus (\bigoplus_{i \in J} M_i)$.

(b) *Es gibt* $K \subset I$ *so, daß* $U \cong \bigoplus_{i \in K} M_i$.

B e w e i s. (a) Beweis mit Hilfe des Lemmas von Zorn. Sei

$$\Gamma := \{L \mid L \subset I \wedge U + \sum_{i \in L} M_i = U \oplus (\bigoplus_{i \in L} M_i)\}.$$

Wegen $\bigoplus_{i \in \varphi} M_i = 0$ gilt $\emptyset \in \Gamma$, also $\Gamma \neq \emptyset$, und Γ ist durch $\subset$ geordnet. Sei Λ eine total geordnete Teilmenge in Γ.

Behauptung

$$L^* = \bigcup_{L \in \Lambda} L$$

ist eine obere Schranke von Λ in Γ. Es ist klar, daß L^* eine obere Schranke ist. Bleibt $L^* \in \Gamma$ zu zeigen.

Sei $E \subset L^*$, E endlich, dann gibt es ein $L \in \Lambda$ mit $E \subset L$. Sei nun

$$u + \sum_{i \in E} m_i = 0, \qquad u \in U, m_i \in M_i,$$

dann folgt wegen $E \subset L : u = m_i = 0$ für alle $i \in E$. Also gilt

$$U + \sum_{i \in L^*} M_i = U \oplus (\bigoplus_{i \in L^*} M_i),$$

und folglich $L^* \in \Gamma$. Nach Zorns Lemma gibt es dann ein maximales Element $J \in \Gamma$. Sei

$$N := U + \sum_{i \in J} M_i = U \oplus (\bigoplus_{i \in J} M_i).$$

Nun betrachte man $N + M_{i_0}$ für beliebiges $i_0 \in I$. $N + M_{i_0} = N \oplus M_{i_0}$ ist nicht möglich, da dann

$$J \underset{\neq}{\subsetneq} J \cup \{i_0\} \in \Gamma$$

gelten müßte. Also folgt $N \cap M_{i_0} \neq 0$. Da aber M_{i_0} einfach ist, muß $N \cap M_{i_0} = M_{i_0}$, also $M_{i_0} \subsetneq N$ gelten. Dann folgt

$$M = \sum_{i \in I} M_i \subsetneq N \subsetneq M,$$

d.h. $N = M$.

(b) Sei jetzt $M = U \oplus (\bigoplus_{i \in J} M_i)$. Jetzt wird (a) auf den Untermodul $\bigoplus_{i \in J} M_i$ (an Stelle von U in (a)) angewendet. Danach existiert $K \subset I$ mit $M = (\bigoplus_{i \in J} M_i) \oplus (\bigoplus_{i \in K} M_i)$. Nach dem 1. Isomorphiesatz folgt

$$U \cong M / \bigoplus_{i \in J} M_i \cong \bigoplus_{i \in K} M_i. \qquad \square$$

Wir kommen nun zu dem Hauptsatz über halbeinfache Moduln.

8.1.3 Satz *Für einen Modul* $M = M_R$ *sind die folgenden Bedingungen äquivalent:*

(1) *Jeder Untermodul von* M *ist eine Summe von einfachen Untermoduln.*

(2) M *ist eine Summe von einfachen Untermoduln.*

(3) M *ist eine direkte Summe von einfachen Untermoduln.*

(4) *Jeder Untermodul von* M *ist ein direkter Summand von* M.

Beweis. „(1) ⇒ (2)“ (2) ist Spezialfall von (1).

„(2) ⇒ (3)“ 8.1.2 (a) für $U = 0$.

„(3) ⇒ (4)“ 8.1.2 (a).

„(4) ⇒ (1)“ Sei $U \subsetneq M$. Setze

$$U_0 := \sum_{\substack{\text{einfach } M_i \\ M_i \subsetneq U}} M_i .$$

Dann ist $U_0 \subsetneq U$ und nach (4) ist U_0 direkter Summand von M:

$$M = U_0 \oplus N \Rightarrow U = M \cap U = U_0 \oplus (N \cap U).$$

1. F a l l. $N \cap U = 0 \Rightarrow U = U_0 \Rightarrow (1)$.

2. F a l l. $N \cap U \neq 0 \Rightarrow$ Es gibt nach 8.1.1 einen einfachen Untermodul $B \subsetneq N \cap U$ $\Rightarrow B \subsetneq U_0$ nach Definition von $U_0 \Rightarrow B \subsetneq U_0 \cap (N \cap U)$ ↯ .

Also kann nur der erste Fall vorkommen. □

8.1.4 Definition

(a) *Ein Modul* $M = M_R$ *heißt* h a l b e i n f a c h :⟺ M *genügt den äquivalenten Bedingungen von* 8.1.3.

(b) *Ein Ring* R *heißt* r e c h t s- *bzw.* l i n k s - h a l b e i n f a c h :⟺ R_R *bzw.* ${}_R R$ *ist halbeinfach.*

Wir weisen darauf hin, daß der Modul 0 halbeinfach ist, denn

$$0 = \sum_{i \in \emptyset} M_i, \quad \text{einfach } M_i ,$$

aber 0 ist kein einfacher Modul, denn für einen einfachen Modul M wurde $M \neq 0$ vorausgesetzt.

Wir werden später zeigen: Halbeinfach R_R ⟺ halbeinfach ${}_R R$, so daß dann die Seitenangabe bei einem halbeinfachen Ring wegfallen kann.

Beispiele 1. *Jeder Vektorraum* $V = V_K$ über einem Schiefkörper K ist halbeinfach:

$$V_K = \sum_{x \in V} xK \wedge \text{einfach } xK \quad \text{für} \quad x \neq 0.$$

2. $\mathbb{Z}/n\mathbb{Z}$ mit $n \neq 0$ ist als $\mathbb{Z}$-Modul halbeinfach ⟺ n ist quadratfrei (d.h., n ist Produkt von paarweise verschiedenen Primzahlen) oder $n = \pm 1$.

B e w e i s. Übung für den Leser. Der Beweis erfolgt später in allgemeinerem Rahmen.

3. $\mathbb{Z}_\mathbb{Z}$ und $\mathbb{Q}_\mathbb{Z}$ sind nicht halbeinfach, da sie keine einfachen Untermoduln besitzen.

4. Sei $V = V_K$ ein Vektorraum. Dann gilt: $\text{End}(V_K)$ ist ein (beidseitig) halbeinfacher Ring ⟺ $\dim_K(V) < \infty$.

B e w e i s. Später (in 8.3.1).

8.1.5 Folgerung

(1) *Jeder Untermodul eines halbeinfachen Moduls ist halbeinfach.*

(2) *Jedes epimorphe Bild eines halbeinfachen Moduls ist halbeinfach.*

(3) *Jede Summe von halbeinfachen Moduln ist halbeinfach.*

(4) *Zwei Zerlegungen eines halbeinfachen Moduls in direkte Summen von einfachen Moduln sind isomorph im Sinne des Satzes von Krull-Remak-Schmidt* (7.3.1).

Beweis. (1) Folgt unmittelbar aus 8.1.3.

(2) Sei A einfach und $\alpha : A \to B$ ein Epimorphismus, dann folgt $A/\mathrm{Ke}(\alpha) \cong B$. Ist $\mathrm{Ke}(\alpha) = 0$, dann ist B einfach; ist $\mathrm{Ke}(\alpha) = A$, dann ist $B = 0$. Da A einfach ist, gibt es keine weiteren Möglichkeiten für $\mathrm{Ke}(\alpha)$. Das Bild einer Summe von einfachen Moduln bei einem Homomorphismus ist daher eine Summe von einfachen Moduln und Nullen, die weggelassen werden können, und daher nach 8.1.3 wieder halbeinfach.

(3) Da jeder halbeinfache Modul nach 8.1.3 eine Summe von einfachen Moduln ist, ist auch eine Summe von halbeinfachen Moduln wieder eine Summe von einfachen Moduln und daher nach 8.1.3 wieder halbeinfach.

(4) Da der Endomorphismenring eines einfachen Moduls ein Schiefkörper, also lokal ist, gilt der Satz von Krull-Remak-Schmidt in diesem Falle. □

Der folgende Satz zeigt, daß bei einem halbeinfachen Modul alle Endlichkeitsbedingungen äquivalent sind.

8.1.6 Satz *Für einen halbeinfachen Modul* $M = M_R$ *sind folgende Bedingungen äquivalent:*

(1) M *ist Summe von endlich vielen einfachen Moduln.*

(2) M *ist direkte Summe von endlich vielen einfachen Moduln.*

(3) M *hat endliche Länge.*

(4) M *ist artinsch.*

(5) M *ist noethersch.*

(6) M *ist endlich erzeugt.*

(7) M *ist endlich koerzeugt.*

Beweis. Da alle Aussagen für $M = 0$ trivial sind, kann $M \neq 0$ vorausgesetzt werden.

„(1) ⇒ (2)" Nach 8.1.2.

„(2) ⇒ (3)" Sei $M = \bigoplus_{i=1}^{n} M_i$, M_i einfach.

Dann ist $0 \subsetneq M_1 \subsetneq M_1 \oplus M_2 \subsetneq \ldots \subsetneq \bigoplus_{i=1}^{n} M_i = M$ eine Kompositionskette, weil $M_1 \oplus \ldots \oplus M_i / M_1 \oplus \ldots \oplus M_{i-1} \cong M_i$ einfach ist.

„(3) ⇒ (5)"
„(5) ⇒ (6)" } Nach 6.1.2.

„(6) ⇒ (1)" Nach 2.3.13.

„(3) ⇒ (4)"
„(4) ⇒ (7)" } Nach 6.1.2.

„(7) ⇒ (2)" Angenommen, M wäre direkte Summe von unendlich vielen einfachen

Untermoduln M_i, dann existiert ein Untermodul von M der Form $M_1 \oplus M_2 \oplus \ldots$ mit abzählbar unendlich vielen einfachen Untermoduln $M_1, M_2, \ldots$. Sei

$$A_i = \bigoplus_{j=i}^{\infty} M_j, \quad i \in \mathbb{N},$$

dann gilt offenbar $\bigcap_{i=1}^{\infty} A_i = 0$, denn

$$(M_1 \oplus \ldots \oplus M_n) \cap A_{n+1} = 0, \text{ also } (M_1 \oplus \ldots \oplus M_n) \cap \bigcap_{i=1}^{\infty} A_i = 0$$

für beliebiges $n \in \mathbb{N}$. Der Durchschnitt von je endlich vielen der A_i ist aber offensichtlich gleich dem A_i mit größtem i, also ungleich 0. □

Sei jetzt M_R halbeinfach und bezeichne Γ die Menge aller einfachen Untermoduln von M: $\Gamma = \{E \mid E \hookrightarrow M \wedge \text{einfach } E\}$.

Dann ist $\cong$ eine Äquivalenzrelation von Γ. Die Menge der Äquivalenzklassen, die jetzt Isomorphieklassen genannt werden, sei $\{\Omega_j \mid j \in J\}$, so daß also Ω_j eine Isomorphieklasse ist. Dafür gilt dann

$$\Omega_{j_0} \cap \Omega_{j_1} = \emptyset \quad \text{für } j_0, j_1 \in J \text{ und } j_0 \neq j_1.$$

8.1.7 Definition $B_j := \sum_{E \in \Omega_j} E$ *heißt eine* h o m o g e n e K o m p o n e n t e *von* M.

8.1.8 Lemma *Sei* M_R *halbeinfach und sei* B_j *eine homogene Komponente von* M. *Dann gilt*

(a) $U \hookrightarrow B_j \wedge$ *einfach* $U \Rightarrow U \in \Omega_j$.

(b) $M = \bigoplus_{j \in J} B_j$.

B e w e i s. (a) Folgt aus 8.1.2 (b); danach gibt es $E \in \Omega_j$ mit $U \cong E$, denn mehrere Summanden können in E nicht auftreten, da U einfach ist.

(b) Da M Summe seiner einfachen Untermoduln ist und jeder einfache Untermodul in einem Ω_j enthalten ist, folgt $M = \sum_{j \in J} B_j$. Angenommen, für $j_0 \in J$ wäre

$$D := B_{j_0} \cap \sum_{\substack{j \in J \\ j \neq j_0}} B_j \neq 0.$$

Dann gibt es nach 8.1.1 einen einfachen Untermodul E von D. Wegen $E \hookrightarrow B_{j_0}$ folgt nach (a) $E \in \Omega_{j_0}$. Wegen $E \hookrightarrow \sum_{j \neq j_0} B_j$ folgt nach 8.1.2 (b), daß ein $j_1 \in J, j_1 \neq j_0$ mit $E \in \Omega_{j_1}$ existiert. Dann folgte $\Omega_{j_0} \cap \Omega_{j_1} \neq \emptyset$ ↯ . □

Hat man in einem konkreten Fall nachzuprüfen, ob ein Modul halbeinfach ist, so kann dies schwierig sein und von sehr speziellen Eigenschaften abhängen. Unter diesem Gesichtspunkt soll jetzt ein interessantes und wichtiges Beispiel für halbeinfache

Moduln (und Ringe) betrachtet werden. Sei R := GK der Gruppenring einer endlichen Gruppe G mit Koeffizienten in einem Körper K (s. 4.6.2).

8.1.9 Satz (von Maschke)

Dann und nur dann sind R_R *und* ${}_RR$ *halbeinfach, wenn die Charakteristik von* K *kein Teiler der Ordnung von* G *ist.*

Beweis. Sei die Charakteristik von K kein Teiler von n := Ord(G). Für $0 \neq k \in K$ ist dann nk := k + ... + k (n Summanden) invertierbar. Für das inverse Element von n1 mit $1 \in K$ wird 1/n geschrieben. Die Elemente von G seien $g_1, \ldots, g_n$. Betrachtet man R nur als K-Rechtsmodul, dann ist R ein Vektorraum über K. Zu jedem $\varphi \in \mathrm{End}(R_K)$ wird eine Abbildung $\hat{\varphi}: R \to R$ durch

$$\hat{\varphi}(r) := \frac{1}{n} \sum_{i=1}^{n} \varphi(rg_i)\, g_i^{-1}\,, \qquad r \in R$$

definiert. Es soll $\hat{\varphi} \in \mathrm{End}(R_R)$ gezeigt werden. Für beliebige $k \in K$ gilt

$$\hat{\varphi}(rk) = \frac{1}{n} \sum_{i=1}^{n} \varphi(rkg_i)g_i^{-1} = \left(\frac{1}{n} \sum_{i=1}^{n} \varphi(rg_i)\, g_i^{-1}\right) k = \hat{\varphi}(r)k\,.$$

Sei nun $g \in G$, dann gilt wegen $\{gg_1, \ldots, gg_n\} = \{g_1, \ldots, g_n\}$

$$\hat{\varphi}(rg) = \frac{1}{n} \sum_{i=1}^{n} \varphi(rgg_i)g_i^{-1} = \frac{1}{n} \sum_{i=1}^{n} \varphi(rgg_i)\,(gg_i)^{-1} g = \hat{\varphi}(r)g\,.$$

Daraus folgt $\hat{\varphi}(rx) = \hat{\varphi}(r)x$ für beliebige Elemente $r, x \in R$, d.h. $\hat{\varphi} \in \mathrm{End}(R_R)$.

Sei jetzt $A \hookrightarrow R_R$, dann ist A auch Untervektorraum von R_K. Folglich existiert ein $B \hookrightarrow R_K$ mit $R_K = A \oplus B$. Sei $\pi: R_K \to R_K$ die Projektion von R auf A, d.h. es gelte $\pi(a + b) = a$ für $a \in A$, $b \in B$. Wegen $A \hookrightarrow R_R$ folgt für $a \in A$

$$\hat{\pi}(a) = \frac{1}{n} \sum_{i=1}^{n} \pi(ag_i)\, g_i^{-1} = \frac{1}{n} \sum_{i=1}^{n} ag_ig_i^{-1} = \frac{1}{n}\, na = a\,,$$

und für $r \in R$ ergibt sich $\quad \hat{\pi}(r) = \frac{1}{n} \sum_{i=1}^{n} \pi(rg_i)g_i^{-1} \in A\,,\quad$ da $\pi(rg_i) \in A$. Daher ist $\hat{\pi}$ eine Projektion von R_R auf A, und es folgt

$$R_R = \hat{\pi}(R) \oplus (1 - \hat{\pi})(R) = A \oplus (1 - \hat{\pi})(R).$$

Also ist R_R halbeinfach (analog für ${}_RR$; s. auch 8.2.1).

Sei jetzt die Charakteristik von K gleich p und sei p Teiler von n. Dann soll gezeigt werden, daß für $r_0 := g_1 + \ldots + g_n$ das Ideal r_0R nicht direkter Summand von R_R ist. Für $g \in G$ gilt zunächst $r_0 g = r_0$, also folgt $r_0^2 = nr_0 = 0$ sowie $r_0R = r_0K$. Angenommen $R_R = r_0 R \oplus U$, dann müßte ein Idempotent e mit $eR = r_0R = r_0K$ existieren. Aus $e = r_0k_0$ mit $k_0 \in K$ folgte aber $e = e^2 = r_0^2k_0^2 = 0$, also $r_0 = 0$ ↯ .

□

8.2 Halbeinfache Ringe

Wenn ein Ring eine gewisse Eigenschaft auf einer Seite besitzt, dann nicht notwendig auf der anderen Seite. Z.B. haben wir festgestellt, daß es Ringe gibt, die nur einseitig artinsch sind. Bei allen ringtheoretischen Eigenschaften, die von der Seite abhängen, erhebt sich naturgemäß die Frage, ob sie tatsächlich einseitig sind oder ob ihre Gültigkeit auf einer Seite diese für die andere Seite impliziert. Bei halbeinfachen Ringen ist dies der Fall.

8.2.1 Satz *Für einen Ring* R *gilt: Halbeinfach* $R_R \iff$ *halbeinfach* ${}_RR$.

B e w e i s. Es genügt zu zeigen: Halbeinfach ${}_RR \Rightarrow$ halbeinfach R_R, denn analog folgt die umgekehrte Implikation.

Nach 7.2.3 (bei Vertauschung der Seiten) besitzt der halbeinfache Ring ${}_RR$ eine Zerlegung

$${}_RR = \bigoplus_{i=1}^{n} L_i = \bigoplus_{i=1}^{n} R\,e_i, \qquad \text{einfach } L_i \hookrightarrow {}_RR$$

mit $\quad e_i \neq 0,\ e_ie_j = \delta_{ij}e_i,\ L_i = Re_i,\ 1 = \sum_{i=1}^{n} e_i.$

Nach 7.2.3 (d) folgt die Zerlegung

$$R = \bigoplus_{i=1}^{n} e_i\,R,$$

und es ist nur noch zu beweisen, daß alle e_iR einfach sind. Dazu sei e eines der e_i und sei $0 \neq a = ea \in eR$. Dann folgt $aR \hookrightarrow eR$. Wir wollen $aR = eR$ zeigen, woraus sofort folgt, daß eR einfach ist.

Wegen $ea \neq 0$, und da Re einfach ist, ist

$$\varphi: \quad Re \ni re \mapsto r\,e\,a = r\,a \in R\,a$$

ein Isomorphismus. Sei ${}_RR = Ra \oplus U$, dann ist

$$\psi: \quad R = Ra \oplus U \ni ra + u \mapsto \varphi^{-1}(ra) = re \in R$$

ein Endomorphismus von ${}_RR$, der durch Rechtsmultiplikation mit einem Element $b \in R$ gegeben wird (denn $R^{(r)} = \mathrm{End}({}_RR)$, s. 3.7). Also folgt

$$e = \psi(a) = ab \Rightarrow e \in aR \Rightarrow eR \hookrightarrow aR \Rightarrow eR = aR. \qquad \square$$

8.2.2 Folgerung

(a) *Halbeinfach* R $\iff$ *jeder* R-*Rechts- und* R-*Linksmodul ist halbeinfach.*

(b) *Halbeinfach* R $\Rightarrow$ R_R *und* ${}_RR$ *haben die gleiche endliche Länge.*

(c) *Halbeinfach* $R \wedge$ *surjektiver Ringhomomorphismus* $\rho: R \to S \Rightarrow$ *halbeinfach* S.

(d) *Halbeinfach* R $\Rightarrow$ R_R *und* $_RR$ *sind Kogeneratoren*

(e) *Halbeinfach* R $\Leftrightarrow$ *jeder* R-*Rechts- und jeder* R-*Linksmodul ist injektiv* $\Leftrightarrow$ *jeder* R-*Rechts- und jeder* R-*Linksmodul ist projektiv.*

(f) *Halbeinfach* R $\Leftrightarrow$ *jeder einfache* R-*Rechtsmodul und jeder einfache* R-*Linksmodul ist projektiv.*

B e w e i s. (a) „$\Rightarrow$": Ist R_R halbeinfach und ist $M = M_R$, $m \in M$, dann ist wegen 8.1.5 mR als epimorphes Bild von R_R halbeinfach. Folglich ist

$$M = \sum_{m \in M} mR$$

als Summe halbeinfacher Moduln wieder halbeinfach. Analog für die linke Seite.

(a) „$\Leftarrow$": Spezialfall.

(b) Im Beweis von 8.2.1 enthalten, da für einfaches Re_i auch e_iR einfach ist.

(c) S_S kann als R-Modul betrachtet werden (siehe auch 3.2), wenn

$$sr := s\rho(r), \quad s \in S, \ r \in R$$

gesetzt wird, und dabei stimmen die Ideale von S_S mit den Untermoduln von S_R überein. Da S_R halbeinfach ist, ist dann auch S_S halbeinfach.

(d) Um zu zeigen, daß R_R Kogenerator ist, sei $m \in M_R$, $m \neq 0$. Da R_R halbeinfach ist, zerfällt der Epimorphismus

$$R \ni r \mapsto mr \in mR,$$

folglich ist mR zu einem Rechtsideal von R isomorph; es gibt also einen Monomorphismus

$$\varphi: \ mR_R \to R_R .$$

Da m R direkter Summand in M_R ist, gibt es einen Homomorphismus

$$\hat{\varphi}: \ M_R \to R_R \qquad \text{mit } \hat{\varphi} | mR = \varphi.$$

Dann folgt $m \notin \operatorname{Ke}(\hat{\varphi})$, was zu zeigen war.

(e) Halbeinfach R_R $\Rightarrow$ jeder R-Rechtsmodul ist halbeinfach $\Rightarrow$ jeder Untermodul ist direkter Summand $\Rightarrow$ jeder R-Rechtsmodul ist injektiv bzw. projektiv $\Rightarrow$ jedes Rechtsideal von R ist direkter Summand in R_R $\Rightarrow$ halbeinfach R_R. Ebenso für die linke Seite.

(f) „$\Rightarrow$": Klar nach (e).

(f) „$\Leftarrow$": Sei $So(R_R)$ die Summe aller einfachen Rechtsideale von R (ausführliche Untersuchung von $So(M_R)$ im nächsten Kapitel), dann ist $R = So(R_R)$ zu zeigen. Angenommen $R \neq So(R_R)$, dann ist $So(R_R)$ nach 2.3.11 in einem maximalen Rechtsideal A von R enthalten. Da R/A einfacher R-Rechtsmodul, also nach Voraussetzung projektiv ist, existiert ein Homomorphismus φ, so daß

$$\begin{array}{ccc} & & R/A \\ & \overset{\varphi}{\swarrow} & \downarrow 1_{R/A} \\ R & \xrightarrow[\nu]{} & R/A \end{array}$$

kommutativ ist. Dann folgt $\varphi \neq 0$ und

$$R = \mathrm{Bi}(\varphi) \oplus A$$

Da aber $\mathrm{Bi}(\varphi)$ einfach ist, muß dazu im Widerspruch

$$\mathrm{Bi}(\varphi) \subsetneq \mathrm{So}(R_R) \subsetneq A$$

gelten. Also folgt tatsächlich $R = \mathrm{So}(R_R)$. □

Der nächste Schritt unserer Überlegungen besteht darin, einen halbeinfachen Ring in eine direkte Summe von direkt unzerlegbaren zweiseitigen Idealen zu zerlegen. Sei also R halbeinfach und sei

$$R = B_1 \oplus \ldots \oplus B_m$$

die Zerlegung von R_R in homogene Komponenten (im Sinne von 8.1.8). Nach 7.2.3 ist die Anzahl der homogenen Komponenten, die nach Definition Rechtsideale sind, endlich. Wir wollen zeigen, daß die B_j zweiseitige, einfache Ideale sind, die sich gegenseitig annullieren.

Zur Vorbereitung beweisen wir zunächst eine Resultat für einen beliebigen Ring R.

8.2.3 Lemma *Sei* $A \subsetneq R_R$ *und sei* A *direkter Summand von* R_R, *dann enthält das durch* A *erzeugte zweiseitige Ideal* RA *alle Rechtsideale von* R, *die epimorphe Bilder von* A *sind.*

B e w e i s. Sei $R_R = A \oplus B$, $B \subsetneq R_R$ und $\pi : R \to A$ die Projektion. Ferner sei $\alpha : A \to A'$ ein Epimorphismus, $A' \subsetneq R_R$ und $\iota' : A' \to R_R$ die Inklusion. Dann folgt $\iota'\alpha\pi \in \mathrm{Hom}_R(R_R, R_R)$. Wie in 3.7 festgestellt, ist jeder Endomorphismus von R_R ein Linksmultiplikator. Es gibt also ein $c \in R$ mit $c^{(\ell)} = \iota'\alpha\pi$. Dann folgt wegen $\pi(R) = \pi(A)$

$$A' = \iota'\alpha\pi(R) = \iota'\alpha\pi(A) = cA \subset RA,$$

was zu zeigen war. □

Wir beweisen nun den ersten Teil des klassischen S a t z e s v o n W e d d e r b u r n, den Wedderburn ursprünglich für Algebren bewiesen hatte.

8.2.4 Satz *Sei* $R \neq 0$ *ein halbeinfacher Ring und sei*

$$R_R = B_1 \oplus \ldots \oplus B_m$$

bzw. $\quad {}_R R = C_1 \oplus \ldots \oplus C_n$

die Zerlegung von R_R *bzw. von* ${}_R R$ *in homogene Komponenten* (8.1.8). *Dann gilt:*

(a) *Die* B_j, $j = 1, \ldots, m$ *sind einfache zweiseitige Ideale von* R.

(b) $n = m$ *und* (*bei geeigneter Numerierung*) $B_j = C_j$, $\quad j = 1, \ldots, m$.

(c) $B_iB_j = \delta_{ij}B_i, \quad i, j = 1, \ldots, m.$

(d) B_i *ist für sich betrachtet ein einfacher Ring mit Einselement.*

(e) *Die Zerlegung von* R *in eine direkte Summe von einfachen zweiseitigen Idealen ist (bis auf die Reihenfolge) eindeutig bestimmt.*

B e w e i s. (a) Wir zeigen zuerst: Ist $E \subsetneq B_i$ und E einfach, dann folgt $RE = B_i$. Für $r \in R$ ist

$$E \ni x \mapsto rx \in rE$$

ein Epimorphismus. Da E einfach ist, ist dies entweder die Nullabbildung, d.h. $rE = 0$, oder ein Isomorphismus, d.h. $E \cong rE$. In beiden Fällen folgt $rE \subsetneq B_i$. Sei umgekehrt $E \cong E'$, dann entnimmt man 8.2.3, daß E' die Form $E' = rE$ hat, woraus $B_i \subsetneq RE$ folgt. Insgesamt ergibt sich $RE = B_i$.

Aus $B_i = \sum_{E \in \Omega_i} E$ folgt dann

$$RB_i = \sum_{E \in \Omega_i} RE = \sum_{E \in \Omega_i} B_i = B_i ,$$

also ist B_i ein zweiseitiges Ideal. Sei jetzt $A \neq 0$ ein in B_i enthaltenes zweiseitiges Ideal, dann ist A_R halbeinfach und folglich gibt es ein einfaches Rechtsideal E mit

$$E \subsetneq A_R \subsetneq B_i.$$

Dann folgt

$$B_i = RE \subsetneq RA = A \subsetneq B_i,$$

also $A = B_i$, d.h., B_i ist als zweiseitiges Ideal einfach.

(b) Entsprechend sind auch die C_j, $j = 1, \ldots, n$ einfache zweiseitige Ideale. Da B_iC_j ein zweiseitiges Ideal ist, das sowohl in B_i als auch in C_j enthalten ist, und diese einfach sind, gilt entweder

$$B_iC_j = 0 \qquad \text{oder} \qquad B_i = B_iC_j = C_j.$$

Für festes $i_0 = 1, \ldots, m$ muß mindestens ein j_0 mit $B_{i_0} = B_{i_0}C_{j_0} = C_{j_0}$ existieren, da sonst $B_{i_0}R = \sum_j B_{i_0}C_j = 0$ folgte ↯. Es kann aber auch nur ein solches j_0 existieren, denn aus $B_{i_0} = B_{i_0}C_{j_1} = C_{j_1}$ folgte $C_{j_0} = C_{j_1}$ ↯ . Da entsprechend auch zu jedem C_{j_0}, $j_0 = 1, \ldots, n$ ein i_0 mit $B_{i_0} = C_{j_0}$ existieren muß, folgt die Behauptung (b).

(c) Aus $R = \bigoplus_{i=1}^{m} B_i$ folgt $RB_j = B_j = \bigoplus_{i=1}^{m} B_iB_j$, woraus sich (c) ergibt.

(d) Wegen (c) stimmen die zweiseitigen R-Ideale aus B_i mit den zweiseitigen B_i-Idealen aus B_i überein. Also ist B_i als Ring einfach. Sei $1 = \sum f_i$, $f_i \in B_i$, dann gilt (7.2.3) $B_i = f_iR$ und die f_i sind Idempotente aus dem Zentrum von R. Für $b = f_ir \in B_i$ folgt dann $bf_i = f_ib = f_i^2r = f_ir = b$, also ist f_i Einselement von B_i.

(e) Wie im Beweis von (b).

□

8.2.5 Definition *Die einfachen zweiseitigen Ideale* B_i, $i = 1, \ldots, m$ in 8.2.4 *heißen die* Blöcke von R.

8.2.6 Folgerung *Sei* R *halbeinfach, dann gilt: Die Anzahl der Blöcke ist gleich der Anzahl der Isomorphieklassen einfacher* R*-Rechtsmoduln und gleich der Anzahl der Isomorphieklassen einfacher* R*-Linksmoduln.*

Beweis. Jeder einfache R-Rechts- bzw. R-Linksmodul ist zu einem Rechts- bzw. Linksideal von R isomorph (da jeder Epimorphismus von R_R auf einen zyklischen R-Rechtsmodul zerfällt). Folglich genügt es, die einfachen Rechts- bzw. Linksideale zu betrachten. Dafür folgt die Behauptung aus 8.2.4. □

8.3 Struktur der einfachen Ringe mit einem einfachen einseitigen Ideal

Um die Struktur eines halbeinfachen Ringes völlig aufzuklären, kommt es jetzt noch darauf an, die zweiseitigen einfachen Ideale B_j in 8.2.4 zu untersuchen. Nach Definition sind die B_j Rechtsideale des halbeinfachen Ringes R, also halbeinfache R-Rechtsmoduln. Daraus folgt wegen 8.2.4 (c), daß die B_j auch halbeinfache Ringe sind. Es handelt sich also dabei um einfache und halbeinfache Ringe. Beispiele zeigen (s. Übung 8), daß nicht jeder einfache Ring halbeinfach ist. Da die B_j halbeinfach sind und $B_j \neq 0$ vorausgesetzt wurde, sind es also einfache Ringe, die ein einfaches Rechtsideal besitzen.

Umgekehrt ist jeder einfache Ring R, der ein einfaches Rechtsideal E besitzt, auch halbeinfach, wie wir sogleich feststellen wollen. Sei B die homogene Komponente zu E in R_R, d.h. die Summe aller zu E isomorphen Rechtsideale von R, dann ist B_R als Summe von einfachen Rechtsidealen halbeinfach. Ferner ist für $r \in R$ und ein einfaches Rechtsideal $E' \hookrightarrow R_R$ rE' entweder ein zu E' isomorphes Rechtsideal oder gleich Null; also ist B ein zweiseitiges Ideal $\neq 0$ aus R. Da R einfach ist, folgt $B = R$. Insgesamt ist damit festgestellt, daß R_R halbeinfach ist (siehe auch 8.2.4 (a)).

Für derartige Ringe soll jetzt die Struktur bestimmt werden. Es wird sich herausstellen, daß jeder solche Ring zum Endomorphismenring (= Ring der linearen Selbstabbildungen) eines endlichdimensionalen Vektorraumes V über einem Schiefkörper K isomorph ist, der selber wieder zum Ring der $n \times n$-Matrizen ($n = \dim_K(V)$) mit Koeffizienten in K isomorph ist und daher als bekannt angesehen werden kann.

8.3.1 Satz *Sei* $V = {}_KV$ *ein Vektorraum über dem Schiefkörper* K. *Dann gilt:*

(a) *Ist* $1 \leq \dim_K(V) = n < \infty$, *dann ist* $\mathrm{End}({}_KV)$ *einfacher und halbeinfacher Ring.*

(b) *Ist* $\dim_K(V) = \infty$, *dann ist* $\mathrm{End}({}_KV)$ *weder einfach noch halbeinfach.*

Beweis. Wir weisen zunächst darauf hin, daß wir hier – im Hinblick auf den folgenden Satz – einen Linksvektorraum $V = {}_KV$ zu Grunde gelegt haben und die Endomorphismen von V rechts vom Argument schreiben wollen: Für $\varphi \in \mathrm{End}({}_KV)$ und

$x \in V$ sei $x\varphi$ das Bild von x bei φ. Die Resultate gelten selbstverständlich auch für Rechtsvektorräume.

(a) Sei $v_1, \ldots, v_n$ eine Basis von ${}_KV$ und bezeichne

$$V^{(i)} := \sum_{\substack{j=1 \\ j \neq i}}^{n} Kv_j, \qquad i = 1, \ldots, n;$$

$$S := \operatorname{End}({}_KV).$$

Dann ist

$$E_i := \{\varphi \mid \varphi \in S \wedge V^{(i)} \subseteq \operatorname{Ke}(\varphi)\}$$

ein einfaches Rechtsideal in S, und es gilt

$$S_S = E_1 \oplus \ldots \oplus E_n;$$

$$E_i \cong E_j \qquad \text{für alle } i, j = 1, \ldots, n.$$

Folglich ist S halbeinfach, und da alle E_i untereinander isomorph sind, besteht S_S nur aus einer homogenen Komponente, ist also ein einfacher Ring. Die vorstehenden Behauptungen über die E_i sollen hier nicht bewiesen werden. Es handelt sich um einfache Aussagen der linearen Algebra, die dem Leser als Übung überlassen bleiben. Der Beweis kann auch mit Hilfe des zu S isomorphen Ringes der $n \times n$-Matrizen mit Koeffizienten in K geführt werden. In diesem Ring ist jede Zeile ein einfaches Rechtsideal (und jede Spalte ein einfaches Linksideal), und der Ring ist die direkte Summe seiner Zeilen (bzw. Spalten), die alle isomorph sind.

(b) Sei wieder $S := \operatorname{End}({}_KV)$.

D e f i n i t i o n. $\varphi \in S$ heißt e n d l i c h w e r t i g $:\Longleftrightarrow \dim_K(\operatorname{Bi}(\varphi)) < \infty$.

Dann ist leicht nachzuprüfen, daß die Menge der endlichwertigen Endomorphismen ein echtes zweiseitiges Ideal $A \neq 0$ in S ist. Also ist S kein einfacher Ring. Wäre S ein halbeinfacher Ring, so müßte ein $B \subseteq S_S$ mit

$$S_S = A \oplus B$$

existieren. Da A zweiseitig ist, folgte

$$BA \subseteq B \cap A = 0, \quad \text{also} \quad BA = 0.$$

Sei $\beta \in B$, $\beta \neq 0$ und sei $v \in V$ mit $v\beta \neq 0$ und sei

$$V = Kv\beta \oplus U, \qquad U \subseteq {}_KV.$$

Sei schließlich für $k \in K$, $u \in U$ die Abbildung α durch

$$\alpha: \; V \ni kv\beta + u \mapsto kv\beta \in V$$

definiert. Dann folgt $\alpha \in A$ (denn $\operatorname{Bi}(\alpha) = Kv\beta$) und $v\beta\alpha = v\beta \neq 0$, also $\beta\alpha \neq 0$ im Widerspruch zu $BA = 0$. □

Satz 8.2.4 enthält den ersten Teil des bekannten und wichtigen Wedderburnschen Satzes über halbeinfache Ringe. Wir kommen nun zum zweiten Teil dieses Satzes.

8.3.2 Satz *Ein einfacher Ring* R, *der ein einfaches Rechtsideal besitzt, ist zum Endomorphismenring eines endlichdimensionalen Vektorraumes über einem Schiefkörper isomorph.*

Im einzelnen: Sei E *ein einfaches Rechtsideal aus* R *und sei* K $:= \mathrm{End}(E_R)$, *dann ist* K *ein Schiefkörper,* $E = {}_K E$ *ein Linksvektorraum endlicher Dimension über* K, *und es gilt*

$$R \cong \mathrm{End}({}_K E).$$

B e w e i s. Nach dem Lemma von Schur (3.7.5) ist K ein Schiefkörper, und E kann als K-Linksmodul betrachtet werden. Dann ist E ein K-R-Bimodul. Für $y \in E$ betrachten wir jetzt die Abbildung

$$y_E^{(\ell)} : E \ni x \mapsto yx \in E,$$

d.h. die Linksmultiplikation von E mit y. Dann gilt offenbar $y_E^{(\ell)} \in K$. Für $r \in R$ sei

$$r_E^{(r)} : \quad E \ni x \mapsto xr \in E\,,$$

dann folgt $r_E^{(r)} \in \mathrm{End}({}_K E)$, denn für $k \in K$ gilt $k(xr) = (kx)r$.

Es soll nun gezeigt werden, daß

$$\Phi : \quad R \ni r \mapsto r_E^{(r)} \in \mathrm{End}({}_K E)$$

ein Ringisomorphismus ist.

Zunächst ist Φ offensichtlich ein Ringhomomorphismus. Da $\mathrm{Ke}(\Phi)$ ein zweiseitiges Ideal in R ist, das wegen $1 \notin \mathrm{Ke}(\Phi)$ ungleich R ist, und da R einfach ist, folgt $\mathrm{Ke}(\Phi) = 0$, also ist Φ ein Monomorphismus. Bleibt zu zeigen: Φ ist ein Epimorphismus. Wegen $E \neq 0$, und da RE ein zweiseitiges Ideal ist, folgt $RE = R$, woraus sich

$$(1) \qquad \Phi(R) = \Phi(RE) = \Phi(R)\Phi(E)$$

ergibt. Ferner ist zu zeigen, daß $\Phi(E)$ ein Rechtsideal in $R'' := \mathrm{End}({}_K E)$ ist. Seien $\xi \in R''$ und $x, y \in E \Rightarrow$

$$y\,(x_E^{(r)}\xi) = (yx)\,\xi = (y_E^{(\ell)}x)\,\xi = y_E^{(\ell)}\,(x\xi) = y(x\xi) = y(x\xi)_E^{(r)}$$

$$\Rightarrow \qquad x_E^{(r)}\xi = (x\xi)_E^{(r)} \in \Phi(E) \Rightarrow$$

$$(2) \qquad \Phi(E)\,R'' = \Phi(E).$$

Schließlich gilt wegen $\Phi(R) \subsetneq R''$ und $1_E^{(r)} = 1_E \in \Phi(R)$:

$$(3) \qquad R'' = \Phi(R)R''.$$

Aus (1), (2), (3) folgt dann

$$R'' = \Phi(R)R'' = \Phi(R)\Phi(E)R'' = \Phi(R)\Phi(E) = \Phi(R)\,,$$

also tatsächlich $\Phi(R) = R''$.

Da R einfach ist und $R \cong R''$, muß R'' einfach sein. Nach 8.3.1 folgt dann $\dim_K(E) < \infty$, womit alles bewiesen ist. □

Neben diesem unmittelbaren Beweis wird sich noch ein zweiter Beweis als Folgerung aus dem Dichtesatz im nächsten Abschnitt ergeben.

Wir formulieren den Hauptinhalt der Sätze 8.2.4 und 8.3.2 noch einmal in etwas anderer Form:

8.3.3 Folgerung *Ein halbeinfacher Ring (mit Einselement) ist eine direkte Summe von einfachen Ringen, die sich gegenseitig annullieren, und von denen jeder zu einem endlichdimensionalen vollen Matrizenring über einem Schiefkörper isomorph ist.*

8.3.4 Folgerung *Sei* R *ein einfacher Ring mit einem einfachen Rechtsideal* E *und sei* R *endlichdimensionale Algebra über einem Körper* H. *Dann existiert ein zu* H *isomorpher Unterkörper* $K_0 \subsetneq K := \mathrm{End}(E_R)$ *mit* $\dim_{K_0}(K) < \infty$.

Ist H *algebraisch abgeschlossen, dann gilt* $H \cong K = \mathrm{End}(E_R)$.

Beweis. Für $h \in H$ sei

$$h_E^{(r)}: \quad E \ni x \mapsto xh \in E,$$

dann folgt wegen $(xh)r = (xr)h$ für $r \in R$, daß $h_E^{(r)} \in K$, und somit ist

$$\psi: \quad H \ni h \mapsto h_E^{(r)} \in K.$$

ein Ringhomomorphismus. Sei $K_0 := \mathrm{Bi}(\psi)$. Nach Voraussetzung ist R_H endlichdimensional und daher auch E_H.

Wegen $h_E^{(r)}x = xh$ für $h \in H$, $x \in E$ ist eine Basis von E_H über H auch eine Basis von ${}_{K_0}E$ über K_0. Daher ist ${}_{K_0}E$ endlichdimensional, und folglich muß auch ${}_{K_0}K$ endlichdimensional sein (denn $\dim_{K_0}(K) \cdot \dim_K(E) = \dim_{K_0}(E)$).

Da K endlich-algebraischer Oberkörper von K_0 ist, folgt im Falle, daß H und damit auch K_0 algebraisch abgeschlossen sind, $K_0 = K$, also $H \cong K_0 = K$. □

8.4 Der Dichtesatz

Bei den bisherigen Überlegungen wurde meist ein R-Rechtsmodul $M = M_R$ zu Grunde gelegt und R-Homomorphismen von M auf die linke Seite der Argumente aus M geschrieben. Sei $S := \mathrm{End}(M_R)$ der Endomorphismenring von M_R, dann kann M insbesondere als S-R-Bimodul betrachtet werden. Diese Schreibweise ist zwar für viele Überlegungen zweckmäßig, aber nicht für alle. Insbesondere nicht für solche, bei denen von einer additiven Gruppe M und dem Ring $T := \mathrm{End}(M_Z)$ aller Endomorphismen von M ausgegangen wird, wie das im folgenden der Fall ist.

Um zu zeigen, wie sich die bisher verwendete Schreibweise auf die im folgenden zu benutzende zurückführen läßt und welche Tragweite die folgenden Resultate haben, machen wir einige Vorbemerkungen, wobei zunächst nichts weiter vorausgesetzt wird.

8.4.1 Definition *Sei* R *bzw.* R° *ein Ring mit der Multiplikation* $\cdot$ bzw. $\circ$. R° *heißt zu* R inverser Ring $:\Longleftrightarrow$

(1) *Die additive Gruppe von* R *ist gleich der additiven Gruppe von* R° *und*

(2) $\forall r, s \in R [r \cdot s = s \circ r]$.

8.4.2 Bemerkungen

(a) *Es gibt genau einen zu* R *inversen Ring* R°.

(b) $R^{\circ\circ} = R$.

(c) *Kommutativ* R $\Longleftrightarrow$ $R = R^\circ$.

Beweis. (a) Existenz von R°: Definiere $(R^\circ, +) := (R, +)$ sowie

$$s \circ r := r \cdot s, \qquad r, s \in R,$$

dann ist R° ein zu R inverser Ring.

Eindeutigkeit: Sei auch R^* mit der Multiplikation $*$ ein zu R inverser Ring, dann folgt nach Definition

$$(R^*, +) = (R, +) = (R^\circ, +) .$$

Ferner gilt $s * r = r \cdot s = s \circ r$, $r, s \in R$, also $R^* = R^\circ$. (b) und (c) seien dem Leser als Übung überlassen. □

Aus der Definition ergibt sich ferner, daß sich alle Eigenschaften von R unter Vertauschung der Seiten auf R° übertragen.

8.4.3 Bemerkung. *Sei* $M = M_R$. *Durch die Definition*

$$r \circ m := mr \qquad \text{für } m \in M \text{ und } r \in R^\circ$$

wird M *zu einem* R°*-Linksmodul* ${}_{R^\circ}M$. *Genau die additiven Untergruppen von* M, *die Untermoduln von* M_R *sind, sind auch Untermoduln von* ${}_{R^\circ}M$.

Beweis. Zum Beweis von $M = {}_{R^\circ}M$ beschränken wir uns auf das Assoziativgesetz:

$$\begin{aligned} r_1 \circ (r_2 \circ m) &= r_1 \circ (mr_2) = (mr_2) r_1 \\ &= m(r_2 r_1) = (r_2 r_1) \circ m = (r_1 \circ r_2) \circ m \qquad \text{für alle } r_1, r_2 \in R, m \in M. \end{aligned}$$

Sei $U \hookrightarrow M_R \Rightarrow r \circ U = Ur \subset U$ für alle $r \in R \Rightarrow U \hookrightarrow {}_{R^\circ}M$. Ebenso folgt: $U \hookrightarrow {}_{R^\circ}M \Rightarrow U \hookrightarrow M_R$.

Alle Eigenschaften von M_R übertragen sich demnach auf ${}_{R^\circ}M$ (bei Vertauschung der Seite). □

Nachdem wir uns die Bedeutung des Seitenwechsels klar gemacht haben, soll jetzt $M = {}_R M$ vorausgesetzt werden. Ferner sei $T := \mathrm{End}(M_Z)$ (= Ring aller Gruppenendomorphismen von M), wobei die Endomorphismen von links angewendet werden sollen, so daß also $M = {}_T M$ gilt. Für jedes $r \in R$ ist dann der Linksmultiplikator

$$r^{(\ell)}: \quad M \ni x \mapsto rx \in M$$

ein Element aus T, und die Abbildung

$$\psi: \quad R \ni r \mapsto r^{(\ell)} \in T$$

ist, wie man sofort bestätigt, ein Ringhomomorphismus.

$R^{(\ell)} := \mathrm{Bi}(\psi)$ heißt der Ring der Linksmultiplikatoren zum Modul ${}_RM$. $\mathrm{Ke}(\psi)$ ist ein zweiseitiges Ideal in R und besteht aus allen $r \in R$ mit $rM = 0$.

8.4.4 Definition *Der Modul* ${}_RM$ *heißt* t r e u $:\Longleftrightarrow$

$$\forall r \in R\ [rM = 0 \Rightarrow r = 0] \iff \mathrm{Ke}(\psi) = 0\,.$$

Für einen treuen Modul kann R mit $R^{(\ell)}$ identifiziert werden, so daß dann $R \subsetneq T$ gilt.

8.4.5 Definition *Sei* T *ein beliebiger Ring und sei* $A \subset T$ (A *Teilmenge von* T). *Dann heißt*

$$\mathrm{Zen}_T(A) := \{t \mid t \in T \wedge \forall a \in A\ [at = ta]\}$$

der Z e n t r a l i s a t o r *von* A *in* T.

Wie sofort zu sehen, ist $\mathrm{Zen}_T(A)$ ein unitärer Unterring von T, und $\mathrm{Zen}_T(T)$ ist das Zentrum von T.

8.4.6 Lemma *Seien* $M = {}_RM$, $T := \mathrm{End}(M_Z)$, $S := \mathrm{End}({}_RM)$ (*alles von links angewendet*) $\Rightarrow$

(a) $S \quad = R' \quad := \mathrm{Zen}_T(R^{(\ell)})\,.$

(b) $R^{(\ell)} \subset R \quad := \mathrm{Zen}_T(\mathrm{Zen}_T(R^{(\ell)}))\,.$

(c) $R' \quad = R''' \quad := \mathrm{Zen}_T(\mathrm{Zen}_T(\mathrm{Zen}_T(R^{(\ell)})))$.

B e w e i s. (a) $S \subsetneq \mathrm{Zen}_T(R^{(\ell)})$: Sei $\sigma \in S$, dann gilt für alle $r \in R$, $x \in M$: $\sigma(rx) = r(\sigma x)$, also $\sigma r^{(\ell)} = r^{(\ell)}\sigma \Rightarrow \sigma \in \mathrm{Zen}_T(R^{(\ell)})$. $\mathrm{Zen}_T(R^{(\ell)}) \subsetneq S$: Sei $\tau \in \mathrm{Zen}_T(R^{(\ell)}) \Rightarrow \tau r^{(\ell)} = r^{(\ell)}\tau$ für alle $r \in R \Rightarrow \tau(rx) = r(\tau x) \Rightarrow \tau \in S$.

(b) und (c) nach Definition des Zentralisators. □

Auf Grund dieser Situation erhebt sich die interessante Frage, unter welchen Voraussetzungen $R^{(\ell)} = R''$ gilt und welche Beziehungen im Falle $R^{(\ell)} \neq R''$ zwischen $R^{(\ell)}$ und R'' bestehen. Man beachte dabei, daß $R^{(\ell)}$ und R'' selbstverständlich von $M = {}_RM$ abhängen, was durch die Schreibweise nicht zum Ausdruck kommt.

8.4.7 Beispiele 1. Ist $M = {}_RM \neq 0$ ein freier R-Modul, dann ist ${}_RM$ treuer R-Modul und es gilt $R^{(\ell)} = R''$. Beweis als Übung.

2. Sei ${}_RM = {}_Z\mathbb{Q}$, dann gilt $Z \cong Z^{(\ell)}$ und $S = Z' = Z'' \cong \mathbb{Q}$. Beweis als Übung.

3. Sei $V = V_K$ ein unendlichdimensionaler Vektorraum. Sei R der Unterring von $T := \mathrm{End}(V_K)$, der durch die identische Abbildung von V und alle endlichwertigen linearen Abbildungen von V_K erzeugt wird. B e h a u p t u n g e n :

(a) $V = {}_RV$ ist ein einfacher R-Modul.

(b) $R' = \mathrm{End}({}_RV) = K^{(r)}$ $(\cong K)$.

(c) $R^{(\varrho)} = R \neq R'' = \mathrm{End}(V_{R'})$.

(d) Zu je endlich vielen Elementen $v_1, \ldots, v_t \in V$ und $\sigma \in R''$ gibt es ein $r \in R$ mit $\sigma v_i = r v_i$, $i = 1, \ldots, t$.

Beweis für (a), (b), (c) als Übung für den Leser; (d) ist ein Spezialfall des folgenden Dichtesatzes.

8.4.8 Definition *Seien* R *und* S *Ringe sowie* ${}_RM$ *und* ${}_SM$ *Moduln mit der gleichen additiven Gruppe.*

${}_RM$ heißt dicht in ${}_SM$ $:\Longleftrightarrow$ *zu je endlich vielen Elementen* $x_1, \ldots, x_t \in M$ *und* $s \in S$ *gibt es ein* $r \in R$ *mit* $sx_i = rx_i$, $i = 1, \ldots, t$.

8.4.9 Satz *Jeder halbeinfache Modul* ${}_RM$ *ist dicht in* ${}_{R''}M$.

Beweis. Der Beweis erfolgt in drei Schritten. 1. Seien zunächst $N = {}_RN$ ein beliebiger Modul von U ein direkter Summand von N, also $N = U \oplus N_1$. Sei jetzt $R'' = R''_N$ der zweifache Zentralisator von R in bezug auf N.

Behauptung. $R''U = U$, d.h. U ist R''-Untermodul von ${}_{R''}N$. Zum Beweis sei π die Projektion von N auf U, und η die Inklusion von U in N, dann folgt $\eta\pi \in R' = \mathrm{Hom}_R(N, N)$ und $\mathrm{Bi}(\eta\pi) = U$. Für $r'' \in R''$ und $u \in U$ erhält man daher

$$r''u = r''\,\eta\pi(u) = \eta\pi r''(u) = \eta\pi(r''u) \in U\,,$$

w.z.z.w.

Sei jetzt N halbeinfach und sei $x \in N$, dann ist Rx direkter Summand in N, und es folgt $Rx = R''Rx = R''x$. Also gibt es zu jedem $x \in N$ und $r'' \in R''$ ein $r_0 \in R$ mit $r_0 x = r''x$.

2. Sei jetzt $M = {}_RM$ halbeinfach und sei $N := \coprod_{i=1}^{n} M_i$ mit $M_i = M$ für $i = 1, \ldots, n$. Dann gilt (s. Kapitel 4)

$$N = \coprod_{i=1}^{n} M_i = \bigoplus_{i=1}^{n} M_i' \qquad \text{mit } M_i' \cong M_i = M.$$

Folglich ist N direkte Summe der halbeinfachen Moduln M_i' und daher (nach 8.1.5) selbst wieder halbeinfach. Seien jetzt der zweifache Zentralisator von R in bezug auf M bzw. N mit R''_M bzw. R''_N bezeichnet.

Behauptung. Für $r'' \in R''_M$ und $(x_1 \ldots x_n) \in N$ wird N durch die Definition

$$\hat{r}''(x_1 \ldots x_n) := (r''x_1 \ldots r''x_n)$$

zu einem R''_M-Modul, und die Abbildung

$$\hat{r}'' : \ N \ni (x_1 \ldots x_n) \mapsto (r''x_1 \ldots r''x_n) \in N$$

ist ein Element aus R''_N. (Es ist sogar $R''_M \ni r'' \mapsto \hat{r}'' \in R''_N$ ein Ringmonomorphismus). Die Moduleigenschaft ist klar. Bleibt $\hat{r}'' \in R''_N$ zu zeigen. Seien

$$\pi_i : \ N \to M_i \quad \text{bzw.} \quad \eta_i : \ M_i \to N$$

die Projektion bzw. die Inklusion (s. Kapitel 4), dann gilt

$$r''\pi_i(x_1 \ldots x_n) = r''x_i = \pi_i\hat{r}''(x_1 \ldots x_n),$$

$$\hat{r}''\eta_i x_i = \hat{r}''(0 \ldots 0\; x_i\; 0 \ldots 0) = \eta_i r'' x_i,$$

d.h. $r''\pi_i = \pi_i\hat{r}''$ und $\hat{r}''\eta_i = \eta_i r''$.

Wegen $\sum_{i=1}^{n} \eta_i\pi_i = 1_N$ gilt für beliebiges $\varphi \in \mathrm{Hom}_R(N, N)$

$$\varphi = 1_N\varphi 1_N = \sum_{i=1}^{n}\sum_{j=1}^{n} \eta_i\pi_i\varphi\eta_j\pi_j,$$

wobei (wegen $M_i = M$) $\pi_i\varphi\eta_j \in \mathrm{Hom}_R(M, M)$ ist.

Damit folgt

$$\hat{r}''\varphi = \hat{r}''\sum_i\sum_j \eta_i\pi_i\varphi\eta_j\pi_j = \sum_i\sum_j \eta_i r''(\pi_i\varphi\eta_j)\pi_j$$
$$= \sum_i\sum_j \eta_i(\pi_i\varphi\eta_j)r''\pi_j = (\sum_i\sum_j \eta_i\pi_i\varphi\eta_j\pi_j)\hat{r}'' = \varphi\hat{r}'',$$

w.z.z.w.

3. Seien jetzt $x_1, \ldots, x_n \in M$ und $r'' \in R''_M$ gegeben. Nach 1. angewendet auf

$$N := \coprod_{i=1}^{n} M_i \qquad \text{mit } M_i = M \text{ für } i = 1, \ldots, n$$

sowie $x = (x_1 \ldots x_n) \in N$ und $\hat{r}'' \in R''_N$ ($\hat{r}''$ im Sinne von 2. zu r'' gehörend), gibt es ein $r_0 \in R$ mit

$$r_0 x = (r_0 x_1 \ldots r_0 x_n) = r''x = (r''x_1 \ldots r''x_n);$$

also gilt

$$r_0 x_i = r'' x_i, \qquad i = 1, \ldots, n. \qquad \square$$

8.4.10 Folgerung *Seien* $_RM$ *einfach und* M *endlichdimensional über* $K = \mathrm{End}(_RM)$, *dann gilt* $R^{(\varrho)} = R''$.

B e w e i s. Sei $x_1, \ldots, x_n$ eine Basis von $_KM$, dann gibt es zu jedem $\sigma \in R''$ ein $r \in R$ mit $\sigma x_i = r x_i$, $i = 1, \ldots, n$. Da σ und $r^{(\varrho)}$ lineare Abbildungen sind, folgt $\sigma = r^{(\varrho)}$, also $R'' \hookrightarrow R^{(\varrho)}$. Da andererseits $R^{(\varrho)} \hookrightarrow R''$, folgt $R^{(\varrho)} = R''$. $\square$

8.4.11 Folgerung *Seien* $_RM$ *einfach und* $_RR$ *artinsch. Dann ist* M *endlichdimensional über* K, *und es gilt* $R^{(\varrho)} = R''$.

B e w e i s. Nach 8.4.10 ist nur zu zeigen, daß $_KM$ endlichdimensional ist. Angenommen, das wäre nicht der Fall, dann existierte eine abzählbare unendliche Menge von linear unabhängigen Elementen in $_KM$:

$x_1, x_2, x_3, \ldots$.

Sei $A_n = \{a \mid a \in R \wedge ax_1 = \ldots = ax_n = 0\}$,

dann ist A_n ein Linksideal in R. Da ein $a_n \in A_n$ mit $a_n x_{n+1} \neq 0$ existiert (wegen 8.4.9), gilt $A_n \underset{\neq}{\supseteq} A_{n+1}$, und man würde die unendliche Kette von Linksidealen

$$A_1 \underset{\neq}{\supseteq} A_2 \underset{\neq}{\supseteq} A_3 \underset{\neq}{\supseteq} \ldots$$

erhalten, was im Widerspruch dazu steht, daß ${}_RR$ artinsch ist. □

Als Folgerung aus 8.4.9 beweisen wir noch einmal den Struktursatz für einfache Ringe (8.3.2).

8.4.12 Folgerung *Sei* R *ein einfacher Ring mit einem einfachen Linksideal. Dann ist* R *zum Endomorphismenring eines endlichdimensionalen Vektorraumes über einem Schiefkörper isomorph.*

B e w e i s. Wie zu Beginn von 8.3 festgestellt, ist R halbeinfach und daher nach 8.1.6 (beidseitig) artinsch. Sei ${}_RM$ ein einfaches Linksideal in R. Dann ist

$$\psi: \quad R \to R_M^{(\ell)}$$

ein Isomorphismus, da Ke(ψ) als zweiseitiges Ideal in dem einfachen Ring R gleich 0 sein muß, denn $1 \notin$ Ke(ψ). Nach 8.4.11 folgt die Behauptung. □

Übungen zu Kapitel 8

1. a) Sei p eine Primzahl und sei $n \in \mathbb{N}$. Welches ist der größte halbeinfache $\mathbb{Z}$-Untermodul von $\mathbb{Z}/p^n\mathbb{Z}$?

b) Welches ist der kleinste $\mathbb{Z}$-Untermodul U von $\mathbb{Z}/p^n\mathbb{Z}$, so daß $(\mathbb{Z}/p^n\mathbb{Z})/U$ halbeinfach ist?

c) Gib ein Beispiel eines Moduls M und eines $U \subsetneq M$ an, so daß M nicht halbeinfach ist, aber M/U und U halbeinfach sind.

2. Sei R ein Ring und bezeichne Jk(R) die Anzahl der Isomorphieklassen von einfachen R-Rechtsmoduln. (In der Klasse aller einfachen R-Rechtsmoduln ist $\cong$ eine Äquivalenzrelation; die Isomorphieklassen sind die Äquivalenzklassen bezüglich $\cong$).

a) Gib für jedes $n \in \mathbb{N}$ ein Beispiel für einen Ring R mit Jk(R) = n an.

b) Gib ein Beispiel für einen Ring mit Jk(R) = ∞ an.

c) Tritt der Fall Jk(R) = 0 auf?

3. Sei e ein idempotentes Element eines Ringes R. Zeige:

a) End(eR_R) $\cong$ eRe.

b) Sei R einfach und eRe ein Schiefkörper, dann ist eR einfaches Rechtsideal von R.

4. Seien R_i, i = 1, . . . , n Ringe und sei $R := \prod_{i=1}^{n} R_i$ mit komponentenweiser Addition und Multiplikation.

a) Zeige: Halbeinfacher Ring R $\Longleftrightarrow$ $\forall\, i = 1, \ldots, n$ [halbeinfach R_i].

b) Gilt a) auch für unendliche Produkte?

5. a) Sei V_K ein Vektorraum von abzählbar unendlicher Dimension. Zeige: Das Ideal aller endlichwertigen Endomorphismen von V_K ist das einzige echte zweiseitige Ideal $\neq 0$ in $\mathrm{End}(V_K)$.

b) Gilt a) auch, falls die Dimension von V größer als abzählbar unendlich ist?

6. Sei $M = M_R$ halbeinfach und sei $S := \mathrm{End}(M_R)$. Zeige: Halbeinfach ${}_SM$.

7. Sei M_R ein halbeinfacher R-Modul mit nur endlich vielen homogenen Komponenten:

$$M_R = \bigoplus_{j=1}^{n} B_j\,.$$

Zeige:

a) $S := \mathrm{End}(M_R) = \bigoplus_{j=1}^{n} S_j$, wobei die S_j zweiseitige Ideale in S sind und $S_j \cong \mathrm{End}(B_{jR})$ gilt.

b) Ist M_R endlich erzeugt, dann ist S halbeinfach.

c) Ist M_R endlich erzeugt und sind alle einfachen Untermoduln isomorph, dann ist S einfach und halbeinfach.

d) Ist M_R nicht endlich erzeugt, dann ist S weder einfach noch halbeinfach.

8. Sei $K := \mathbb{R}(x)$ der Körper der rationalen Funktionen in x mit reellen Koeffizienten, und sei für $k \in K$

$$k' := \frac{d}{dx}(k)$$

die übliche Ableitung. Ferner sei $R := K[y]$ die additive Gruppe aller Polynome in y mit Koeffizienten in K. Man definiere in K[y] eine (nichtkommutative) Multiplikation durch Induktion über $n = 0, 1, 2, \ldots$ bei festem $m = 0, 1, 2, \ldots$:

$$(ay^0)(by^m) := aby^m, \quad a, b \in K,$$
$$(ay^n)(by^m) := ay^{n-1}(by^{m+1} + b'y^m) \quad \text{für } n > 0,$$

und verlange ferner die Gültigkeit von Assoziativ- und Distributivgesetzen. Zeige:

a) R ist ein einfacher Ring.

(Hinweis: Wenn ein Polynom vom Grad n mit $n \geqslant 1$ in einem zweiseitigen Ideal von R liegt, dann auch ein Polynom vom Grad $n - 1$.)

b) R enthält kein einfaches Rechts- oder Linksideal, ist also nicht halbeinfach.

9. Beweise die Behauptungen in 8.4.7.

10. Zeige für einen Modul M_R:

a) Halbeinfach M $\Longleftrightarrow$ M hat keinen großen echten Untermodul.

b) Sei M endlich erzeugt; dann gilt: Halbeinfach M $\Longleftrightarrow$ M hat keinen großen maximalen Untermodul.

c) Gib einen nicht halbeinfachen Modul an, der keinen großen maximalen Untermodul besitzt.

9 Radikal und Sockel

In der historischen Entwicklung der Theorie der Ringe stellte man schon frühzeitig fest, daß in jeder endlichdimensionalen Algebra A ein zweiseitiges, nilpotentes Ideal B (nilpotent heißt, daß es eine natürliche Zahl n mit $B^n = 0$ gibt) existiert, derart daß A/B eine halbeinfache Algebra ist.

Damit ergeben sich für die Untersuchung von A drei Ansatzpunkte:

1. Untersuchung der halbeinfachen Algebra A/B (für die die Theorie der halbeinfachen Algebren zur Verfügung steht);
2. Untersuchung des nilpotenten Ideals B;
3. Untersuchung des Zusammenhangs zwischen A/B und A, der durch den Epimorphismus $A \to A/B$ gegeben ist; insbesondere stellt sich die Frage, ob Eigenschaften von A/B nach A „hochgehoben" werden können.

Da diese Fragestellung für die Untersuchung der Algebren sehr fruchtbar war, entstand der Wunsch, ein B entsprechendes Objekt in einem beliebigen Ring oder Modul zur Verfügung zu haben. Auf die interessante historische Entwicklung dieser Frage kann hier nicht eingegangen werden. Sie führte jedenfalls zum heutigen Radikalbegriff, der in diesem Paragraphen entwickelt werden soll. Das Radikal eines Moduls M_R, bezeichnet mit $\mathrm{Ra}(M_R)$, ist danach der Durchschnitt aller maximalen Untermoduln von M_R oder gleich der Summe aller kleinen Untermoduln von M_R. Dafür gilt dann $\mathrm{Ra}(M/\mathrm{Ra}(M)) = 0$, und $\mathrm{Ra}(M)$ ist in jedem Untermodul $U \hookrightarrow M$ mit $\mathrm{Ra}(M/U) = 0$ enthalten. Auch jetzt bieten sich wieder die anfangs angegebenen drei Möglichkeiten der Untersuchung, wenn auch $M/\mathrm{Ra}(M)$ im allgemeinen nicht mehr halbeinfach ist.

Der zum Radikal duale Begriff ist der des Sockels. Der Sockel des Moduls M_R, bezeichnet mit $\mathrm{So}(M_R)$, ist die Summe aller minimalen (= einfachen) Untermoduln von M_R und daher der größte halbeinfache Untermodul von M_R. Er ist gleich dem Durchschnitt aller großen Untermoduln von M_R.

9.1 Definition von Radikal und Sockel

9.1.1 Satz *Gegeben sei* $M = M_R$. *Dann gilt*

(a) $$\sum_{A \hookrightarrow^{\circ} M} A = \bigcap_{\substack{B \hookrightarrow M \\ \text{maximal } B}} B = \bigcap_{\substack{\text{halbeinfach } N_R \\ \varphi \in \mathrm{Hom}_R(M, N)}} \mathrm{Ke}(\varphi) .$$

(b) $$\bigcap_{A \overset{*}{\subsetneq} M} A = \sum_{\substack{B \subsetneq M \\ \text{minimal } B \\ (= \text{einfach } B)}} B = \sum_{\substack{\text{halbeinfach } N_R \\ \varphi \in \mathrm{Hom}_R(N, M)}} \mathrm{Bi}(\varphi).$$

B e w e i s. (a) Wir bezeichnen die Untermoduln von M, für die die Gleichheit gezeigt werden soll, der Reihe nach mit U_1, U_2, U_3.

„$U_2 \subsetneq U_1$“: Sei $a \in U_2$. Angenommen aR wäre kein kleiner Untermodul von M, dann gäbe es nach 5.1.4 einen maximalen Untermodul C von M mit $a \notin C$, also $a \notin U_2$ ↯. Folglich ist aR klein und somit $a \in aR \subsetneq U_1$.

„$U_3 \subsetneq U_2$“: Sei B maximal in M und sei $\nu_B : M \to M/B$ der natürliche Epimorphismus auf den einfachen Modul M/B. Dann ist $\mathrm{Ke}(\nu_B) = B$, und es folgt

$$U_3 \subset \bigcap_{\substack{B \subsetneq M \\ \text{maximal } B}} \mathrm{Ke}(\nu_B) = \bigcap_{\substack{B \subsetneq M \\ \text{maximal } B}} B = U_2.$$

„$U_1 \subsetneq U_3$“: Nach 5.1.3 (c) gilt $A \overset{\circ}{\subsetneq} M \Rightarrow \varphi(A) \overset{\circ}{\subsetneq} N$ für jeden Homomorphismus φ: $M \to N$. Ist N halbeinfach, dann ist 0 der einzige kleine Untermodul von N, also muß dann $\varphi(A) = 0$, d.h. $A \subsetneq \mathrm{Ke}(\varphi)$, gelten. Folglich gilt $U_1 \subsetneq U_3$.

(b) Die Untermoduln seien wieder der Reihe nach mit U_1, U_2, U_3 bezeichnet.

„$U_2 \subsetneq U_1$“: Ist B einfacher Untermodul von M und $A \overset{*}{\subsetneq} M \Rightarrow A \cap B \neq 0 \Rightarrow A \cap B = B \Rightarrow B \subsetneq A \Rightarrow U_2 \subsetneq U_1$.

„$U_3 \subsetneq U_2$“: Da das Bild eines halbeinfachen Moduls bei einem Homomorphismus wieder halbeinfach ist und ebenso die Summe von halbeinfachen Moduln (8.1.5), ist U_3 ein halbeinfacher Untermodul von M, also Summe von einfachen Untermoduln von M. Folglich gilt $U_3 \subsetneq U_2$, da U_2 die Summe von allen einfachen Untermoduln von M ist.

„$U_1 \subsetneq U_3$“: Behauptung. U_1 ist halbeinfach. Sei $C \subsetneq U_1$ und sei C' Duko von C in M, dann gilt $C + C' = C \oplus C' \overset{*}{\subsetneq} M$ (5.2.5), also $U_1 \subsetneq C + C'$. Wegen des modularen Gesetzes (beachte $C \subsetneq U_1$) folgt $U_1 = C \oplus (C' \cap U_1)$, also U_1 halbeinfach. Sei $\iota : U_1 \to M$ die Inklusion, dann folgt $U_1 = \mathrm{Bi}(\iota) \subsetneq U_3$. □

9.1.2 Definition (1) *Der in* 9.1.1 (a) *definierte Untermodul von* M *heißt* R a d i k a l *von* M, *in Zeichen* Ra(M).

(2) *Der in* 9.1.1 (b) *definierte Untermodul von* M *heißt* S o c k e l *von* M, *in Zeichen* So(M).

9.1.3 Folgerung

(a) *Für* $m \in M_R$ *gilt:* $mR \overset{\circ}{\subsetneq} M \iff m \in \mathrm{Ra}(M)$.

(b) So(M) *ist der größte halbeinfache Untermodul von* M.

B e w e i s. (a) $mR \overset{\circ}{\subsetneq} M \Rightarrow m \in mR \subsetneq \mathrm{Ra}(M)$ nach 9.1.1. Die Umkehrung $m \in \mathrm{Ra}(M) \Rightarrow mR \overset{\circ}{\subsetneq} M$ wurde im Beweis von 9.11 (a) bei „$U_2 \subsetneq U_1$“ gezeigt.

(b) Nach Definition ist So(M) als Summe von einfachen Untermoduln halbeinfach. Sei C ein halbeinfacher Untermodul von M, dann ist C als Bild der Inklusion $\iota : C \to M$ in So(M) enthalten, also ist So(M) der größte halbeinfache Untermodul von M. □

Wir kommen jetzt zum Hauptsatz über Radikal und Sockel.

9.1.4 Satz

(a) $\varphi \in \mathrm{Hom}_R(M, N) \Rightarrow \varphi(\mathrm{Ra}(M)) \subseteq \mathrm{Ra}(N) \wedge \varphi(\mathrm{So}(M)) \subseteq \mathrm{So}(N)$.

(b) $\mathrm{Ra}(M/\mathrm{Ra}(M)) = 0 \wedge \forall C \subseteq M\, [\mathrm{Ra}(M/C) = 0 \Rightarrow \mathrm{Ra}(M) \subseteq C]$, *d.h.*, Ra(M) *ist der kleinste Untermodul* C *von* M *mit* Ra(M/C) = 0.

(c) $\mathrm{So}(\mathrm{So}(M)) = \mathrm{So}(M) \wedge \forall C \subseteq M\, [\mathrm{So}(C) = C \Rightarrow C \subseteq \mathrm{So}(M)]$, *d.h.* So(M) *ist der größte Untermodul von* M, *der mit seinem Sockel übereinstimmt.*

B e w e i s. (a) Aus $\mathrm{Ra}(M) = \sum_{A \subseteq^\circ M} A$ folgt $\varphi(\mathrm{Ra}(M)) = \sum_{A \subseteq^\circ M} \varphi(A)$. Wie in 5.1.3 gezeigt, gilt $\varphi(A) \subseteq^\circ N$, also folgt $\varphi(\mathrm{Ra}(M)) \subseteq \mathrm{Ra}(N)$. Da das Bild eines halbeinfachen Moduls wieder halbeinfach ist, gilt auch $\varphi(\mathrm{So}(M)) \subseteq \mathrm{So}(N)$.

(b) Behauptung. Die maximalen Untermoduln Δ von M/C erhält man als Bilder der maximalen Untermoduln $B \subseteq M$ mit $C \subseteq B$ bei $\nu : M \to M/C$.

Beweis. Siehe 3.1.13 oder unmittelbar wie folgt. $\nu\nu^{-1}(\Delta) = \Delta \cap \mathrm{Bi}(\nu) = \Delta$. Sei $B := \nu^{-1}(\Delta) \Rightarrow \nu(B) = \Delta \wedge C \subseteq B \subseteq M$. Da Δ maximal ist, ist $(M/C)/\Delta = (M/C)/(B/C) \cong M/B$ einfach, also B maximal in M.

Behauptung. Ist $(B_i \mid i \in I)$ eine Familie von Untermoduln von $M \wedge \forall i \in I\, [C \subseteq B_i]$, so gilt

$$\bigcap_{i \in I} (B_i/C) = (\bigcap_{i \in I} B_i)/C\,.$$

Beweis. Klar ist $(\cap B_i)/C \subseteq \cap (B_i/C)$. Sei jetzt $v + C \in \cap (B_i/C) \Rightarrow$ für jedes i gibt es ein $b_i \in B_i$ mit $v + C = b_i + C \Rightarrow v = b_i + c_i \in B_i + C = B_i$ für alle $i \in I \Rightarrow v + C \in (\cap B_i)/C$.

Wir wenden jetzt die beiden soeben gemachten Feststellungen an:

$$\mathrm{Ra}(M/\mathrm{Ra}(M)) = \bigcap_{\max \Delta \text{ in } M/\mathrm{Ra}(M)} \Delta = \bigcap_{\substack{\max B \subseteq M \\ \mathrm{Ra}(M) \subseteq B}} (B/\mathrm{Ra}(M))$$

$$= (\bigcap_{\substack{\max B \subseteq M \\ \mathrm{Ra}(M) \subseteq B}} B)/\mathrm{Ra}(M) = (\bigcap_{\max B \subseteq M} B)/\mathrm{Ra}(M) =$$

$$= \mathrm{Ra}(M)/\mathrm{Ra}(M) = 0.$$

Sei jetzt $C \subseteq M \wedge \mathrm{Ra}(M/C) = 0$, dann folgt für die Abbildung $\nu : M \to M/C$ nach (a)

$$\nu(\mathrm{Ra}(M)) \subset \mathrm{Ra}(M/C) = 0$$

und folglich

$$\mathrm{Ra}(M) \subseteq \mathrm{Ke}(\nu) = C.$$

(c) Ein halbeinfacher Modul stimmt mit seinem Sockel überein. Daher ist So(So(M)) = So(M) klar, da So(M) der größte halbeinfache Untermodul von M ist. Sei So(C) = C, dann ist C halbeinfach und es folgt $C \hookrightarrow So(M)$.

Die Eigenschaften (a), (b), (c) dieses Satzes können funktoriell formuliert werden und geben Anlaß zur Definition von *Präradikalen* ((a)), *Radikalen* ((a) und (b)) und *Sockeln* ((a) und (c)) in *Kategorien*.

9.1.5 Folgerungen

(a) *Epimorphismus* $\varphi : M \to N \ \wedge\ Ke(\varphi) \overset{\circ}{\hookrightarrow} M \ \Rightarrow\ \varphi(Ra(M)) = Ra(N) \ \wedge\ Ra(M) = \varphi^{-1}(Ra(N))$

Monomorphismus $\varphi : M \to N \ \wedge\ Bi(\varphi) \overset{*}{\hookrightarrow} N \ \Rightarrow\ \varphi(So(M)) = So(N) \wedge So(M) = \varphi^{-1}(So(N))$

(b) $C \hookrightarrow M \ \Rightarrow\ Ra(C) \hookrightarrow Ra(M) \ \wedge\ So(C) \hookrightarrow So(M)$

(c) $M = \bigoplus_{i \in I} M_i \ \Rightarrow\ Ra(M) = \bigoplus_{i \in I} Ra(M_i) \ \wedge\ So(M) = \bigoplus_{i \in I} So(M_i)$

(d) $M = \bigoplus_{i \in I} M_i \Rightarrow M/Ra(M) \cong \bigoplus_{i \in I} (M_i/Ra(M_i))$

Beweis. (a) $\varphi(Ra(M)) \hookrightarrow Ra(N)$ gilt nach 9.1.4. Nun sei $U \overset{\circ}{\hookrightarrow} N$ und für $A \hookrightarrow M$ sei $A + \varphi^{-1}(U) = M$.

Dann folgt, da φ ein Epimorphismus ist, $\varphi(A) + U = N$, also $\varphi(A) = N$ und folglich

$$A + Ke(\varphi) = M.$$

Wegen $Ke(\varphi) \overset{\circ}{\hookrightarrow} M$ erhält man $A = M$, d.h. $\varphi^{-1}(U) \overset{\circ}{\hookrightarrow} M \Rightarrow \varphi^{-1}(U) \hookrightarrow Ra(M) \Rightarrow \varphi(\varphi^{-1}(U)) = U \hookrightarrow \varphi(Ra(M))$, also $Ra(N) \hookrightarrow \varphi(Ra(M))$, was zu zeigen war.

Aus $\varphi(Ra(M)) = Ra(N)$ folgt schließlich noch wegen $Ke(\varphi) \hookrightarrow Ra(M)$

$$Ra(M) = Ra(M) + Ke(\varphi) = \varphi^{-1}\varphi(Ra(M)) = \varphi^{-1}(Ra(N)) .$$

Für den Sockel gilt wiederum nach 9.1.4 $\varphi(So(M)) \hookrightarrow So(N)$. Sei jetzt $E \hookrightarrow N$ einfach, dann gilt wegen $Bi(\varphi) \overset{*}{\hookrightarrow} N$: $E \hookrightarrow Bi(\varphi) \Rightarrow \varphi^{-1}(E) \hookrightarrow So(M) \Rightarrow \varphi\varphi^{-1}(E) = E \hookrightarrow \varphi(So(M)) \Rightarrow So(N) \hookrightarrow \varphi(So(M))$. Aus $\varphi(So(M)) = So(N)$ folgt schließlich noch

$$So(M) = \varphi^{-1}\varphi(So(M)) = \varphi^{-1}(So(N)) .$$

(b) Sei $\iota : C \to M$ die Inklusion, dann folgt nach 9.1.4

$$Ra(C) = \iota(Ra(C)) \hookrightarrow Ra(M) \wedge So(C) = \iota(So(C)) \hookrightarrow So(M).$$

(c) $Ra(M_i) \hookrightarrow Ra(M)$ wegen (b) $\Rightarrow$

$$\sum_{i \in I} Ra(M_i) = \bigoplus_{i \in I} Ra(M_i) \hookrightarrow Ra(M).$$

Sei jetzt $m = \sum m_i \in Ra(M)$ und sei $\pi_i : M \to M_i$ die i-te Projektion $\Rightarrow \pi_i(m) = m_i \in Ra(M_i)$ wegen 9.1.4 $\Rightarrow m \in \bigoplus Ra(M_i) \Rightarrow Ra(M) \hookrightarrow \bigoplus Ra(M_i) \Rightarrow$ Behauptung. Analog für den Sockel.

(d) Wir geben einen Isomorphismus

$$\varphi: \ M/\mathrm{Ra}(M) \to \bigoplus_{i \in I} (M_i/\mathrm{Ra}(M_i))$$

explizit an. Sei $\Sigma\, m_i \in \bigoplus M_i$ mit $m_i \in M_i$ ein beliebiges Element aus M, dann sei

$$\varphi((\sum m_i) + \mathrm{Ra}(M)) \ := \ \sum (m_i + \mathrm{Ra}(M_i)) \in \bigoplus_{i \in I} (M_i/\mathrm{Ra}(M_i)).$$

„φ ist eine Abbildung“: Sei $(\Sigma\, m_i) + \mathrm{Ra}(M) = (\Sigma\, m_i') + \mathrm{Ra}(M)$ mit $m_i, m_i' \in M_i$, dann folgt $\Sigma\, (m_i - m_i') \in \mathrm{Ra}(M)$. Wegen (c) ergibt sich $m_i - m_i' \in \mathrm{Ra}(M_i)$ und daraus folgt $m_i + \mathrm{Ra}(M_i) = m_i' + \mathrm{Ra}(M_i)$, also

$$\sum (m_i + \mathrm{Ra}(M_i)) = \sum (m_i' + \mathrm{Ra}(M_i)) \,.$$

„φ ist Monomorphismus“: Sei

$$\varphi((\sum m_i) + \mathrm{Ra}(M)) = \sum (m_i + \mathrm{Ra}(M_i)) = 0,$$

dann folgt $m_i \in \mathrm{Ra}(M_i)$ für alle vorkommenden m_i. Wegen $\mathrm{Ra}(M_i) \hookrightarrow \mathrm{Ra}(M)$ ergibt sich daraus

$$(\sum m_i) + \mathrm{Ra}(M) = \mathrm{Ra}(M) \,,$$

also $\mathrm{Ke}(\varphi) = 0$.

„φ ist Epimorphismus“: Klar. □

Beispiele 1. $\mathrm{Ra}(\mathbb{Z}_{\mathbb{Z}}) = 0$, denn nach 5.1.2 ist 0 das einzige kleine Ideal in $\mathbb{Z}$. $\mathrm{So}(\mathbb{Z}_{\mathbb{Z}}) = 0$, denn $\mathbb{Z}$ hat keine einfachen Ideale.

2. $\mathrm{Ra}(\mathbb{Q}_{\mathbb{Z}}) = \mathbb{Q}$, denn für jedes $q \in \mathbb{Q}$ ist $q\mathbb{Z}$ klein in $\mathbb{Q}$ (s. 5.1.2). Dies ist äquivalent dazu, daß $\mathbb{Q}$ keine maximalen Untermoduln hat.

3. Sei $n \in \mathbb{Z}$, $n > 1$ mit der eindeutigen Zerlegung in Primzahlpotenzen

$$n = p_1^{m_1} \ldots p_k^{m_k}, \quad p_i \neq p_j \text{ für } i \neq j, \ m_i > 0.$$

Die maximalen Ideale aus $\mathbb{Z}$ sind die durch die Primzahlen erzeugten Primideale. Die maximalen Ideale, die $n\mathbb{Z}$ enthalten, sind dann die Ideale $p_i\mathbb{Z}$, $i = 1, \ldots, k$ und es gilt

$$\bigcap_{i=1}^{k} p_i\mathbb{Z} = p_1 \ldots p_k \mathbb{Z} \,.$$

Daher gilt

$$\mathrm{Ra}(\mathbb{Z}/n\mathbb{Z}) = (\bigcap_{i=1}^{k} p_i\mathbb{Z})/n\mathbb{Z} = p_1 \ldots p_k \mathbb{Z}/n\mathbb{Z} \,.$$

Daraus folgt

$$\mathrm{Ra}(\mathbb{Z}/n\mathbb{Z}) = 0 \iff n = p_1 \ldots p_k \,.$$

Für $n = 0$ und $n = 1$ ist ebenfalls $\mathrm{Ra}(\mathbb{Z}/n\mathbb{Z}) = 0$.

Wir wollen jetzt $\mathrm{So}(\mathbb{Z}/n\mathbb{Z})$ bestimmen. Für $n = 0$ und $n = 1$ ist dieser gleich 0. Sei jetzt wieder $n > 1$ mit der oben angegebenen Primzahlpotenzzerlegung. Zunächst stellen wir fest: Z/nZ ist genau dann ein einfacher Z-Modul, wenn n eine Primzahl ist. Ist nämlich $n = p$ eine Primzahl, dann ist Z/pZ (als Ring) ein Körper und daher als Z-Modul einfach. Besitzt n mindestens einen echten Teiler q, so ist qZ/nZ ein echter Untermodul $\neq 0$ von Z/nZ. Wegen

$$\frac{n}{p_i} Z/nZ \cong Z/p_i Z \qquad (i = 1, \ldots, k)$$

sind die Moduln $\frac{n}{p_i} Z/nZ$ einfache Untermoduln von Z/nZ

$$\Rightarrow \qquad \sum_{i=1}^{k} \frac{n}{p_i} Z/nZ = \left(\sum_{i=1}^{k} \frac{n}{p_i} Z\right) / nZ = \frac{n}{p_1 \cdot\cdot p_k} Z/nZ \subsetneq So(Z/nZ).$$

Sei andererseits qZ/nZ mit $n = qn_1$ ein einfacher Untermodul von Z/nZ. Wegen

$$qZ/nZ \cong Z/n_1 Z$$

muß dann n_1 eine der Primzahlen $p_1, \ldots, p_k$ sein, etwa p_i; also ist $q = \frac{n}{p_i}$, und es folgt

$$So(Z/nZ) = \frac{n}{p_1 \ldots p_k} Z/nZ.$$

Wir weisen noch auf die folgenden Spezialfälle hin:

$$Ra(Z/p_1 \ldots p_k Z) = 0, \qquad So(Z/p_1 \ldots p_k Z) = Z/p_1 \ldots p_k Z,$$
$$Ra(Z/p^n Z) = pZ/p^n Z \cong Z/p^{n-1} Z, \qquad So(Z/p^n Z) = p^{n-1} Z/p^n Z \cong Z/pZ.$$

9.2 Weitere Eigenschaften des Radikals

Wir fassen eine Reihe von weiteren Eigenschaften des Radikals in dem folgenden Satz zusammen.

9.2.1 Satz *Sei* $M = M_R$, *dann gilt*

(a) *Halbeinfach* $M \Rightarrow Ra(M) = 0$.

(b) $MRa(R_R) \subsetneq Ra(M)$.

(c) *Endlich erzeugt* $M \Rightarrow Ra(M) \subsetneq^{\circ} M$, *insbesondere gilt* $Ra(R_R) \subsetneq^{\circ} R_R$.

(d) *Endlich erzeugt* $M \wedge A \subsetneq Ra(R_R)$ $(\Longleftrightarrow A \subsetneq^{\circ} R_R) \Rightarrow MA \subsetneq^{\circ} M$ (Lemma von Nakayama).

(e) *Endlich erzeugt* $M \wedge M \neq 0 \Rightarrow Ra(M) \neq M$.

(f) $Ra(R_R)$ *ist zweiseitiges Ideal in* R.

(g) *Für jeden projektiven Modul* P_R *gilt:* $Ra(P) = P\,Ra(R_R)$.

(h) $C \subsetneq M \Rightarrow C + Ra(M)/C \subsetneq Ra(M/C)$.

B e w e i s. (a) Halbeinfach M $\Rightarrow$ jeder Untermodul ist direkter Summand $\Rightarrow$ 0 ist der einzige kleine Untermodul $\Rightarrow$ Ra(M) = 0.

(b) Sei $m \in M$, dann ist $\varphi_m : R_R \ni r \mapsto mr \in M_R$ ein Homomorphismus. Nach 9.1.4 gilt

$$m\,\mathrm{Ra}(R_R) = \varphi_m(\mathrm{Ra}(R_R)) \subsetneq \mathrm{Ra}(M)$$

$$\Rightarrow \quad \sum_{m \in M} m\,\mathrm{Ra}(R_R) = M\,\mathrm{Ra}(R_R) \subsetneq \mathrm{Ra}(M)\,.$$

(c) Sei Ra(M) + C = M. Angenommen $C \neq M$, dann ist, da M endlich erzeugt ist, C in einem maximalen Untermodul $B \subsetneq M$ enthalten (2.3.11) $\Rightarrow M = \mathrm{Ra}(M) + C \subsetneq B$ ↯ . Also gilt $C = M \Rightarrow \mathrm{Ra}(M) \overset{\circ}{\subsetneq} M$.

(d) $MA \subsetneq M\,\mathrm{Ra}(R_R) \subsetneq \mathrm{Ra}(M) \overset{\circ}{\subsetneq} M \Rightarrow MA \overset{\circ}{\subsetneq} M$.

(e) Da $M \neq 0 \wedge \mathrm{Ra}(M) \overset{\circ}{\subsetneq} M \Rightarrow \mathrm{Ra}(M) \neq M$, denn aus Ra(M) = M würde Ra(M) + 0 = M, also 0 = M folgen.

(f) Folgt aus (b) für $M_R = R_R$.

(g) Sei (y_i, φ_i) eine „projektive Basis" im Sinne des Dualbasis-Lemmas (5.4.2). Für $u \in \mathrm{Ra}(P)$ folgt dann $\varphi_i(u) \in \mathrm{Ra}(R_R)$ (nach 9.1.4), und daher gilt

$$u = \sum y_i \varphi_i(u) \in P\,\mathrm{Ra}(R_R)\,,$$

also $\mathrm{Ra}(P) \subsetneq P\,\mathrm{Ra}(R_R)$. Da nach (b) auch die umgekehrte Inklusion gilt, folgt die Behauptung.

(h) Sei $\nu : M \to M/C$ der natürliche Epimorphismus, dann gilt

$$C + \mathrm{Ra}(M)/C = \nu(\mathrm{Ra}(M)) \subsetneq \mathrm{Ra}(M/C).$$ □

Wir weisen darauf hin, daß wir (f) brauchen, um in 9.3 $\mathrm{Ra}(R_R) = \mathrm{Ra}({}_RR)$ zu beweisen.

Wir wollen jetzt zeigen: Ist M artinsch, dann ist M/Ra(M) halbeinfach. Das ergibt sich aus dem folgenden allgemeineren Satz.

9.2.2 Satz

(a) *Jeder Untermodul von* M *besitze ein* Adko *in* M $\wedge$ Ra(M) = 0 $\iff$ *halbeinfach* M.

(b) *Artinsch* M $\wedge$ Ra(M) = 0 $\iff$ *halbeinfach* M $\wedge$ *endlich erzeugt* M.

B e w e i s. (a) „$\Rightarrow$": Sei $C \subsetneq M \wedge C^{\cdot}$ Adko von C in $M \Rightarrow M = C + C^{\cdot} \wedge C \cap C^{\cdot} \subsetneq \mathrm{Ra}(M) = 0$ (nach 5.2.4. (a)) $\Rightarrow M = C \oplus C^{\cdot} \Rightarrow$ halbeinfach M.

(a) „$\Leftarrow$": Klar.

(b) „$\Rightarrow$": Artinsch M $\Rightarrow$ jeder Untermodul besitzt Adko. Nach (a) folgt dann, daß M halbeinfach ist. Da M halbeinfach und artinsch ist, ist M endlich erzeugt (8.1.6).

(b) „$\Leftarrow$": Da M halbeinfach und endlich erzeugt ist, ist M artinsch (8.1.6). Ra(M) = 0 ist klar. □

9.2.3 Folgerung *Artinsch* M $\Rightarrow$ *halbeinfach* M/Ra(M). Spezialfall: *Artinsch* R_R $\Rightarrow$ *halbeinfach* $R/\mathrm{Ra}(R_R)$.

B e w e i s. Artinsch M $\Rightarrow$ artinsch M/Ra(M). Da Ra(M/Ra(M)) = 0 nach 9.1.4 (b), folgt nach 9.2.2, daß M/Ra(M) halbeinfach ist. □

Wir bemerken noch zu dem Spezialfall $M_R = R_R$ artinsch, daß zunächst $R/Ra(R_R)$ als R-Rechtsmodul halbeinfach ist. Da $Ra(R_R)$ nach 9.2.1 (f) ein zweiseitiges Ideal ist, ist $\overline{R} := R/Ra(R_R)$ auch als Ring rechtsseitig halbeinfach. Wie früher gezeigt (8.2.1), ist dann auch ${}_{\overline{R}}\overline{R}$ halbeinfach und folglich auch ${}_R\overline{R}$. Daher muß nach 9.1.4 (b)

$$Ra({}_RR) \subsetneq Ra(R_R)$$

gelten. Aus Symmetriegründen gilt auch die umgekehrte Inklusion, und es folgt die Gleichheit. Diese Gleichheit wird im nächsten Abschnitt für beliebige Ringe bewiesen.

9.3 Das Radikal eines Ringes

Das Hauptergebnis dieses Abschnittes ist die Gleichung

$$Ra(R_R) = Ra({}_RR) .$$

Den Beweis bereiten wir durch einen Hilfssatz vor.

9.3.1 Hilfssatz *Die folgenden Aussagen sind für* $A \subsetneq R_R$ *äquivalent:*

(1) $A \subsetneq^{\circ} R_R$

(2) $A \subsetneq Ra(R_R)$

(3) $\forall a \in A$ [1 − a *besitzt ein rechtsinverses Element in* R]

(4) $\forall a \in A$ [1 − a *besitzt ein inverses Element in* R]

B e w e i s. „(1) $\Rightarrow$ (2)" Nach Definition des Radikals.

„(2) $\Rightarrow$ (1)" Nach 9.2.1 (c) gilt $Ra(R_R) \subsetneq^{\circ} R_R$, also $A \subsetneq^{\circ} R_R$.

„(1) $\Rightarrow$ (3)" Für beliebiges $r \in R$ gilt $ar + (1-a)r = r \Rightarrow A + (1-a)R = R \Rightarrow (1-a)R = R$ (da $A \subsetneq^{\circ} R_R$) $\Rightarrow$ (3).

„(3) $\Rightarrow$ (4)" Sei $(1-a)r = 1 \Rightarrow r = 1 + ar = 1 - (-ar)$. Da $-ar \in A$, existiert $s \in R$ mit $rs = (1 - (-ar))s = 1$. Also besitzt r das Linksinverse $1 - a$ und das Rechtsinverse s, die dann übereinstimmen müssen, und es folgt $1 = rs = r(1-a)$, d.h., r ist Inverses von $(1-a)$.

„(4) $\Rightarrow$ (1)" Sei $A + B = R_R \Rightarrow 1 = a + b$ mit $a \in A$, $b \in B \Rightarrow b = 1 - a \Rightarrow$ es existiert r mit $br = (1-a)r = 1 \Rightarrow B = R \Rightarrow A \subsetneq^{\circ} R_R$. □

B e m e r k u n g e n.

(a) In der Literatur wird ein Rechtsideal mit der Eigenschaft (3) auch als q u a s i - r e g u l ä r bezeichnet.

(b) Selbstverständlich gilt dieser Hilfssatz auch „linksseitig", d.h., wenn man darin die rechte mit der linken Seite vertauscht.

9.3.2 Satz $Ra(R_R) = Ra({}_RR)$.

B e w e i s. Wir wenden den Hilfssatz auf $A = Ra(R_R)$ an. Dafür gilt dann (4). Da A als zweiseitiges Ideal (9.2.1 (f)) auch Linksideal ist, gilt dafür auch (4) des „linksseitigen" Hilfssatzes; also folgt

$$Ra(R_R) \subsetneq Ra({}_RR) .$$

Aus Symmetriegründen gilt auch die umgekehrte Inklusion, und es folgt die Gleichheit. □

9.3.3 Definition $Ra(R) := Ra(R_R) = Ra({}_RR)$.

Im allgemeinen ist $R/Ra(R)$ nicht halbeinfach; z.B. gilt für $R = \mathbf{Z}$ wegen $Ra(\mathbf{Z}) = 0$: $\mathbf{Z}/Ra(\mathbf{Z}) = \mathbf{Z}/0 \cong \mathbf{Z}$ und $\mathbf{Z}$ ist nicht halbeinfach. Liegt jedoch der Fall vor, daß $R/Ra(R)$ halbeinfach ist, dann können interessante Aussagen gemacht werden.

9.3.4 Satz *Ist* R *ein Ring, so daß* $R/Ra(R)$ *halbeinfach ist, dann gilt:*

(a) *Jeder einfache* R-*Rechts- bzw.* R-*Linksmodul ist isomorph zu einem Untermodul von* $(R/Ra(R))_R$ *bzw.* ${}_R(R/Ra(R))$.

(b) *Die Anzahl der Blöcke von* $R/Ra(R)$ *ist endlich und gleich der Anzahl der Isomorphieklassen von einfachen* R-*Rechtsmoduln und gleich der Anzahl der Isomorphieklassen von einfachen* R-*Linksmoduln.*

B e w e i s. (a) Da jeder zyklische R-Rechtsmodul $M_R = mR$ epimorphes Bild von R_R ist, folgt $M \cong R/A$ mit $A \subsetneq R_R$. Ist nun M_R einfach, dann muß A maximal sein. Folglich gilt dann $Ra(R) \subsetneq A$ und man erhält

$$M \cong R/A \cong (R/Ra(R))/(A/Ra(R)) .$$

Da $\bar{R} := R/Ra(R)$ halbeinfach ist, ist $\bar{A} := A/Ra(R)$ direkter Summand, also

$$\bar{R}_R = \bar{A} \oplus \bar{B} ,$$

woraus $M_R \cong \bar{B}_R$ folgt. Analog für die linke Seite.

(b) Wie wir wissen, stimmen die R-Untermoduln von $\bar{R}_R$ mit den Rechtsidealen von $\bar{R}$ überein, und zwei R-Untermoduln sind genau dann isomorph, wenn diese als Rechtsideale von $\bar{R}$ isomorph sind. Die Behauptung folgt dann aus 7.2.3. und 8.2.6.□

Wir hatten in 9.2.1 festgestellt, daß für einen beliebigen Modul M_R gilt:

$$M\, Ra(R) \subsetneq Ra(M) .$$

Hier wird eine hinreichende Bedingung für $M\, Ra(R) = Ra(M)$ angegeben.

9.3.5 Satz *Ist* $R/Ra(R)$ *ein halbeinfacher Ring, dann gilt für jeden Modul* M_R

(1) $Ra(M) = M Ra(R)$.

(2) $So(M) = \underline{\ell}_M(Ra(R)) := \{m \mid m \in M \wedge mRa(R) = 0\}$.

B e w e i s. (1) Da $(M/MRa(R))Ra(R) = 0$ ist, kann $M/MRa(R)$ als $R/Ra(R)$-Modul betrachtet werden, wobei die R-Untermoduln und die $R/Ra(R)$-Untermoduln von $M/MRa(R)$ die gleichen sind. Als Modul über dem halbeinfachen Ring $R/Ra(R)$ ist

M/MRa(R) nach 8.2.2 halbeinfach, also gilt nach 9.2.1 (a) Ra(M/MRa(R)) = 0. Nach 9.1.4 (b) folgt daraus Ra(M) ⊂ MRa(R). Wegen 9.2.1 (b) folgt (1).

(2) Zunächst folgt aus 9.2.1 (a) und (b) So(M) $\subsetneq$ $\underline{\ell}_M$ (Ra(R)). Andererseits ist $\underline{\ell}_M$ (Ra(R)) als R/Ra(R)-Modul halbeinfach und daher auch als R-Modul. Also gilt auch $\underline{\ell}_M$ (Ra(R)) $\subsetneq$ So(M). □

9.3.6 Definition *Ein Rechts-, Links- oder zweiseitiges Ideal* A *eines Ringes* R *heißt* Nilideal $:\Longleftrightarrow \forall a \in A\ \exists n \in \mathbb{N}\ [a^n = 0]$, *bzw.* nilpotentes Ideal $:\Longleftrightarrow \exists n \in \mathbb{N}\ [A^n = 0]$.

9.3.7 Folgerungen

(a) *Jedes einseitige oder zweiseitige nilpotente Ideal ist ein Nilideal.*

(b) *Die Summe von zwei nilpotenten Rechts-, Links- oder zweiseitigen Idealen ist wieder nilpotent.*

(c) *Ist* R_R *noethersch, dann ist jedes zweiseitige Nilideal nilpotent.*

Beweis. (a) Klar.

(b) Seien $A \subsetneq R_R$, $B \subsetneq R_R$ und $A^m = 0$, $B^n = 0$.

Behauptung. $(A + B)^{m+n} = 0$. Zum Beweis seien $a_i \in A$, $b_i \in B$, $i = 1, \ldots, m+n$, dann ist

$$\prod_{i=1}^{m+n} (a_i + b_i)$$

nach dem Binomialsatz eine Summe von Produkten von m + n Faktoren, wobei entweder mindestens m Faktoren aus A oder mindestens n Faktoren aus B sind. Da A und B Rechtsideale sind, folgt die Behauptung.

(c) Sei N ein zweiseitiges Nilideal aus R. Da R_R noethersch ist, gibt es unter den in N enthaltenen nilpotenten Rechtsidealen ein maximales; sei A ein solches und gelte $A^n = 0$. Wegen (b) ist A sogar größtes in N enthaltenes nilpotentes Rechtsideal. Da mit $x \in R$ auch xA ein in N enthaltenes nilpotentes Rechtsideal ist, ist A sogar zweiseitiges Ideal. Gilt für ein Element $b \in N$: $(bR)^k \subsetneq A$, so folgt $(bR)^{kn} = 0$, also $bR \subsetneq A$.

Behauptung. A = N. Angenommen $A \neq N$, dann sei $b \in N \backslash A$ (Komplementärmenge von A in N) so gewählt, daß

$$\underline{r}_R(b, A) := \{r \mid r \in R \wedge br \in A\}$$

maximal ist. Für beliebiges $x \in R$ gilt dann $xb \in N$ sowie

$$\underline{r}_R(b, A) \subsetneq \underline{r}_R(xb, A),$$

da N und A zweiseitige Ideale sind. Für $xb \notin A$ muß folglich

$$\underline{r}_R(b, A) = \underline{r}_R(xb, A)$$

gelten. Sei für $xb \notin A$: $(xb)^k \in A$ und $(xb)^{k-1} \notin A$ (k existiert, da xb nilpotent ist!), dann folgt

$$\underline{r}_R(b, A) = \underline{r}_R((xb)^{k-1}, A),$$

also bxb $\in$ A und folglich $(bR)^2 \subsetneq A$, wobei die Zweiseitigkeit von A für xb $\in$ A benutzt wird. Wie anfangs festgestellt, folgt bR $\subsetneq$ A, also b $\in$ A ↯. □

Wir untersuchen jetzt den Zusammenhang zwischen den zuvor neu eingeführten Begriffen und dem Radikalbegriff.

9.3.8 Satz *Jedes (einseitige oder zweiseitige) Nilideal ist in* Ra(R) *enthalten.*

B e w e i s. Sei A ein Nilrechtsideal und sei a $\in$ A, $a^n = 0$, dann gilt

$$(1 + a + \ldots + a^{n-1})(1 - a) = (1 - a)(1 + a + \ldots + a^{n-1})$$
$$= 1 - a^n = 1,$$

d.h., 1 − a hat ein inverses Element. Nach Hilfssatz 9.3.1 folgt A $\subsetneq$ Ra(R). □

Wir betrachten jetzt das Radikal von artinschen Ringen.

9.3.9 Satz *Artinsch* $R_R \Rightarrow$ Ra(R) *ist nilpotent.*

B e w e i s. Zur Abkürzung sei U := Ra(R). Da R_R artinsch ist, ist die Kette

$$R \hookleftarrow U \hookleftarrow U^2 \hookleftarrow \ldots$$

stationär, d.h. es gibt ein n $\in$ N mit $U^n = U^{n+i}$, (i $\in$ N). Zu zeigen ist $U^n = 0$. Angenommen $U^n \neq 0$. Dann ist die Menge der Rechtsideale

$$\Gamma := \{A \mid A \subsetneq R_R \wedge AU^n \neq 0\}$$

nicht leer, da U $\in \Gamma$. Nach Voraussetzung gibt es ein minimales $A_0 \in \Gamma$. Dann existiert $a_0 \in A_0$ mit $a_0 U^n \neq 0$, also auch $a_0 RU^n \neq 0$, und wegen der Minimalität von A_0 folgt $a_0 R = A_0$. Wegen $U^n = U^{n+1}$ und RU = U ergibt sich ferner

$$a_0 RU^n = a_0 RUU^n = a_0 U \cdot U^n,$$

so daß sogar $a_0 U = a_0 R = A_0$ gilt. Da R_R endlich erzeugt und U = Ra(R), folgt andererseits nach dem Lemma von Nakayama (9.2.1): $a_0 U = a_0 RU \overset{\circ}{\subsetneq} a_0 R$, also $a_0 U \neq a_0 R$ ↯. □

9.3.10 Folgerungen

(a) *Artinsch* $R_R \Rightarrow$ Ra(R) *ist das größte nilpotente Rechts-, Links- oder zweiseitige Ideal von* R.

(b) *Kommutativ* R *und artinsch* R $\Rightarrow$ Ra(R) *ist die Menge aller nilpotenten Elemente aus* R.

(c) *Artinsch* $R_R \Rightarrow$ *für jeden* R-*Rechtsmodul* M_R *bzw. für jeden* R-*Linksmodul* $_RM$ *gilt*

$$\mathrm{Ra}(M) = M\mathrm{Ra}(R) \overset{\circ}{\subsetneq} M \quad \textit{bzw.} \quad \mathrm{Ra}(M) = \mathrm{Ra}(R)M \overset{\circ}{\subsetneq} M.$$

B e w e i s. (a): Ra(R) ist nilpotent, und jedes nilpotente Ideal ist darin enthalten.

(b): Da Ra(R) nilpotent, ist jedes seiner Elemente nilpotent. Sei jetzt a $\in$ R, $a^n = 0$. Dann folgt, da R kommutativ ist

$$(aR)^n = a^n R^n = a^n R = 0\,R = 0\,,$$

also ist aR nilpotent und folglich $a \in aR \subsetneq Ra(R)$.

(c) Wegen 9.2.3 und 9.3.5 gilt $Ra(M) = MRa(R)$ bzw. $Ra(M) = Ra(R)M$. Da nach 9.3.9 Ra(R) nilpotent ist, gibt es ein $n \in \mathbb{N}$ mit $Ra(R)^n = 0$. Sei jetzt für $U \subsetneq M_R$

$$M = U + MRa(R)\,,$$

dann folgt durch $(n-1)$-maliges Einsetzen der Gleichung für M in MRa(R) auf der rechten Seite der Gleichung

$$M = U + MRa(R)^n = U\,,$$

also gilt $MRa(R) \subsetneq^\circ M$. Das gleiche gilt für R-Linksmoduln. □

9.3.11 Satz *Sei* R/Ra(R) *halbeinfach und sei* Ra(R) *nilpotent, dann sind für einen Modul* M_R *äquivalent:*

(1) *Artinsch* M_R.

(2) *Noethersch* M_R.

(3) *Endliche Länge* M_R.

(*Analog für* R-*Linksmoduln.*)

Beweis. Wegen $(1) \wedge (2) \Longleftrightarrow (3)$ genügt es, $(1) \Longleftrightarrow (2)$ zu zeigen. Sei $U := Ra(R)$ gesetzt; definiert man dann

$$e(M) \;:=\; \mathrm{Min}\,\{i \mid i \in \mathbb{N} \wedge MU^i = 0\},$$

so existiert dieses e(M), da es ein n mit $U^n = 0$, also auch $MU^n = 0$ gibt. Wir beweisen $(1) \Longleftrightarrow (2)$ nun durch Induktion über e(M) für alle Moduln $M_R \neq 0$.

Beginn: $e(M) = 1$, d.h. $MU = 0$. Dann wird M durch die Festsetzung

$$m(r + U) \;:=\; mr, \qquad r \in R,\ m \in M$$

zu einem $\bar{R} := R/U$-Modul, bei dem die R- und $\bar{R}$-Untermoduln übereinstimmen. Da $\bar{R}$ halbeinfach ist, ist M halbeinfach (8.2.2 (a)) und $(1) \Longleftrightarrow (2)$ gilt nach 8.1.6.

Sei jetzt die Behauptung für alle M mit $e(M) \leqslant k$ erfüllt und gelte $e(M) = k + 1$. Dann folgt $e(MU^k) = 1$. Wegen $(M/MU^k)U^k = 0$ gilt ferner $e(M/MU^k) \leqslant k$.

Sei jetzt M artinsch bzw. noethersch, dann sind nach 6.1.2 MU^k und M/MU^k beide artinsch bzw. noethersch. Nach Induktionsannahme sind dann beide noethersch bzw. artinsch, und nach 6.1.2 ist M noethersch bzw. artinsch. □

9.3.12 Folgerung

(a) *Sei* R_R *artinsch und* M_R *artinsch bzw. noethersch, dann ist* M_R *auch noethersch bzw. artinsch.*

(b) *Ist* R_R *artinsch, dann ist* R_R *noethersch.*

(c) *Ist* R_R *artinsch und* ${}_RR$ *noethersch, dann ist* ${}_RR$ *artinsch.*

B e w e i s. (a) Nach 9.2.3 ist R/Ra(R) halbeinfach, und nach 9.3.9 ist Ra(R) nilpotent. Dann folgt die Behauptung aus 9.3.11.

(b) Spezialfall von (a) für $R_R = M_R$.

(c) Nach 9.3.11 für ${}_RR = {}_RM$. □

9.4 Kennzeichnungen endlich erzeugter und endlich koerzeugter Moduln

Wir haben endlich erzeugte und endlich koerzeugte Moduln bereits früher kennengelernt und insbesondere zur Kennzeichnung von noetherschen und artinschen Moduln benutzt (in Kapitel 6). Wir sind jetzt in der Lage, weitere Kennzeichnungen dafür anzugeben.

9.4.1 Satz M_R *ist dann und nur dann endlich erzeugt, wenn gilt:*

(a) Ra(M) *ist klein in* M *und*

(b) M/Ra(M) *ist endlich erzeugt.*

B e w e i s. Sei zuerst M_R endlich erzeugt. Dann gilt (a) nach 9.2.1 (c). Mit M ist auch jedes epimorphe Bild von M endlich erzeugt, also gilt auch (b).
Setzen wir jetzt (a) und (b) voraus. Sei also $\bar{x}_i = x_i + \mathrm{Ra}(M)$, $i = 1, \ldots, n$ eine Erzeugendenmenge von M/Ra(M). Dann folgt

$$x_1 R + \ldots + x_n R + \mathrm{Ra}(M) = M;$$

da $\mathrm{Ra}(M) \overset{\circ}{\subsetneq} M$, ergibt sich hieraus

$$x_1 R + \ldots + x_n R = M,$$

also ist M endlich erzeugt. □

9.4.2 Folgerung *Ein Modul* M_R *ist genau dann noethersch, wenn für jeden Untermodul* $U \hookrightarrow M$ *gilt:*

(a) $\mathrm{Ra}(U) \overset{\circ}{\subsetneq} U$ *und*

(b) U/Ra(U) *ist endlich erzeugt.*

B e w e i s. Folgt aus 6.1.2 und 9.4.1. □

Wir betrachten jetzt endlich koerzeugte Moduln.

9.4.3 Satz *Für einen Modul* $M_R \neq 0$ *sind die folgenden Bedingungen äquivalent:*

(1) M *ist endlich koerzeugt.*

(2) (a) So(M) *ist groß in* M *und* (b) So(M) *ist endlich koerzeugt*

(3) *Für eine injektive Hülle* I(M) *von* M *gilt*

$$I(M) = Q_1 \oplus \ldots \oplus Q_n ,$$

wobei jedes Q_i *injektive Hülle eines einfachen* R*-Moduls ist.*

B e w e i s. „(1) ⇒ (2)“ (a) Wir zeigen mit Hilfe des Zornschen Lemmas, daß jeder

Untermodul $U \subsetneq M$, $U \neq 0$ einen einfachen Untermodul E enthält, so daß dann also $U \cap So(M) \neq 0$ gilt. Sei

$$\Gamma := \{U_i \mid i \in I\}$$

die Menge aller Untermoduln $U_i \neq 0$ von U. Wegen $U \in \Gamma$ ist $\Gamma \neq \emptyset$. In Γ definieren wir eine Ordnung durch

$$U_i \leqslant U_j \quad :\Longleftrightarrow \quad U_j \subsetneq U_i$$

(inverse Inklusion). Sei

$$\Lambda = \{A_j \mid j \in J\}$$

eine total geordnete Teilmenge von Γ. Wir zeigen, daß dann

$$D := \bigcap_{i \in I} A_j$$

eine obere Schranke von Λ in Γ ist. Nimmt man $D = 0$ an, so müßte nach (1) bereits der Durchschnittt von endlich vielen der A_j gleich Null sein. Da Λ total geordnet ist, gibt es unter diesen endlich vielen A_j ein größtes Element (bezüglich der inversen Inklusion), und dieses müßte dann bereits gleich Null sein; Widerspruch zu $U_i \neq 0$! Also ist $D \neq 0$ und folglich $D \in \Gamma$. Nach dem Zornschen Lemma gibt es nun ein maximales Element U_0 in Γ und dieses U_0 ist offensichtlich ein einfacher Untermodul von U.

(b) Nach Definition von „endlich koerzeugt" ist mit M auch jeder Untermodul von M endlich koerzeugt, also auch Ra(M).

„(2) ⇒ (1)": Aus

$$\bigcap_{i \subset I} A_i = 0 \qquad \text{mit} \qquad A_i \subsetneq M$$

folgt $\bigcap_{i \in I} So(A_i) = 0$.

Wegen

$$So(A_i) \subsetneq So(M)$$

und da So(M) endlich koerzeugt ist, gibt es eine endliche Teilmenge $I_0 \subset I$ mit

$$\bigcap_{i \in I_0} So(A_i = 0 .$$

Für einen beliebigen Untermodul $A \subsetneq M$ gilt nach Definition des Sockels

$$So(A) = A \cap So(M).$$

Damit folgt

$$0 = \bigcap_{i \in I_0} So(A_i) = \bigcap_{i \in I_0} (A_i \cap So(M)) = (\bigcap_{i \in I_0} A_i) \cap So(M) .$$

Da nach Voraussetzung So(M) groß in M ist, ergibt sich schließlich

$$\bigcap_{i \in I_0} A_i = 0 .$$

Damit ist (2) ⇒ (1) bewiesen.

„(2) ⇒ (3)": Sei I(M) injektive Hülle von M mit $M \subsetneq I(M)$ und sei $M \neq 0$. Wegen $So(M) \subsetneq^* M$ folgt $So(M) \neq 0$. Sei

$$So(M) = E_1 \oplus \ldots \oplus E_n$$

mit einfachen Moduln E_i und sei $Q_i \subsetneq I(M)$ injektive Hülle von E_i. Dann gilt nach 5.1.7

$$\sum_{i=1}^{n} Q_i = \bigoplus_{i=1}^{n} Q_i$$

(als Summen in I(M)), sowie

$$So(M) \subsetneq \bigoplus_{i=1}^{n} Q_i .$$

Als endliche direkte Summe von injektiven Moduln ist $\bigoplus_{i=1}^{n} Q_i$ injektiv und folglich direkter Summand in I(M).

Wegen $So(M) \subsetneq^* M$ und $M \subsetneq^* I(M)$ folgt $So(M) \subsetneq^* I(M)$, also auch

$$\bigoplus_{i=1}^{n} Q_i \subsetneq^* I(M) .$$

Aus den beiden letzten Feststellungen ergibt sich

$$\bigoplus_{i=1}^{n} Q_i = I(M) ,$$

w. z. z. w.

„(3) ⇒ (2)": Ohne Einschränkung kann wieder

$$M \subsetneq I(M) = \bigoplus_{i=1}^{n} Q_i$$

angenommen werden, sowie $E_i \subsetneq^* Q_i$ und E_i einfach. Wegen $E_i \subsetneq^* Q_i$ ist E_i der einzige einfache Untermodul von Q_i. Daher gilt nach 9.1.5

$$So(I(M)) = \bigoplus_{i=1}^{n} So(Q_i) = \bigoplus_{i=1}^{n} E_i .$$

Wegen $M \subsetneq^* I(M)$ gilt $E_i \subsetneq M$ für $i = 1, \ldots, n$, also

$$So(M) = \bigoplus_{i=1}^{n} E_i .$$

Nach 8.1.6 ist So(M) endlich koerzeugt, d.h., (2) (b) ist erfüllt. Wegen

$$So(M) = So(I(M)) \subsetneq^* I(M)$$

gilt auch So(M) $\subsetneq^*$ M, d.h., auch (2) (a) ist erfüllt. □

9.4.4 Folgerung *Ein Modul* M_R *ist genau dann artinsch, wenn für jeden Faktormodul* M/U *gilt:*

(a) So(M/U) $\subsetneq^*$ M/U *und*

(b) So(M/U) *ist endlich koerzeugt.*

B e w e i s. Folgt aus 6.1.2 und 9.4.3. □

9.5 Zur Kennzeichnung von artinschen und noetherschen Ringen

In Kapitel 6 wurde der folgende Satz (6.6.4) mitgeteilt, den wir dort jedoch nur zum Teil bewiesen haben.

Satz

(a) *Die folgenden Bedingungen sind äquivalent:*

(1) R_R *ist noethersch.*

(2) *Jeder injektive Modul* Q_R *ist eine direkte Summe von direkt unzerlegbaren (injektiven) Untermoduln.*

(b) *Die folgenden Bedingungen sind äquivalent:*

(1) R_R *ist artinsch.*

(2) *Jeder injektive Modul* Q_R *ist eine direkte Summe von injektiven Hüllen von einfachen* R*-Moduln.*

Bewiesen wurden in 6.6.5 die Implikationen (1) ⇒ (2), wobei es jetzt wegen 9.3.12 in (b) genügt, nur vorauszusetzen, daß R_R artinsch ist (und nicht mehr wie in Kapitel 6 zusätzlich, daß R_R noethersch ist). Jetzt haben wir die Hilfsmittel zur Verfügung, um die Umkehrungen zu beweisen.

B e w e i s von (b) „(2) ⇒ (1)" Im Hinblick auf 9.4.4 genügt es zu zeigen, daß jeder Faktormodul M = R/A von R_R der Bedingung (3) in 9.4.3 genügt. Sei I(R/A) eine injektive Hülle von R/A mit R/A $\subsetneq$ I(R/A). Nach Voraussetzung gilt

$$I(R/A) = \bigoplus_{i \in I} Q_i \, ,$$

wobei die Q_i injektive Hüllen von einfachen R-Moduln sind. Da R/A zyklisch ist, ist R/A bereits in einer endlichen Teilsumme enthalten:

$$R/A \subsetneq \bigoplus_{i \in I_0} Q_i, \qquad I_0 \text{ endlich} .$$

Aus R/A $\subsetneq^*$ I(R/A) folgt dann $I = I_0$, d.h. $I(R/A) = \bigoplus_{i \in I_0} Q_i$, was zu zeigen war.

B e w e i s von (a) „(2) ⇒ (1)" Zum Beweis wird gezeigt, daß die Bedingung (3) in 6.5.1 erfüllt ist. Sei

$$M = \bigoplus_{i=1}^{\infty} Q_i$$

direkte Summe von injektiven Hüllen Q_i von einfachen R-Moduln $E_i \hookrightarrow Q_i$. Sei $I(M)$ injektive Hülle von M mit $M \hookrightarrow I(M)$. Zu beweisen ist $M = I(M)$.

Wegen $M \hookrightarrow^* I(M)$ gilt $So(M) = So(I(M))$. Ferner gilt

$$So(M) = \bigoplus_{i=1}^{\infty} So(Q_i) = \bigoplus_{i=1}^{\infty} E_i .$$

Wir benutzen jetzt die Voraussetzung $I(M) = \bigoplus_{j \in J} D_j$, wobei die D_j direkt unzerlegbare injektive Moduln sind. Sei

$$J_1 = \{j \mid j \in J \wedge So(D_j) \neq 0\},$$

dann gilt

$$So(I(M)) = \bigoplus_{j \in J_1} So(D_j) .$$

Ist $So(D_j) \neq 0$, dann ist $F_j := So(D_j)$ nach 6.6.3 einfach und D_j ist injektive Hülle von F_j. Folglich gilt

$$So(I(M)) = \bigoplus_{i=1}^{\infty} E_i = \bigoplus_{j \in J_1} F_j ,$$

und nach dem Satz von Krull-Remak-Schmidt sind diese beiden Zerlegungen isomorph (im Sinne von 7.3.1). Ist $E_i \cong F_j$, so folgt $Q_i \cong D_j$ nach 5.6.3 und man erhält unter Beachtung der Bijektion in 7.3.1

$$M = \bigoplus_{i=1}^{\infty} Q_i \cong \bigoplus_{j \in J_1} D_j .$$

Wegen $I(M) = (\bigoplus_{j \in J_1} D_j) \oplus (\bigoplus_{j \in J \setminus J_1} D_j)$

ist somit M zu einem direkten Summanden des injektiven Moduls I(M) isomorph und daher selbst injektiv w. z. z. w. □

9.6 Das Radikal des Endomorphismenringes eines injektiven oder projektiven Moduls

Bei gewissen Überlegungen ist es von Interesse, das Radikal des Endomorphismenringes eines injektiven oder projektiven Moduls zu kennen. Mit dieser Frage wollen wir uns hier beschäftigen. Als Anwendung soll dann noch gezeigt werden, daß für einen projektiven Modul $P \neq 0$ stets $Ra(P) \neq P$ gilt, was auch bedeutet, daß P stets maximale Untermoduln enthält.

9.6.1 Satz

(a) *Sei* Q_R *injektiv und sei* $S := End(Q_R)$, *dann gilt für* $\alpha \in S$:

$$S\alpha \overset{\circ}{\hookrightarrow} {}_SS \iff \alpha \in Ra(S) \iff Ke(\alpha) \overset{*}{\hookrightarrow} Q_R .$$

(b) *Sei* P_R *projektiv und sei* $S := End(P_R)$, *dann gilt für* $\alpha \in S$:

$$\alpha S \overset{\circ}{\hookrightarrow} S_S \iff \alpha \in Ra(S) \iff Bi(\alpha) \overset{\circ}{\hookrightarrow} P_R .$$

B e w e i s. (a) „$S\alpha \overset{\circ}{\hookrightarrow} {}_SS \iff \alpha \in Ra(S)$“: Gilt nach 9.1.3.

(a) „$\alpha \in Ra(S) \Rightarrow Ke(\alpha) \overset{*}{\hookrightarrow} Q_R$“: Sei $U \hookrightarrow Q_R$ mit $Ke(\alpha) \cap U = 0$. Dann ist $\alpha_0 := \alpha | U$ ein Monomorphismus, und es existiert das kommutative Diagramm

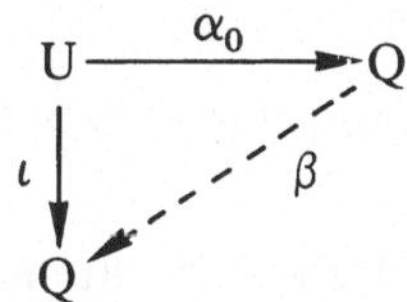

Wegen $u = \iota(u) = \beta\alpha_0(u) = \beta\alpha(u)$, $u \in U$ gilt $U \hookrightarrow Ke(1 - \beta\alpha)$. Da $\alpha \in Ra(S)$, folgt $\beta\alpha \in Ra(S)$. Wegen 9.3.1 ist dann $1 - \beta\alpha$ invertierbar, also $Ke(1 - \beta\alpha) = 0$, woraus $U = 0$ folgt. Damit ist gezeigt, daß $Ke(\alpha)$ groß in Q ist.

(a) „$Ke(\alpha) \overset{*}{\hookrightarrow} Q_R \Rightarrow S\alpha \overset{\circ}{\hookrightarrow} {}_SS$“: Sei $S\alpha + \Gamma = {}_SS$ mit $\Gamma \hookrightarrow {}_SS$, dann gibt es $\sigma \in S$, $\gamma \in \Gamma$ mit $\sigma\alpha + \gamma = 1$. Daraus folgt $Ke(\alpha) \cap Ke(\gamma) = 0$, und wegen $Ke(\alpha) \overset{*}{\hookrightarrow} Q_R$ erhält man $Ke(\gamma) = 0$. Dann existiert ein kommutatives Diagramm

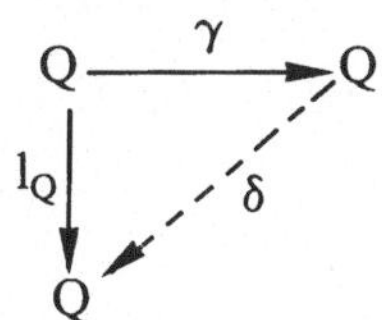

d.h., es gilt $1_Q = \delta\gamma$ und damit folgt $\Gamma = S$, also $S\alpha \overset{\circ}{\hookrightarrow} {}_SS$.

(b) „$\alpha S \overset{\circ}{\hookrightarrow} S_S \iff \alpha \in Ra(S)$“: Gilt nach 9.1.3.

(b) „$\alpha \in Ra(S) \Rightarrow Bi(\alpha) \overset{\circ}{\hookrightarrow} P_R$“: Sei $U \hookrightarrow P_R$ mit $Bi(\alpha) + U = P$, und sei $\nu : P \to P/U$ der natürliche Epimorphismus. Dann ist $\nu\alpha$ ein Epimorphismus, und man erhält das kommutative Diagramm

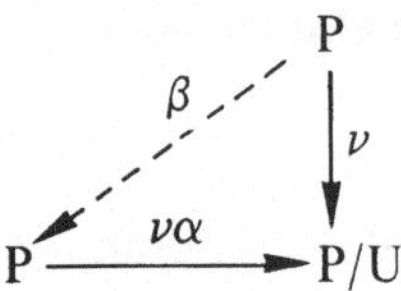

Aus $\nu = \nu\alpha\beta$ folgt $\nu(1 - \alpha\beta) = 0$, also $\mathrm{Bi}(1 - \alpha\beta) \subsetneq U$. Wegen $\alpha \in \mathrm{Ra}(S)$ ist auch $\alpha\beta \in \mathrm{Ra}(S)$, und nach 9.3.1 ist dann $1 - \alpha\beta$ invertierbar, also

$$P = \mathrm{Bi}(1 - \alpha\beta) \subsetneq U \subsetneq P ,$$

d.h. $U = P$. Damit ist $\mathrm{Bi}(\alpha) \overset{\circ}{\subsetneq} P_R$ gezeigt.

(b) „$\mathrm{Bi}(\alpha) \overset{\circ}{\subsetneq} P_R \Rightarrow \alpha S \overset{\circ}{\subsetneq} S_S$“: Sei $\alpha S + \Gamma = S_S$ mit $\Gamma \subsetneq S_S$, dann gibt es $\sigma \in S$, $\gamma \in \Gamma$ mit $\alpha\sigma + \gamma = 1$. Daraus folgt $\mathrm{Bi}(\alpha) + \mathrm{Bi}(\gamma) = P$, also $\mathrm{Bi}(\gamma) = P$ wegen $\mathrm{Bi}(\alpha) \overset{\circ}{\subsetneq} P_R$. Somit ist γ ein Epimorphismus, und folglich existiert ein δ, so daß das Diagramm

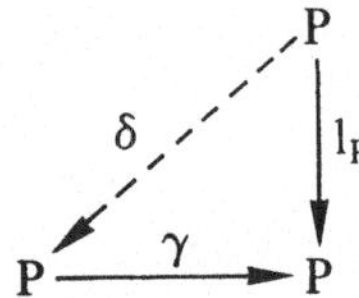

kommutativ ist, also $1_P = \gamma\delta$ gilt. Dann folgt $\Gamma = S$, w.z.z.w. □

9.6.2 Folgerung *Sei* Q_R *injektiv und sei* $S := \mathrm{End}(Q_R)$. *Dann gibt es zu jedem* $\alpha \in S$ *ein* $\gamma \in S$ *mit* $\alpha\gamma\alpha - \alpha \in \mathrm{Ra}(S)$.

B e w e i s. Sei $\alpha \in S$ und sei U ein Duko von $\mathrm{Ke}(\alpha)$ in Q. Nach 5.2.5 gilt dann $\mathrm{Ke}(\alpha) + U \overset{*}{\subsetneq} Q$. Wegen $\mathrm{Ke}(\alpha) \cap U = 0$ ist $\alpha_0 := \alpha | U$ ein Monomorphismus. Daher existiert ein $\gamma \in S$, so daß das Diagramm

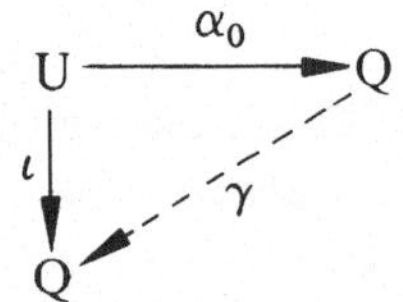

kommutativ ist (ι = Inklusionsabbildung). Für $u \in U$ folgt dann

$$\gamma\alpha(u) = \gamma\alpha_0(u) = u .$$

Daher gilt

$$\mathrm{Ke}(\alpha) + U \subsetneq \mathrm{Ke}(\alpha\gamma\alpha - \alpha)$$

und wegen

$$\mathrm{Ke}(\alpha) + U \overset{*}{\subsetneq} Q$$

ergibt sich auch

$$\mathrm{Ke}(\alpha\gamma\alpha - \alpha) \overset{*}{\subsetneq} Q.$$

Aus 9.6.1 folgt dann

$$\alpha\gamma\alpha - \alpha \in \mathrm{Ra}(S). \qquad \square$$

Dies Ergebnis besagt, daß S/Ra(S) ein r e g u l ä r e r R i n g ist. Reguläre Ringe werden im nächsten Paragraphen eingeführt und ausführlich untersucht.

Aus 9.6.1 (b) und dem Dualbasis-Lemma ergibt sich auch eine interessante Aussage über das Radikal eines projektiven Moduls.

9.6.3 Satz *Für jeden projektiven Modul* $P \neq 0$ *gilt* $\mathrm{Ra}(P) \neq P$.

B e w e i s. Allgemein überlegen wir: Ist $p \in P_R$ und $\varphi \in P^* = \mathrm{Hom}_R(P_R, R_R)$, dann kann $p\varphi$ als Element aus $S = \mathrm{End}(P_R)$ betrachtet werden; sei nämlich für $x \in P$

$$(p\varphi)(x) \;:=\; p\varphi(x)\,.$$

so ist dies wegen

$$\begin{aligned}(p\varphi)(x_1 r_1 + x_2 r_2) &= p\varphi(x_1 r_1 + x_2 r_2)\\ &= p(\varphi(x_1)r_1 + \varphi(x_2)r_2) = (p\varphi(x_1))r_1 + (p\varphi(x_2))r_2\\ &= (p\varphi)(x_1)r_1 + (p\varphi)(x_2)r_2\end{aligned}$$

tatsächlich ein Element aus S. Sei jetzt $p \in \mathrm{Ra}(P)$, dann ist $pR \overset{\circ}{\hookrightarrow} P_R$, und folglich auch $\mathrm{Bi}(p\varphi) = p\varphi(P) \overset{\circ}{\hookrightarrow} P_R$ (wegen $p\varphi(P) \hookrightarrow pR$). Nach 9.6.1 (b) folgt $p\varphi S \overset{\circ}{\hookrightarrow} S_S$. Sei

$$x = \sum_{\varphi_i(x) \neq 0} p_i\varphi_i(x)$$

eine Darstellung von x im Sinne des Dualbasis-Lemmas 5.4.2. Nimmt man jetzt $x \neq 0$ an, und seien (nach Umindizierung) $i = 1, \ldots, n$ die Indizes mit $\varphi_i(x) \neq 0$, dann folgt

$$1_P(x) = x = \sum_{i=1}^{n} p_i\varphi_i(x) = \Big(\sum_{i=1}^{n} p_i\varphi_i\Big)(x)$$

$$\Rightarrow \qquad \Big(1_P - \sum_{i=1}^{n} p_i\varphi_i\Big)(x) = 0$$

im Sinne der zuvor eingeführten Deutung der $p_i\varphi_i$ als Elemente aus S. Nimmt man jetzt $\mathrm{Ra}(P) = P$ an, so gilt $\mathrm{Bi}(p_i\varphi_i) \overset{\circ}{\hookrightarrow} P_R$, also $p_i\varphi_i S \overset{\circ}{\hookrightarrow} S_S$, also $p_i\varphi_i \in \mathrm{Ra}(S)$ für $i = 1, \ldots, n$, und schließlich

$$\sum_{i=1}^{n} p_i\varphi_i \in \mathrm{Ra}(S)\,.$$

Nach 9.3.1 ist dann

$$1_P - \sum_{i=1}^{n} p_i\varphi_i$$

ein invertierbares Element in S; sei $\sigma \in S$ das inverse Element, dann folgt

$$x = 1_P(x) = \sigma(1 - \sum_{i=1}^{n} p_i\varphi_i)(x) = \sigma(0) = 0 \ ↯ .$$

Die Annahme $0 \neq x \in P$ war also falsch, und es gilt unter der Voraussetzung $Ra(P) = P$ notwendigerweise $P = 0$.

Wie schon anfangs bemerkt, folgt aus $Ra(P) \neq P$, daß P mindestens einen maximalen Untermodul besitzt.

9.6.4 Folgerung *Ist* P *projektiv und gilt* $P = P_1 \oplus P_2$ *mit* $P_2 \subsetneq Ra(P)$, *dann folgt* $P_2 = 0$.

B e w e i s. Sei $\pi : P \to P_2$ die Projektion von P auf P_2, dann folgt wegen $P_2 \subsetneq Ra(P)$ nach 9.1.4 $P_2 \subsetneq \pi(Ra(P)) \subsetneq Ra(P_2)$, also $P_2 = Ra(P_2)$. Da P_2 projektiv ist, folgt nach 9.6.3 $P_2 = 0$. □

9.7 Gute Ringe

Wie wir in 9.2.1 (b) gesehen haben, gilt stets $MRa(R) \subsetneq Ra(M)$. Es liegt die Frage nahe, wann hier die Gleichheit gilt. Für einen beliebigen Ring und Modul ist dies keineswegs der Fall; z.B. ist $Ra(\mathbb{Z}) = 0$, aber es gibt, wie wir wissen, $\mathbb{Z}$-Moduln mit von 0 verschiedenem Radikal, wie etwa $\mathbb{Z}/4\mathbb{Z}$ oder $\mathbb{Q}_\mathbb{Z}$ ($Ra(\mathbb{Q}_\mathbb{Z}) = \mathbb{Q}_\mathbb{Z}$!).

Der folgende Satz gibt hierzu eine gewisse Auskunft.

9.7.1 Satz *Sei* M_R *die Kategorie der unitären* R-*Rechtsmoduln, und sei* $\bar{R} := R/Ra(R)$, *dann sind äquivalent:*

(1) $\forall\ M \in \mathsf{M}_R\ [MRa(R) = Ra(M)]$

(2) $\forall\ M \in \mathsf{M}_R\ [MRa(R) = 0 \Rightarrow Ra(M) = 0]$

(3) $\forall\ \Omega \in \mathsf{M}_{\bar{R}}\ [Ra(\Omega) = 0]$

(4) $\forall\ M, N \in \mathsf{M}_R\ \forall\ \varphi \in Hom_R(M, N)\ [\varphi(Ra(M)) = Ra(\varphi(M))]$

(5) $\forall\ M \in \mathsf{M}_R\ \forall\ U \subsetneq M\ [Ra(M) + U/U = Ra(M/U)]$

(6) $\forall\ M \in \mathsf{M}_R\ \forall\ U \subsetneq M\ [Ra(M) = 0 \Rightarrow Ra(M/U) = 0]$.

B e w e i s. Wir beweisen (1) ⇒ (2) ⇒ (3) ⇒ (1) und (1) ⇒ (4) ⇒ (5) ⇒ (6) ⇒ (1).

„(1) ⇒ (2)“ Spezialfall.

„(2) ⇒ (3)“ Sei $\Omega \in \mathsf{M}_{\bar{R}}$, dann kann Ω durch die folgende Definition zu einem R-Rechtsmodul gemacht werden:

$$\omega r := \omega\bar{r}, \qquad \omega \in \Omega, \qquad \bar{r} = r + Ra(R) \in \bar{R}.$$

Für Ω als R-Rechtsmodul gilt dann offenbar $\Omega Ra(R) = 0$. Nach (2) folgt $Ra(\Omega_R) = 0$. Da aber nach Definition von Ω_R die R- und die $\bar{R}$-Untermoduln von Ω übereinstimmen, folgt auch $Ra(\Omega_{\bar{R}}) = 0$.

„(3) ⇒ (1)“ Wegen $(M/MRa(R))Ra(R) = 0$ kann $M/MRa(R)$ durch die folgende Definition zu einem $\bar{R}$-Modul gemacht werden:

$$\bar{m}\bar{r} = (m + MRa(R))\,(r + Ra(R)) := \overline{mr} = mr + MRa(R)\,,$$

wobei dann wieder die $\bar{R}$- und die R-Untermoduln von $M/MRa(R)$ übereinstimmen. Dann folgt aus $Ra((M/MRa(R))_{\bar{R}}) = 0$ auch $Ra(M/MRa(R))_R) = 0$, und daher gilt nach 9.1.4 (b) $Ra(M) \subsetneq MRa(R)$, also folgt wegen 9.2.1 (b) $Ra(M) = MRa(R)$.

„(1) ⇒ (4)“ Aus $MRa(R) = Ra(M) \wedge \varphi(M)Ra(R) = Ra(\varphi(M))$ folgt $\varphi(Ra(M)) = \varphi(MRa(R)) = \varphi(M)Ra(R) = Ra(\varphi(M))$.

„(4) ⇒ (5)“ Spezialfall $\varphi = \nu : M \to M/U$.

„(5) ⇒ (6)“ Spezialfall für $Ra(M) = 0$.

„(6) ⇒ (1)“ (1) bleibt wegen 9.1.5 (a) bei Isomorphie von Moduln erhalten. Da jeder Modul epimorphes Bild eines freien Moduls ist, genügt es, (1) für Moduln der Form F/U zu beweisen, wobei F ein freier Modul ist und $U \subsetneq F$. Wegen 9.2.1 (g) gilt $Ra(F) = FRa(R)$. Es ist daher $Ra(F/FRa(R)) = 0$, also wegen (6) auch

$$Ra((F/FRa(R))/(FRa(R) + U/FRa(R))) = 0\,.$$

Wegen $(F/FRa(R))/(FRa(R) + U/FRa(R))$

$$\cong F/(FRa(R) + U) \cong (F/U)/(FRa(R) + U/U)$$

folgt dann

$$Ra((F/U)/(FRa(R) + U/U)) = 0\,,$$

also wegen 9.1.4 (b)

$$Ra(F/U) \subsetneq FRa(R) + U/U = (F/U)Ra(R)\,.$$

Unter Beachtung von 9.2.1 (b) ergibt sich daraus $Ra(F/U) = (F/U)Ra(R)$, was zu zeigen war. □

9.7.2 Definition *Ein Ring, der die Bedingungen des Satzes* 9.7.1 *erfüllt, heiße ein* r e c h t s s e i t i g g u t e r R i n g. *Entsprechend sei ein* l i n k s s e i t i g g u t e r R i n g *definiert. Ein beidseitig guter Ring heiße ein* g u t e r R i n g.

9.7.3 Folgerungen

(a) *Ein Ring* R, *für den* $\bar{R} := R/Ra(R)$ *halbeinfach ist, ist nach* (3) *ein guter Ring.*

(b) *Nach* 9.2.3 *ist folglich jeder (einseitig) artinsche Ring ein guter Ring.*

(c) *Ist* R *ein rechtsseitig guter Ring, dann gilt wegen* 9.1.5 (b) *und* 9.7.1 (1) *für einen beliebigen Modul* M_R :

$$M = \sum_{i\in I} M_i \;\Rightarrow\; Ra(M) = \sum_{i\in I} Ra(M_i)\,.$$

Wir bemerken schließlich noch, daß es gute Ringe gibt, für die $R/Ra(R)$ nicht halbeinfach ist; z.B. dies ist der Fall, wenn $R/Ra(R)$ kommutativ und regulär (s. Kapitel 10, Übung 18), aber nicht halbeinfach ist.

Übungen zu Kapitel 9

1. a) Zeige, daß für einen Ring R die folgenden Aussagen äquivalent sind:

(1) Für jeden R-Rechtsmodul M ist $\mathrm{Ra}(M) \hookrightarrow^{\circ} M$.

(2) Es gibt keinen R-Rechtsmodul $M \neq 0$ mit $\mathrm{Ra}(M) = M$.

b) Zeige, daß für einen Ring R die folgenden Aussagen äquivalent sind:

(1) Für jeden R-Rechtsmodul M ist $\mathrm{So}(M) \hookrightarrow^{*} M$.

(2) Für jeden zyklischen R-Rechtsmodul M ist $\mathrm{So}(M) \hookrightarrow^{*} M$.

(3) Es gibt keinen R-Rechtsmodul $M \neq 0$ mit $\mathrm{So}(M) = 0$.

2. a) Sei $\mathrm{So}(M) \hookrightarrow B_R \hookrightarrow M_R \wedge a \in M \wedge a \notin B$. Zeige: Dann existiert $C \hookrightarrow^{*} M$ mit $B \hookrightarrow C \quad a \notin C$.

b) Zeige: $\mathrm{So}(M) \hookrightarrow B_R \hookrightarrow M_R \;\Rightarrow\; B = \bigcap_{B \hookrightarrow C \hookrightarrow^{*} M} C.$

c) Zeige: $\mathrm{So}(M) \hookrightarrow A \hookrightarrow M \wedge \mathrm{So}(M/A) \hookrightarrow^{*} M/A \;\Rightarrow\; A \hookrightarrow^{*} M$.

3. Zeige: Dann und nur dann ist R_R ein Kogenerator, wenn die injektive Hülle eines jeden endlich koerzeugten R-Rechtsmoduls projektiv ist.

4. a) Bestimme $\mathrm{Ra}(R)$, $\mathrm{So}({}_RR)$, $\mathrm{So}(R_R)$ und prüfe, ob $\mathrm{So}(R_R) = \mathrm{So}({}_RR)$ gilt, für folgende Ringe:

$$R := \left\{ \begin{pmatrix} q & r \\ 0 & s \end{pmatrix} \middle| \; q \in \mathbb{Q} \wedge r, s \in \mathbb{R} \right\}$$

$$R := \left\{ \begin{pmatrix} z & a \\ 0 & b \end{pmatrix} \middle| \; z \in \mathbb{Z} \wedge a, b \in \mathbb{Q} \right\}.$$

Dabei sei $\mathbb{R}$ der Körper der reellen Zahlen.

b) Voraussetzungen wie in Übung 6 von Kapitel 6. Zeige:

$$\mathrm{Ra}(R) = \left\{ \begin{pmatrix} a & m \\ 0 & b \end{pmatrix} \middle| \; a \in \mathrm{Ra}(A),\ m \in M,\ b \in \mathrm{Ra}(B) \right\}.$$

(Hinweis: Bestimme die rechtsinvertierbaren Elemente in R.)

5. Zeige: Für M_R sind folgende Aussagen äquivalent (vgl. 9.2.2 (b)):

(1) M ist endlich koerzeugt und $\mathrm{Ra}(M) = 0$

(2) M ist endlich erzeugt und halbeinfach.

6. Sei Δ ein vollständiger Verband (s. 3.1). Das kleinste Element werde mit 0, das größte mit M bezeichnet. Für $A, B \in \Delta$ mit $A \leqslant B$ sei

$$[A, B] := \{L \in \Delta \mid A \leqslant L \leqslant B\};$$

mit der durch Δ induzierten Verbandstruktur ist dies wieder ein vollständiger Verband.

D e f i n i t i o n e n

(a) Eine Familie $\Gamma = (A_i \mid i \in I)$ von Elementen aus Δ heißt (nach oben) g e r i c h t e t, wenn zu je zwei Elementen A_i, A_j aus Γ ein Element A_k aus Γ mit $A_i \leqslant A_k$ und $A_j \leqslant A_k$ existiert.

(b) Ein Element $A \in \Delta$ heißt k o m p a k t , wenn in jeder gerichteten Familie $(A_i \mid i \in I)$ mit $A \leqslant \bigcup_{i \in I} A_i$ ein A_j mit $A \leqslant A_j$ existiert.

(c) Δ heißt k o m p a k t e r z e u g t , wenn jedes Element aus Δ Vereinigung von kompakten Elementen ist.

(d) Δ heißt m o d u l a r $:\Longleftrightarrow \forall A, B, C \in \Delta [B \leqslant A \Rightarrow A \cap (B \cup C) = B \cup (A \cap C)]$.

(e) $A \in \Delta$ heißt k l e i n in Δ $:\Longleftrightarrow \forall B \in \Delta \backslash \{M\} [A \cup B \neq M]$.

(f) $\mathrm{Ra}(\Delta) := \bigcap_{\text{max. } B \text{ in } \Delta \backslash \{M\}} B$.

Zeige:

(1) $\bigcup_{\text{klein } A \text{ in } \Delta} A \leqslant \mathrm{Ra}(\Delta)$.

(2) Ist A kompakt $\wedge$ $A \leqslant \mathrm{Ra}(\Delta)$ $\Rightarrow$ klein A in Δ.

(3) Ist Δ kompakt erzeugt $\Rightarrow$ $\bigcup_{\text{klein } A \text{ in } \Delta} A = \mathrm{Ra}(\Delta)$.

(4) Für $A \in \Delta$ gilt: $A \cup \mathrm{Ra}(\Delta) \leqslant \mathrm{Ra}([A, M])$.

(5) Falls $A \leqslant \mathrm{Ra}(\Delta)$, dann gilt $\mathrm{Ra}(\Delta) = \mathrm{Ra}([A, M])$.

(6) Falls Δ kompakt ist, ist $\mathrm{Ra}(\Delta)$ klein in Δ.

(7) Sei Δ modular und $A \in \Delta$, dann gilt $\mathrm{Ra}([0, A]) \leqslant \mathrm{Ra}(\Delta)$.

(8) Was bedeutet im Verband der Untermoduln eines Moduls M, daß $A \in \Delta$ kompakt ist? (Beachte: $\cup$ ist dann $+$).

7. Für einen Modul M_R wird definiert:

(a) H a l b a r t i n s c h M $:\Longleftrightarrow \forall U \underset{\neq}{\hookrightarrow} M [\mathrm{So}(M/U) \neq 0]$.

(b) $\mathrm{Has}(M) := \sum_{\substack{U \hookrightarrow M \\ \text{halbartinsch } U}} U$.

Zeige: (1) Halbartinsch M $\Rightarrow$ $\forall U \hookrightarrow M$ [halbartinsch M/U].

(2) Für beliebiges M ist Has(M) halbartinsch.

(3) $\forall M, N \in \mathcal{M}_R \; \forall \varphi \in \mathrm{Hom}_R(M, N) [\varphi(\mathrm{Has}(M)) \hookrightarrow \mathrm{Has}(N)]$.

(4) $\mathrm{Has}(\mathrm{Has}(M)) = \mathrm{Has}(M)$.

(5) $\mathrm{Has}(M/\mathrm{Has}(M)) = 0$.

(6) Halbartinsch M $\Rightarrow$ $\mathrm{So}(M) \overset{*}{\hookrightarrow} M$.

(7) Halbartinsch M $\Rightarrow$ $\forall U \hookrightarrow M [\mathrm{So}(M/U) \overset{*}{\hookrightarrow} M/U]$.

(8) Sei $U \hookrightarrow M$ $\Rightarrow$ (halbartinsch M $\Longleftrightarrow$ halbartinsch M/U $\wedge$ halbartinsch U).

(9) Halbartinsch M $\wedge$ noethersch M $\Longleftrightarrow$ artinsch M $\wedge$ noethersch M.

(10) Halbartinsch M $\wedge$ noethersch R_R $\Rightarrow$ M ist Summe seiner artinschen Untermoduln.

8. D e f i n i t i o n. (a) H a l b n o e t h e r s c h M $:\Longleftrightarrow \forall U \hookrightarrow M, U \neq 0 [\mathrm{Ra}(U) \neq U]$.

b) $\mathrm{Hnr}(M) := \sum_{\substack{U \hookrightarrow M \\ \mathrm{Ra}(U) = U}} U$.

Überlege, ob die dualen Eigenschaften zu den in Aufgabe 7 angegebenen Eigenschaften gelten bzw. unter welchen zusätzlichen Voraussetzungen sie gelten.

9. Definition. Koatomar M: $:\Longleftrightarrow \forall U \underset{\neq}{\hookrightarrow} M \; \exists A \hookrightarrow M \, [U \hookrightarrow A \wedge A$ maximal in $M]$.
Zeige:

a) Ist M halbeinfach oder endlich erzeugt, so ist M koatomar.

b) Es gibt einen koatomaren Z-Modul M, der weder halbeinfach noch endlich erzeugt ist.

c) Halbeinfach M $\Longleftrightarrow$ koatomar M $\wedge$ jeder maximale Untermodul von M ist direkter Summand in M.

d) $U \hookrightarrow \mathrm{Ra}(M) \wedge$ koatomar $U \Rightarrow U \overset{\circ}{\hookrightarrow} M$.

e) Koatomar M $\Rightarrow \mathrm{Ra}(M) \overset{\circ}{\hookrightarrow} M$.

f) Es gibt einen Modul M mit $\mathrm{Ra}(M) = 0$, aber M nicht koatomar.

10. Sei $M = M_Z$ eine abelsche Gruppe und sei $T(M) := \{m \in M \mid \exists z \neq 0 \, [mz = 0]\}$ die Torsionsuntergruppe. Zeige:

a) $\mathrm{So}(M) \overset{*}{\hookrightarrow} M \Longleftrightarrow T(M) = M$; $\mathrm{So}(M) = 0 \Longleftrightarrow T(M) = 0$.

b) $U \overset{*}{\hookrightarrow} M \Longleftrightarrow \mathrm{So}(M) \hookrightarrow U \hookrightarrow M \wedge T(M/U) = M/U$.

c) Halbeinfach M $\Longleftrightarrow T(M) = M \wedge \mathrm{Ra}(M) = 0$.

11. Zeige, daß für einen Ring R die folgenden Aussagen äquivalent sind:

(1) Für jede Familie $(M_i \mid i \in I)$ von R-Rechtsmoduln gilt:

$$\mathrm{So}(\prod_{i \in I} M_i) = \prod_{i \in I} \mathrm{So}(M_i)$$

(2) Jedes Produkt von halbeinfachen R-Rechtsmoduln ist wieder halbeinfach.

(3) Jeder radikalfreie R-Rechtsmodul (d.h. mit $\mathrm{Ra}(M) = 0$) ist halbeinfach.

(4) $R/\mathrm{Ra}(R)$ ist halbeinfach.

12. Zeige für einen R-Rechtsmodul M:

a) $U \hookrightarrow M \wedge U$ direkter Summand in M $\Rightarrow \mathrm{Ra}(M/U) = (\mathrm{Ra}(M) + U)/U$, $\mathrm{So}(M/U) = (\mathrm{So}(M) + U)/U$.

b) $\forall U \hookrightarrow M \, [\mathrm{Ra}(U) = U \cap \mathrm{Ra}(M)] \Longleftrightarrow \mathrm{Ra}(M) = 0$.

c) $\forall U \hookrightarrow M \, [\mathrm{So}(M/U) = (\mathrm{So}(M) + U)/U] \Longleftrightarrow$ M halbeinfach.

13. a) Zeige, daß für ein Linksideal $U \hookrightarrow {}_RR$ die folgenden Aussagen äquivalent sind:

(1) $(\prod_{i \in I} M_i)U = \prod_{i \in I} (M_iU)$ für jede Familie $(M_i \mid i \in I)$ von R-Rechtsmoduln

(2) ${}_RU$ ist endlich erzeugt.

b) Ist R rechtsgut, so ist das Radikal in M_R genau dann mit direkten Produkten vertauschbar, wenn ${}_R\mathrm{Ra}(R)$ endlich erzeugt ist.

c) Ist R kommutativ und noethersch, so ist das Radikal mit direkten Produkten vertauschbar.

14. Für kommutative Ringe R gilt $\mathrm{Ra}(M_R) = \bigcap \{MA \mid A$ maximales Ideal in $R\}$. Ein entsprechendes Ergebnis soll allgemeiner für Ringe gezeigt werden, in denen jedes maximale Rechtsideal zweiseitig ist.

Definition: Für einen R-Rechtsmodul M_R sei

$$D(M) := \bigcap \{MA \mid A \text{ maximales Rechtsideal in } R\}.$$

Zeige:

a) D(M) ist Untermodul von M_R, und für jeden Homomorphismus $f: M \to N$ gilt $f(D(M)) \subset D(N)$ (d.h. D ist Präradikal in $\mathcal{M}_R$).

b) $D(R_R) = R \iff$ kein maximales Rechtsideal ist zweiseitig.

c) $D(M) = Ra(M)$ für alle $M \in \mathcal{M}_R \iff$ jedes maximale Rechtsideal ist zweiseitig.

15. Sei $M = M_Z$ eine abelsche Gruppe. Zeige: Es gibt eine abelsche Gruppe N mit Ra(N) = M. (Hinweis: Wähle eine injektive Erweiterung $M \subsetneq Q$ und betrachte So(Q/M).)

16. Bezeichnungen wie in Kapitel 5, Übung 27. Zeige:

a) S ist lokal.

b) Der Sockel von S_S hat die Länge n + 1.

17. Für jeden R-Modul M definiere man eine aufsteigende Folge von Untermoduln M_i (i = 0, 1, 2, ...) durch

$$M_0 := 0 \quad \text{und} \quad M_{i+1}/M_i := So(M/M_i)$$

(genauer: Sei $\nu: M \to M/M_i$ der natürliche Epimorphismus, dann sei $M_{i+1} := \nu^{-1}(So(M/M_i))$). Zeige:

a) Ist M artinsch, dann gilt für jedes $i \geqslant 0$:

(1) M_{i+1} hat endliche Länge,

(2) ist $B \subsetneq M_{i+1}$ und ist die Länge von $B \leqslant i$, dann folgt $B \subsetneq M_i$.

b) Ist M artinsch und Selbstgenerator, dann ist M auch noethersch.

(M heißt Selbstgenerator, wenn für jeden Untermodul U von M gilt: $U = \sum_{f \in Hom_R(M,U)} Bi(f)$.

Hinweis: Zeige bei (b), daß die Menge $\{A \mid A \subsetneq M \wedge M/A \text{ noethersch}\}$ ein kleinstes Element A_0 hat und wende (a) mit i = Länge von M/A_0 an.)

18. Für jeden R-Modul M definiert man eine absteigende Folge von Untermoduln M^i(i = 0, 1, 2, ...) durch

$$M^\circ := M \quad \text{und} \quad M^{i+1} := Ra(M^i).$$

Zeige:

a) Ist R/Ra(R) halbeinfach und ist M_R noethersch, dann gilt für jedes $i \geqslant 0$:

(1) M/M^{i+1} hat endliche Länge,

(2) ist $M^{i+1} \subsetneq B \subsetneq M$ und ist die Länge von $M/B \leqslant i$, dann folgt $M^i \subsetneq B$.

b) Ist R/Ra(R) halbeinfach und ist M noetherscher Selbstkogenerator, dann ist M auch artinsch.

c) Frage: Kann man in (b) auf die Voraussetzung „R/Ra(R) halbeinfach" verzichten?

(M heißt Selbstkogenerator, wennn für jeden Untermodul U von M gilt: $0 = \bigcap_{f \in Hom_R(M/U,M)} Ke(f)$).

10 Das Tensorprodukt, flache Moduln und reguläre Ringe

Die Bedeutung des Tensorproduktes beruht vor allem auf den beiden folgenden Tatsachen:

1. Das Tensorprodukt hat eine wichtige Faktorisierungseigenschaft, und zwar kann jede tensorielle Abbildung über das Tensorprodukt faktorisiert werden (10.1.8) und das Tensorprodukt ist durch diese Eigenschaft bis auf Isomorphie eindeutig bestimmt (10.1.9).

2. Das Tensorprodukt ist ein Funktor (10.3.1), und zwar ein adjungierter Funktor zum Funktor Hom (10.3.4).

10.1 Definition und Faktorisierungseigenschaft

Das Tensorprodukt verknüpft einen Modul A_S und einen Modul ${}_SU$ zu einem neuen Modul

$$A \underset{S}{\otimes} U ,$$

der im allgemeinen ein **Z**-Modul ist, unter entsprechenden Voraussetzungen jedoch auch ein Modul über anderen Ringen sein kann.

Um $A \underset{S}{\otimes} U$ zu definieren, sei

$$A \times U = \{(a, u) \mid a \in A \wedge u \in U\}$$

die Produktmenge von A und U und $F = F(A \times U, \mathbf{Z})$ bezeichnet den freien **Z**-Rechtsmodul (oder -Linksmodul – die Seite für **Z** spielt keine Rolle) mit der Basis $A \times U$ (s. 4.4). Die Basiselemente von F bezeichnen wir wieder mit (a, u). Schließlich sei K der von der Menge $D_1 \cup D_2 \cup T$ mit

$$D_1 = \{(a + a', u) - (a, u) - (a', u) \mid a, a' \in A \wedge u \in U\}$$

$$D_2 = \{(a, u + u') - (a, u) - (a, u') \mid a \in A \wedge u, u' \in U\}$$

$$T = \{(as, u) - (a, su) \mid a \in A \wedge u \in U \wedge s \in S\}$$

erzeugte Untermodul von F (als **Z**-Modul).

10.1.1 Definition *Der Faktormodul* F/K *heißt das* T e n s o r p r o d u k t *von* A_S *und* ${}_SU$ *über* S, *in Zeichen*

$$A \underset{S}{\otimes} U \ := \ F/K .$$

Das Bild des Elementes (a, u) ∈ F *bei dem natürlichen Epimorphismus* F → F/K *heißt* Tensorprodukt *von* a *und* u *und wird mit* a ⊗ u *bezeichnet:*

$$a \otimes u \;:=\; (a, u) + K\,.$$

Ist aus dem Zusammenhang klar, daß es sich um $A \otimes_S U$ handelt, so wird auch nur A ⊗ U geschrieben.

Für das Tensorprodukt ergeben sich folgende Rechenregeln:

10.1.2 Rechenregeln

(1) $(a + a') \otimes u = a \otimes u + a' \otimes u$

(2) $a \otimes (u + u') = a \otimes u + a \otimes u'$

(3) $as \otimes u = a \otimes su$

(4) $0 \otimes u = a \otimes 0 = 0$

(5) $-(a \otimes u) = (-a) \otimes u = a \otimes (-u)$

(6) $(a \otimes u)z = (az) \otimes u = a \otimes (uz), \qquad z \in \mathbf{Z}$

Beweis. (1), (2), (3) Nach Definition von K.

(4) $0 \otimes u + 0 \otimes u = (0 + 0) \otimes u = 0 \otimes u \Rightarrow 0 \otimes u = 0$; analog folgt $a \otimes 0 = 0$.

(5) $a \otimes u + (-a) \otimes u = (a - a) \otimes u = 0 \otimes u = 0 \Rightarrow (-a) \otimes u = -(a \otimes u)$; analog für $a \otimes (-u)$.

(6) $z > 0 : (a \otimes u)z = \underbrace{a \otimes u + \ldots + a \otimes u}_{z \text{ Summanden}} = (a + \ldots + a) \otimes u = (az) \otimes u$;

$z = 0 : (a \otimes u)0 = 0 = 0 \otimes u = (a0) \otimes u$;

$z < 0 : (a \otimes u)(-z) = (a(-z)) \otimes u = (-az) \otimes u = -((az) \otimes u)$ nach (5). Da auch $(a \otimes u)(-z) + (a \otimes u)z = (a \otimes u)(-z + z) = (a \otimes u)0 = 0$, ist das eindeutig bestimmte negative Element zu $-((az) \otimes u)$ einerseits $(az) \otimes u$ und andererseits $(a \otimes u)z$, also gilt $(az) \otimes u = (a \otimes u)z$;

analog für u. □

10.1.3 Bemerkungen

(1) Der freie **Z**-Rechtsmodul F kann auch als freier **Z**-Linksmodul betrachtet werden; die Seite spielt keine Rolle, und im folgenden wird für F und $A \otimes_S U$ die Seite gewählt, die für den jeweiligen Zweck bequemer ist.

(2) Nach Rechenregel (6) läßt sich jedes Element $t \in A \otimes_S U$ als endliche Summe der Form

$$t = \sum a_i \otimes u_i$$

schreiben.

(3) Die Darstellung $t = \Sigma\, a_i \otimes u_i$ ist im allgemeinen nicht eindeutig bestimmt, und zwar auch dann nicht, wenn es sich um eine Darstellung „kürzester Länge" handelt.

(4) Das Tensorprodukt von zwei von Null verschiedenen Moduln kann Null sein.

Beispiel für (3) und (4). Seien $A = (\mathbf{Z}/2\mathbf{Z})_{\mathbf{Z}}$, $U = {}_{\mathbf{Z}}(\mathbf{Z}/3\mathbf{Z})$, dann gilt für beliebige $a \in A$, $u \in U$ in $A \otimes_{\mathbf{Z}} U$:

$$0 \otimes 0 = 0 = a \otimes 0 - 0 \otimes u = a \otimes (3u) - (2a) \otimes u$$
$$= 3(a \otimes u) - 2(a \otimes u) = a \otimes u, \quad \text{also } A \otimes U = 0.$$

10.1.4 Definition *Gegeben seien* A_S, ${}_SU$, M_Z.

(1) *Eine Abbildung* $\varphi: A \times U \to M$ *heißt* b i a d d i t i v $:\Longleftrightarrow$

$$\forall a, a' \in A\ \forall u, u' \in U\ [\varphi(a + a', u) = \varphi(a, u) + \varphi(a', u) \ \wedge$$
$$\varphi(a, u + u') = \varphi(a, u) + \varphi(a, u')]$$

(2) *Eine biadditive Abbildung* φ *heißt* S- t e n s o r i e l l e A b b i l d u n g $:\Longleftrightarrow$

$$\forall a \in A\ \forall u \in U\ \forall s \in S\ [\varphi(as, u) = \varphi(a, su)].$$

10.1.5 Folgerung *Sei* $\nu: F \to F/K = A \underset{S}{\otimes} U$ *der natürliche Epimorphismus und sei* τ *die Einschränkung davon auf die Basis* $A \times U$ *von* F,

$$\tau := \nu \mid A \times U, \qquad \text{d.h. } \tau(a, u) = a \otimes u,$$

dann gilt: Für jeden $\mathbb{Z}$*-Homomorphismus* $\lambda: A \underset{S}{\otimes} U \to M$ *ist die Abbildung*

$$\varphi := \lambda\tau: \ A \times U \to M$$

eine S-tensorielle Abbildung.
Insbesondere ist τ *eine S-tensorielle Abbildung.*

B e w e i s. Es ist $\lambda\tau(a + a', u) = \lambda((a + a') \otimes u) = \lambda(a \otimes u + a' \otimes u) = \lambda(a \otimes u) + \lambda(a' \otimes u) = \lambda\tau(a, u) + \lambda\tau(a', u)$;
analog folgen die anderen Eigenschaften. □

Im folgenden ist es wichtig, daß man das Bild eines Elementes bei λ durch $\varphi := \lambda\tau$ ausdrücken kann:

$$(10.1.6) \quad \lambda(\sum a_i \otimes u_i) = \sum \lambda(a_i \otimes u_i) = \sum \lambda\tau(a_i, u_i) = \sum \varphi(a_i, u_i).$$

Bezeichne jetzt $\mathrm{Tens}(A \times U, M)$ die Menge der S-tensoriellen Abbildungen von $A \times U$ in M; dann wird diese Menge durch die Definitionen

$$(\varphi_1 + \varphi_2)(a, u) := \varphi_1(a, u) + \varphi_2(a, u), \quad (-\varphi)(a, u) := -\varphi(a, u)$$

offensichtlich zu einem $\mathbb{Z}$-Modul, und die Abbildung

$$\Phi: \mathrm{Hom}_{\mathbb{Z}}(A \underset{S}{\otimes} U, M) \ni \lambda \mapsto \varphi := \lambda\tau \in \mathrm{Tens}(A \times U, M)$$

ist ein $\mathbb{Z}$-Homomorphismus.

10.1.7 Satz Φ *ist ein Isomorphismus.*

B e w e i s. Injektivität von Φ: Folgt aus 10.1.6.
Surjektivität von Φ: Gegeben $\varphi \in \mathrm{Tens}(A \times U, M)$, gesucht $\lambda \in \mathrm{Hom}_{\mathbb{Z}}(A \underset{S}{\otimes} U, M)$ mit $\varphi = \lambda\tau$.

Zunächst wird φ zu $\hat{\varphi} \in \mathrm{Hom}_{\mathbb{Z}}(F, M)$ durch die Definition

$$\hat{\varphi}(\sum (a_i, u_i) z_i) := \sum \varphi(a_i, u_i) z_i$$

fortgesetzt. Da φ S-tensoriell ist, folgt $K \hookrightarrow \mathrm{Ke}(\hat{\varphi})$. Folglich kann $\hat{\varphi}$ über $F/K = A \underset{S}{\otimes} U$ faktorisiert werden (3.4.7 Spezialfall); die faktorisierende Abbildung, die wieder ein Z-Homomorphismus ist, nennen wir λ und dafür gilt $\varphi = \lambda\tau$. □

Für spätere Anwendungen fassen wir 10.1.6 und 10.1.7 zu folgender Aussage zusammen:

10.1.8 Folgerung *Zu jeder S-tensoriellen Abbildung* $\varphi : A \times U \to M$ *gibt es genau einen Z-Homomorphismus* $\lambda : A \underset{S}{\otimes} U \to M$ *mit* $\varphi = \lambda\tau$, *so daß also*

$$\lambda(\sum a_i \otimes u_i) = \sum \varphi(a_i, u_i)$$

gilt.

Schließlich soll gezeigt werden, daß das Tensorprodukt $A \underset{S}{\otimes} U$ durch 10.1.8 bis auf Isomorphie eindeutig bestimmt ist.

Genauer: Sei C_Z und sei $\gamma : A \times U \to C$ eine S-tensorielle Abbildung, so daß für jeden Z-Modul M und jede S-tensorielle Abbildung $\varphi : A \times U \to M$ genau ein Z-Homomorphismus

$$\eta : C \to M$$

mit $\varphi = \eta\gamma$ existiert, dann gilt $A \underset{S}{\otimes} U \cong C$ als Z-Moduln.

Zum Beweis kommt man allerdings mit schwächeren Voraussetzungen aus, wie der folgende Satz zeigt.

10.1.9 Satz *Sei* $\gamma : A \times U \to C$ *eine S-tensorielle Abbildung mit folgenden Eigenschaften:*

(1) *Es existiert ein Z-Homomorphismus*

$$\sigma : C \to A \underset{S}{\otimes} U$$

mit $\tau = \sigma\gamma$ *(d.h. Faktorisierung von* τ *über* γ *ist möglich) und*

(2) *die Gleichung* $\gamma = \eta\gamma$ *mit* $\eta \in \mathrm{Hom}_Z(C, C)$ *ist nur für* $\eta = 1_C$ *erfüllt (d.h. die Faktorisierung von* γ *über* γ *ist eindeutig).*

Dann gilt:

$$C \cong A \underset{S}{\otimes} U \qquad \textit{als Z-Moduln.}$$

B e w e i s. Nach 10.1.8 gibt es ein $\rho : A \underset{S}{\otimes} U \to C$ mit $\gamma = \rho\tau$ und nach Voraussetzung gilt $\tau = \sigma\gamma$. Aus beiden Gleichungen zusammen folgt:

$$\tau = \sigma\rho\tau, \qquad \gamma = \rho\sigma\gamma\,.$$

Nach 10.1.8 und Voraussetzung (2) ergibt sich dann

$$\sigma\rho = 1_{A\otimes U}, \qquad \rho\sigma = 1_C\,,$$

also $\quad C \cong A \underset{S}{\otimes} U\,.$ □

Vom Tensorprodukt sind dabei nur die Gleichung $\gamma = \rho\tau$ und die Eindeutigkeit der Faktorisierung $\tau = \sigma\rho\tau$ benutzt worden.

10.2 Weitere Eigenschaften des Tensorproduktes

10.2.1 Das Tensorprodukt von Homomorphismen Gegeben seien S-Moduln A_S, B_S sowie ${}_SU$, ${}_SV$ und S-Homomorphismen

$$\alpha: \ A \to B, \qquad \mu: \ U \to V.$$

Dann betrachten wir die Abbildung

$$\varphi: \ A \times U \ni (a, u) \mapsto \alpha(a) \otimes \mu(u) \in B \underset{S}{\otimes} V.$$

Wie sofort zu verifizieren, ist dies eine S-tensorielle Abbildung von $A \times U$ in $B \underset{S}{\otimes} V$, wobei also $\varphi(a, u) = \alpha(a) \otimes \mu(u)$ gilt. Der im Sinne von 10.1.8 dazugehörende $\mathbb{Z}$-Homomorphismus von $A \underset{S}{\otimes} U$ in $B \underset{S}{\otimes} V$ soll mit $\alpha \otimes \mu$ bezeichnet werden; dafür gilt:

$$\alpha \otimes \mu: \ A \underset{S}{\otimes} U \ni \sum a_i \otimes u_i \mapsto \sum \alpha(a_i) \otimes \mu(u_i) \in B \underset{S}{\otimes} V,$$

d.h. man wende α und μ auf die jeweiligen Komponenten an.

Definition *$\alpha \otimes \mu$ heißt das* Tensorprodukt der Homomorphismen *α und μ.*

Für dieses Tensorprodukt von Homomorphismen sind die folgenden Eigenschaften unmittelbar klar:

(1) $1_A \otimes 1_U = 1_{A \underset{S}{\otimes} U}$.

(2) *Seien außer α und μ die Homomorphismen $\beta: B_S \to C_S$, $\nu: {}_SV \to {}_SW$ gegeben, dann gilt $(\beta\alpha) \otimes (\nu\mu) = (\beta \otimes \nu)(\alpha \otimes \mu)$.*

(3) *Sind α und μ Isomorphismen, dann ist $\alpha \otimes \mu$ ein Isomorphismus und es gilt $(\alpha \otimes \mu)^{-1} = \alpha^{-1} \otimes \mu^{-1}$.*

10.2.2 Moduleigenschaften des Tensorproduktes Sei jetzt auch R ein Ring und sei ${}_RA_S$ ein Bimodul. Es soll festgestellt werden, daß dann $A \underset{S}{\otimes} U$, zufolge der Definition

$$r(\sum a_i \otimes u_i) := \sum (ra_i) \otimes u_i, \qquad r \in R,$$

ein R-Linksmodul ist. Dazu betrachten wir für festes $r \in R$ die Abbildung

$$A \ni a \mapsto ra \in A.$$

Da ${}_RA_S$ Bimodul ist, ist dies offensichtlich ein S-Homomorphismus, der mit $r\cdot$ bezeichnet werden soll. Nach 10.2.1 ist dann $r\cdot \otimes 1_U$ ein Homomorphismus mit

$$r\cdot \otimes 1_U: \ A \underset{S}{\otimes} U \ni \sum a_i \otimes u_i \mapsto \sum (ra_i) \otimes u_i \in A \underset{S}{\otimes} U,$$

so daß obige Definition tatsächlich $A \underset{S}{\otimes} U$ zu einem R-Linksmodul macht.

($\Sigma (ra_i) \otimes u_i$ ist durch r und $\Sigma a_i \otimes u_i$ eindeutig bestimmt, unabhängig von der Darstellung von $\Sigma a_i \otimes u_i$!)

Ist ${}_SU_T$ ein Bimodul, dann wird $A \underset{S}{\otimes} U$ durch die Definition

$$(\sum a_i \otimes u_i)t \quad := \quad \sum a_i \otimes (u_i t), \qquad t \in T$$

zu einem T-Rechtsmodul und im Falle ${}_RA_S$, ${}_SU_T$ ist $A \underset{S}{\otimes} U$ ein R-T-Bimodul.
Seien Homomorphismen

$$\alpha: \ {}_RA_S \to {}_RB_S, \qquad \mu: \ {}_SU \to {}_SV$$

gegeben, dann ist $\alpha \otimes \mu$ ein R-Homomorphismus:

$$\alpha \otimes \mu: \ {}_R(A \underset{S}{\otimes} U) \to {}_R(B \underset{S}{\otimes} V),$$

denn
$$\begin{aligned}(\alpha \otimes \mu)(r \sum a_i \otimes u_i) &= \sum \alpha(ra_i) \otimes \mu(u_i) \\ &= \sum r\alpha(a_i) \otimes \mu(u_i) = r\sum \alpha(a_i) \otimes \mu(u_i) \\ &= r(\alpha \otimes \mu)(\sum a_i \otimes u_i).\end{aligned}$$

Entsprechend ist für

$$\alpha: \ {}_RA_S \to {}_RB_S, \qquad \mu: \ {}_SU_T \to {}_SV_T$$

$\alpha \otimes \mu$ ein R-T-Bimodulhomomorphismus von ${}_R(A \underset{S}{\otimes} U)_T$ in ${}_R(B \underset{S}{\otimes} V)_T$.

Ist R ein Unterring des Zentrums von S (für kommutatives S z.B. R = S), so werden A_S und ${}_SU$ durch die Definition

$$ra := ar, \qquad ur := ru, \qquad r \in R, a \in A, u \in U$$

zu R-S- bzw. S-R-Bimoduln und $A \underset{S}{\otimes} U$ ist zweiseitiger R-Bimodul. Dafür gilt dann

$$\begin{aligned}r(\sum a_i \otimes u_i) &= \sum (ra_i) \otimes u_i = \sum (a_i r) \otimes u_i \\ &= \sum a_i \otimes (ru_i) = \sum a_i \otimes (u_i r) = (\sum a_i \otimes u_i)r.\end{aligned}$$

Der Spezialfall S kommutativ und R = S ist von besonderem Interesse.

Seien jetzt ${}_RA_S$, ${}_SU$ und ${}_RM$ gegeben, sowie eine S-tensorielle Abbildung

$$\varphi: \ A \times U \to M \qquad \text{mit } \varphi(ra, u) = r\varphi(a, u), \ r \in R.$$

Wir betrachten $A \underset{S}{\otimes} U$ als R-Linksmodul und zeigen, daß der im Sinne von 10.1.8 zugehörige Z-Homomorphismus λ auch ein R-Homomorphismus ist:

$$\begin{aligned}\lambda(r \sum a_i \otimes u_i) &= \lambda(\sum (ra_i) \otimes u_i) = \sum \varphi(ra_i, u_i) \\ &= \sum r\varphi(a_i, u_i) = r\lambda(\sum a_i \otimes u_i).\end{aligned}$$

Eine entsprechende Aussage gilt auch im Falle ${}_RA_S$, ${}_SU_T$, ${}_RM_T$.

Schließlich wollen wir noch feststellen, daß die Abbildung

$$\lambda: \ A \underset{S}{\otimes} S \ni \sum a_i \otimes s_i \mapsto \sum a_i s_i \in A$$

ein S-Isomorphismus der S-Rechtsmoduln $A \underset{S}{\otimes} S$ und A_S ist. Da

$$\varphi: \quad A \times S \ni (a, s) \mapsto as \in A$$

S-tensoriell ist und $\varphi(a, ss_1) = \varphi(a, s)s_1$ gilt, ist λ ein S-Homomorphismus, und zwar offensichtlich ein Epimorphismus. Sei $\Sigma\, a_i \otimes s_i \in \mathrm{Ke}(\lambda)$, also $\Sigma\, a_i s_i = 0$, dann folgt

$$\sum a_i \otimes s_i = \sum (a_i s_i \otimes 1) = (\sum a_i s_i) \otimes 1 = 0 \otimes 1 = 0\,,$$

d.h., λ ist auch Monomorphismus, also ein Isomorphismus. Analog gilt auch ${}_S(S \underset{S}{\otimes} U) \cong {}_S U$.

10.2.3 Assoziativität des Tensorproduktes Hier soll gezeigt werden, daß das Tensorprodukt bis auf Isomorphie assoziativ ist. Gegeben seien Moduln A_R, ${}_R M_S$, ${}_S U$, dann wird behauptet:

$$(A \underset{R}{\otimes} M) \underset{S}{\otimes} U \cong A \underset{R}{\otimes} (M \underset{S}{\otimes} U)\,,$$

und dieser Isomorphismus wird geliefert durch

$$(*) \qquad \sum (a_i \otimes m_i) \otimes u_i \mapsto \sum\; a_i \otimes (m_i \otimes u_i)$$

Zum Beweis betrachten wir bei festem $u \in U$ die Abbildung

$$\varphi_u: \quad A \times M \ni (a, m) \mapsto a \otimes (m \otimes u) \in A \underset{R}{\otimes} (M \underset{S}{\otimes} U)\,.$$

Wie sofort zu sehen, ist dies eine R-tensorielle Abbildung, so daß nach 10.1.8 der Homomorphismus

$$\lambda_u: \quad A \underset{R}{\otimes} M \ni \sum a_i \otimes m_i \mapsto \sum\; a_i \otimes (m_i \otimes u) \in A \underset{R}{\otimes} (M \underset{S}{\otimes} U)$$

existiert. Folglich ist das Element $\Sigma\, a_i \otimes (m_i \otimes u)$ eindeutig durch $\Sigma\, a_i \otimes m_i$ und u bestimmt (unabhängig von der Darstellung von $\Sigma\, a_i \otimes m_i$). Folglich ist die Abbildung

$$(A \underset{R}{\otimes} M) \times U \ni (\sum a_i \otimes m_i, u) \mapsto \sum a_i \otimes (m_i \otimes u) \in A \underset{R}{\otimes} (M \underset{S}{\otimes} U)$$

eine S-tensorielle Abbildung. Nach 10.1.8 ist dann (*) ein Homomorphismus ρ. Ebenso existiert ein entsprechender Homomorphismus σ in umgekehrter Richtung, und dafür gilt offensichtlich

$$\sigma\rho = 1_{(A \otimes M) \otimes U}, \qquad \rho\sigma = 1_{A \otimes (M \otimes U)};$$

somit sind ρ und σ Isomorphismen.

Auf Grund der Assoziativität des Tensorproduktes kann man also bei mehrfachen Tensorprodukten Klammern weglassen, falls Isomorphie keine Rolle spielt.

10.2.4 Vertauschbarkeit des Tensorproduktes mit direkten Summen Seien jetzt Moduln A_S, ${}_S U$ mit

$$A = \bigoplus_{i \in I} A_i, \qquad U = \bigoplus_{j \in J} U_j$$

gegeben. Bezeichne M_{ij} die Untergruppe von $A \otimes_S U$, die durch die Elemente $a_i \otimes u_j$, $a_i \in A_i$, $u_j \in U_j$ erzeugt wird. Dann gilt

(1) $$A \otimes_S U = \bigoplus_{i \in I,\, j \in J} M_{ij}, \qquad M_{ij} \cong A_i \otimes_S U_j$$

und folglich

(2) $$(\bigoplus_{i \in I} A_i) \otimes_S (\bigoplus_{j \in J} U_j) \cong \bigoplus_{i \in I,\, j \in J} (A_i \otimes_S U_j) .$$

B e w e i s von (1). Nach Definition der M_{ij} gilt zunächst $A \otimes_S U = \sum_{i \in I,\, j \in J} M_{ij}$. Seien

$$\iota_i : A_i \to A, \qquad \iota_j' : U_j \to U$$

die Inklusionsabbildungen sowie

$$\pi_i : A \to A_i, \quad \pi_j' : U \to U_j$$

die Projektionen bezüglich der direkten Summen. Dafür gilt

$$\pi_i \iota_i = 1_{A_i}, \qquad \pi_j' \iota_j' = 1_{U_j} ,$$

und folglich

$$1_{A_i \otimes U_j} = \pi_i \iota_i \otimes \pi_j' \iota_j' = (\pi_i \otimes \pi_j') (\iota_i \otimes \iota_j') .$$

Daher ist $\iota_i \otimes \iota_j'$ ein Monomorphismus mit $\mathrm{Bi}(\iota_i \otimes \iota_j') \hookrightarrow M_{ij}$. Nach Definition von M_{ij} und $\iota_i \otimes \iota_j'$ gilt sogar $\mathrm{Bi}(\iota_i \otimes \iota_j') = M_{ij}$, d.h., $\iota_i \otimes \iota_j'$ induziert (durch Einschränkung des Zieles) einen Isomorphismus ω_{ij} zwischen $A_i \otimes_S U_j$ und M_{ij}. Dies bedeutet, daß zwischen den Elementen $a_i \otimes u_i \in A \otimes_S U$ mit $a_i \in A_i$, $u_j \in U_j$ und den Elementen $a_i \otimes u_j \in A_i \otimes_S U_j$ nicht unterschieden werden muß.

Beachte: Beim ersten Element $a_i \otimes u_j$ handelt es sich um ein Element aus $A \otimes_S U$, beim zweiten Element $a_i \otimes u_j$ um ein Element aus $A_i \otimes_S U_j$. Da ω_{ij} ein Isomorphismus ist, folgt, daß auch $\pi_i \otimes \pi_j' \mid M_{ij}$ ein Isomorphismus ist. Daher gilt

$$\omega_{ij} (\pi_i \otimes \pi_j') \mid M_{ij} = 1_{M_{ij}}$$

und folglich ist

$$\omega_{ij} (\pi_i \otimes \pi_j')$$

die Projektion von $A \otimes_S U$ auf M_{ij}. Daraus erhält man schließlich $A \otimes_S U = \bigoplus M_{ij}$. □

10.2.5 Das Tensorprodukt von freien Moduln Sei jetzt A_S ein freier S-Modul mit der Basis $\{x_\ell \mid \ell \in L\}$, so daß also $A = \bigoplus_{\ell \in L} x_\ell S$ gilt.

Behauptung *Jedes Element von* $A \otimes_S U$ *ist als endliche Summe*

$$\sum x_\ell \otimes u_\ell, \qquad u_\ell \in U$$

darstellbar, wobei die $u_\ell \neq 0$ *eindeutig bestimmt sind.*

B e w e i s. Mit Hilfe von 10.2.4, $x_\varrho S \cong S$ und $x_\varrho S \underset{S}{\otimes} U \cong S \underset{S}{\otimes} U \cong U$. Der Beweis kann auch unmittelbar mit 10.1.8 geführt werden. Wegen des distributiven Gesetzes für das Tensorprodukt (10.1.2) ist klar, daß man jedes Element aus $A \underset{S}{\otimes} U$ als endliche Summe $\Sigma\, x_\varrho \otimes u_\varrho$ schreiben kann. Bleibt die Eindeutigkeit zu zeigen. Sei

$$a = \sum x_\varrho s_\varrho, \qquad s_\varrho \in S$$

die Basisdarstellung von $a \in A$ und sei $k \in L$ fest. Durch die Zuordnung

$$(a, u) \mapsto \begin{cases} s_k u, & \text{falls k in der Basisdarstellung von a vorkommt} \\ 0 & \text{sonst} \end{cases}$$

erhält man offensichtlich eine S-tensorielle Abbildung $A \times U \to U$. Folglich existiert ein Homomorphismus $A \underset{S}{\otimes} U \to U$, für den folgendes gilt:

$$\Sigma\, x_\varrho \otimes u_\varrho \mapsto \begin{cases} u_k, & \text{falls k in der Summe } \Sigma\, x_\varrho \otimes u_\varrho \text{ vorkommt} \\ 0 & \text{sonst} \end{cases}$$

Da das Bild bei einem Homomorphismus (unabhängig von der Darstellung $\Sigma\, x_\varrho \otimes u_\varrho$) eindeutig bestimmt ist, folgt die Eindeutigkeit der $u_k \neq 0$. □

Sind A und U Vektorräume über dem gleichen kommutativen Körper der Dimensionen m und n, dann ist das Tensorprodukt ein Vektorraum der Dimension mn über diesem Körper. Allgemeiner gilt die

Behauptung *Seien* S *ein kommutativer Ring,* A_S *ein freier* S-*Modul mit einer Basis* $x_1, \ldots, x_m$ *und* ${}_SU$ *ein freier* S-*Modul mit einer Basis* $z_1, \ldots, z_n$, *dann ist* $A \underset{S}{\otimes} U$ *ein freier* S-*Modul mit der Basis*

$$\{x_i \otimes z_j \mid i = 1, \ldots, m; j = 1, \ldots, n\}.$$

B e w e i s. Folgt aus 10.2.4 oder aus der vorhergehenden Behauptung. Danach sind in $\Sigma\, x_\varrho \otimes u_\varrho$ die $u_\varrho \neq 0$ eindeutig bestimmt, also auch die Koeffizienten $\neq 0$ in der Basisdarstellung

$$u_\varrho = \sum s_{\varrho k} z_k$$

von u_ϱ. Dann sind in der Darstellung $\Sigma\, x_\varrho \otimes u_\varrho = \Sigma\, (x_\varrho \otimes z_k) s_{\varrho k}$ die $s_{\varrho k} \neq 0$ eindeutig bestimmt. □

10.3 Funktoreigenschaften des Tensorproduktes

Bezeichne M_S bzw. ${}_S\mathsf{M}$ die Kategorie der (unitären) S-Rechts- bzw. S-Linksmoduln und A die Kategorie der Z-Moduln, d.h. der abelschen Gruppen (Definitionen s. Kapitel 1).

10.3.1 Satz *Das Tensorprodukt ist ein in beiden Argumenten kovarianter Funktor von* $\mathsf{M}_S \times {}_S\mathsf{M}$ *in* A.

B e w e i s. Zu zeigen ist, daß die Bedingungen von 1.3.4 erfüllt sind. Zunächst ist klar, daß

$$\mathrm{Obj}(\mathsf{M}_S) \times \mathrm{Obj}({}_S\mathsf{M}) \ni (A, U) \mapsto A \underset{S}{\otimes} U \in \mathsf{A}$$

und $$\mathrm{Hom}_S(A, B) \times \mathrm{Hom}_S(U, V) \ni (\alpha, \mu) \mapsto \alpha \otimes \mu \in \mathrm{Hom}_Z(A \underset{S}{\otimes} U, B \underset{S}{\otimes} V)$$

Abbildungen mit dem richtigen Ziel sind. Ferner gilt, wie in 10.2.1 gezeigt

$$1_A \otimes 1_U = 1_{A \underset{S}{\otimes} U}, \qquad \beta\alpha \otimes \nu\mu = (\beta \otimes \nu)(\alpha \otimes \mu).$$

Damit ist der Satz bewiesen. □

Ergänzend sei noch bemerkt, daß das Tensorprodukt ebenso als kovarianter Funktor

$$\underset{S}{\otimes} : {}_R\mathsf{M}_S \times {}_S\mathsf{M}_T \to {}_R\mathsf{M}_T$$

betrachtet werden kann.

Wir wenden uns jetzt dem Beweis der Tatsache zu, daß das Tensorprodukt und Hom für ein geeignetes festes Argument adjungierte Funktoren im anderen Argument sind. Dies ergibt sich als Spezialfall von dem folgenden allgemeinen Satz. Zum Verständnis der Formulierung dieses Satzes soll zunächst an einige frühere Feststellungen erinnert werden.

Seien die Moduln X_S, ${}_SU_T$, Y_T gegeben. Üben wir die Homomorphismen aus $\mathrm{Hom}_T(U, Y)$ von links auf die Elemente von U aus, d.h., sei $\mu(u)$ das Bild von $u \in U$ bei $\mu \in \mathrm{Hom}_T(U, Y)$, dann wird $\mathrm{Hom}_T(U, Y)$ durch die folgende Festsetzung zu einem S-Rechtsmodul:

$$(\mu s)(u) \quad := \quad \mu(su), \qquad u \in U,\ s \in S,\ \mu \in \mathrm{Hom}_T(U, Y)\,.$$

In diesem Sinne soll dann $\mathrm{Hom}_T(U, Y)$ als S-Rechtsmodul in $\mathrm{Hom}_S(X, \mathrm{Hom}_T(U, Y))$ betrachtet werden. Wegen ${}_SU_T$ ist ferner $X \underset{S}{\otimes} U$ ein T-Rechtsmodul, der als solcher in $\mathrm{Hom}_T(X \underset{S}{\otimes} U, Y)$ auftritt.

Es soll jetzt ein Homomorphismus $\Phi_{(X,U,Y)}$ von $\mathrm{Hom}_T(X \underset{S}{\otimes} U, Y)$ in $\mathrm{Hom}_S(X, \mathrm{Hom}_T(U, Y))$ (als additive Gruppen) angegeben werden. Dazu muß zu jedem $\rho \in \mathrm{Hom}_T(X \underset{S}{\otimes} U, Y)$ ein Bild $\rho^* \in \mathrm{Hom}_S(X, \mathrm{Hom}_T(U, Y))$ erklärt werden. Für $x \in X$ muß dann $\rho^*(x) \in \mathrm{Hom}_T(U, Y)$ gelten. Die Anwendung von $\rho^*(x)$ auf $u \in U$ soll in der Form $\rho^*(x)(u)$ geschrieben werden. Es wird nun definiert:

$$\rho^*(x)(u) \quad := \quad \rho(x \otimes u), \quad x \in X,\ u \in U,\ x \otimes u \in X \underset{S}{\otimes} U,\ \rho \in \mathrm{Hom}_T(X \underset{S}{\otimes} U, Y).$$

Offenbar ist dadurch ρ^* für jedes $x \in X$ und $u \in U$ eindeutig definiert. Betrachten wir jetzt für $x_1, x_2 \in X$, $u_1, u_2 \in U$, $s_1, s_2 \in S$, $t_1, t_2 \in T$

$$\begin{aligned}\rho^*(x_1 s_1 + x_2 s_2)(u_1 t_1 + u_2 t_2) &= \rho((x_1 s_1 + x_2 s_2) \otimes (u_1 t_1 + u_2 t_2))\\ &= \rho(x_1 \otimes s_1 u_1)t_1 + \rho(x_1 \otimes s_1 u_2)t_2 + \rho(x_2 \otimes s_2 u_1)t_1 + \rho(x_2 \otimes s_2 u_2)t_2\\ &= \rho^*(x_1)(s_1 u_1)t_1 + \rho^*(x_1)(s_1 u_2)t_2 + \rho^*(x_2)(s_2 u_1)t_1 + \rho^*(x_2)(s_2 u_2)t_2,\end{aligned}$$

woraus $\rho^* \in \mathrm{Hom}_S(X_S, \mathrm{Hom}_T(U, Y))$ folgt. Seien nun $\rho_1, \rho_2 \in \mathrm{Hom}_T(X \underset{S}{\otimes} U, Y)$, dann gilt offenbar

$$\begin{aligned}(\rho_1 + \rho_2)^*(x)(u) &= (\rho_1 + \rho_2)(x \otimes u)\\ &= \rho_1(x \otimes u) + \rho_2(x \otimes u) = \rho_1^*(x)(u) + \rho_2^*(x)(u),\end{aligned}$$

also $\quad (\rho_1 + \rho_2)^* = \rho_1^* + \rho_2^*$.

Insgesamt ist also

(10.3.2) $\Phi_{(X,U,Y)}: \quad \mathrm{Hom}_T(X \underset{S}{\otimes} U, Y) \ni \rho \mapsto \rho^* \in \mathrm{Hom}_S(X, \mathrm{Hom}_T(U, Y))$

mit $\quad \rho^*(x)(u) := \rho(x \otimes u), \quad x \in X, u \in U$

ein Homomorphismus der additiven Gruppen.

10.3.3 Satz (1) *Für jedes Tripel* $X_S, {}_SU_T, Y_T$ *ist* $\Phi_{(X,U,Y)}$ *ein Isomorphismus.*

(2) *Seien* $\xi : X'_S \to X_S$, $\mu : {}_SU'_T \to {}_SU_T$, $\eta : Y_T \to Y'_T$, *dann ist das folgende Diagramm kommutativ:*

$$\begin{array}{ccc}\mathrm{Hom}_T(X \underset{S}{\otimes} U, Y) & \xrightarrow{\Phi_{(X,U,Y)}} & \mathrm{Hom}_S(X, \mathrm{Hom}_T(U, Y))\\ \Big\downarrow \mathrm{Hom}(\xi \otimes \mu, \eta) & & \Big\downarrow \mathrm{Hom}(\xi, \mathrm{Hom}(\mu, \eta))\\ \mathrm{Hom}_T(X' \underset{S}{\otimes} U', Y') & \xrightarrow{\Phi_{(X',U',Y')}} & \mathrm{Hom}_S(X', \mathrm{Hom}_T(U', Y'))\end{array}$$

B e w e i s. (1) Sei $\Phi := \Phi_{(X,U,Y)}$ gesetzt. Φ ist Monomorphismus, denn $\rho^* = 0$ bedeutet $\rho^*(x)(u) = \rho(x \otimes u) = 0$ für alle $x \in X$, $u \in U$, also $\rho = 0$. Sei $\sigma \in \mathrm{Hom}_S(X, \mathrm{Hom}_T(U, Y))$, dann betrachte man die S-tensorielle Abbildung

$$X \times U \ni (x, u) \mapsto \sigma(x)(u) \in Y;$$

dazu gibt es einen T-Homomorphismus

$$\rho : X \underset{S}{\otimes} U \ni \sum x_i \otimes u_i \mapsto \sum \sigma(x_i)(u_i) \in Y .$$

Für dieses ρ gilt dann

$$\rho^*(x)(u) = \rho(x \otimes u) = \sigma(x)(u),$$

d.h. $\Phi(\rho) = \sigma$, also ist Φ auch ein Epimorphismus und folglich ein Isomorphismus.

(2) Bei Durchlaufen des linken Weges erhält man für $\rho \in \mathrm{Hom}_T(X \underset{S}{\otimes} U, Y)$:

$$\rho \mapsto \mathrm{Hom}(\xi \otimes \mu, \eta)(\rho) = \eta\rho(\xi \otimes \mu) \mapsto (\eta\rho(\xi \otimes \mu))^*$$

sowie beim Durchlaufen des rechten Weges:

$$\rho \mapsto \rho^* \mapsto \mathrm{Hom}(\xi, \mathrm{Hom}(\mu, \eta))\,(\rho^*) = \mathrm{Hom}(\mu, \eta)\,\rho^*\xi\,.$$

Wenden wir die rechts stehenden Abbildungen zunächst auf $x' \in X'$ und dann auf $u' \in U'$ an:

$$(\eta\rho(\xi \otimes \mu))^*(x')\,(u') = (\eta\rho(\xi \otimes \mu))\,(x' \otimes u') = \eta\rho(\xi x' \otimes \mu u')$$

$$(\mathrm{Hom}(\mu, \eta)\rho^*\xi)\,(x')\,(u') = (\mathrm{Hom}(\mu, \eta)\rho^*)\,(\xi x')\,(u') = \eta(\rho^*(\xi x')\,(\mu u'))$$
$$= \eta\rho(\xi x' \otimes \mu u')\,.$$

Folglich ist das Diagramm kommutativ und der Satz bewiesen. □

10.3.4 Folgerung *Für jedes* $U \in {}_S M_T$ *bilden*

$$- \underset{S}{\otimes} U : M_S \to M_T \quad \text{und} \quad \mathrm{Hom}_T(U, -) : M_T \to M_S$$

ein Paar adjungierter Funktoren.

(Definition der adjungierten Funktoren s. Kapitel 1).

B e w e i s. Folgt aus 10.3.3 für $\mu = 1_U$. □

10.3.5 B e m e r k u n g 10.3.3 und 10.3.4 gelten analog auch für ${}_S X$, ${}_R U_S$, ${}_R Y$ (Vertauschung der Seiten). Insbesondere tritt an Stelle von (1) in 10.3.3 der Isomorphismus

$$\mathrm{Hom}_R(U \underset{S}{\otimes} X, Y) \cong \mathrm{Hom}_S(X, \mathrm{Hom}_R(U, Y))\,,$$

und die adjungierten Funktoren in 10.3.4 sind jetzt

$$U \underset{S}{\otimes} - : \ {}_S M \to {}_R M\,,$$
$$\mathrm{Hom}_R(U, -) : \ {}_R M \to {}_S M\,.$$

Da später wichtige Anwendungen der Adjungiertheit von ⊗ und Hom behandelt werden, kann hier auf Beispiele verzichtet werden. Im nächsten Abschnitt folgt bereits die erste Anwendung.

10.4 Flache Moduln und reguläre Ringe

Sei $A \subsetneq R$ ein zweiseitiges Ideal aus dem Ring R und sei $\iota : A \to R$ die Inklusionsabbildung. Wir betrachten dann

$$\iota \otimes 1 : \quad A \underset{R}{\otimes} R/A \to R \underset{R}{\otimes} R/A, \qquad (\text{wobei } 1 = 1_{R/A})\,.$$

Behauptung

(1) $\iota \otimes 1 = 0$.

(2) $A \underset{R}{\otimes} R/A \cong A/A^2$; *also ist* $A \underset{R}{\otimes} R/A \neq 0$ *für* $A \neq A^2$.

B e w e i s. (1) Für $a \in A$, $\bar{r} \in R/A$ gilt

$$(\iota \otimes 1)(a \otimes \bar{r}) = a \otimes \bar{r} = 1 \cdot a \otimes \bar{r} = 1 \otimes \overline{ar} = 1 \otimes \bar{0} = 0\,,$$

also $\iota \otimes 1 = 0$.

(2) Sei jetzt $\hat{a} := a + A^2 \in A/A^2$ für $a \in A$. Da die Abbildung

$$A \times R/A \ni (a, \bar{r}) \mapsto \widehat{ar} \in A/A^2$$

R-tensoriell und surjektiv ist, gibt es einen Epimorphismus

$$\lambda: \quad A \underset{R}{\otimes} R/A \to A/A^2$$

mit $\lambda(a \otimes r) = \widehat{ar}$. Sei

$$\sum_{i=1}^{n} a_i \otimes \bar{r}_i = \sum_{i=1}^{n} a_i r_i \otimes \bar{1} = (\sum_{i=1}^{n} a_i r_i) \otimes \bar{1} \in \mathrm{Ke}(\lambda)\,,$$

dann folgt

$$\sum_{i=1}^{n} a_i r_i \in A^2\,,$$

also $\sum_{i=1}^{n} a_i r_i = \sum_{j=1}^{k} a'_j a''_j$ mit $a'_j, a''_j \in A$.

Folglich gilt

$$(\sum_{i=1}^{n} a_i r_i) \otimes \bar{1} = (\sum_{j=1}^{k} a'_j a''_j) \otimes \bar{1} = \sum_{j=1}^{k} (a'_j a''_j \otimes \bar{1})$$

$$= \sum_{j=1}^{k} a'_j \otimes \bar{a}''_j = \sum_{j=1}^{k} a_j \otimes \bar{0} = 0,$$

d.h., λ ist auch ein Monomorphismus, also insgesamt ein Isomorphismus. Im Falle $A^2 \neq A$ (z.B. $A = n\mathbf{Z} \subsetneq \mathbf{Z}$ mit $n > 1$) ist also $\iota: A \to R$ ein Monomorphismus, aber $\iota \otimes 1$ ist kein Monomorphismus. □

Andererseits gibt es Moduln ${}_RM$, so daß für jeden Monomorphismus $\alpha: A_R \to B_R$ auch

$$\alpha \otimes 1_M: \quad A \underset{R}{\otimes} M \to B \underset{R}{\otimes} M$$

ein Monomorphismus ist. Wie im folgenden gezeigt wird, ist diese Eigenschaft z.B. bei allen projektiven Moduln ${}_RM$ erfüllt. Derartige Moduln sind in mehrfacher Hinsicht von Interesse. Sie sollen jetzt untersucht werden.

10.4.1 Definition $_RM$ *heißt ein* f l a c h e r M o d u l, *wenn für jeden Monomorphismus*

$$\alpha : A_R \to B_R$$

auch $\alpha \otimes 1_M$ *ein Monomorphismus ist.*

10.4.2 Folgerung *Jedes isomorphe Bild eines flachen Moduls ist flach.*

B e w e i s. Sei $_RM$ flach und sei $\varphi : {_RM} \to {_RN}$ ein Isomorphismus. Dann hat man das kommutative Diagramm

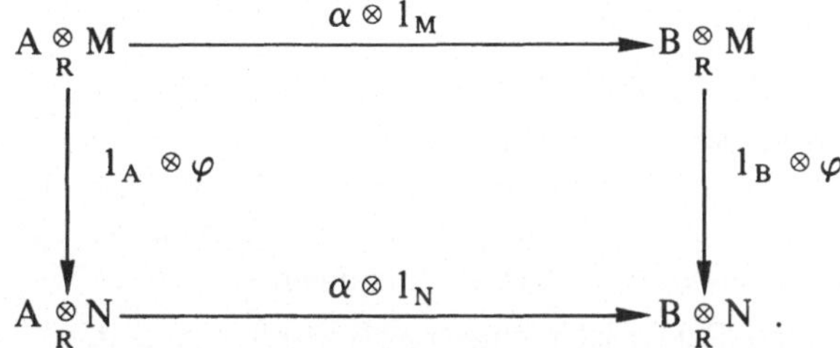

Da $1_A \otimes \varphi$ und $1_B \otimes \varphi$ Isomorphismen sind, ist $\alpha \otimes 1_N$ genau dann ein Monomorphismus, wenn $\alpha \otimes 1_M$ ein solcher ist. □

10.4.3 Satz *Sei*

$$_RM = \coprod_{i \in I} M_i \qquad (\textit{oder } {_RM} = \bigoplus_{i \in I} M_i)\,,$$

dann gilt: M *ist genau dann flach, wenn alle* M_i, $i \in I$ *flach sind.*

B e w e i s. Wegen 10.4.2 genügt es, den Fall $M = \coprod_{i \in I} M_i$ zu betrachten, wobei die Elemente wie in Kapitel 4 durch (m_i) (mit nur endlich vielen $m_i \neq 0$) bezeichnet werden. Dann ist das Diagramm

$$\begin{array}{ccc}
A \otimes_R (\coprod_{i \in I} M_i) & \xrightarrow{\alpha \otimes 1_M} & B \otimes_R (\coprod_{i \in I} M_i) \\
\downarrow & & \downarrow \\
\coprod_{i \in I} (A \otimes_R M_i) & \xrightarrow{\coprod(\alpha \otimes 1_{M_i})} & \coprod_{i \in I} (B \otimes_R M_i)
\end{array}$$

kommutativ; dabei seien die senkrechten Abbildungen die in 10.2.4 definierten Isomorphismen (z.B. gilt für den linken Isomorphismus $a \otimes (m_i) \mapsto (a \otimes m_i)$). Es folgt, daß $\alpha \otimes 1_M$ genau dann ein Monomorphismus ist, wenn $(\alpha \otimes 1_{M_i})$ ein solcher ist und dies ist genau dann der Fall, wenn $\alpha \otimes 1_{M_i}$ für jedes $i \in I$ ein Monomorphismus ist. Daraus ergibt sich die Behauptung. □

10.4.4 Satz *Jeder projektive Modul ist flach.*

B e w e i s. Da, wie wir wissen, jeder projektive Modul isomorph zu einem direkten Summanden eines freien Moduls ist, genügt es wegen 10.4.2 und 10.4.3 die Behauptung für ${}_R R$ zu beweisen. In dem kommutativen Diagramm

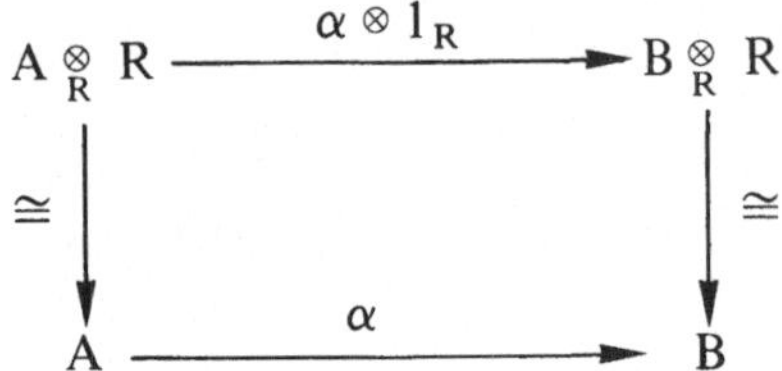

ist aber $\alpha \otimes 1_R$ genau dann ein Monomorphismus, wenn α ein solcher ist. □

Betrachtet man dieses Resultat, so erhebt sich natürlich sofort die Frage, ob und unter welchen Voraussetzungen hiervon die Umkehrung gilt. Im Jahre 1960 hat H. B a s s die Ringe R gekennzeichnet, für die jeder flache R-Linksmodul projektiv ist. Sie werden durch die folgenden äquivalenten Bedingungen gekennzeichnet:

(1) R/Ra(R) ist halbeinfach und Ra(R) ist rechts-transfinit-nilpotent, d.h., zu jeder Folge $a_1, a_2, a_3, \ldots$ von Elementen aus Ra(R) gibt es ein n mit $a_1 a_2 \ldots a_n = 0$

(2) R erfüllt die Minimalbedingung für Hauptrechtsideale (= zyklische Rechtsideale)

(3) Jeder R-Linksmodul ${}_R M$ hat eine projektive Hülle, d.h., es existiert ein Epimorphismus ${}_R P \to {}_R M$ mit projektivem P und kleinem Kern.

Ein Ring mit diesen (und weiteren äquivalenten) Eigenschaften heißt links-perfekt. Nach (1) bzw. (2) ist jeder links- bzw. rechts-artinsche Ring links-perfekt. Später werden wir die Theorie der perfekten Ringe eingehend behandeln.

Eine zweite naheliegende Frage ist die nach den Ringen R, für die jeder R-Modul flach ist. Diese Ringe zu kennzeichnen, ist das Hauptziel der folgenden Überlegungen.

10.4.5 Hilfssatz *Gegeben seien* B_R *und* ${}_R M$.

(a) *Gilt* $0 = \Sigma\, b_i \otimes m_i \in B \otimes_R M$, *dann gibt es endlich erzeugte Untermoduln* $B_0 \hookrightarrow B$, $M_0 \hookrightarrow M$ *mit* $b_i \in B_0$, $m_i \in M_0$ und

$$0 = \sum b_i \otimes m_i \in B_0 \otimes_R M_0 .$$

(b) *Seien* $B_1 \hookrightarrow B$, $M_1 \hookrightarrow M$ *und gelte* $0 = \Sigma\, b_i \otimes m_i \in B_1 \otimes_R M_1$, *dann folgt*

$$0 = \sum b_i \otimes m_i \in B \otimes_R M .$$

B e w e i s. (a) Als erzeugende Elemente von B_0 bzw. M_0 nehme man zunächst die in $\Sigma\, b_i \otimes m_i$ vorkommenden b_i bzw. m_i, so daß $\Sigma\, b_i \otimes m_i \in B_0 \otimes_R M_0$ gilt. Um $\Sigma\, b_i \otimes m_i = 0 \in B_0 \otimes_R M_0$ zu erreichen, werden weitere Elemente gebraucht. Im Sinne von 10.1.1 bedeutet $\Sigma\, b_i \otimes m_i = 0 \in B \otimes_R M$, daß $\Sigma\,(b_i, m_i) \in K$, wobei $K = K(B, M)$ von B und M abhängt. Bei der Darstellung von $\Sigma\,(b_i, m_i)$ als Element in K kommen nur endlich viele erste Komponenten aus B bzw. zweite Komponenten aus M vor. Diese werden noch unter die erzeugenden Elemente von B_0 bzw. von M_0 aufgenommen, so daß dann $\Sigma (b_i, m_i) \in K(B_0, M_0)$ gilt, also $0 = \Sigma b_i \otimes m_i \in B_0 \underset{R}{\otimes} M_0$.

(b) Seien $\iota_{B_1} : B_1 \to B$ und $\iota_{M_1} : M_1 \to M$ die Inklusionsabbildungen. Dann gilt

$$0 = (\iota_{B_1} \otimes \iota_{M_1})(0) = (\iota_{B_1} \otimes \iota_{M_1})(\sum b_i \otimes m_i) = \sum b_i \otimes m_i \in B \underset{R}{\otimes} M. \qquad \square$$

10.4.6 Folgerung *Ist* ${}_RM$ *ein Modul, so daß jeder endlich erzeugte Untermodul von* M *in einem flachen Untermodul von* M *enthalten ist, dann ist* M *flach.*

B e w e i s. Sei $\alpha : A_R \to B_R$ ein Monomorphismus und sei $\Sigma a_i \otimes m_i \in \mathrm{Ke}(\alpha \otimes 1_M)$. Dann gibt es nach 10.4.5 (a) einen endlich erzeugten Untermodul $M_0 \hookrightarrow M$, so daß $\Sigma a_i \otimes m_i \in A \underset{R}{\otimes} M_0$ und $\Sigma a_i \otimes m_i \in \mathrm{Ke}(\alpha \otimes 1_{M_0})$.

Sei $M_0 \hookrightarrow M_1 \hookrightarrow M$ und sei M_1 flach, dann folgt nach 10.4.5 (b) $\Sigma a_i \otimes m_i \in \mathrm{Ke}(\alpha \otimes 1_{M_1})$. Da M_1 flach ist, muß $\Sigma a_i \otimes m_i = 0 \in A \underset{R}{\otimes} M_1$ gelten und nach 10.4.5 (b) folgt $\Sigma a_i \otimes m_i = 0 \in A \underset{R}{\otimes} M$, was zu zeigen war. $\square$

10.4.7 Folgerung *Ist für einen Homomorphismus* $\alpha : A_R \to B_R$ *und einen Modul* ${}_RM$

$$\alpha \otimes 1_M : \quad A \underset{R}{\otimes} M \to B \underset{R}{\otimes} M$$

kein Monomorphismus, dann gibt es einen endlich erzeugten Untermodul $A_0 \hookrightarrow A$, *so daß auch* $(\alpha \mid A_0) \otimes 1_M$ *kein Monomorphismus ist.*

B e w e i s. Nach Voraussetzung gibt es ein Element $0 \neq \Sigma a_i \otimes m_i \in \mathrm{Ke}(\alpha \otimes 1_M)$. Sei A_0 der durch die in $\Sigma a_i \otimes m_i$ vorkommenden a_i erzeugte Untermodul von A, dann gilt nach 10.4.5 (b)

$$0 \neq \sum a_i \otimes m_i \in A_0 \underset{R}{\otimes} M$$

und wie zuvor

$$((\alpha | A_0) \otimes 1_M)(\sum a_i \otimes m_i) = \sum \alpha(a_i) \otimes m_i = 0 \in B \underset{R}{\otimes} M. \qquad \square$$

Um zu prüfen, ob ein Modul ${}_RM$ flach ist, kann man sich auf Grund dieser Folgerung auf Monomorphismen $\alpha : A \to B$ mit endlich erzeugtem A beschränken. Es fragt sich ob man die Klasse der notwendigen „Testmonomorphismen" $\alpha : A \to B$ noch weiter einschränken kann. Dies ist durch Zurückführung auf injektive Moduln und Anwendung des Baerschen Kriteriums in der Tat der Fall.

Die Zurückführung auf injektive Moduln erfolgt mit Hilfe eines injektiven Kogenerators von M_Z. Sei D ein solcher, also etwa $D = \mathsf{Q}/\mathsf{Z}$ (s. 5.8.6), dann bezeichne für $X \in \mathsf{M}_\mathsf{Z}$

$$X^\circ \quad := \quad \mathrm{Hom}_\mathsf{Z}(X, D)\,,$$

so daß X° wieder ein Z-Modul ist. Für $X = {}_RM$ wird M° durch die Festsetzung (s. 3.6)

$$(\varphi r)(m) = \varphi(rm), \qquad \varphi \in M^\circ, r \in R, m \in M$$

zu einem R-Rechtsmodul und kann dann als Z-R-Bimodul betrachtet werden.

Sei noch für beliebiges $\mu : {}_RM \to {}_RN$

$$\mu^\circ := \mathrm{Hom}(\mu, I_D) : N^\circ \to M^\circ,$$

dann ist $^\circ$ ein kontravarianter Funktor von ${}_R\mathsf{M}$ in M_R.

10.4.8 Satz *Für* ${}_RM$ *sind äquivalent:*

(1) ${}_RM$ *ist flach.*

(2) *Für jedes endlich erzeugte Rechtsideal* $A \hookrightarrow R_R$ *mit der Inklusionsabbildung*

$$\iota_A : A_R \to R_R$$

ist $\iota_A \otimes 1_M$ *ein Monomorphismus.*

(3) $M_R^\circ = \mathrm{Hom}_Z(M, D)$ *ist injektiv.*

B e w e i s. Für einen Homomorphismus $\alpha : A \to B$ sind äquivalent:

(a) $\alpha \otimes 1_M$ ist ein Monomorphismus

(b) $\mathrm{Hom}(\alpha \otimes 1_M, 1_D) : (B \otimes_R M)^\circ \to (A \otimes_R M)^\circ$ ist ein Epimorphismus

(c) $\mathrm{Hom}(\alpha, \mathrm{Hom}(1_M, 1_D)) = \mathrm{Hom}(\alpha, 1_{M^\circ}) : \mathrm{Hom}_R(B, M^\circ) \to \mathrm{Hom}_R(A, M^\circ)$ ist ein Epimorphismus.

Dabei gilt (a) $\Longleftrightarrow$ (b) nach 5.8.4 und (b) $\Longleftrightarrow$ (c) nach 10.3.3. Fordert man die Gültigkeit von (a), (b) und (c) für jeden Monomorphismus α, so bedeutet (a), daß ${}_RM$ flach ist, und (c) bedeutet, daß M_R° injektiv ist; d.h., wir haben damit (1) $\Longleftrightarrow$ (3) bewiesen. Nach dem Baerschen Kriterium 5.7.1 ist M_R° genau dann injektiv, wenn (c) für alle Inklusionen $\iota_A : A_R \to R_R$ von Rechtsidealen gilt. Geht man damit wieder nach (a) zurück, so folgt: M_R° ist genau dann injektiv, wenn für jedes $A_R \hookrightarrow R_R$ $\iota_A \otimes 1_M$ ein Monomorphismus ist. Auf Grund von 10.4.7 kann man sich schließlich noch auf die endlich erzeugten Rechtsideale $A_R \hookrightarrow R_R$ beschränken und hat damit (3) $\Longleftrightarrow$ (2). □

Wir beantworten jetzt die Frage nach den Ringen, für die jeder Modul flach ist. Bei dieser Gelegenheit erinnern wir daran, daß die Ringe, für die jeder Modul projektiv bzw. injektiv ist, die halbeinfachen Ringe sind. Da, wie zuvor festgestellt, jeder projektive Modul flach ist, fallen jedenfalls die halbeinfachen Ringe unter die Ringe, die im folgenden Satz gekennzeichnet werden.

10.4.9 Satz *Für einen Ring* R *sind die folgenden Bedingungen äquivalent:*

(1) *Jeder Modul* ${}_RM$ *ist flach*

(2) *Zu jedem Element* $r \in R$ *existiert ein Element* $r' \in R$ *mit* $rr'r = r$

(3) *Jedes zyklische Rechtsideal von* R *ist direkter Summand von* R_R

(4) *Jedes endlich erzeugte Rechtsideal von* R *ist direkter Summand von* R_R.

Es ist klar, daß die Bedingung (2) seitensymmetrisch ist, so daß auch die entsprechenden linksseitigen Bedingungen mit den vorstehenden äquivalent sind.

10.4.10 Definition *Ein Ring* R, *der den Bedingungen von 10.4.9 genügt, heißt* regulärer Ring.

Beweis von 10.4.9. „(1) ⇒ (2)" Für $r \in R$ betrachten wir die Inklusion $\iota : rR \to R$. Dann ist nach Voraussetzung

$$\iota \otimes 1_{R/Rr} : \; rR \otimes_R (R/Rr) \to R \otimes_R (R/Rr)$$

ein Monomorphismus. Wegen

$$(\iota \otimes 1_{R/Rr})(r \otimes \bar{1}) = r \otimes \bar{1} = 1 \otimes r\bar{1} = 1 \otimes \bar{r} = 1 \otimes \bar{0} = 0$$

muß $0 = r \otimes \bar{1} \in rR \otimes_R (R/Rr)$ gelten. Bezeichne wie bisher $\bar{y} := y + Rr \in R/Rr$ und sei $\widehat{rz} := rz + rRr \in rR/rRr$. Dann ist offensichtlich

$$rR \times R/Rr \ni (rx, \bar{y}) \mapsto \widehat{rxy} \in rR/rRr$$

eine R-tensorielle Abbildung und folglich ist

$$\tau : \; rR \otimes_R (R/Rr) \ni \sum rx_i \otimes \bar{y}_i \mapsto \sum \widehat{rx_iy_i} \in rR/rRr$$

ein Homomorphismus (der additiven Gruppen, und zwar sogar ein Isomorphismus). Wegen $0 = r \otimes \bar{1} \in rR \otimes_R (R/Rr)$ folgt

$$\tau(r \otimes \bar{1}) = \hat{r} = 0 \in rR/rRr\,,$$

also $r \in rRr$, d.h., es gibt ein $r' \in R$ mit $rr'r = r$.

„(2) ⇒ (3)" Aus $rr'r = r$ folgt $(rr')(rr') = (rr'r)r' = rr'$, also ist $e := rr'$ ein Idempotent, so daß

$$R_R = eR \otimes (1 - e)R$$

folgt. Ferner gilt $eR = rr'R \hookrightarrow rR$ und wegen $er = rr'r = r$ andererseits $rR \hookrightarrow eR$, also zusammen $rR = eR$.

„(3) ⇒ (4)" Wir zeigen durch Induktion nach der Anzahl der Erzeugenden, daß jedes endlich erzeugte Rechtsideal durch ein Idempotent erzeugt wird. Der Induktionsbeginn wird durch (3) geliefert, denn ist $R_R = rR \oplus A$ mit $1 = e_1 + e_2$, $e_1 \in rR$, $e_2 \in A$, dann sind e_1, e_2 orthogonale Idempotente mit $rR = e_1R$, $A = e_2R$ (s.7.2.3). Sei nun

$$B := r_1R + \ldots + r_nR \hookrightarrow R_R$$

gegeben. Nach Induktionsannahme gibt es ein Idempotent $e \in R$ mit $eR = r_1R + \ldots + r_{n-1}R$. Dann gilt wegen $r_n = er_n + (1 - e)r_n$

$$r_nR \hookrightarrow er_nR + (1 - e)r_nR$$

und folglich

$$B = eR + r_nR = eR + (1 - e)r_nR\,.$$

Wie im Induktionsbeginn gezeigt, gibt es ein Idempotent $f \in R$ mit

$$fR = (1 - e)r_nR,$$

so daß $eR + r_n R = eR + fR$

gilt. Wegen $f \in (1 - e)r_n R$ gilt $ef = 0$.

Behauptung. $g := e + f(1 - e)$ ist ein Idempotent mit

$$gR = eR + fR = r_1 R + \ldots + r_n R .$$

Zunächst gilt $gR \subsetneq eR + fR$. Ferner hat man $geR = eR \subsetneq gR$, sowie

$$gfR = (ef + f^2 + fef)R = f^2 R = fR \subsetneq gR,$$

(wegen $ef = 0$ und $f^2 = f$), also $gR = eR + fR$. Schließlich ist

$$g^2 = (e + f(1 - e))(e + f(1 - e)) = e + f(1 - e)f(1 - e)$$
$$= e + f^2 - f^2 e = e + f(1 - e) = g ,$$

d.h., g ist ein Idempotent. Es folgt

$$R_R = gR \otimes (1 - g)R ,$$

womit (4) bewiesen ist.

„(4) ⇒ (1)“ Nach 10.4.8 genügt es zu prüfen, ob für jede Inklusionsabbildung

$$\iota_A : A_R \to R_R$$

eines endlich erzeugten Rechtsideals $A \subsetneq R_R$ und einen beliebigen Modul ${}_RM$ die Abbildung $\iota_A \otimes 1_M$ ein Monomorphismus ist. Da A direkter Summand in R_R ist, gibt es ein Idempotent g mit $A = gR$. Sei

$$\sum a_i \otimes m_i = \sum ga_i \otimes m_i = \sum g^2 a_i \otimes m_i$$
$$= \sum g \otimes ga_i m_i = g \otimes (\sum ga_i m_i) \in \mathrm{Ke}(\iota_A \otimes 1_M) ,$$

also $\quad g \otimes \sum a_i m_i = 1 \otimes \sum ga_i m_i = 0 \in R \underset{R}{\otimes} M .$

Dann folgt (nach 10.2.5) $\Sigma\, ga_i m_i = 0$, also auch

$$\sum a_i \otimes m_i = g \otimes (\sum ga_i m_i) = g \otimes 0 = 0 .$$

Folglich ist $\iota_A \otimes 1_M$ ein Monomorphismus, womit (1) bewiesen ist. □

Wie zuvor erwähnt, ist jeder halbeinfache Ring regulär. Es gibt jedoch auch reguläre Ringe, die nicht halbeinfach sind. Um ein Beispiel dafür zu konstruieren sei K ein ein regulärer Ring (z.B. ein Körper) und sei

$$R := \prod_{i=1}^{\infty} K_i \qquad \text{mit } K_i = K \text{ für } i = 1, 2, 3, \ldots .$$

Durch die in R komponentenweise definierte Addition und die ebenfalls komponentenweise zu definierende Multiplikation

$$(k_i) \cdot (k_i') = (k_i k_i')$$

wird R zu einem Ring. Dieser Ring ist regulär. Sei nämlich $k_i k_i' k_i = k_i$, dann folgt

$(k_i)(k_i')(k_i) = (k_i)$.

Ist K ein Körper, dann kann gewählt werden:

$$k_i' = \begin{cases} k_i^{-1} & \text{für } k_i \neq 0 \\ 0 & \text{für } k_i = 0 \end{cases}$$

Wie leicht nachzuprüfen, ist $A := \coprod_{i=1}^{\infty} K_i$ in $R = \prod_{i=1}^{\infty} K_i$ ein echtes zweiseitiges Ideal, welches sowohl in R_R als auch in ${}_RR$ groß ist. Folglich kann A nicht direkter Summand in R_R (oder ${}_RR$) sein. Daher ist R nicht halbeinfach und weder $(R/A)_R$ noch ${}_R(R/A)$ sind projektiv (denn dann würde $R \to R/A$ zerfallen). Da jeder R-Modul flach ist, haben wir in $(R/A)_R$ einen flachen aber nicht projektiven Modul.

Zum Schluß weisen wir noch auf den Begriff des reinen Monomorphismus hin, der den Begriff des flachen Moduls „dualisiert".

10.4.11 Definition *Ein Monomorphismus*

$$\alpha: \ A_R \to B_R$$

heißt r e i n , *wenn* $\alpha \otimes 1_M$ *für jeden* R-*Modul* ${}_RM$ *ein Monomorphismus ist. Ist* $A_R \hookrightarrow B_R$ *und ist die Inklusionsabbildung* $\iota: A \to B$ *rein, dann heißt* A r e i n e r U n t e r m o d u l *von* B.

10.5 Flache Faktormoduln von flachen Moduln

Wir untersuchen hier die Frage, unter welchen Bedingungen ein Faktormodul eines flachen Moduls wieder flach ist. Diese Frage ist insbesondere im Zusammenhang mit den perfekten Ringen von Interesse, die im nächsten Abschnitt behandelt werden.

10.5.1 Hilfssatz *Seien* ${}_RM$ *flach,* $U \hookrightarrow {}_RM$, $A \hookrightarrow R_R$ *und bezeichne* $\iota: A \to R$ *die Inklusionsabbildung. Dann sind äquivalent:*

(1) *Monomorphismus* $\iota \otimes 1_{M/U}: \ A \otimes_R (M/U) \to R \otimes_R (M/U)$

(2) $U \cap AM = AU$.

B e w e i s. „(1) ⇒ (2)" Sei $u = \Sigma\, a_i m_i \in U \cap AM$, dann folgt für $t = \Sigma\, a_i \otimes \overline{m}_i \in A \otimes_R (M/U)$:

$$(\iota \otimes 1_{M/U})(t) = \sum a_i \otimes \overline{m}_i = 1 \otimes \sum a_i \overline{m}_i = 1 \otimes \overline{u} = 0 \in R \otimes_R (M/U) ,$$

also nach Voraussetzung $t = 0$. Die Zuordnung

$$A \times (M/U) \ni (a, \overline{m}) \mapsto \widehat{a\overline{m}} \ := \ am + AU \in AM/AU$$

ist offensichtlich eine R-tensorielle Abbildung, durch die ein Homomorphismus

$$\lambda: \ A \otimes_R (M/U) \to AM/AU$$

induziert wird. Aus t = 0 folgt

$$0 = \varphi(0) = \varphi(t) = \sum \widehat{a_i m_i} = \hat{u}\,,$$

also $u \in AU$.

„(2) ⇒ (1)“ Sei $t = \Sigma\, a_i \otimes \overline{m}_i \in A \underset{R}{\otimes} (M/U)$ mit

$$(\iota \otimes 1_{M/U})\,(t) = \sum a_i \otimes \overline{m}_i = 1 \otimes \sum \overline{a_i m_i} = 0\,,$$

also $\Sigma\, a_i m_i \in U$. Nach Voraussetzung gibt es eine Gleichung

$$\sum a_i m_i = \sum a_j' u_j \in AU \qquad \text{mit } u_j \in U.$$

Offensichtlich folgt dann

$$\sum a_i \otimes m_i - \sum a_j' \otimes u_j \in \mathrm{Ke}(\iota \otimes 1_M)\,.$$

Da M nach Voraussetzung flach ist, also $\mathrm{Ke}(\iota \otimes 1_M) = 0$ gilt, ergibt sich $\Sigma\, a_i \otimes m_i = \Sigma\, a_j' \otimes u_j$, und folglich für $\gamma : M \to M/U$:

$$\begin{aligned} t &= (1_A \otimes \gamma)\,(\sum a_i \otimes m_i) = \sum a_i \otimes \overline{m}_i \\ &= (1_A \otimes \gamma)\,(\sum a_j' \otimes u_j) = \sum a_j' \otimes \overline{u}_j = 0 \in A \underset{R}{\otimes} (M/U)\,. \end{aligned}$$

Also ist $\iota \otimes 1_{M/U}$ tatsächlich ein Monomorphismus. □

Wir bemerken noch, daß wir für (1) ⇒ (2) die Voraussetzung, daß ${}_RM$ flach ist, nicht benutzt haben, sondern nur für (2) ⇒ (1).

10.5.2 Satz *Seien* ${}_RM$ *flach und* $U \hookrightarrow {}_RM$. *Dann sind äquivalent:*

(1) M/U *ist flach.*

(2) $U \cap AM = AU$ für *jedes endlich erzeugte Rechtsideal* $A \hookrightarrow R_R$.

B e w e i s. Folgt aus 10.5.1 und 10.4.8. □

Wie leicht zu sehen, ist der Beweis von 10.5.1 (1) ⇒ (2) eine Verallgemeinerung von 10.4.9 (1) ⇒ (2). Umgekehrt kann man 10.4.9 (1) ⇒ (2) aus 10.5.1 bzw. 10.5.2 entnehmen. Sei nämlich in 10.5.2 $M = {}_RR$, $U = Rr$ $A = rR$, dann gilt

$$Rr \cap rR \cdot R = Rr \cap rR = rR \cdot Rr = rRr\,;$$

wegen $r \in Rr \cap rR = rRr$ folgt, daß es ein r' mit $rr'r = r$ gibt.

Satz 10.5.2 hat eine interessante Anwendung für flache Faktormoduln von projektiven Moduln.

10.5.3 Satz *Seien* ${}_RP$ *projektiv,* $U \hookrightarrow \mathrm{Ra}(P)$ *und* P/U *flach, dann ist* $U = 0$.

B e w e i s. 1. Wir führen den Beweis zuerst für einen freien Modul ${}_RF$ an Stelle von ${}_RP$. Sei $\{x_i \mid i \in I\}$ eine Basis von F und sei $u \in U$ mit der Basisdarstellung

$$u = \sum a_i x_i, \qquad a_i \in R\,.$$

Mit $A = \Sigma\, a_i R$ werde das durch die Koeffizienten a_i von u erzeugte Rechtsideal bezeichnet, das nach Definition endlich erzeugt ist. Nach 10.5.2 gilt

$$U \cap AF = AU,$$

also $u = \Sigma\, b_j u_j$ mit $b_j \in A$, $u_j \in U$. Nach Voraussetzung gilt $U \subsetneq \mathrm{Ra}(F) = \mathrm{Ra}(R)F$ (letztere Gleichung gilt nach 9.2.1). Also sind (da Ra(R) zweiseitiges Ideal ist) in der Basisdarstellung

$$u_j = \sum c_{jk} x_k$$

alle $c_{jk} \in \mathrm{Ra}(R)$. Es folgt

$$u = \sum_i a_i x_i = \sum_j \sum_k b_j c_{jk} x_k$$

und Koeffizientenvergleich liefert $a_i = \sum_j b_j c_{ji} \in A\,\mathrm{Ra}(R)$.

Da dies für alle Erzeugenden a_i von A gilt, folgt $A \subsetneq A\,\mathrm{Ra}(R)$, also

$$A = A\,\mathrm{Ra}(R).$$

Nach 9.2.1 muß dann $A = 0$, also auch $u = 0$ gelten. Da $u \in U$ beliebig war, folgt $U = 0$. Damit ist der Beweis für einen freien Modul geführt.

2. Sei jetzt P direkter Summand eines freien Moduls F, also

$$F = P \oplus P_1,$$

und sei $U \subsetneq \mathrm{Ra}(P)$ sowie P/U flach. Sei $\nu : F \to F/U$; dann folgt

$$F/U = \nu(F) = \nu(P) + \nu(P_1).$$

Wegen $U \subsetneq P$ gilt ferner

$$\nu(P) + \nu(P_1) = \nu(P) \oplus \nu(P_1),$$

sowie $\nu(P) = P + U/U = P/U, \quad \nu(P_1) = P_1 + U/U \cong P_1/P_1 \cap U \cong P_1$.

Folglich gilt

$$F/U \cong P/U \oplus P_1.$$

Da P/U nach Voraussetzung und P_1 (nach 10.4.4) als projektiver Modul flach sind, ist wegen 10.4.2 und 10.4.3 auch F/U flach. Wegen $U \subsetneq \mathrm{Ra}(P) \subsetneq \mathrm{Ra}(F)$ folgt, wie schon gezeigt, $U = 0$. Für einen beliebigen projektiven Modul gilt die Behauptung nach 10.4.3. □

Da der 0-Modul flach ist, ergibt sich als unmittelbare Folgerung ein bereits in 9.6.3 bewiesenes Resultat:

10.5.4 Folgerung *Sei* $_R P$ *projektiv und gelte* $\mathrm{Ra}(P) = P$, *dann folgt* $P = 0$.

Übungen zu Kapitel 10

1. Gegeben seien ein kommutativer Ring S sowie S-Moduln A und U. Zeige: $A \otimes_S U \cong U \otimes_S A$.

2. Gegeben seien ein beliebiger Ring S und S-Moduln $B_S \subsetneq A_S$, $_S V \subsetneq {}_S U$. Bezeichne $L(B, V)$ die

Untergruppe von $A \underset{S}{\otimes} U$, die durch die Elemente der Form $a \otimes v$, $b \otimes u$ mit $a \in A$, $b \in B$, $v \in V$, $u \in U$ erzeugt wird. Zeige:

$$(A/B) \underset{S}{\otimes} (U/V) \cong (A \underset{S}{\otimes} U)/L(B, V)$$

3. a) Seien B ein Rechts- und V ein Linksideal eines Ringes S und bezeichne $B + V$ die durch B und V erzeugte additive Untergruppe von S. Zeige:

$$(S/B) \underset{S}{\otimes} (S/V) \cong S/(B + V) .$$

b) Gib ein Beispiel für einen Ring S und Ideale $B_S \neq S$, ${}_SV \neq S$ mit $(S/B) \underset{S}{\otimes} (S/V) = 0$.

4. a) Zeige für die Ideale $B_S, {}_SV \subsetneq S$:

$$B \underset{S}{\otimes} (S/V) \cong B/BV.$$

Dabei bezeichne BV die additive Untergruppe von S, die durch die Elemente der Form bv mit $b \in B$, $v \in V$ erzeugt wird.

b) Gib ein Beispiel für den Fall $B_S \neq 0$, ${}_SV \neq S$ und $B \underset{S}{\otimes} (S/V) = 0$.

5. a) Seien ι_B und ι_V die Inklusionsabbildungen der Ideale B_S und ${}_SV$ in S. Zeige:

$$\mathrm{Bi}(\iota_B \otimes \iota_V) \cong BV .$$

b) Gib ein Beispiel für den Fall $B \underset{S}{\otimes} V \neq 0$, aber $\mathrm{Bi}(\iota_B \otimes \iota_V) = 0$.

6. Sei $\mathbb{Q}$ die additive Gruppe der rationalen Zahlen. Zeige:

$$\mathbb{Q} \underset{\mathbb{Z}}{\otimes} \mathbb{Q} \cong \mathbb{Q} .$$

7. Zeige für eine abelsche Gruppe A: $A \underset{\mathbb{Z}}{\otimes} A = 0 \iff$ A ist teilbar und jedes Element aus A hat endliche Ordnung. (Siehe Kapitel 4, Übung 10 und 11.)

8. Sei $S := K[x, y]$ der Polynomring in den Unbestimmten x und y mit Koeffizienten in einem Körper K. Bezeichne $B := xS + yS$, d.h. das durch x und y erzeugte Ideal von S. Zeige: Das Element $x \otimes y - y \otimes x \in B \underset{S}{\otimes} B$ ist ungleich 0.

9. Für eine Menge H und einen Modul M_S sei

$$M^H := \prod_{h \in H} M_h \qquad \text{mit } M_h = M \text{ für alle } h \in H.$$

Wie in Kapitel 4 bezeichnen wir die Elemente von M^H mit (m_h). Zeige für M_S:

a) Für jede Menge H gibt es genau einen Homomorphismus

$$\varphi_H : M \underset{S}{\otimes} S^H \to M^H \qquad \text{mit } \varphi_H(m \otimes (s_k)) = (ms_k).$$

b) Ist die Menge H endlich, dann ist φ_H ein Isomorphismus.

c) $\mathrm{Bi}(\varphi_H) = \cup B^H$, wobei B alle endlich erzeugten Untermoduln von M_S durchläuft.

d) Genau dann ist M_S endlich erzeugt, wenn φ_H für jede Menge H ein Epimorphismus ist.

10. Gib Mengen I und J sowie S-Rechts- bzw. Linksmoduln A_i bzw. U_j so an, daß gilt:

$$(\prod_{i\in I} A_i) \otimes_S (\prod_{j\in J} U_j) \ncong \prod_{i\in I,\, j\in J} (A_i \otimes_S U_j)\,.$$

11. Gegeben sei ein unitärer Ringhomomorphismus $\rho : R \to S$. Dann wird jeder S-Rechtsmodul M_S durch die Definition $mr := m\rho(r)$, $m \in M$, $r \in R$ zu einem R-Rechtsmodul (s. 3.2). Das Analoge gilt für die linke Seite. Dies sei im folgenden für S-Rechts- bzw. Linksmoduln vorausgesetzt. Zeige für ${}_SU$:

a) Die Abbildung $\lambda : U \ni u \mapsto 1 \otimes u \in S \otimes_R U$ ist ein Monomorphismus der R-Linksmoduln ${}_RU$ und ${}_R(S \otimes_R U)$.

b) Die Abbildung

$$\mu : \quad S \otimes_R U \ni \sum s_i \otimes u_i \mapsto \sum s_i u_i \in U$$

ist ein S-Epimorphismus und der Kern von μ wird durch die Elemente $s \otimes u - 1 \otimes su$ erzeugt.

c) ${}_R(S \otimes_R U) = \mathrm{Bi}(\lambda) \oplus \mathrm{Ke}(\mu)$.

d) Sei ferner ${}_RC$ gegeben und sei

$$\kappa : \quad C \ni c \mapsto 1 \otimes c \in S \otimes_R C\,.$$

Dann ist

$$\mathrm{Hom}_S({}_S(S \otimes_R C), {}_SU) \ni \varphi \mapsto \varphi\kappa \in \mathrm{Hom}_R({}_RC, {}_RU)$$

ein Isomorphismus.

e) Seien $\rho : R \to S$ und ${}_RC$ fest gegeben. Ferner sei ein ${}_SX$ so gegeben, daß ein R-Homomorphismus $\kappa' : {}_RC \to {}_RX$ so existiert, daß für jedes ${}_SU$ die Abbildung

$$\mathrm{Hom}_S({}_SX, {}_SU) \ni \varphi \mapsto \varphi\kappa' \in \mathrm{Hom}_R({}_RC, {}_RU)$$

ein Isomorphismus ist. Zeige, daß dann $S \otimes_R U$ und X S-isomorph sind.

f) Gib ein Beispiel für ein $\rho : R \to S$ und einen Modul ${}_RC$, so daß $\kappa : C \ni c \mapsto 1 \otimes c \in S \otimes_R C$ kein Monomorphismus ist.

12. Seien R, S Ringe und ${}_RM_S$ ein R-S-Bimodul. Definiere die Funktoren

$$F : \quad M_R \ni A \mapsto A \otimes_R M \in M_S\,,$$

$$G : \quad M_S \ni X \mapsto \mathrm{Hom}_S(M, X) \in M_R$$

und zeige:

a) F ist linksadjungiert zu G.

b) Äquivalent sind: (1) F erhält Monomorphismen

(2) G erhält injektive Objekte (d.h. injektiv $X_S \Rightarrow$ injektiv $\mathrm{Hom}_S(M, X)_R$)

(3) flach ${}_RM$.

c) Äquivalent sind: (1) G erhält Epimorphismen

(2) F erhält projektive Objekte (d.h. projektiv $A_R \Rightarrow$ projektiv $(A \otimes_R M)_S$)

(3) projektiv M_S.

Für ein unitäres Ringpaar $\rho : S \to R$ gilt

d) Injektiv Q_S $\Rightarrow$ injektiv $\mathrm{Hom}_S(R, Q)$ als R-Rechtsmodul.

e) Projektiv P_S $\Rightarrow$ projektiv $(P \underset{S}{\otimes} R)$ als R-Rechtsmodul.

13. a) Sei ${}_RM$ frei mit der Basis $\{e_i \mid i \in I\}$. Zeige, daß für $U \subsetneq M$ äquivalent sind

(1) Flach M/U

(2) $u \in U \Rightarrow u \in A_u U$, wobei A_u das von den Koeffizienten von u in bezug auf die angegebene Basis erzeugte Rechtsideal ist.

(3) $u \in U \Rightarrow$ es gibt $\varphi: M \to U$ mit $\varphi(u) = u$

(4) $u_1, \ldots, u_n \in U \Rightarrow$ es gibt $\varphi: M \to U$ mit $\varphi(u_i) = u_i$ für $i = 1, \ldots, n$.

b) Zeige, daß die Äquivalenzen (1), (3), (4) auch für projektives ${}_RM$ gelten.

14. Sei R kommutativ und ${}_RM$ halbeinfach. Zeige:

a) Ist ${}_RM$ injektiv, so ist er flach.

b) Ist ${}_RM$ flach und hat er nur endlich viele homogene Komponenten, so ist er injektiv.

c) Gib ein Beispiel dafür, daß ${}_RM$ halbeinfach und flach, aber nicht injektiv ist.

15. a) Zeige: Eine abelsche Gruppe ist genau dann flach, wenn sie torsionsfrei ist.

b) Gib eine abelsche Gruppe an, die flach, aber nicht projektiv ist.

16. Ein Modul ${}_RM$ heiße regulär, wenn jeder zyklische Untermodul von ${}_RM$ direkter Summand ist. Zeige:

a) In einem regulären Modul ist jeder endlich erzeugte Untermodul direkter Summand.

b) Ist $(M_i \mid i \in I)$ eine Familie von regulären, projektiven R-Moduln, so ist auch $M = \coprod_{i \in I} M_i$ regulär (und projektiv).

(Hinweis: Zeige die Behauptung zuerst für $|I| = 2$.)

c) Frage: Gilt die Aussage in (b) ohne die zusätzliche Voraussetzung „projektiv"?

d) Ist R linksnoethersch oder $R/\mathrm{Ra}(R)$ halbeinfach, so ist jeder reguläre R-Linksmodul bereits halbeinfach.

17. Sei R ein Ring, M ein R-Modul und $S = \mathrm{End}(M)$. Zeige:

a) Regulär S $\iff$ für jedes $\alpha \in S$ sind $\mathrm{Bi}(\alpha)$ und $\mathrm{Ke}(\alpha)$ direkter Summand in M.

b) Regulär R $\Rightarrow$ jeder projektive R-Modul ist regulär.

c) Regulär $R \wedge M$ projektiv und endlich erzeugt $\Rightarrow$ regulär $S = \mathrm{End}(M)$.

d) Regulär R $\Rightarrow$ regulär $M_n(R)$ (= der Ring der n-reihigen quadratischen Matrizen über R).

18. Zeige, daß für einen kommutativen Ring R äquivalent sind:

(1) R ist regulär

(2) Jedes (zyklische) Ideal $I \subsetneq R$ ist idempotent (d.h. $I^2 = I$)

(3) Jedes irreduzible Ideal ist Primideal

(4) Jedes irreduzible Ideal ist maximal

(5) Jeder (zyklische) R-Modul M ist radikalfrei (d.h. $\mathrm{Ra}(M) = 0$)

(6) Jeder einfache R-Modul ist injektiv.

19. Seien G eine endliche Gruppe und T ein Ring. Zeige: Der Gruppenring GT ist genau dann regulär, wenn T regulär ist und wenn $\mathrm{Ord}(G)$ eine Einheit in T ist.

11 Semi-perfekte Moduln und perfekte Ringe

In der historischen Entwicklung der Strukturtheorie der „nichtkommutativen" Ringe und Moduln wurden zunächst endlichdimensionale Algebren untersucht. Hierfür stand als wesentliches Hilfsmittel die Theorie der Vektorräume zur Verfügung. Später wurde dann – vor allem beginnend mit E. Noether – gezeigt, daß man bei Strukturuntersuchungen vielfach mit Kettenbedingungen auskommt und daß man die Untersuchungen nicht nur für Ringe und deren Ideale, sondern auch für Moduln durchführen kann. So erhält man insbesondere eine Strukturtheorie für artinsche Ringe und für Moduln über solchen Ringen.

Die jüngste Entwicklung führt in dieser Hinsicht einen Schritt weiter. Neue Begriffe, insbesondere kategorische und homologische Begriffe wie projektiv, injektiv, flach, homologische Dimension usw. bieten Anlaß und Möglichkeit, die Strukturtheorie in verschiedener Richtung auszuweiten. Wir haben z.B. schon die Zerlegungssätze von injektiven Moduln über noetherschen und artinschen Ringen kennengelernt. Wir werden jetzt die Existenz von projektiven Hüllen für gewisse Moduln fordern und unter dieser Voraussetzung in einfacher Weise eine Strukturtheorie für eine Klasse von Moduln und Ringen entwickeln, die den artinschen Fall echt umfaßt.

Es können in dieser Einleitung nicht alle in diesem Kapitel folgenden Resultate dargestellt werden, doch möchten wir ein besonders prägnantes Ergebnis bereits hier angeben, da es einen guten Eindruck von den folgenden Überlegungen gibt.

Satz (H. Bass, 1960) *Für einen Ring* R *sind die folgenden Bedingungen äquivalent:*

(1) *Jeder Modul* M_R *hat eine projektive Hülle* (*d.h. es existiert ein Epimorphismus* $\xi : P \to M$ *mit projektiver Quelle* P *und kleinem Kern in* P).

(2) *Jeder flache* R-*Rechtsmodul ist projektiv.*

(3) R *erfüllt die absteigende Kettenbedingung für zyklische Linksideale.*

(4) *Jeder* R-*Linksmodul* $\neq 0$ *besitzt einen Sockel* $\neq 0$ *und* ${}_RR$ *erfüllt die Minimalbedingung für direkte Summanden*

(5) R/Ra(R) *ist halbeinfach und* Ra(R) *ist links-t-nilpotent; d.h. zu jeder Folge* $a_1, a_2, a_3, \dots$ *von Elementen* $a_i \in \text{Ra(R)}$ *gibt es ein* $k \in \mathbb{N}$ *mit* $a_k a_{k-1} \dots a_1 = 0$.

Ein Ring mit diesen äquivalenten Eigenschaften wird rechtsperfekt genannt. Wie (5) zeigt, ist jeder rechts oder links artinsche Ring rechtsperfekt. Die Bedingungen (1) und (2) sind für uns besonders interessant, werden dadurch doch zwei von uns früher aufgeworfene Fragen beantwortet. Insgesamt ist der Satz auch deshalb bemerkenswert, weil sich hier „äußere" Eigenschaften wie (1) und (2) zu „inneren" wie (3) und (5) als äquivalent erweisen.

11.1 Semi-perfekte Moduln, Grundbegriffe

Wir hatten früher festgestellt, daß zwar jeder Modul eine injektive Hülle besitzt, nicht jedoch eine projektive Hülle. Im Falle $R = \mathbb{Z}$ besitzen z.B. nur die projektiven = freien $\mathbb{Z}$-Moduln eine projektive Hülle (die dann isomorph zu dem freien Modul ist). Hier wird nun die Existenz von „genügend vielen" projektiven Hüllen vorausgesetzt.

Wir beginnen mit einem Satz, der unter Voraussetzung der Existenz der projektiven Hülle das duale Gegenstück zu 5.6.4 darstellt. Selbstverständlich hätte dieser Satz auch bereits in Kapitel 5 bewiesen werden können, doch möchten wir hier möglichst alle Überlegungen, bei denen die Existenz von projektiven Hüllen eingeht, beisammen haben.

11.1.1 Satz *Der Modul* N_R *besitze eine projektive Hülle. Ist dann*

$$\sigma : \; P \to N$$

ein Epimorphismus mit projektiver Quelle P, *so gibt es eine direkte Zerlegung* $P = P_1 \oplus P_2$, *wobei* $P_2 \hookrightarrow \mathrm{Ke}(\sigma)$ *und*

$$\sigma_1 \;:=\; \sigma \mid P_1 \;:\; P_1 \to N$$

eine projektive Hülle ist.

B e w e i s. Sei $\tau : P_0 \to N$ eine projektive Hülle von N, dann existiert ein kommutatives Diagramm

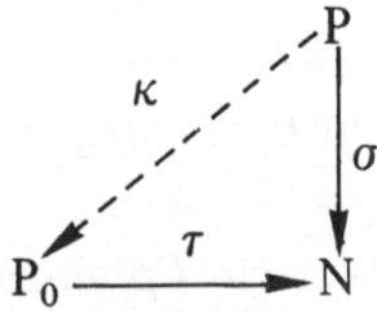

Da σ Epimorphismus ist, gilt $P_0 = \mathrm{Bi}(\kappa) + \mathrm{Ke}(\tau)$ wegen 3.4.10. Da $\mathrm{Ke}(\tau) \overset{\circ}{\hookrightarrow} P_0$, ist sogar $P_0 = \mathrm{Bi}(\kappa)$, d.h. κ ist ein Epimorphismus. Da außerdem P_0 projektiv ist, folgt nach 5.3.1, daß κ zerfällt:

$$P = P_1 \oplus \mathrm{Ke}(\kappa) .$$

Dann ist

$$\kappa_1 \;:=\; \kappa \mid P_1 \;:\; P_1 \to P_0$$

ein Isomorphismus. Da

$$\mathrm{Ke}(\tau\kappa_1) = \kappa_1^{-1}(\mathrm{Ke}(\tau)) \overset{\circ}{\hookrightarrow} P_1$$

(nach 5.1.3), ist auch

$$\tau\kappa_1 = \sigma_1 : \ P_1 \to N$$

eine projektive Hülle von N. Wegen $Ke(\kappa) \subsetneq Ke(\sigma)$ und $P = P_1 \oplus Ke(\kappa)$ gilt mit $P_2 := Ke(\kappa)$ schließlich auch die Behauptung für P_2. □

11.1.2 Folgerung *Seien* $U \subsetneq P$, P *projektiv und* P/U *besitze eine projektive Hülle. Dann gibt es eine Zerlegung* $P = P_1 \oplus P_2$ *mit*

$$P_2 \subsetneq U \ \wedge \ P_1 \cap U \subsetneq^{\circ} P_1 .$$

B e w e i s. Folgt aus 11.1.1 für $\sigma = \nu : P \to P/U$. □

Man beachte auch, daß aus $P_2 = 0$ folgt: $P_1 = P$ und $P \cap U = U \subsetneq^{\circ} P$, d.h. wenn U keinen direkten Summanden $\neq 0$ von P enthält, dann ist U klein in P.

Fordert man die Existenz einer projektiven Hülle für jedes epimorphe Bild eines festen Moduls M_R, dann hat dies bereits solch interessante Konsequenzen für die Struktur von M, daß wir diese Situation zuerst untersuchen wollen.

11.1.3 Definition *Sei* R *ein beliebiger Ring und* M_R *ein* R-*Rechtsmodul.*

(a) M *heißt* s e m i - p e r f e k t :⟺ *jedes epimorphe Bild von* M *besitzt eine projektive Hülle.*

(b) M *heißt* k o m p l e m e n t i e r t :⟺ *jeder Untermodul von* M *besitzt ein Additionskomplement* (= Adko, *s.* 5.2.1) *in* M.

11.1.4 Folgerung

(1) *Jedes epimorphe Bild eines semi-perfekten Moduls ist semi-perfekt.*

(2) *Jede projektive Hülle eines einfachen Moduls ist semi-perfekt.*

(3) *Jedes epimorphe Bild eines komplementierten Moduls ist komplementiert.*

B e w e i s. (1) Klar nach Definition.

(2) Sei $\xi : P \to E$ projektive Hülle des einfachen Moduls E. Dann ist $Ke(\xi)$ kleiner und maximaler Untermodul von P. Für beliebiges $U \underset{\neq}{\subsetneq} P$ gilt dann $U + Ke(\xi) \underset{\neq}{\subsetneq} P$ und folglich $U \subsetneq Ke(\xi)$. Also gilt auch $U \subsetneq^{\circ} P$ und folglich ist $P \to P/U$ eine projektive Hülle von P/U. Also ist P projektive Hülle jedes epimorphen Bildes $\neq 0$ von P, d.h., P ist semi-perfekt.

(3) Seien C komplementiert, $\gamma : C \to M$ ein Epimorphismus und $B \subsetneq M$. Behauptung: $\gamma(\gamma^{-1}(B)^{\cdot})$ ist ein Komplement von B in M. Setze $A := \gamma^{-1}(B)$. Aus $C = A + A^{\cdot}$ folgt

$$M = \gamma(A) + \gamma(A^{\cdot}) = B + \gamma(A^{\cdot}) .$$

Sei auch $M = B + U$ mit $U \subsetneq \gamma(A^{\cdot})$, dann folgt

$$C = \gamma^{-1}(B) + \gamma^{-1}(U) = A + \gamma^{-1}(U)$$

und $\quad \gamma^{-1}(U) \subsetneq A^{\cdot} + Ke(\gamma)$.

Folglich kann jedes $y \in \gamma^{-1}(U)$ in der Form

$$y = x + k \qquad \text{mit } x \in A^{\cdot},\ k \in \mathrm{Ke}(\gamma)$$

dargestellt werden. Daraus folgt $\gamma(y) = \gamma(x) + \gamma(k) = \gamma(x) \in U$, also $x \in \gamma^{-1}(U) \cap A^{\cdot}$. Wegen $\mathrm{Ke}(\gamma) \subsetneq A = \gamma^{-1}(B)$ folgt

$$y \in A + (\gamma^{-1}(U) \cap A^{\cdot}),$$

also $\quad C = A + (\gamma^{-1}(U) \cap A^{\cdot})$.

Die Minimalität von $A^{\cdot}$ impliziert dann $\gamma^{-1}(U) \cap A^{\cdot} = A^{\cdot}$ und daraus ergibt sich $A^{\cdot} \subsetneq \gamma^{-1}(U)$, also $\gamma(A^{\cdot}) \subsetneq U$. Da nach Voraussetzung $U \subsetneq \gamma(A^{\cdot})$, erhält man insgesamt $U = \gamma(A^{\cdot})$, was zu zeigen war. □

Später werden wir zeigen, daß ein endlich erzeugter projektiver Modul P bereits dann semi-perfekt ist, wenn jedes einfache Bild von P eine projektive Hülle besitzt.

Der nächste Satz zeigt, daß man die Untersuchung von semi-perfekten Moduln im wesentlichen auf die von projektiven semi-perfekten Moduln zurückführen kann und daß hierfür die Komplementiertheit eine entscheidende Rolle spielt.

11.1.5 Satz *Sei* $\xi : P \to M$ *eine projektive Hülle von* M, *dann sind äquivalent:*

(1) *Semi-perfekt* M

(2) *Semi-perfekt* P

(3) *Komplementiert* P

B e w e i s. Wir zeigen (2) ⇒ (1) ⇒ (3) ⇒ (2).

„(2) ⇒ (1)“ Klar nach Definition von semi-perfekt.

„(1) ⇒ (3)“ Sei $A \subsetneq P$, dann betrachte man den Epimorphismus

$$\sigma = \nu\xi : \ P \xrightarrow{\xi} M \xrightarrow{\nu} M/\xi(A).$$

Nach 11.1.1 gibt es einen direkten Summanden $P_1 \subsetneq P$, so daß

$$\sigma_1 := \sigma \mid P_1 : P_1 \to M/\xi(A)$$

eine projektive Hülle ist.

Behauptung. P_1 ist Adko von A in P.

Aus $\sigma(P_1) = M/\xi(A)$ folgt $P = P_1 + \mathrm{Ke}(\sigma)$. Wegen $\mathrm{Ke}(\sigma) = \mathrm{Ke}(\nu\xi) = \xi^{-1}\mathrm{Ke}(\nu) = \xi^{-1}(\xi(A)) = A + \mathrm{Ke}(\xi)$ folgt $P = P_1 + A + \mathrm{Ke}(\xi)$, wegen $\mathrm{Ke}(\xi) \overset{\circ}{\subsetneq} P$ gilt $P = P_1 + A$. Sei jetzt für $U \subsetneq P_1$ auch $P = U + A$, dann folgt $\sigma(P) = \sigma(P_1) = \sigma_1(P_1) = \sigma_1(U)$ (da $\sigma(A) = 0$), also

$$P_1 = \sigma_1^{-1}(\sigma_1(P_1)) = \sigma_1^{-1}(\sigma_1(U)) = U + \mathrm{Ke}(\sigma_1).$$

Da $\mathrm{Ke}(\sigma_1) \overset{\circ}{\subsetneq} P_1$, folgt $P_1 = U$, und somit ist P_1 tatsächlich ein Adko von A in P.

„(3) ⇒ (2)“ Sei $\sigma : P \to N$ ein Epimorphismus und bezeichne $U := \mathrm{Ke}(\sigma)$, dann sei $U^{\cdot}$ Adko von U in P. Nach 5.2.4 ist $U^{\cdot} \cap U = U^{\cdot} \cap \mathrm{Ke}(\sigma) \overset{\circ}{\subsetneq} U^{\cdot}$. Wir zeigen, daß $U^{\cdot}$ direkter Summand von P, also projektiv ist. Dann folgt, daß

$$\sigma \mid U^{\cdot} : \quad U^{\cdot} \to N$$

eine projektive Hülle von N ist.

Sei $U^{\cdot\cdot}$ Adko von $U^{\cdot}$, dann wird behauptet: $P = U^{\cdot} \oplus U^{\cdot\cdot}$. Zum Beweis sei

$$\nu : \quad P = U^{\cdot} + U^{\cdot\cdot} \to P/U^{\cdot} \cap U^{\cdot\cdot}$$

der natürliche Epimorphismus, wobei mit der Bezeichnung $\bar{P} := \nu(P)$, $\bar{U}^{\cdot} := \nu(U^{\cdot})$, $\bar{U}^{\cdot\cdot} := \nu(U^{\cdot\cdot})$ offenbar $\bar{P} = \bar{U}^{\cdot} \oplus \bar{U}^{\cdot\cdot}$ gilt. Sei ferner $\pi : \bar{P} \to \bar{U}^{\cdot}$ die zu $\bar{P} = \bar{U}^{\cdot} \oplus \bar{U}^{\cdot\cdot}$ gehörende Projektion auf $\bar{U}^{\cdot}$. Dann existiert ein kommutatives Diagramm

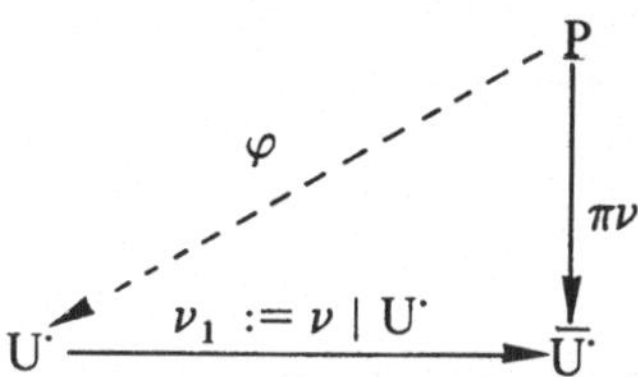

Wegen $\pi\nu = \nu_1\varphi$ gilt $\pi\nu(U^{\cdot}) = \bar{U}^{\cdot} = \nu_1\varphi(U^{\cdot})$, also $U^{\cdot} = \varphi(U^{\cdot}) + \mathrm{Ke}(\nu_1)$.

Da $\mathrm{Ke}(\nu_1) = U^{\cdot} \cap U^{\cdot\cdot} \subsetneq^{\circ} U^{\cdot}$, folgt $U^{\cdot} = \varphi(U^{\cdot})$, also $P = U^{\cdot} + \mathrm{Ke}(\varphi)$.

Wegen $\mathrm{Ke}(\varphi) \subsetneq \mathrm{Ke}(\pi\nu) = U^{\cdot\cdot}$ und der Minimalität von $U^{\cdot\cdot}$ folgt $\mathrm{Ke}(\varphi) = U^{\cdot\cdot}$. Andererseits gilt

$$U^{\cdot\cdot} = \mathrm{Ke}(\pi\nu) = \mathrm{Ke}(\nu_1\varphi) = \varphi^{-1}(\mathrm{Ke}(\nu_1)) = \varphi^{-1}(U^{\cdot} \cap U^{\cdot\cdot}),$$

und da φ ein Epimorphismus ist, folgt

$$0 = \varphi(U^{\cdot\cdot}) = \varphi\varphi^{-1}(U^{\cdot} \cap U^{\cdot\cdot}) = U^{\cdot} \cap U^{\cdot\cdot},$$

was zu zeigen war. □

11.1.6 Folgerung *Jeder projektive, artinsche Modul ist semi-perfekt.*

B e w e i s: Jeder artinsche Modul ist komplementiert. □

11.1.7 Satz *Ist* M_R *semi-perfekt, dann gilt*

(a) M *ist komplementiert.*

(b) M/Ra(M) *ist halbeinfach.*

(c) Ra(M) *ist klein in* M.

B e w e i s. (a) Folgt aus 11.1.4 und 11.1.5.

(b) Da M/Ra(M) als epimorphes Bild von M wieder semi-perfekt ist, ist M/Ra(M) komplementiert. Sei $\Lambda \subsetneq M/\mathrm{Ra}(M)$, dann gilt für ein Adko $\Lambda^{\cdot}$ von Λ in M/Ra(M):

$$M/\mathrm{Ra}(M) = \Lambda + \Lambda^{\cdot} \quad \text{und} \quad \Lambda \cap \Lambda^{\cdot} \subsetneq^{\circ} M/\mathrm{Ra}(M),$$

also $\Lambda \cap \Lambda^{\cdot} \subsetneq \mathrm{Ra}(M/\mathrm{Ra}(M)) = 0$. Folglich gilt $M/\mathrm{Ra}(M) = \Lambda \oplus \Lambda^{\cdot}$, d.h., jeder Untermodul ist direkter Summand, und folglich ist M/Ra(M) halbeinfach.

(c) Sei $\xi : P \to M$ eine projektive Hülle von M. Da $\mathrm{Ke}(\xi) \subsetneq^{\circ} P$, also $\mathrm{Ke}(\xi) \subsetneq \mathrm{Ra}(P)$, folgt nach 9.1.5 $\xi(\mathrm{Ra}(P)) = \mathrm{Ra}(M)$, so daß nach 5.1.3 nur noch $\mathrm{Ra}(P) \subsetneq^{\circ} P$ zu zeigen ist. Sei $\nu : P \to P/\mathrm{Ra}(P)$, dann gibt es nach 11.1.2 eine Zerlegung $P = P_1 \oplus P_2$ mit $P_1 \cap \mathrm{Ra}(P) \subsetneq^{\circ} P_1$ und $P_2 \subsetneq \mathrm{Ra}(P)$. Nach 9.6.4 folgt $P_2 = 0$, also $P = P_1$ und

$$\mathrm{Ra}(P) = P \cap \mathrm{Ra}(P) \subsetneq^{\circ} P.$$ □

11.2 Hochheben von direkten Zerlegungen

11.2.1 Definition

(a) *Gegeben sei ein Homomorphismus* $\alpha : A \to M$. *Man sagt, daß die* Zerlegung

$$M = \bigoplus_{i \in I} M_i$$

bei α hochgehoben *werden kann, wenn eine Zerlegung*

$$A = \bigoplus_{i \in I} A_i$$

so existiert, daß für alle $i \in I$ *gilt:* $\alpha(A_i) = M_i$.

(b) *Sei* $B \subsetneq A$. *Man sagt, daß die* Zerlegung

$$A/B = \bigoplus_{i \in I} M_i$$

zu A hochgehoben *werden kann, wenn sie bei* $\nu : A \to A/B$ *hochgehoben werden kann.*

11.2.2 Satz *Sei* $\xi : P \to M$ *eine projektive Hülle und sei*

$$M = \bigoplus_{i \in I} M_i .$$

Zu jedem $i \in I$ *gebe es einen Epimorphismus* $\alpha_i : A_i \to M_i$ *mit projektivem* A_i *und* $\mathrm{Ke}(\alpha_i) \subsetneq \mathrm{Ra}(A_i)$. *Dann kann die Zerlegung* $M = \bigoplus_{i \in I} M_i$ *bei* ξ *hochgehoben werden.*

Beweis. Man betrachte das kommutative Diagramm

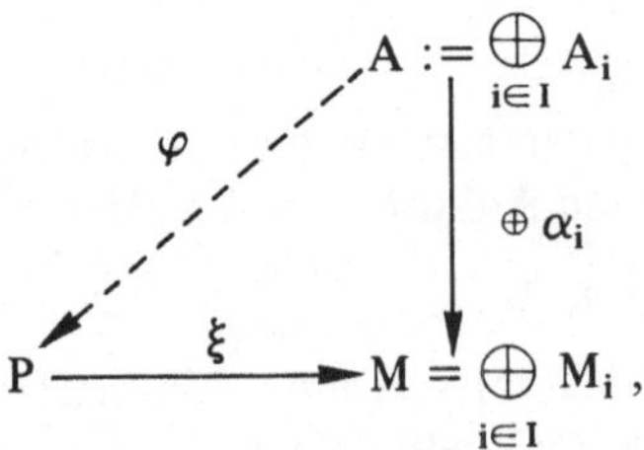

wobei φ existiert, da ξ ein Epimorphismus und A projektiv ist. Da $\oplus\, \alpha_i$ ein Epimorphismus ist, gilt nach 3.4.10

$$P = Bi(\varphi) + Ke(\xi)$$

Wegen $Ke(\xi) \overset{\circ}{\hookrightarrow} P$ folgt $P = Bi(\varphi)$, d.h., φ ist ein Epimorphismus. Da P projektiv ist, zerfällt φ:

$$A = P_0 \oplus Ke(\varphi)$$

Da das Diagramm kommutativ ist, folgt $Ke(\varphi) \hookrightarrow Ke(\oplus \alpha_i) = \oplus Ke(\alpha_i) \hookrightarrow \oplus Ra(A_i) = Ra(A)$, wobei die letzte Gleichung nach 9.1.5 gilt. Nach 9.6.4 folgt dann $Ke(\varphi) = 0$, also ist φ ein Isomorphismus. Daher gilt

$$P = \bigoplus_{i \in I} \varphi(A_i)$$

mit $\xi\varphi(A_i) = \alpha_i(A_i) = M_i$, $i \in I$. Somit haben wir die Zerlegung $M = \bigoplus M_i$ bei ξ hochgehoben. □

Unmittelbar ergibt sich daraus

11.2.3 Folgerung *Sei* $\xi : P \to M$ *eine projektive Hülle des semiperfekten Moduls* M. *Dann kann jede direkte Zerlegung von* M *bei* ξ *hochgehoben werden.*

B e w e i s. Folgt aus 11.2.2, da jeder direkte Summand von M eine projektive Hülle besitzt.

11.2.4 Folgerung *Sei* P *semiperfekt und projektiv. Dann kann jede direkte Zerlegung des halbeinfachen Moduls* P/Ra(P) *nach* P *hochgehoben werden.*

B e w e i s. Folgt aus 11.2.2, da $Ra(P) \overset{\circ}{\hookrightarrow} P$ nach 11.1.7 und da jeder direkte Summand von P/Ra(P) eine projektive Hülle besitzt. □

Als Spezialfall ergibt sich, daß bei einem rechts artinschen Ring R jede direkte Zerlegung von R/Ra(R) (als R-Rechtsmodul) nach R_R hochgehoben werden kann. Hat man nicht die hier zur Verfügung stehenden Hilfsmittel, so wird dieses Hochheben in der Literatur meist durch Rechnen mit Idempotenten gemacht.

11.3 Hauptsatz über projektive, semi-perfekte Moduln

Die folgenden Kennzeichnungen eines projektiven, semi-perfekten Moduls sind sowohl im Hinblick auf die Struktur eines solchen Moduls als auch für die Entscheidung darüber, ob ein vorgegebener Modul semi-perfekt ist, von großem Interesse.

11.3.1 Satz *Für einen projektiven Modul* P_R *sind äquivalent:*

(a) *Semi-perfekt* P

(b) *Komplementiert* P.

(c) *Es gelten*

(1) *Halbeinfach* P/Ra(P);

(2) *jeder direkte Summand von* $(P/Ra(P))_R$ *ist Bild eines direkten Summanden von* P_R *bei* $P \to P/Ra(P)$;

(3) $Ra(P) \overset{\circ}{\subsetneq} P$.

Wir haben in (c) die Bedingung (2) möglichst schwach gehalten, da man nach 11.2.4 für die Behauptung (a) ⇒ (c) sowieso eine stärkere Aussage hat. Da für Anwendungen die Richtung (c) ⇒ (a) von Interesse ist, möchte man (c) möglichst schwach formulieren.

B e w e i s. „(a) ⟺ (b)" Wurde in 11.1.5 gezeigt.

„(a) ⇒ (c)" Gilt nach 11.1.7 und 11.2.4.

Bleibt (c) ⇒ (b) zu beweisen: Bezeichne

$$\nu : P \to P/Ra(P) =: \overline{P}$$

den natürlichen Epimorphismus. Sei nun $A \subsetneq P$, dann gibt es, da $\overline{P}$ halbeinfach ist, eine direkte Zerlegung

$$\overline{P}_R = \nu(A) \oplus \Gamma .$$

Nach (2) gibt es einen direkten Summanden $P_2 \subsetneq P$ mit $\nu(P_2) = \Gamma$.

Behauptung. P_2 ist ein Komplement von A in P.

Aus $\overline{P} = \nu(A) \oplus \nu(P_2)$ folgt

$$P = A + P_2 + Ra(P), \qquad A \cap P_2 \subsetneq Ra(P) ,$$

also wegen $Ra(P) \overset{\circ}{\subsetneq} P$

$$P = A + P_2, \qquad A \cap P_2 \overset{\circ}{\subsetneq} P .$$

Da P_2 direkter Summand in P ist, folgt aus $A \cap P_2 \overset{\circ}{\subsetneq} P$ nach 5.1.3 (c) (mit Hilfe der Projektion von P auf P_2) sogar $A \cap P_2 \overset{\circ}{\subsetneq} P_2$. Nimmt man an, daß für $B \subsetneq P$ gilt

$$A + B = P, \quad B \subsetneq P_2,$$

so folgt nach dem modularen Gesetz

$$A \cap P_2 + B = P_2,$$

also $B = P_2$ wegen $A \cap P_2 \overset{\circ}{\subsetneq} P_2$. □

11.3.2 Folgerung *Sei* R *ein beliebiger Ring. Dann gilt*

(I) *Semi-perfekt* R_R ⟺

(1) *Halbeinfach* $\overline{R} := R/Ra(R)$ *und*

(2) *zu jedem Idempotent* $\epsilon \in \overline{R}$ *gibt es ein Idempotent* $e \in R$ *mit* $\epsilon = \overline{e}$.

(II) *Semi-perfekt* R_R ⟺ *semi-perfekt* ${}_R R$.

B e w e i s. (I) Nach 9.2.1 gilt $Ra(R) \overset{\circ}{\subsetneq} R_R$, also ist (3) in 11.3.1 (c) für einen beliebigen Ring erfüllt und daher hier als Bedingung überflüssig. Da ferner die Bedingung (1) hier mit der in (c) übereinstimmt, muß nur geprüft werden, ob die Bedingungen (2) in 11.3.1 und in 11.3.2 jeweils auseinander folgen.

„⇒": Sei $\epsilon \in \overline{R}$ ein Idempotent. Zur Zerlegung $\overline{R}_R = \epsilon\overline{R} \oplus (\overline{1} - \epsilon)\overline{R}$ gibt es nach 11.2.4 eine Zerlegung

$$R_R = eR \oplus (1 - e)R$$

mit einem Idempotent $e \in R$ und

$$\overline{e}\overline{R} = \epsilon\overline{R}, \qquad (\overline{1} - \overline{e})\overline{R} = (1 - \overline{\epsilon})\overline{R}\,.$$

Dann folgt $\epsilon\overline{e} = \overline{e}$, $(\overline{1} - \epsilon)(\overline{1} - \overline{e}) = \overline{1} - \overline{e}$, also $\epsilon = \overline{e}$.

„⇐": Jeder direkte Summand von $\overline{R}_R$ ist von der Form $\epsilon\overline{R}$ für ein Idempotent $\epsilon \in \overline{R}$. Sei nun e ein Idempotent aus R mit $\overline{e} = \epsilon$, so ist eR ein direkter Summand von R_R mit $\overline{eR} = \overline{e}\overline{R} = \epsilon\overline{R}$.

(II) Die Bedingungen (1) und (2) in (I) sind von der Seite unabhängig. □

Im folgenden braucht wegen (II) bei semi-perfekten Ringen nicht nach der Seite unterschieden zu werden.

Wie schon festgestellt, ist ein projektiver artinscher Modul semi-perfekt. Insbesondere ist also ein rechts artinscher Ring R_R semi-perfekt, und zwar auch links, unabhängig davon, ob R auch links artinsch ist. Es gibt jedoch auch semi-perfekte Ringe, die nicht artinsch sind. Sei R ein lokaler Ring (7.1.2), dann ist R/Ra(R) ein Schiefkörper, also insbesondere halbeinfach und R/Ra(R) besitzt nur 1 als Idempotent ≠ 0. Nach 11.3.2 ist folglich R semi-perfekt.

Z.B. ist der Ring K[[x]] aller Potenzreihen $\sum_{i=0}^{\infty} k_i x^i$ in einer Unbestimmten x und mit Koeffizienten aus einem Körper K ein lokaler Ring. In diesem Falle ist

$$Ra(R) = \{\sum_{i=1}^{\infty} k_i x^i \mid k_i \in K\}$$

und dieses Radikal hat keinerlei „nil-Eigenschaft". Wir betonen dies hier, weil dies ein semi-perfekter Ring ist, der nicht perfekt ist (s. 11.6).

11.3.3 Satz *Sei* $(P_i \mid i \in I)$ *eine Familie von semi-perfekten, projektiven* R-*Moduln. Dann gilt:*

$$P := \bigoplus_{i \in I} P_i$$

ist genau dann semi-perfekt, wenn $Ra(P) \overset{\circ}{\subsetneq} P$.

B e w e i s. Nach 11.3.1 ist die Bedingung $Ra(P) \overset{\circ}{\subsetneq} P$ notwendig. Um zu beweisen, daß sie hinreichend ist, zeigen wir, daß in 11.3.1 (c) die Bedingungen (1), (2), (3) erfüllt sind. Nach Voraussetzung gilt (3).

(1) Nach 9.1.5 (d) gilt

$$P/Ra(P) \cong \bigoplus_{i \in I} P_i/Ra(P_i)\,.$$

Da nach 11.3.1 $P_i/Ra(P_i)$ für jedes $i \in I$ halbeinfach ist, ist P/Ra(P) halbeinfach.

(2) Wir stellen zunächst fest, daß jeder einfache Untermodul E von P/Ra(P) eine projektive Hülle besitzt. Wegen $P/Ra(P) \cong \bigoplus P_i/Ra(P_i)$ ist E isomorph zu einem einfachen Untermodul von E′ von $\bigoplus P_i/Ra(P_i)$. Zerlegt man jedes $P_i/Ra(P_i)$ in eine direkte Summe von einfachen Untermoduln und wendet man 8.1.2 (b) an, so folgt, daß E′ zu einem einfachen Untermodul eines der $P_i/Ra(P_i)$ isomorph ist. Da dieser als direkter Summand des semi-perfekten Moduls $P_i/Ra(P_i)$ eine projektive Hülle besitzt, besitzt der dazu isomorphe Modul E eine projektive Hülle.

Sei jetzt $P/Ra(P) = \Lambda_1 \oplus \Lambda_2$ gegeben. Da P/Ra(P) halbeinfach ist, ist jedes Λ_k direkte Summe von einfachen Untermoduln

$$\Lambda_k = \bigoplus_{j \in J_k} E_j^k , \qquad k = 1, 2 .$$

Sei $\xi_i^k : A_j^k \to E_j^k$ eine projektive Hülle, dann ist

$$\alpha_k := \bigoplus_{j \in J_k} \xi_j^k : A_k := \bigoplus_{j \in J_k} A_j^k \to \Lambda_k = \bigoplus_{j \in J_k} E_j^k$$

ein Epimorphismus mit projektiver Quelle A_k, und es gilt wegen $Ke(\xi_j^k) \overset{\circ}{\hookrightarrow} A_j^k$, also $Ke(\xi_j^k) \hookrightarrow Ra(A_j^k)$

$$Ke(\alpha_k) = \bigoplus_{j \in J_k} Ke(\xi_j^k) \hookrightarrow Ra(A_k) , \qquad k = 1, 2 .$$

Setzt man in 11.2.2 $\xi = \nu : P \to P/Ra(P)$, dann sind die Voraussetzungen von 11.2.2 erfüllt, und es folgt, daß die Zerlegung $P/Ra(P) = \Lambda_1 \oplus \Lambda_2$ nach P hochgehoben werden kann. □

11.3.4 Folgerung

(a) *Jede direkte Summe von endlich vielen semi-perfekten* R-*Moduln ist semi-perfekt.*

(b) *Ist* R_R *semi-perfekt, dann ist jeder endlich erzeugte* R-*Modul semi-perfekt.*

Beweis. (a) Seien $M_1, \ldots, M_n$ semi-perfekt und sei

$$\xi_i : P_i \to M_i, \qquad i = 1, \ldots, n$$

eine projektive Hülle. Nach 11.1.5 ist P_i semi-perfekt und nach 11.3.3 auch $P := \bigoplus_{i=1}^{n} P_i$, denn $Ra(P) = \bigoplus_{i=1}^{n} Ra(P_i)$ ist als endliche Summe der kleinen Untermoduln $Ra(P_i)$ selbst klein in P. Da P semi-perfekt ist, ist dies auch $M_1 \oplus \ldots \oplus M_n$ als epimorphes Bild von P.

(b) Nach (a) ist jeder endlich erzeugte freie Modul semi-perfekt und dann auch jedes epimorphe Bild davon. □

Wir geben jetzt noch eine interessante Kennzeichnung der semi-perfekten Moduln, die später gute Dienste leisten wird.

11.3.5 Satz *Für einen projektiven Modul* P *sind äquivalent:*

(1) P *ist semi-perfekt*

(2) P *erfüllt die Bedingungen:*

(a) *Jeder echte Untermodul von* P *ist in einem maximalen Untermodul von* P *enthalten und*

(b) *jeder einfache Faktormodul von* P *hat eine projektive Hülle.*

B e w e i s. „(1) ⇒ (2)" Nach Definition von „semi-perfekt" ist (b) erfüllt. Zum Beweis von (a) sei $U \underset{\neq}{\hookrightarrow} P$; da P/U semi-perfekt ist, hat P/U nach 11.1.7 ein kleines Radikal, das folglich echter Untermodul von P/U ist. Da das Radikal Durchschnitt aller maximalen Untermoduln ist, existiert mindestens ein maximaler Untermodul von P/U, der von der Form X/U mit $U \hookrightarrow X \hookrightarrow P$ ist. Da X/U maximal in P/U ist und $P/X \cong (P/U)/(X/U)$ gilt, ist X maximal in P.

„(2) ⇒ (1)" Wir führen diesen Beweis in drei Schritten.

1. S c h r i t t. Es soll $\mathrm{Ra}(P) \overset{\circ}{\hookrightarrow} P$ gezeigt werden. Angenommen $U + \mathrm{Ra}(P) = P$ mit $U \underset{\neq}{\hookrightarrow} P$, dann existiert nach (a) ein maximaler Untermodul $X \hookrightarrow P$ mit $U \hookrightarrow X$. Dafür folgt $U + \mathrm{Ra}(P) \hookrightarrow X \neq P$, Widerspruch!

2. S c h r i t t. Jetzt soll gezeigt werden, daß $\overline{P} := P/\mathrm{Ra}(P)$ halbeinfach ist. Sei $\nu : P \to \overline{P}$ der natürliche Epimorphismus. Angenommen $\mathrm{So}(\overline{P}) \neq \overline{P}$, dann folgt $\nu^{-1}(\mathrm{So}(\overline{P})) \neq P$ und wegen (a) existiert ein maximaler Untermodul $X \hookrightarrow P$ mit $\nu^{-1}(\mathrm{So}(\overline{P})) \hookrightarrow X$. Da P/X wegen (b) eine projektive Hülle besitzt, erhält man aus 11.1.2

$$P = P_1 \oplus P_2 = P_1 + X$$

mit $P_2 \hookrightarrow X$ und $P_1 \cap X \overset{\circ}{\hookrightarrow} P_1$, also $P_1 \cap X \hookrightarrow \mathrm{Ra}(P)$. Daraus folgt

$$(*) \qquad \overline{P} = \nu(P_1) \oplus \nu(X)\,.$$

Da X maximal in P ist (also $\mathrm{Ra}(P) \hookrightarrow X$), ist $P/X \cong (P/\mathrm{Ra}(P))/(X/\mathrm{Ra}(P)) = \overline{P}/\nu(X) \cong \nu(P_1)$ einfach, also $\nu(P_1) \hookrightarrow \mathrm{So}(\overline{P}) \hookrightarrow \nu(X)$; Widerspruch zu (*)!

3. S c h r i t t. Sei nun

$$\overline{P} = \bigoplus_{i \in I} E_i \qquad \text{mit } E_i \text{ einfach.}$$

Es folgt für jedes $j \in I$

$$E_j \cong \overline{P}/\bigoplus_{\substack{i \in I\\ i \neq j}} E_i \cong P/\nu^{-1}\Big(\bigoplus_{\substack{i \in I\\ i \neq j}} E_i\Big)\,.$$

Wegen (b) existieren projektive Hüllen

$$\alpha_j : A_j \to E_j, \qquad j \in I\,.$$

Da offensichtlich jeder einfache Modul, der eine projektive Hülle besitzt, semi-perfekt ist, sind alle E_j und nach 11.1.5 auch alle A_j semi-perfekt.

Für $\nu : P \to P/\text{Ra}(P)$ (an Stelle von ξ) und für $P/\text{Ra}(P) = \bigoplus E_i$ (an Stelle von M) sind die Voraussetzungen von 11.2.2 erfüllt. Wie im Beweis von 11.2.2 folgt

$$\varphi : A := \bigoplus A_i \to P$$

ist ein Isomorphismus. Also ist $P = \bigoplus \varphi(A_i)$ direkte Summe der semi-perfekten Moduln $\varphi(A_i)$. Wegen $\text{Ra}(P) \subsetneq^{\circ} P$ folgt aus 11.3.3, daß P semi-perfekt ist. □

11.4 Direkt unzerlegbare semi-perfekte Moduln

In 11.2.4 wurde für einen projektiven semi-perfekten Modul P_R festgestellt, daß jede Zerlegung des halbeinfachen Moduls $\overline{P} := P/\text{Ra}(P)$ in eine direkte Summe

$$\overline{P} = \bigoplus_{i \in I} E_i$$

von einfachen Moduln E_i, $i \in I$ nach P hochgehoben werden kann. Sei

$$\nu : P \to \overline{P} = P/\text{Ra}(P)\,,$$

dann existiert also eine Zerlegung

$$P = \bigoplus_{i \in I} P_i \qquad \text{mit } \nu(P_i) = E_i,\ i \in I\,.$$

Wegen $\text{Ra}(P) = \bigoplus \text{Ra}(P_i)$ (s. 9.1.5) gilt $\text{Ra}(P_i) = \text{Ra}(P) \cap P_i$. Damit folgt

$$E_i = \nu(P_i) = P_i + \text{Ra}(P)/\text{Ra}(P) \cong P_i/P_i \cap \text{Ra}(P) = P_i/\text{Ra}(P_i)\,.$$

Da E_i einfach ist, ist $\text{Ra}(P_i)$ maximaler Untermodul von P_i.

Wir wollen jetzt projektive Moduln untersuchen, in denen das Radikal maximaler Untermodul ist.

11.4.1 Satz *Sei* $P_R \neq 0$ *projektiv. Dann sind äquivalent:*

(a) P *ist unzerlegbar;*

(b) P *ist semi-perfekt und direkt unzerlegbar;*

(c) Ra(P) *ist maximaler und kleiner Untermodul von* P;

(d) Ra(P) *ist größter echter Untermodul von* P;

(e) $\text{End}(P_R)$ *ist lokal.*

B e w e i s. „(a) ⇒ (b)“ Nach 11.1.5 ist nur zu zeigen, daß P komplementiert ist. Jeder von P verschiedene Untermodul von P hat aber nach (a) P selbst als Adko.

„(b) ⇒ (c)“ Nach 11.1.7 ist $\text{Ra}(P) \subsetneq^{\circ} P$. Da $P/\text{Ra}(P)$ nach 11.2.4 direkt unzerlegbar ist, ist $P/\text{Ra}(P)$ nicht nur halbeinfach, sondern einfach, also ist Ra(P) maximal in P.

„(c) ⇒ (d)“ Sei $U \subsetneq P$, $U \not\subseteq \text{Ra}(P)$. Da Ra(P) maximaler Untermodul ist, folgt $U + \text{Ra}(P) = P$. Wegen $\text{Ra}(P) \subsetneq^{\circ} P$ folgt $U = P$. Also gilt (d).

„(d) ⇒ (e)“ Ist $\varphi : P \to P$ ein Epimorphismus, so muß dieser zerfallen. Wegen (d) folgt, daß φ ein Automorphismus ist. Sind $\varphi_1, \varphi_2 \in \text{End}(P_R)$ nicht invertierbar, so können es folglich keine Epimorphismen sein. Dann gilt

$$\text{Bi}(\varphi_1 + \varphi_2) \subsetneq \text{Bi}(\varphi_1) + \text{Bi}(\varphi_2) \subsetneq \text{Ra}(P)\,,$$

also ist auch $\varphi_1 + \varphi_2$ nicht invertierbar, d.h., $\text{End}(P_R)$ ist lokal.

„(e) ⇒ (a)“ Zu $P = A + B$ erhält man ein kommutatives Diagramm

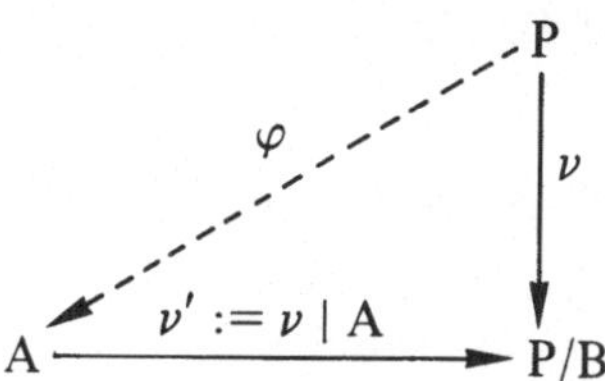

und für $\gamma := \iota_A \varphi$, wobei $\iota_A : A \to P$ die Inklusionsabbildung ist, gilt dann

$$\text{Bi}(\gamma) \subsetneq A, \qquad \text{Bi}(1_P - \gamma) \subsetneq B \quad (\text{wegen } x + B = \varphi(x) + B \text{ für alle } x \in P).$$

Wegen $1_P = \gamma + (1_P - \gamma)$, und da $\text{End}(P_R)$ lokal ist, muß γ oder $(1 - \gamma)$ ein Automorphismus sein, also $A = P$ oder $B = P$ gelten. □

11.4.2 Folgerung *Ist* P_R *ein projektiver, semi-perfekter Modul, dann existiert eine Zerlegung*

$$P = \bigoplus_{i \in I} P_i\,,$$

wobei die P_i *die Eigenschaften aus* 11.4.1 *erfüllen. Die Zerlegung ist eindeutig im Sinne des Satzes von Krull-Remak-Schmidt* (7.3.1).

Für späteren Gebrauch wollen wir diesen Sachverhalt im Falle eines Ringes noch einmal ausführlich hinschreiben, wobei wir sogleich 7.2.3 berücksichtigen.

11.4.3 Folgerung *Sei* R *ein semi-perfekter Ring. Dann existiert eine im Sinne von* 7.3.1 *eindeutige Zerlegung*

$$R_R = e_1 R \oplus \ldots \oplus e_n R$$

mit folgenden Eigenschaften:

(1) $e_1, \ldots, e_n$ *sind orthogonale Idempotente* $\neq 0$ *mit*

$$1 = \sum_{i=1}^{n} e_i\,,$$

(2) $\text{Ra}(e_i R)$ *ist größtes echtes Rechtsideal in* $e_i R$ *und* $\text{Ra}(e_i R) = e_i \text{Ra}(R)$,

(3) $e_i R$ *ist unzerlegbar,*

(4) $\text{End}(e_i R)$ *ist lokal und* $\text{End}(e_i R) \cong e_i R e_i$.

B e w e i s. Nach 11.4.2 und 7.2.3 ist alles unmittelbar klar bis auf die zwei folgenden Punkte, die für beliebige Idempotente $e \in R$ gelten:

„$Ra(eR) = eRa(R)$“: Wegen 9.1.5 gilt $Ra(eR) \subseteq Ra(R)$. Da für jedes Element $x \in eR$ $x = ex$ ist, folgt $Ra(eR) \subseteq eRa(R)$. Wegen 9.2.1 gilt andererseits $eRa(R) \subseteq Ra(eR)$.

„$End(eR) \cong eRe$“: Die Multiplikation von eR mit einem Element $eae \in eRe$ induziert offenbar den Endomorphismus

$$(eae)': \quad eR \ni er \mapsto eaer \in eR$$

von eR. Man erhält damit einen Ringhomomorphismus

$$\psi: \quad eRe \ni eae \mapsto (eae)' \in End(eR)\,.$$

„Monomorphismus ψ“: Aus $eaer = eber$ für alle $er \in eR$ folgt für $r = 1$: $eae = ebe$.

„Epimorphismus ψ“: Sei $\alpha \in End(eR)$; da eR direkter Summand in R_R ist, kann α zu einem Endomorphismus von R_R, d.h. zu einer Linksmultiplikation mit einem Element $a \in R$, fortgesetzt werden:

$$\alpha(er) = aer = eaer\,,$$

letzteres, da $aer \in eR$. Also gilt $\alpha = (eae)'$. □

Beispiel Für $R := \mathbf{Z}/n\mathbf{Z}$, $n > 1$, wollen wir die nach 11.4.3 existierende Zerlegung explizit angeben. Am Ende von Abschnitt 9.1 wurden Radikal und Sockel von R bestimmt. Wir übernehmen hier die dort benutzte Bezeichnungsweise. Seien

$$n_i := \frac{n}{p_i^{m_i}}\,, \qquad i = 1, \ldots, k\,,$$

dann gilt offensichtlich $ggT(n_1, \ldots, n_k) = 1$. Folglich gibt es $a_1, \ldots, a_k \in \mathbf{Z}$ mit $a_1 n_1 + \ldots + a_k n_k = 1$. Daraus folgt $(a_i, p_i) = 1$. Sei nun

$$e_i \;:=\; a_i n_i + n\mathbf{Z} \in \mathbf{Z}/n\mathbf{Z}\,,$$

dann, so wird behauptet, ist $R_R = e_1 R \oplus \ldots \oplus e_k R$ die in 11.4.3 angegebene Zerlegung. Zunächst ist klar, daß

$$e_1 + \ldots + e_k = 1 \in R$$

gilt. Ferner gilt wegen $n \mid n_i n_j$ für $i \neq j$

$$e_i e_j = 0 \qquad \text{für } i \neq j\,.$$

Dann folgt aus $e_1 + \ldots + e_k = 1$ durch Multiplikation mit e_i

$$e_i^2 = e_i\,.$$

Nach 7.2.3 gilt dann

$$R_R = e_1 R \oplus \ldots \oplus e_k R\,.$$

Bleibt nach 11.4.1 noch zu zeigen, daß die $e_i R$ lokale Endomorphismenringe haben. Der Ringepimorphismus

$$\mathbf{Z} \ni z \mapsto e_i \bar{z} e_i = e_i \bar{z} \in e_i R e_i$$

hat nach Definition von e_i (beachte $(a_i, p_i) = 1$) den Kern $p_i^{m_i}\mathbf{Z}$, also gilt

$$e_i R e_i \cong \mathbf{Z}/p_i^{m_i}\mathbf{Z}\,.$$

Wie in 9.1 angegeben, gilt ferner

$$\mathrm{Ra}(\mathbf{Z}/p_i^{m_i}\mathbf{Z}) = p_i\mathbf{Z}/p_i^{m_i}\mathbf{Z}\,,$$

und dies ist wegen

$$(\mathbf{Z}/p_i^{m_i}\mathbf{Z})/(p_i\mathbf{Z}/p_i^{m_i}\mathbf{Z}) \cong \mathbf{Z}/p_i\mathbf{Z}$$

ein maximales Ideal in $\mathbf{Z}/p_i^{m_i}\mathbf{Z}$. Dann ist auch $\mathrm{Ra}(e_i R e_i)$ maximales Ideal und daher größtes echtes Ideal von $e_i R e_i$. Nach 11.4.1 folgt, daß $e_i R e_i$ ein lokaler Ring ist.

11.5 Eigenschaften von Nilidealen und von t-nilpotenten Idealen

Zur Untersuchung der perfekten Ringe werden Eigenschaften von Nilidealen und von t-nilpotenten Idealen gebraucht, die hier zusammengestellt werden.

Es handelt sich zuerst darum, orthogonale Idempotente modulo eines Nilideals „hochzuheben". Wir erinnern daran, daß ein Element $e \in R$ ein Idempotent heißt, falls $e^2 = e$ gilt. Ein Ideal A aus R heißt Nilideal, falls jedes $a \in A$ nilpotent ist, d.h., ein (von a abhängendes) $n \in \mathbf{N}$ mit $a^n = 0$ existiert. In 9.3.8 wurde gezeigt, daß jedes Nilideal in Ra(R) enthalten ist.

Als Grundlage für das Hochheben von Idempotenten beweisen wir den folgenden einfachen Hilfssatz.

11.5.1 Hilfssatz *Sei* b *ein beliebiges Element eines Ringes* R *und sei* R_0 *der durch* $1 \in R$ *und* b *erzeugte Unterring von* R.

(a) *Für beliebige* $m, n \in \mathbf{N}$ *gilt*

$$R = b^n R + (1-b)^m R + (b-b^2)R, \qquad b^n R \cap (1-b)^m R = b^n (1-b)^m R\,.$$

(b) *Ist* $b - b^2$ *nilpotent, dann gibt es ein Idempotent* $e \in R_0$, *so daß gilt:*

$$e = b r_0, \qquad e - b = (b - b^2)s_0 \qquad \text{mit } r_0, s_0 \in R_0.$$

B e w e i s. (a) Ist $\mathbf{Z}[x]$ der Polynomring in der Unbestimmten x mit Koeffizienten in $\mathbf{Z}$, dann gilt

$$1 - x^n - (1-x)^m \in (x - x^2)\mathbf{Z}[x]\,,$$

denn $x(1-x) = x - x^2$ teilt $1 - x^n - (1-x)^m$, da $x = 0$ und $x = 1$ Nullstellen von $1 - x^n - (1-x)^m$ sind. Folglich gibt es ein $z_0 \in \mathbf{Z}[x]$, so daß

$$1 = x^n + (1-x)^m + (x - x^2)z_0$$

gilt. Bei dem Ringepimorphismus $\mathbf{Z}[x] \to R_0$ mit $x \mapsto b$ folgt

$$1 = b^n + (1-b)^m + (b-b^2)r_0, \qquad r_0 \in R_0 ,$$

also gilt

$$R_0 = b^n R_0 + (1-b)^m R_0 + (b-b^2)R_0$$

und dann auch $R = b^n R + (1-b)^m R + (b-b^2)R$.

Zum Beweis der zweiten Gleichung in (a) ist $b^n(1-b)^m R \subsetneq b^n R \cap (1-b)^m R$ unmittelbar klar. Sei umgekehrt $d = b^n r = (1-b)^m s \in b^n R \cap (1-b)^m R$, $(r,s \in R)$. Dann folgt aus

$$\begin{aligned} d = (1-b)^m s &= \left(1 - \binom{m}{1} b + \binom{m}{2} b^2 - + \ldots\right)s \\ &= s - b\left(\binom{m}{1} - \binom{m}{2} b + - \ldots\right) s \end{aligned}$$

eine Gleichung der Form

$$s = d + br_0 s = b^n r + br_0 s \quad \text{mit} \quad r_0 \in R_0 .$$

Setzt man in dieser Gleichung rechts für s diese Gleichung wieder ein, so folgt

$$s = b^n r + br_0(b^n r + br_0 s) = b^n r_1 + b^2 r_0^2 s \quad \text{mit} \quad r_2 \in R ,$$

wobei benutzt wurde, daß R_0 kommutativ ist. Fährt man in dieser Weise induktiv fort, so erhält man nach endlich vielen Schritten eine Gleichung der Form $s = b^n t$ mit $t \in R$. Damit folgt

$$d = (1-b)^m s = (1-b)^m b^n t ,$$

also $d \in b^n(1-b)^m R$, was zu zeigen war.

(b) Sei $(b-b^2)^n = 0$, dann ist $(b-b^2)R_0$ ein nilpotentes Ideal in R_0 (da R_0 kommutativ ist), also gilt $(b-b^2)R_0 \subsetneq \mathrm{Ra}(R_0)$ und folglich ist $(b-b^2)R_0$ klein in R_0.

Aus $\quad R_0 = b^n R_0 + (1-b)^n R_0 + (b-b^2)R_0$

folgt dann

$$R_0 = b^n R_0 + (1-b)^n R_0 ,$$

also wegen

$$b^n R_0 \cap (1-b)^n R_0 = b^n(1-b)^n R_0 = (b-b^2)^n R_0 = 0$$

sogar $\quad R_0 = b^n R_0 \oplus (1-b)^n R_0$.

Dann existiert nach 7.2.3 ein Idempotent $e \in R_0$ mit

$$eR_0 = b^n R_0, \; (1-e)R_0 = (1-b)^n R_0,$$

also gilt $e = br_0$, $r_0 \in R_0$. Ferner folgt nach (a)

$$e - b = (1-b) - (1-e) \in bR_0 \cap (1-b)R_0 = (b-b^2)R_0 ,$$

also $e - b = (b-b^2)s_0$, $s_0 \in R_0$. □

11.5.2 Definition (a) *Sei* $A \subsetneq {}_RR_R$ *und sei* $\nu : R \to R/A$ *der natürliche Ringepimorphismus. Man sagt, daß ein Idempotent* $\epsilon \in R/A$ *nach* R *hochgehoben werden kann, wenn ein Idempotent* $e \in R$ *mit* $\nu(e) = \epsilon$ *existiert.*

(b) *Man sagt, daß eine Menge* $\{\epsilon_i \mid i \in I\}$ *von orthogonalen Idempotenten* $\epsilon_i \in R/A$ *nach* R *hochgehoben werden kann, wenn eine Menge* $\{e_i \mid i \in I\}$ *von orthogonalen Idempotenten* $e_i \in R$ *mit* $\nu(e_i) = \epsilon_i$ *für alle* $i \in I$ *existiert.*

11.5.3 Satz *Sei* $A \subsetneq {}_RR_R$ *ein Nilideal. Dann kann jede endliche oder abzählbar unendliche Menge von orthogonalen Idempotenten* $\epsilon_i \in R/A$ *nach* R *hochgehoben werden.*

Beweis durch Induktion. Induktionsbeginn: Ein Idempotent $\epsilon \in R/A$ kann nach R hochgehoben werden. Sei wieder $\nu : R \to R/A$, und sei $b \in R$ mit $\nu(b) = \epsilon$, dann folgt

$$\nu(b - b^2) = \nu(b) - \nu(b)^2 = \epsilon - \epsilon = 0\,,$$

also $b - b^2 \in \mathrm{Ke}(\nu) = A$. Nach 11.5.1 (b) gibt es ein Idempotent $e \in R$ mit $e - b = (b - b^2)s_0 \in A$. Dann folgt

$$0 = \nu(e - b) = \nu(e) - \nu(b) = \nu(e) - \epsilon\,,$$

also $\nu(e) = \epsilon$.

Zum Induktionsschluß seien jetzt

$$\epsilon_1, \epsilon_2, \epsilon_3, \ldots$$

endlich oder abzählbar unendlich viele orthogonale Idempotente aus R/A. Seien bereits $e_1, \ldots, e_n$ wie gewünscht bestimmt. Dann sei $c \in R$ mit $\nu(c) = \epsilon_{n+1}$ und bezeichne

$$b := (1 - \sum_{i=1}^{n} e_i)\, c\, (1 - \sum_{i=1}^{n} e_i)\,.$$

Wegen der Orthogonalität der $e_1, \ldots, e_n$ gilt dafür

$$e_i b = b e_i = 0, \qquad i = 1, \ldots, n,$$

sowie $$\nu(b) = (1 - \sum_{i=1}^{n} \epsilon_i)\epsilon_{n+1}(1 - \sum_{i=1}^{n} \epsilon_i) = \epsilon_{n+1}\,.$$

Nach dem Induktionsbeginn und 11.5.1 (b) gibt es ein Idempotent e_{n+1} mit

$$\nu(e_{n+1}) = \nu(b) = \epsilon_{n+1}, \qquad e_{n+1} = br_0 = r_0 b\,.$$

Wegen $e_i b = b e_i = 0$ folgt

$$e_i e_{n+1} = e_{n+1} e_i = 0, \qquad i = 1, \ldots, n\,,$$

womit der Beweis vollständig ist. □

Wir kommen nun zur Untersuchung von t-nilpotenten Idealen und wiederholen zunächst die bereits zu Beginn dieses Kapitels gegebene Definition.

11.5.4 Definition *Eine Menge* A *von Elementen eines Ringes* R *heißt* l i n k s - *bzw.* r e c h t s - *t* - n i l p o t e n t, *wenn zu jeder Familie*

$$(a_1, a_2, a_3, \ldots), \qquad a_i \in A$$

ein $k \in \mathbb{N}$ *mit*

$$a_k a_{k-1} \ldots a_1 = 0 \quad \textit{bzw.} \quad a_1 a_2 \ldots a_k = 0$$

existiert.

Es ist dann klar, daß jedes links- oder rechts-t-nilpotente Ideal ein Nilideal ist. Andererseits ist nicht jedes t-nilpotente Ideal bereits nilpotent. Die t-nilpotenten Ideale stehen also zwischen den nilpotenten Idealen und den Nilidealen.

11.5.5 Satz *Für ein Rechtsideal* $A \subsetneq R_R$ *sind äquivalent:*

(a) A *ist links*-t-*nilpotent.*

(b) *Für jeden Modul* M_R *mit* $MA = M$ *gilt* $M = 0$.

(c) *Für jeden Modul* M_R *gilt* $MA \overset{\circ}{\subsetneq} M$.

(d) $R^{(\mathbb{N})}A \overset{\circ}{\subsetneq} R^{(\mathbb{N})}$ *als* R-*Rechtsmoduln.*

B e w e i s. „(a) ⇒ (b)“ Angenommen, es gelte $MA = M$ und $M \neq 0$. Dann existiert ein $m_1 a_1 \neq 0$ mit $m_1 \in M$, $a_1 \in A$. Sei $m_1 = \Sigma\, m_i' a_i' \Rightarrow m_1 a_1 = \Sigma\, m_i' a_i' a_1 \Rightarrow$ es existiert $m_2 a_2 a_1 \neq 0$, $m_2 \in M$, $a_2 \in A$.
Sei $m_2 = \Sigma\, m_i'' a_i'' \Rightarrow m_2 a_2 a_1 = \Sigma\, m_i'' a_i'' a_2 a_1 \Rightarrow$ existiert $m_3 a_3 a_2 a_1 \neq 0$. Induktiv erhält man so eine Folge $(a_1, a_2, a_3, \ldots)$, $a_i \in A$ mit $a_n a_{n-1} \ldots a_1 \neq 0$ für jedes $n \in \mathbb{N}$. Widerspruch zur t-Nilpotenz!

„(b) ⇒ (c)“ Angenommen $MA + U = M \Rightarrow (M/U)A = M/U \Rightarrow M/U = 0$ nach Voraussetzung $\Rightarrow U = M$, was zu zeigen war.

„(c) ⇒ (d)“ (d) ist Spezialfall von (c).

„(d) ⇒ (a)“ Sei $F := R^{(\mathbb{N})}$ als R-Rechtsmodul mit der Basis $x_1, x_2, x_3, \ldots$. Zur Folge $(a_1, a_2, a_3, \ldots)$ mit $a_i \in A$ betrachten wir den Untermodul

$$U = \sum_{i=1}^{\infty} u_i R$$

von F mit $u_i := x_i - x_{i+1} a_i$, $i \in \mathbb{N}$. Offensichtlich gilt dann $FA + U = F$, also nach Voraussetzung $U = F$.
Insbesondere gilt dann $x_1 \in U$, also gibt es eine Darstellung

$$x_1 = \sum_{i=1}^{k} u_i r_i = x_1 r_1 + x_2(r_2 - a_1 r_1) + x_3(r_3 - a_2 r_2) + \ldots + x_k(r_k - a_{k-1} r_{k-1}) - x_{k+1} a_k r_k .$$

Daraus folgt durch Koeffizientenvergleich

$$r_1 = 1, \quad r_2 = a_1, \quad r_3 = a_2 a_1, \ldots, r_k = a_{k-1} a_{k-2} \ldots a_1,$$

sowie $a_k r_k = a_k a_{k-1} \ldots a_1 = 0$. □

11.5.6 Folgerung *Für einen Ring* R *sind äquivalent:*

(1) Ra(R) *ist links*-t-*nilpotent.*

(2) *Jeder projektive* R-*Rechtsmodul hat ein kleines Radikal*

(3) $R^{(N)}$ *hat als* R-*Rechtsmodul ein kleines Radikal.*

B e w e i s. „(1) ⇒ (2)" Spezialfall von (a) ⇒ (c) in 11.5.5, wenn man beachtet, daß für projektive Moduln P nach 9.2.1 Ra(P) = PRa(R) gilt.

„(2) ⇒ (3)" Klar.

„(3) ⇒ (1)" (d) ⇒ (a) in 11.5.5 unter Beachtung von 9.2.1 (g). □

Eine weitere interessante Kennzeichnung von t-nilpotenten Idealen erfolgt mit Hilfe von Annullatorbedingungen.

11.5.7 Satz *Für ein Rechtsideal* $A \subsetneq R_R$ *sind äquivalent:*

(a) A *ist links*-t-*nilpotent.*

(b) *Für jeden Modul* $_RM$ *mit* $\underline{r}_M(A) = 0$ *gilt* M = 0.

(c) *Für jeden Modul* $_RM$ *gilt* $\underline{r}_M(A) \subsetneq^* {}_RM$.

B e w e i s. „(a) ⇒ (b)" Angenommen, es gelte $\underline{r}_M(A) = 0$ und $M \neq 0$. Dann gibt es zu jedem $0 \neq m \in M$ ein $a \in A$ mit $am \neq 0$. Zu festem $0 \neq m_0 \in M$ erhält man daher induktiv eine Folge $(a_1, a_2, a_3, \ldots)$, $a_i \in A$ mit

$$a_n a_{n-1} \ldots a_1 m_0 \neq 0 \qquad \text{für jedes } n \in \mathbb{N},$$

also auch $a_n a_{n-1} \ldots a_1 \neq 0$ für jedes $n \in \mathbb{N}$. Widerspruch zur Voraussetzung.

„(b) ⇒ (c)" Angenommen, für $X \subsetneq M$ gelte

$$\underline{r}_M(A) \cap X = 0,$$

dann folgt $\underline{r}_X(A) = 0$, also $X = 0$.

„(c) ⇒ (a)": Wir zeigen, daß 11.5.5 (b) erfüllt ist. Für $M_R \neq 0$ wird $MA \neq M$ gezeigt. Sei $U := \underline{r}_R(M)$, dann ist U zweiseitiges echtes Ideal in R. Ferner sei

$$H := \{x \mid x \in R \wedge Ax \subset U\},$$

dann folgt $U \subset H$ und

$$H/U = \underline{r}_{R/U}(A).$$

Wegen (c) gilt $H/U \subsetneq^* R/U$, also $U \subset H$ und folglich $MH \neq 0$, aber $MAH \subset MU = 0$. Daraus ergibt sich $MA \neq M$. □

11.6 Perfekte Ringe

Wir kommen jetzt zur Untersuchung der in der Einleitung dieses Kapitels angegebenen perfekten Ringe und wiederholen zunächst die Definition

11.6.1 Definition *Ein Ring* R *heißt* r e c h t s - p e r f e k t (= R_R *perfekt*) :⟺ *Jeder* R-*Rechtsmodul hat eine projektive Hülle.*

11.6.2 Folgerung *Für einen Ring* R *sind äquivalent:*

(a) R *ist rechts-perfekt.*

(b) $R^{(N)}$ *ist als* R-*Rechtsmodul semi-perfekt.*

(c) R *ist semi-perfekt und jeder freie* R-*Rechtsmodul hat ein kleines Radikal.*

B e w e i s. „(a) ⇒ (b)" Klar nach Definition.

„(b) ⇒ (c)" Als direkter Summand von $R_R^{(N)}$ ist R semi-perfekt. Nach 11.1.7 hat $R_R^{(N)}$ ein kleines Radikal, so daß nach 11.5.6 jeder projektive R-Rechtsmodul ein kleines Radikal hat.

„(c) ⇒ (a)" Ist R semi-perfekt und hat jeder freie R-Rechtsmodul ein kleines Radikal, dann ist nach 11.3.3 jeder freie R-Rechtsmodul semi-perfekt. Da jeder R-Rechtsmodul Bild eines freien R-Rechtsmoduls ist, ist jeder R-Rechtsmodul semi-perfekt, d.h., R ist rechts-perfekt. □

Um ein Beispiel für einen perfekten Ring zu haben, überlegen wir, daß ein rechts artinscher Ring beidseitig perfekt ist.

Sei also R_R artinsch. Im Anschluß an 11.3.2 wurde festgestellt, daß ein rechts artinscher Ring semi-perfekt ist. Da nach 9.3.10 für jeden R-Rechtsmodul und R-Linksmodul M

$$\mathrm{Ra}(M) \overset{\circ}{\hookrightarrow} M$$

gilt, folgt die Behauptung aus 11.6.2.
In diesem Abschnitt soll nun der in der Einleitung angegebene Satz bewiesen werden, den wir der Vollständigkeit halber wiederholen.

11.6.3 Satz *Für einen Ring* R *sind die folgenden Bedingungen äquivalent:*

(1) R *ist rechts-perfekt.*

(2) *Jeder flache* R-*Rechtsmodul ist projektiv.*

(3) R *erfüllt die absteigende Kettenbedingung für zyklische Linksideale.*

(4) *Jeder* R-*Linksmodul* ≠ 0 *besitzt einen Sockel* ≠ 0 *und* R *enthält keine unendliche Menge orthogonaler Idempotente.*

(5) R/Ra(R) *ist halbeinfach und* Ra(R) *ist links-*t-*nilpotent.*

B e w e i s. Der Reihe nach wird gezeigt (1) ⇒ (2) ⇒ (3) ⇒ (4) ⇒ (5) ⇒ (1).

„(1) ⇒ (2)" Nach Voraussetzung hat jeder R-Rechtsmodul, also insbesondere jeder flache R-Rechtsmodul M eine projektive Hülle. Nach 10.5.3 (mit M = P/U) ist dann jeder flache R-Rechtsmodul projektiv.

„(2) ⇒ (3)" Sei

$$Ra_1 \hookleftarrow Ra_2 \hookleftarrow Ra_3 \hookleftarrow \ldots$$

eine Kette von Linksidealen aus R. Wegen $a_{i+1} \in Ra_i$ gibt es ein $b_{i+1} \in R$ mit $a_{i+1} =$

$b_{i+1}a_i$. Induktiv folgt, wenn noch $b_1 = a_1$ gesetzt wird:

$$a_n = b_n b_{n-1} \dots b_1, \qquad n \in \mathbb{N}.$$

Die vorstehende Kette kann folglich auch in der Form

$$Rb_1 \hookleftarrow Rb_2 b_1 \hookleftarrow Rb_3 b_2 b_1 \hookleftarrow \dots$$

angegeben werden und ist durch die Folge $b_1, b_2, b_3, \dots$ eindeutig bestimmt.

Wir zeigen in drei Schritten: Es gibt ein Linksideal $A \hookrightarrow {}_R R$ und ein $m \in \mathbb{N}$ mit

$$Rb_n b_{n-1} \dots b_1 = Ra_n = A$$

für alle $n \geqslant m$. Das ist offenbar damit äquivalent, daß die ursprüngliche Folge stationär ist.

1. S c h r i t t. Sei $F := R^{(\mathbb{N})} \in \mathsf{M}_R$ mit der Basis

$$x_i := \underbrace{(0 \dots 0\ 1}_{i \text{ Stellen}}\ 0 \dots), \qquad i \in \mathbb{N}.$$

Sei ferner

$$B := \sum_{i=1}^{\infty} (x_i - x_{i+1} b_i)R \hookrightarrow F_R,$$

dann soll gezeigt werden, daß F/B flach ist. Nach 10.5.2 ist für jedes endlich erzeugte Linksideal $L \hookrightarrow {}_R R$ zu zeigen:

$$B \cap FL = BL.$$

Stets gilt $BL \hookrightarrow B \cap FL$, und zum Beweis der umgekehrten Inklusion sei $d \in B \cap FL$, also

$$d = \sum_{i=1}^{n} (x_i - x_{i+1} b_i) r_i = \sum_{i=1}^{h} f_i \ell_i, \qquad f_i \in F, \ell_i \in L.$$

Da L ein Linksideal ist, erhält man

$$d = \sum_{i=1}^{h} f_i \ell_i = \sum_{j=1}^{k} x_j \ell'_j \qquad \text{mit } \ell'_j \in L.$$

Koeffizientenvergleich liefert

$$r_1 = \ell'_1, \quad r_2 - b_1 r_1 = \ell'_2, \quad r_3 - b_2 r_2 = \ell'_3, \dots,$$

woraus sukzessive folgt, daß alle $r_i \in L$ sind, also gilt $d \in BL$, was zu zeigen war.

2. S c h r i t t. Auf Grund der Voraussetzung (2) folgt nun, daß F/B projektiv ist. Dann zerfällt der Epimorphismus

$$\nu: \ F \to F/B$$

und man erhält $F = B \oplus U$. Sei jetzt

$$\pi: \ F \ni b + u \mapsto u \in F, \qquad b \in B, u \in U,$$

die zugehörige Projektion von F auf $U \hookrightarrow F$ (mit Ziel F!).

Dann gilt

$$\pi(x_k - x_{k+1} b_k) = 0, \qquad k \in \mathbb{N},$$

also $\pi(x_k) = \pi(x_{k+1})b_k$. Setzt man noch $z_k := \pi(x_k)$, so folgt

$$z_k = z_{k+1} b_k, \qquad k \in \mathbb{N},$$

woraus man durch sukzessives Einsetzen

$$z_k = z_{m+1} b_m b_{m-1} \ldots b_k, \qquad m \geqslant k$$

erhält. Wegen $\pi^2 = \pi$ gilt schließlich noch $\pi(z_k) = z_k$, $k \in \mathbb{N}$.

Behauptung. Sei $\underline{r}_R(z_k)$ der Rechtsannullator von z_k in R, dann gilt

$$\underline{r}_R(z_k) = \{r \mid r \in R \wedge b_m b_{m-1} \ldots b_k r = 0 \text{ für ein } m \geqslant k\}.$$

Daß die rechts stehende Menge in $\underline{r}_R(z_k)$ enthalten ist, folgt sofort aus $z_k = z_{m+1} b_m b_{m-1} \ldots b_k$. Sei jetzt $r \in \underline{r}_R(z_k)$, d.h. $z_k r = 0$. Dann folgt aus

$$x_k = y_k + z_k, \qquad y_k \in B, z_k \in U$$

eine Gleichung der Form

$$x_k r = y_k r = \sum_{j=1}^{m} (x_j - x_{j+1} b_j) r_j, \qquad r_j \in R, m \geqslant k.$$

Koeffizientenvergleich liefert

$$\begin{aligned} r_1 = r_2 &= \ldots = r_{k-1} = 0 \\ r_k &= r, \\ r_{k+1} &= b_k r_k, \\ r_{k+2} &= b_{k+1} r_{k+1}, \\ &\vdots \\ r_m &= b_{m-1} r_{m-1}, \\ 0 &= b_m r_m . \end{aligned}$$

Durch Einsetzen folgt

$$0 = b_m r_m = b_m b_{m-1} r_{m-1} = \ldots = b_m b_{m-1} \ldots b_k r,$$

womit die Behauptung bewiesen ist.

3. Schritt. Im Sinne der Definition von $F = R^{(\mathbb{N})}$ sei jetzt

$$z_k = (s_i^k) = (s_1^k s_2^k \ldots), \qquad k \in \mathbb{N}.$$

Sei A das durch die Koeffizienten s_i^1 von z_1 erzeugte Linksideal von R:

$$A := \sum_i R s_i^1 ;$$

da fast alle $s_i^1 = 0$ sind, ist A endlich erzeugt.

Behauptung. Es existiert m_0 mit $Rb_n b_{n-1} \dots b_1 = A$ für alle $n \geqslant m_0$. Wenn dies gezeigt ist, sind wir offensichtlich mit dem Beweis für (2) ⇒ (3) fertig.

Im 2. Schritt wurde

$$z_1 = z_{m+1} b_m b_{m-1} \dots b_1, \qquad m \in \mathbb{N}$$

festgestellt; folglich gilt für alle $i \in \mathbb{N}$

$$s_i^1 = s_i^{m+1} b_m b_{m-1} \dots b_1,$$

woraus sich

$$A \subsetneq Rb_m b_{m-1} \dots b_1, \qquad m \in \mathbb{N}$$

ergibt. Es ist nun zu zeigen, daß für hinreichend große m die umgekehrte Inklusion gilt. Aus $\pi = \pi^2$ folgt $z_j = \pi(x_j) = \pi^2(x_j) = \pi(z_j)$, und daraus erhält man

$$z_1 = (s_i^1) = (\sum_{j=1}^{h} s_i^j s_j^1),$$

wobei h so gewählt ist, daß $s_j^1 = 0$ für $j \geqslant h$ gilt; dazu beachte man, daß aus

$$z_1 = \sum_{j=1}^{h} x_j s_j^1$$

$$z_1 = \pi(z_1) = \sum_j \pi(x_j) s_j^1 = \sum_j z_j s_j^1 = \sum_i \sum_j x_i s_i^j s_j^1$$

folgt. Koeffizientenvergleich liefert

$$s_i^1 = \sum_{j=1}^{h} s_i^j s_j^1, \qquad i \in \mathbb{N}.$$

Aus $z_j = z_{h+1} b_h b_{h-1} \dots b_j$, $h \geqslant j$ (2. Schritt), erhält man

$$s_i^j = s_i^{h+1} b_h b_{h-1} \dots b_j.$$

Setzt man dies in die vorstehende Gleichung ein, so ergibt sich

$$s_i^1 = \sum_{j=1}^{h} s_i^{h+1} b_h b_{h-1} \dots b_j s_j^1 = s_i^{h+1} \sum_{j=1}^{h} b_h b_{h-1} \dots b_j s_j^1.$$

Da andererseits $s_i^1 = s_i^{h+1} b_h b_{h-1} \dots b_1$ gilt, folgt

$$s_i^{h+1} (\sum_{j=1}^{h} b_h b_{h-1} \dots b_j s_j^1 - b_h b_{h-1} \dots b_1) = 0, \qquad i \in \mathbb{N}$$

also $$z_{h+1} (\sum_{j=1}^{h} b_h b_{h-1} \dots b_j s_j^1 - b_h b_{h-1} \dots b_1) = 0.$$

Nach dem 2. Schritt folgt, daß es ein $m_0 \geqslant h + 1$ mit

$$b_{m_0} b_{m_0 - 1} \dots b_{h+1} \left(\sum_{j=1}^{h} b_h \dots b_j s_j^1 - b_h b_{h-1} \dots b_1 \right) = 0$$

gibt. Dies bedeutet aber, daß $b_{m_0} b_{m_0 - 1} \dots b_1 \in A$ und folglich auch

$$Rb_n \dots b_1 \subsetneq A \text{ für } n \geqslant m_0 .$$

„(3) ⇒ (4)" Sei $0 \neq m \in {}_RM$, dann soll bewiesen werden, daß Rm einen einfachen Untermodul enthält. Angenommen dies wäre nicht der Fall, dann muß jeder Untermodul $\neq 0$ von Rm einen echten Untermodul $\neq 0$ enthalten. Es gibt dann also eine unendliche Kette

$$Rm \underset{\neq}{\supset} Rr_1 m \underset{\neq}{\supset} Rr_2 r_1 m \underset{\neq}{\supset} \dots .$$

Folglich gilt

$$R \underset{\neq}{\supset} Rr_1 \underset{\neq}{\supset} Rr_2 r_1 \underset{\neq}{\supset} \dots$$

im Widerspruch zur absteigenden Kettenbedingung für zyklische Linksideale.

Nun zeigen wir, daß R keine unendliche Menge von orthogonalen Idempotenten enthalten kann. Sind nämlich $e_1, e_2, e_3, \dots$ orthogonale Idempotente $\neq 0$ in R, dann ist, wie wir gleich feststellen werden

$$R \underset{\neq}{\supset} R(1 - e_1) \underset{\neq}{\supset} R(1 - e_1 - e_2) \underset{\neq}{\supset} \dots$$

eine echt absteigende Kette von zyklischen Linksidealen im Widerspruch zur Voraussetzung. Wegen

$$(1 - e_1 - e_2 - \dots - e_n)(1 - e_1 - \dots - e_{n-1}) = 1 - e_1 - \dots - e_n$$

gilt $R(1 - e_1 \dots - e_{n-1}) \supset R(1 - e_1 - \dots - e_n)$;

angenommen

$$(1 - e_1 - \dots - e_{n-1}) = r(1 - e_1 - \dots - e_n),$$

dann folgte durch Multiplikation mit e_n von rechts $e_n = 0$ ↯ .

„(4) ⇒ (5)" Um zunächst zu beweisen, daß Ra(R) links-t-nilpotent ist, muß nach 11.5.7 für jeden R-Linksmodul M

$$\underline{r}_M(\mathrm{Ra}(R)) \subsetneq^* M$$

gezeigt werden. Nun gilt aber stets

$$\mathrm{So}({}_RM) \subsetneq \underline{r}_M(\mathrm{Ra}(R)),$$

(denn $\mathrm{Ra}(R)\mathrm{So}(M) \subsetneq \mathrm{Ra}(\mathrm{So}(M)) = 0$), und weil nach Voraussetzung $\mathrm{So}(M) \subsetneq^* M$ gilt, folgt die Behauptung.

Da Ra(R) links-t-nilpotent, also erst recht nil ist, folgt aus 11.5.3 daß auch R/Ra(R) keine unendliche Menge von orthogonalen Idempotenten enthalten kann.

Für die weitere Überlegung bemerken wir zuerst, daß die Linksideale von $R/Ra(R)$ mit den R-Untermoduln von $_R(R/Ra(R))$ übereinstimmen, so daß jedes Linksideal $\neq 0$ von $R/Ra(R)$ ein einfaches Linksideal enthält. Zur Abkürzung setzen wir $T := R/Ra(R)$.

Behauptung. Jedes einfache Linksideal $E \hookrightarrow {}_TT$ ist direkter Summand in $_TT$.

Beweis. Da $Ra(R/Ra(R)) = Ra(T) = 0$, ist E nicht klein in $_TT$, also existiert ein $A \underset{\neq}{\hookrightarrow} {}_TT$ mit $E + A = {}_TT$. Da E einfach ist, folgt $E \cap A = 0$ (da sonst $E \hookrightarrow A \Rightarrow A = T$), also $E \oplus A = {}_TT$.

Wir konstruieren jetzt eine Folge von orthogonalen Idempotenten, die nach der anfangs gemachten Feststellung nach endlich vielen Schritten abbrechen muß. Sei $E_1 \hookrightarrow {}_TT$, dann gibt es ein Idempotent e_1 mit $E_1 = Te_1$ und

$$_TT = E_1 \oplus A_1 \quad (= Te_1 \oplus T(1 - e_1)) .$$

Ist $A_1 = 0$, dann ist $_TT$ einfach und man ist fertig. Ist $A_1 \neq 0$, dann gibt es nach Voraussetzung ein einfaches Linksideal $E_2 \hookrightarrow A_1$. Sei $_TT = E_2 \oplus U_2$, dann folgt nach dem modularen Gesetz $A_1 = E_2 \oplus (A_1 \cap U_2)$. Damit folgt, wenn noch $A_2 := A_1 \cap U_2$ gesetzt wird

$$_TT = E_1 \oplus E_2 \oplus A_2 .$$

Fährt man auf diese Weise induktiv fort, so erhält man eine Folge von Zerlegungen

$$_TT = E_1 \oplus \ldots \oplus E_n \oplus A_n, \qquad n = 1, 2, 3, \ldots$$

mit $\quad A_{n-1} = E_n \oplus A_n, \qquad n = 2, 3, \ldots,$

die nur dann abbricht, wenn $A_n = 0$ vorkommt. Dann ist $_TT$ aber halbeinfach und der Beweis vollständig.

Nach 7.2.3 entspricht der Folge von direkten Zerlegungen eine Folge von orthogonalen Idempotenten

$$e_1, \ldots, e_n, a_n, \qquad n = 1, 2, 3, \ldots$$

mit $\quad a_{n-1} = e_n + a_n, \qquad n = 2, 3, \ldots$

(d.h., bei der Zerlegung von a_{n-1} in die Idempotente e_n und a_n ändern sich die orthogonalen Idempotente $e_1, \ldots, e_{n-1}$ nicht!). Da wie festgestellt, die Folge $e_1, e_2, e_3, \ldots$ abbrechen muß, muß der Fall $a_n = 0$, also $A_n = Ta_n = 0$ auftreten.

„(5) ⇒ (1)“ Nach 11.3.2 und 11.5.3 ist R semi-perfekt. Nach 11.5.6 gilt für jeden freien R-Rechtsmodul F_R

$$Ra(F_R) \overset{\circ}{\hookrightarrow} F_R .$$

Dann folgt nach 11.3.3, daß jeder freie, und damit jeder R-Rechtsmodul semi-perfekt ist. Das bedeutet aber, daß R_R perfekt ist. □

Damit ist der Beweis von Satz 11.6.3 vollständig. Die durch diesen Satz gekennzeichneten Ringe sind in verschiedener Hinsicht von Interesse. Wir werden darauf später mehrfach zurückkommen. Hier sei noch einmal betont, daß für jeden R-Rechtsmodul über einem rechts-perfekten Ring R alle über semi-perfekte Moduln gemachten Aussagen zur Verfügung stehen. Insbesondere gilt für jeden projektiven Modul über einem solchen Ring die Zerlegungseigenschaft 11.4.2 (Krull-Remak-Schmidt).

11.6.4 Folgerung *Für einen rechts-perfekten Ring* R *gilt:*

(a) *Jeder noethersche* R- *Linksmodul ist artinsch*

(b) *Jeder artinsche* R-*Rechtsmodul ist noethersch.*

(c) *Ist* R_R *noethersch, dann ist* R_R *artinsch.*

Beweis. (a) Sei ${}_RM$ noethersch, dann ist jeder Untermodul und jeder Faktormodul wieder noethersch. Folglich ist der Sockel eines jeden Faktormoduls von M endlich erzeugt. Da nach 11.6.3 (4) der Sockel eines beliebigen R-Linksmoduls groß in dem Modul ist, ist ${}_RM$ nach 9.4.4 artinsch.

(b) Sei M_R artinsch und sei $U \hookrightarrow M_R$. Dann ist U artinsch, also U/Ra(U) halbeinfach und artinsch und folglich endlich erzeugt. Da R rechts-perfekt ist, gilt (nach(11.1.7) $Ra(U) \overset{\circ}{\hookrightarrow} U$, und nach 9.4.1 folgt, daß U endlich erzeugt ist. Das besagt aber, daß M noethersch ist.

(c) Nach 9.3.7 ist Ra(R) nilpotent. Da außerdem R/Ra(R) halbeinfach ist, liefert 9.3.11 die Behauptung. □

Übungen zu Kapitel 11

1. Zeige für einen Integritätsring mit R mit Quotientenkörper K:

a) Ist R kein Körper, so hat K als R-Modul keine projektive Hülle.

b) Ist R nicht-lokal und ist M_R unzerlegbar, so hat M_R keine projektive Hülle.

c) Ist R nicht-lokal und ist M_R semi-perfekt, so gilt bereits $M = 0$.

2. a) Haben A und $A \oplus B$ eine projektive Hülle, so auch B.

b) Sei R ein Integritätsring mit genau n maximalen Idealen ($n \geqslant 2$). Zeige:

(1) Der R-Modul $M := R/Ra(R)$ ist halbeinfach und hat 2^n Untermoduln.

(2) Nur zwei Untermoduln von M haben eine projektive Hülle.

3. Sei R ein lokaler nullteilerfreier Hauptidealring, aber kein Körper. Zeige für M_R:

a) M hat genau dann eine projektive Hülle, wenn er direkte Summe aus einem projektiven und einem endlich erzeugten R-Modul ist.

b) M ist genau dann semi-perfekt, wenn er endlich erzeugt ist.

(Hinweis: Der Quotientenkörper ist als R-Modul abzählbar erzeugt.)

4. a) Gib ein Beispiel für einen komplementierten Modul M mit einem nicht-komplementierten Untermodul U.

b) Ist $M = A + B$, und sind A und B komplementiert, so auch M.

c) Ist M endlich erzeugt und hat in M jeder maximale Untermodul ein Adko, so ist M bereits komplementiert.

5. (1) Zeige, daß für einen Modul M_R mit $Ra(M) \neq M$ äquivalent sind:

(a) M ist unzerlegbar.

(b) Für jedes $X \subsetneqq M$ ist M/X ist direkt unzerlegbar.

(c) Ra(M) ist maximaler und kleiner Untermodul in M.

(d) Ra(M) ist der größte echte Untermodul von M.

(e) Für alle $m \in M$ gilt $mR \subsetneq^{\circ} M$ oder $mR = M$.

(2) Sei $M \neq 0$ semi-perfekt und $\xi : P \to M$ eine projektive Hülle. Zeige, daß M genau dann die äquivalenten Eigenschaften von (1) erfüllt, wenn P die äquivalenten Eigenschaften in 11.4.1 erfüllt.

6. (1) Zeige, daß ein projektiver Modul P_R genau dann semi-perfekt ist, wenn er die beiden folgenden Bedingungen erfüllt:

(i) Jeder nicht-kleine Untermodul enthält einen von Null verschiedenen direkten Summanden.

(ii) Jeder Untermodul enthält einen maximalen direkten Summanden.

(2) Zeige, daß ein endlich erzeugter Modul M mit der Eigenschaft (ii) bereits die Maximalbedingung für direkte Summanden erfüllt.

7. Zeige, daß für einen projektiven Modul P_R äquivalent sind:

a) $S = End(P_R)$ ist semi-perfekt.

b) P ist semi-perfekt und genügt der Maximalbedingung für direkte Summanden.

c) P ist semi-perfekt und endlich erzeugt.

8. (1) Zeige, daß für einen Ring R äquivalent sind:

(a) Jedes endlich erzeugte Rechtsideal hat ein Adko in R_R.

(b) Jedes zyklische Rechtsideal hat ein Adko in R_R

(c) $\overline{R} = R/Ra(R)$ ist ein regulärer Ring, und zu jedem Idempotent $\epsilon \in \overline{R}$ gibt es ein Idempotent $e \in R$ mit $\overline{e} = \epsilon$.

(2) Ist ${}_RR$ injektiv, so erfüllt R die äquivalenten Bedingungen in (1).

(3) R ist genau dann semi-perfekt, wenn R die äquivalenten Bedingungen in (1) erfüllt und keine unendliche Menge orthogonaler Idempotente enthält.

9. Zeige: Ist A ein zweiseitiges Ideal eines Ringes R, das links- oder rechts-t-nilpotent ist und als Links- oder Rechtsideal endlich erzeugt ist, dann ist A nilpotent.

10. Für einen Ring R definiere den R-Linksmodul $K = (R_R)^{\circ} = Hom_{\mathbb{Z}}(R, \mathbb{Q}/\mathbb{Z})$. Zeige:

a) ${}_RK$ ist injektiver Kogenerator.

b) Ein Rechtsideal $A \subsetneq R_R$ ist genau dann links-t-nilpotent, wenn gilt: $\ell_{K^{\mathbb{N}}}(A) \subsetneq^{*} K^{\mathbb{N}}$.

c) Hat $K^{\mathbb{N}}$ einen großen Sockel, so ist das Radikal von R links-t-nilpotent. – Gib ein Beispiel dafür, daß die Umkehrung nicht gilt.

11. Zeige für einen Ring R: a) Ein projektiver Modul P_R hat genau dann ein kleines Radikal, wenn P/Ra(P) als R-Rechtsmodul eine projektive Hülle besitzt.

b) Das Radikal von R ist genau dann links-t-nilpotent, wenn der R-Rechtsmodul $(R/Ra(R))^{(\mathbb{N})}$ eine projektive Hülle besitzt.

c) R ist genau dann rechts-perfekt, wenn jeder halbeinfache R-Rechtsmodul eine projektive Hülle besitzt.

12. Es soll gezeigt werden: Ist $R^{(\mathbb{N})}$ direkter Summand in $R^{\mathbb{N}}$ (als R-Rechtsmoduln), so ist R rechts-perfekt.

Dazu sei $Ra_1 \supsetneq Ra_2 \supsetneq \ldots$ eine absteigende Folge von zyklischen Linksidealen, $b_1 := a_1$, $b_{i+1}a_i = a_{i+1}$, und

$$z_k := (0, \ldots, 0, b_k, b_{k+1}b_k, b_{k+2}b_{k+1}b_k, \ldots) \in R^{\mathbb{N}} \quad \text{mit } b_k \text{ an der k-ten Stelle}$$

definiert. Zeige:

(1) $z_1 = (a_1, a_2, \ldots, a_k, 0, \ldots) + z_{k+1}a_k$ für alle $k \in \mathbb{N}$.

(2) Zerlegt man $z_k = u_k + v_k \in R^{(\mathbb{N})} \oplus V = R^{\mathbb{N}}$, so gilt $v_1 = v_{k+1}a_k$ für alle $k \in \mathbb{N}$.

(3) Sind die Koordinaten von u_1 ab der Stelle m gleich Null, so gilt $Ra_m = Ra_{m+1} = \ldots$.

13. Seien K ein kommutativer Körper, V ein Vektorraum über K mit abzählbar unendlicher Basis $x_1, x_2, \ldots$ und $S = \mathrm{End}_K(V)$. Ferner seien

$$V_0 := 0, \quad V_n := \sum_{i=1}^{n} x_iK, \quad n \geqslant 1,$$

dann wird definiert:

$$N := \{f \in S \mid \dim(\mathrm{Bi}\, f) < \infty \wedge f(V_{n+1}) \subset V_n \text{ für alle } n \geqslant 0\}.$$

Zeige:

(1) N ist Untergruppe von S mit $N^2 \subset N$.

(2) N ist links-t-nilpotent, aber nicht rechts-t-nilpotent.

(3) Ist $A \subset S$ der Unterring der Multiplikationen mit einem Skalar, so ist $R := A + N$ ein Unterring von S mit $\mathrm{Ra}(R) = N$ und $R/\mathrm{Ra}(R) \cong K$ (als Ringe).

(4) R ist ein lokaler Ring, der rechts-perfekt, aber nicht links-perfekt ist.

(5) $\mathrm{So}(R_R) = 0$.

(Hinweis: Zeige zuerst $\underline{\ell}_S(N) = 0$.)

14. Zeige: Ein Ring R ist genau dann halbeinfach, wenn der Endomorphismenring von $F_R = R^{(\mathbb{N})}$ regulär ist.

(Hinweis: Zeige zuerst: $\mathrm{End}(F_R)$ regulär $\Rightarrow$ R rechts-perfekt, weil B im Beweis von Satz 11.6.3 Bild eines geeigenten Endomorphismus von F ist.)

12 Ringe mit vollkommener Dualität

12.1 Einleitung und Formulierung des Hauptsatzes

Ein Ring R heiße Ring mit vollkommener Dualität, wenn die R-Rechts- und die R-Linksmoduln die gleichen Dualitätseigenschaften wie die Vektorräume über einem Körper haben, also die „bestmöglichen" Dualitätseigenschaften. Dabei sind an Stelle der endlichdimensionalen Vektorräume die endlich erzeugten oder die endlich koerzeugten R-Moduln zu setzen.

Es erhebt sich die Frage nach einer Kennzeichnung der Ringe mit vollkommener Dualität. Diese Frage geht ursprünglich auf J. Dieudonné zurück, der sie für artinsche Ringe beantwortet hat (1958). Hier wird sie für beliebige Ringe behandelt. Um die Antwort formulieren zu können (12.1.1), müssen zunächst einige Begriffe entwickelt werden.

Sei R ein beliebiger Ring. Unter dem dualen Modul zu einem beliebigen Modul M_R versteht man

$$M^* \;:=\; \mathrm{Hom}_R(M_R, R_R)\,,$$

wobei M^* zufolge der Definition

$$(r\varphi)(m) \;:=\; r\varphi(m), \qquad r \in R,\ \varphi \in M^*,\ m \in M$$

ein R-Linksmodul ist (s. 3.8.2).

Ist $M = {}_RM$ ein R-Linksmodul, dann ist M^* ein R-Rechtsmodul zufolge der Definition

$$(\varphi r)(m) = \varphi(m)r \quad \text{bzw.} \quad (m)(\varphi r) = ((m)\varphi)r\,,$$

je nachdem, ob die Homomorphismen links oder rechts vom Argument geschrieben werden.

Zu jedem $A \hookrightarrow M_R$ ist das orthogonale Komplement A° von A in M^* durch

$$A^\circ \;:=\; \{\varphi \mid \varphi \in M^* \quad \varphi(A) = 0\}$$

definiert.

Dann gilt, wie leicht zu sehen, $A^\circ \hookrightarrow {}_RM^*$.

Für $X \hookrightarrow {}_RM^*$ sei andererseits

$$X^\perp \;:=\; \{m \mid m \in M \wedge \forall\, \xi \in X\, [\xi(m) = 0]\}.$$

Dann folgt $X^\perp \hookrightarrow M_R$.

Zu jedem Modul M_R existiert der Homomorphismus

$$\Phi_M : M_R \to M_R^{**},$$

der durch

$$\Phi_M(m)(\varphi) := \varphi(m), \qquad m \in M, \varphi \in M^*$$

definiert wird. Im günstigsten Falle ist Φ_M ein Isomorphismus und M heißt dann reflexiv (3.8.3). Bekanntlich ist jeder endlichdimensionale Vektorraum reflexiv.

Die wichtigsten Ergebnisse dieses Kapitels sollen sofort angegeben werden. Sie dienen als Richtschnur für die folgenden Überlegungen, bei denen wir diese Ergebnisse Schritt für Schritt beweisen. In der Formulierung dieser Ergebnisse verstehen wir unter R-Moduln sowohl R-Rechts- als auch R-Linksmoduln.

12.1.1 Hauptsatz *Für einen Ring* R *sind äquivalent:*

(1) *Jeder endlich erzeugte* R-*Modul ist reflexiv.*

(2) *Jeder zyklische* R-*Modul ist reflexiv.*

(3) *Jeder endlich koerzeugte* R-*Modul ist reflexiv.*

(4) *Für jeden* R-*Modul* M *und jeden Untermodul* A *von* M *gilt* $A = A^{\circ\perp}$.

(5) R_R *und* ${}_RR$ *sind Kogeneratoren.*

(6) R_R *ist Kogenerator und* ${}_RR$ *ist injektiv.*

(7) ${}_RR$ *ist Kogenerator und* R_R *ist injektiv.*

(8) R_R *und* ${}_RR$ *sind injektiv und zu jedem einfachen* R-*Modul gibt es ein isomorphes Ideal von* R[1].

12.1.2 Definition *Ein Ring, der den Bedingungen von* 12.1.1 *genügt, heißt Ring mit* v o l l k o m m e n e r D u a l i t ä t.

12.1.3 Folgerung *Ist* R *ein Ring mit vollkommener Dualität, dann ist* R *semi-perfekt und* R_R *sowie* ${}_RR$ *sind endlich koerzeugt.*

Im Hauptsatz haben die Bedingungen (1) bis (4) mit Dualitätsbegriffen zu tun, während die Bedingungen (5) bis (8) Kogenerator- und Injektivitätseigenschaften verbinden.

Die Folgerung besagt, daß für Ringe mit vollkommener Dualität alle Resultate über semi-perfekte Ringe (aus Kapitel 11) und über endlich koerzeugte Moduln zur Verfügung stehen.

In den folgenden Überlegungen werden wir nicht nur die Hilfsmittel zum Beweis der vorstehenden Ergebnisse bereitstellen, sondern auch Resultate beweisen, die von selbständigem Interesse sind, und solche, die im nächsten Kapitel gebraucht werden.

---

1) Letztere Eigenschaft wird in der Literatur auch nach dem Verfasser benannt.

12.2 Dualitätseigenschaften

Seien R ein beliebiger Ring und $f: A_R \to M_R$ ein beliebiger R-Homomorphismus. Dann werde

$$f^*: \quad {}_RM^* \to {}_RA^*$$

definiert durch

$$f^*(\varphi) \quad := \quad \varphi f, \qquad \varphi \in M^*.$$

Wegen $f^*(r_1\varphi_1 + r_2\varphi_2) = (r_1\varphi_1 + r_2\varphi_2)f = r_1(\varphi_1 f) + r_2(\varphi_2 f) = r_1 f^*(\varphi_1) + r_2 f^*(\varphi_2)$ ist f^*, wie angegeben, ein R-Homomorphismus. Man nennt f^* den zu f d u a l e n H o m o r p h i s m u s. Für duale Homomorphismen stellen wir jetzt einige einfache Eigenschaften zusammen.

12.2.1 Behauptung *Seien* $f: A_R \to M_R$, $f_0: M_R \to A_R$ *und* $g: M_R \to W_R$ *Homomorphismen. Dann gilt*

(a) $(gf)^* = f^*g^*$, $f_0 f = 1_A \Rightarrow f^*f_0^* = 1_A^* = 1_{A^*}$.

(b) *Epimorphismus* f $\Rightarrow$ *Monomorphismus* f^*.

(c) *Ist* R_R *injektiv, dann gilt: Monomorphismus* f $\Rightarrow$ *Epimorphismus* f^*.

(d) *Ist* R_R *Kogenerator, dann gilt: Monomorphismus* f^* $\Rightarrow$ *Epimorphismus* f, *Epimorphismus* f^* $\Rightarrow$ *Monomorphismus* f.

(e) *Ist* $0 \to A \xrightarrow{f} M \xrightarrow{g} W \to 0$

eine zerfallende exakte Folge (3.9.1), *dann ist auch*

$$0 \to W^* \xrightarrow{g^*} M^* \xrightarrow{f^*} A^* \to 0$$

eine zerfallende exakte Folge.

(f) *Ist* R_R *injektiv, dann ist für die exakte Folge*

$$0 \to A \xrightarrow{f} M \xrightarrow{g} W \to 0$$

auch die Folge

$$0 \to W^* \xrightarrow{g^*} M^* \xrightarrow{f^*} A^* \to 0$$

exakt.

B e w e i s. (a) $(gf)^*(\omega) = \omega(gf) = (\omega g)f = f^*(\omega g) = f^*(g^*(\omega)) = (f^* g^*)(\omega) \Rightarrow (gf)^* = f^*g^*$.;
$1_A^*(\alpha) = \alpha 1_A = \alpha = 1_{A^*}(\alpha) \Rightarrow 1_A^* = 1_{A^*} \Rightarrow (f_0 f)^* = f^*f_0^* = 1_A^* = 1_{A^*}$.

(b) Aus $f^*(\varphi) = \varphi f = 0$ folgt $\varphi(f(m)) = 0$ für alle $m \in M$. Ist f ein Epimorphismus, dann folgt $\varphi(M) = 0$, also $\varphi = 0$.

(c) Sei $\alpha \in A^*$ gegeben. Da R_R injektiv ist, existiert ein $\varphi \in M^*$ mit $\alpha = \varphi f = f^*(\varphi)$.

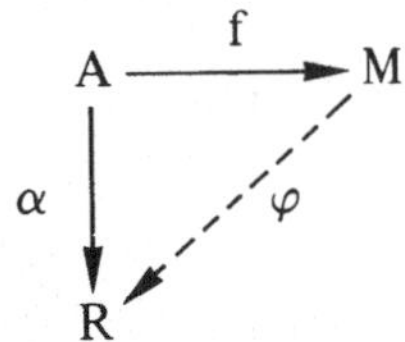

(d) Sei f^* ein Monomorphismus, d.h. aus $f^*(\varphi) = \varphi f = 0$ folgt $\varphi = 0$. Angenommen f wäre kein Epimorphismus, dann existierte, da R_R Kogenerator ist, ein $\tau \in (M/Bi(f))^*$, $\tau \neq 0$. Sei noch $\nu : M \to M/Bi(f)$, dann ist $\varphi := \tau\nu \in M^*$, $\varphi \neq 0$ und $\varphi(Bi(f)) = 0$, also $\varphi f = 0$, also $f^*(\varphi) = 0$, also $\varphi = 0$ ↯ .

Sei f^* ein Epimorphismus. Angenommen f wäre kein Monomorphismus. Da R_R Kogenerator ist, gibt es ein $\alpha \in A^*$ mit $\alpha(Ke(f)) \neq 0$. Sei $\varphi \in M^*$ mit $\alpha = f^*(\varphi) = \varphi f$, dann folgt $0 \neq \alpha(Ke(f)) = \varphi(f(Ke(f))) = 0$ ↯ .

(e) Da die Folge zerfällt, gibt es (nach 3.9.3) Homomorphismen $f_0 : M \to A$, $g_0 : W \to M$ mit $f_0 f = 1_A$, $gg_0 = 1_W$. Daraus folgt nach (a)

$$1_{A^*} = f^* f_0^*, \qquad 1_{W^*} = g_0^* g^*.$$

Also sind f^* ein Epimorphismus, g^* ein Monomorphismus und in der Folge

$$0 \longrightarrow W^* \xrightarrow{g^*} M^* \xrightarrow{f^*} A^* \longrightarrow 0$$

sind sowohl $Bi(g^*)$ als auch $Ke(f^*)$ direkte Summanden in M^*.

Bleibt die Exaktheit an der Stelle M^* zu zeigen, wobei nur die Exaktheit der ursprünglichen Folge, jedoch nicht deren Zerfallen benutzt wird. Aus $gf = 0$ folgt

$$(f^*g^*)(\omega) = \omega gf = 0 \qquad \text{für alle } \omega \in W^*,$$

also gilt $Bi(g^*) \subset Ke(f^*)$. Sei jetzt $f^*(\varphi) = \varphi f = 0$, d.h. $\varphi(f(m)) = 0$ für jedes $m \in M$. Folglich gilt

$$Ke(g) = Bi(f) \subsetneq Ke(\varphi)\,.$$

In dem Diagramm

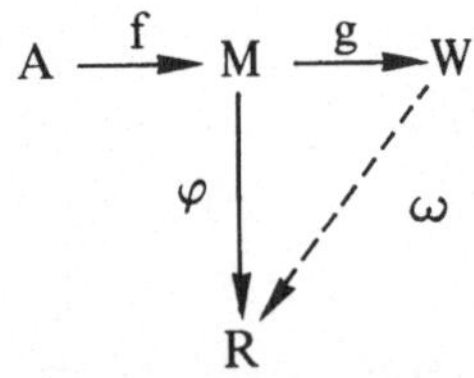

existiert nach 3.4.7 ein $\omega \in W^*$ mit $\varphi = \omega g = g^*(\omega)$, also gilt auch

$$Ke(f^*) \subsetneq Bi(g^*).$$

(f) Nach (b) ist g^* ein Monomorphismus und nach (c) ist f^* ein Epimorphismus. Wie im vorhergehenden Beweis folgt $Bi(g^*) = Ke(f^*)$. □

Selbstverständlich gelten die entsprechenden Aussagen auch bei Vertauschung der Seiten.

Diese Überlegungen sollen jetzt auf

$$\Phi_M : M_R \to M_R^{**}$$

angewendet werden. Es gilt dann

$$\Phi_M^* : {}_RM^{***} \to {}_RM^* \qquad \text{mit } \Phi_M^*(\tau) = \tau\Phi_M, \ \tau \in M^{***}.$$

Ferner haben wir

$$\Phi_{M^*} : {}_RM^* \to {}_RM^{***}$$

zu betrachten.

12.2.2 Hilfssatz *Seien* R *ein beliebiger Ring und* M_R *ein beliebiger* R-*Rechtsmodul. Dann gilt:*

(a) $\quad \Phi_M^* \Phi_{M^*} = 1_{M^*}$

und folglich

Φ_{M^*} *ist ein Monomorphismus,*
Φ_M^* *ist ein Epimorphismus,*
${}_RM^{***} = \mathrm{Bi}(\Phi_{M^*}) \oplus \mathrm{Ke}(\Phi_M^*)$.

(b) *Ist* Φ_M *ein Epimorphismus, dann ist* Φ_{M^*} *ein Isomorphismus, d.h.,* M^* *ist reflexiv.*

(c) *Für einen beliebigen Homomorphismus* $f\colon A_R \to M_R$ ist

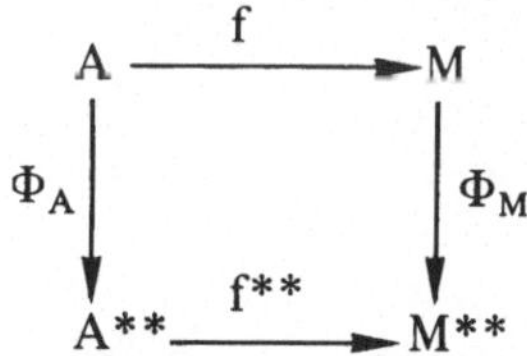

kommutativ.

(d) *Genau dann ist* R_R *ein Kogenerator, wenn für jeden Modul* M_R Φ_M *ein Monomorphismus ist.*

(e) *Seien* R_R *und* ${}_RR$ *injektiv. Dann ist für jede exakte Folge*

$$0 \longrightarrow A \xrightarrow{f} M \xrightarrow{g} W \longrightarrow 0$$

auch die Folge

$$0 \longrightarrow A^{**} \xrightarrow{f^{**}} M^{**} \xrightarrow{g^{**}} W^{**} \longrightarrow 0$$

exakt, und das Diagramm

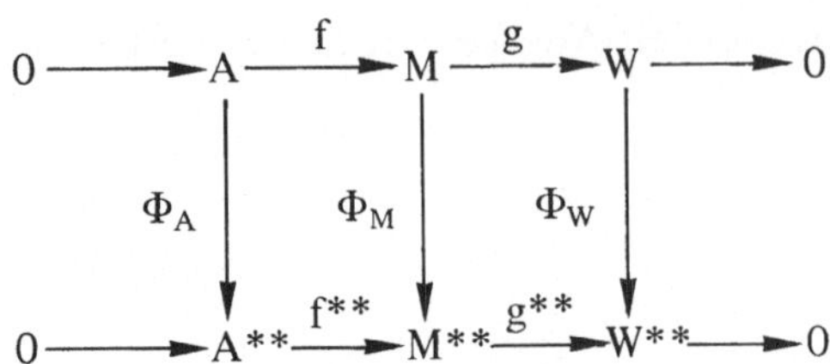

ist kommutativ.

Beweis. (a) Sei $\varphi \in M^*$, dann gilt zunächst

$$(\Phi_M^* \Phi_{M^*})(\varphi) = \Phi_M^*(\Phi_{M^*}(\varphi)) = \Phi_{M^*}(\varphi)\Phi_M .$$

Für $m \in M$ folgt

$$(\Phi_{M^*}(\varphi)\Phi_M)(m) = \Phi_{M^*}(\varphi)(\Phi_M(m)) = \Phi_M(m)(\varphi) = \varphi(m),$$

also $\quad (\Phi_M^* \Phi_{M^*})(\varphi) = \varphi,$

also $\quad \Phi_M^* \Phi_{M^*} = 1_{M^*}.$

(b) Ist Φ_M ein Epimorphismus, dann folgt nach 12.2.1 (b), daß Φ_M^* ein Monomorphismus ist. Nach (a) ist dann Φ_M^* ein Isomorphismus und Φ_{M^*} ist der inverse Isomorphismus.

(c) Für $a \in A$ und $\varphi \in M^*$ gilt

$$\begin{aligned}((f^{**}\Phi_A)(a))(\varphi) &= (\Phi_A(a) f^*)(\varphi) \\ &= \Phi_A(a)(f^*(\varphi)) = \Phi_A(a)(\varphi f) \\ &= \varphi(f(a)) = \Phi_M(f(a))(\varphi) \\ &= ((\Phi_M f)(a))(\varphi),\end{aligned}$$

also $\quad f^{**}\Phi_A = \Phi_M f.$

(d) Aus $\Phi_M(m) = 0$ folgt $\varphi(m) = 0$ für alle $\varphi \in M^*$, also $m \in \bigcap_{\varphi \in M^*} \mathrm{Ke}(\varphi)$.
Ist R_R Kogenerator, dann gilt

$$\bigcap_{\varphi \in M^*} \mathrm{Ke}(\varphi) = 0$$

also $m = 0$. Die Umkehrung ist klar.

(e) Aus 12.2.1 (f) folgt die Exaktheit von

$$0 \longrightarrow A^{**} \xrightarrow{f^{**}} M^{**} \xrightarrow{g^{**}} W^{**} \longrightarrow 0$$

und aus 12.2.2 (c) die Kommutativität des angegebenen Diagramms. □

Aus unseren bisherigen Überlegungen ergibt sich nun rasch der folgende Satz, der an sich von Interesse ist, aber auch später noch wichtige Anwendungen findet.

12.2.3 Satz

(a) *Sei* R *ein beliebiger Ring. Ist*

$$0 \longrightarrow A \xrightarrow{f} M \xrightarrow{g} W \longrightarrow 0$$

eine zerfallende exakte Folge von R*-Rechts-(oder Links-)Moduln, dann gilt:* M *ist dann und nur dann reflexiv, wenn* A *und* W *reflexiv sind.*

(b) *Seien* R_R *und* $_RR$ *injektive Kogeneratoren. Ist*

$$0 \longrightarrow A \xrightarrow{f} M \xrightarrow{g} W \longrightarrow 0$$

eine exakte Folge von R*-Rechts-(oder Links-)Moduln, dann gilt:* M *ist dann und nur dann reflexiv, wenn* A *und* W *reflexiv sind.*

Beweis. (a) Nach Voraussetzung und 3.9.3 (b) gibt es Homomorphismen f_0, g_0 mit

$$f_0 f = 1_A, \qquad g g_0 = 1_W,$$

für die auch

$$0 \longleftarrow A \underset{f_0}{\longleftarrow} M \underset{g_0}{\longleftarrow} W \longleftarrow 0$$

exakt und zerfallend ist. Das Diagramm

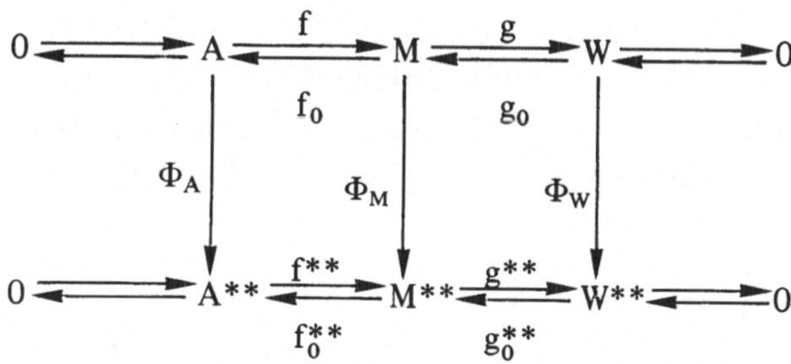

hat dann nach 12.2.1 (e) zerfallende exakte Zeilen und ist nach 12.2.2 (c) kommutativ.

Sei M *reflexiv.* Da jetzt Φ_M ein Isomorphismus und f ein Monomorphismus sind, muß wegen $\Phi_M f = f^{**}\Phi_A$ auch Φ_A ein Monomorphismus sein. Analog sieht man, daß auch Φ_W ein Monomorphismus ist. Die Behauptung, daß Φ_A und Φ_W sogar Isomorphismen sind, folgt jetzt aus 3.9.2.

Seien jetzt A *und* W *reflexiv.* Um wieder 3.9.2 anwenden zu können, muß gezeigt werden, daß Φ_M ein Monomorphismus ist. Sei $m \in \mathrm{Ke}(\Phi_M)$, dann folgt wegen

$$g^{**}\Phi_M = \Phi_W g$$

und da Φ_W ein Isomorphismus ist

$$m \in \mathrm{Ke}(g) = \mathrm{Bi}(f).$$

Also gibt es ein $a \in A$ mit

$$f(a) = m\,.$$

Dafür folgt

$$0 = \Phi_M(m) = \Phi_M(f(a)) = (\Phi_M f)(a) = (f^{**}\Phi_A)(a).$$

Da f^{**} und Φ_A beides Monomorphismen sind, folgt $a = 0$, also auch $m = 0$. Da somit Φ_M ein Monomorphismus ist, folgt die Behauptung nach 3.9.2.

(b) Nach Voraussetzung gilt 12.2.2 (e). In dem Diagramm in 12.2.2 (e) sind nach 12.2.2 (d) Φ_A, Φ_M und Φ_W Monomorphismen. Die Behauptung folgt dann aus 3.9.2. □

12.2.4 Folgerung *Sei* R *ein beliebiger Ring.*

(a) *Gilt* $A \cong M$, *dann folgt:* M *ist genau dann* reflexiv, *wenn* A *reflexiv ist.*

(b) *Sei* $M_R = \bigoplus_{i=1}^{n} M_i$, *dann gilt:* M *ist dann und nur dann reflexiv, wenn alle* M_i, $i = 1, \ldots, n$ *reflexiv sind.*

(c) *Jeder endlich erzeugte projektive* R*-Modul ist reflexiv.*

Beweis. (a) Sei $f: A_R \to M_R$ der gegebene Isomorphismus. Dann ist

$$0 \longrightarrow A \xrightarrow{f} M \longrightarrow 0 \longrightarrow 0$$

eine zerfallende exakte Folge und die Behauptung ergibt sich aus 12.2.3 (a).

(b) Es genügt, die Behauptung für $n = 2$ zu beweisen, da sie dann für beliebiges n durch vollständige Induktion folgt. Für $n = 2$ folgt sie aus 12.2.3 (a), wenn die zerfallende exakte Folge

$$0 \longrightarrow M_1 \xrightarrow{\iota} M_1 \oplus M_2 \xrightarrow{\pi} M_2 \longrightarrow 0$$

zu Grunde gelegt wird, wobei ι die Inklusion von M_1 in M und π die Projektion von M auf M_2 seien.

(c) Da R_R reflexiv ist, ist nach (b) jeder endlich erzeugte freie R-Modul reflexiv. (Dies sieht man auch direkt wie bei Vektorräumen mit Verwendung von dualen Basen.) Folglich ist jeder endlich erzeugte projektive Modul als direkter Summand eines endlich erzeugten freien Moduls reflexiv. □

12.2.5 Folgerung *Für einen beliebigen* R*-Modul* M *gilt:*

(a) *Ist* M *reflexiv, dann sind auch alle Moduln* $M^*, M^{**}, \ldots$ *reflexiv.*

(b) *Ist* M^* *nicht reflexiv, dann sind auch alle Moduln* $M^{**}, M^{***}, \ldots$ *nicht reflexiv.*

Beweis. (a) Folgt aus 12.2.2 (b).

(b) Nach (a) genügt es zu zeigen: Ist M^{***} reflexiv, dann auch M^*. Nach 12.2.2 (a) ist M^* isomorph zu dem direkten Summanden $\mathrm{Bi}(\Phi_{M^*})$ von M^{***}. Ist M^{***} reflexiv, so folgt nach 12.2.4, daß M^* reflexiv ist. □

Zum Schluß dieser Dualitätsbetrachtungen beweisen wir noch einen Hilfssatz, der über die Reflexivität von zyklischen Moduln Auskunft gibt.

12.2.6 Hilfssatz *Für* $A \subsetneq R_R$ *gilt:*

(a) $h : {}_R(R/A)^* \ni \varphi \mapsto \varphi(\bar{1}) \in {}_R(\underline{\ell}_R(A))$ *mit* $\bar{1} := 1 + A \in R/A$ *ist ein Isomorphismus.*

(b) $\Phi_{R/A}$ *ist ein Monomorphismus* $\iff \underline{r}_R\,\underline{\ell}_R(A) = A$.

(c) *Sei* $\rho : R_R \to \underline{\ell}_R(A)^*$ *definiert durch*

$$\rho(r)(x) := xr, \quad r \in R,\ x \in \underline{\ell}_R(A),$$

dann ist ρ *ein Homomorphismus, für den das Diagramm*

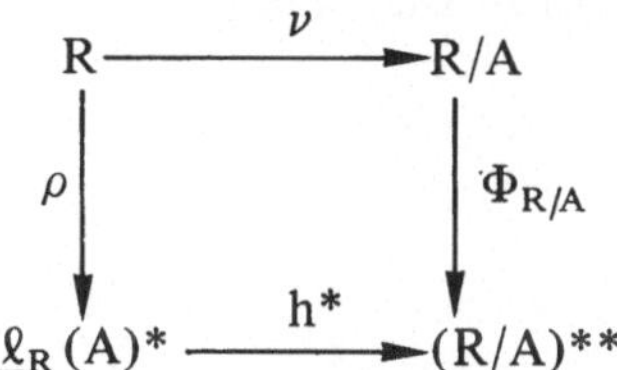

kommutativ ist (dabei ist h *der Isomorphismus aus* (a)).

(d) *Genau dann ist* $\Phi_{R/A}$ *ein Epimorphismus, wenn* ρ *ein Epimorphismus ist.*

B e w e i s. (a) Daß h ein R-Homomorphismus ist, ist klar. Sei $h(\varphi) = \varphi(\bar{1}) = 0$, dann folgt

$$\varphi(\bar{r}) = \varphi(\bar{1}r) = \varphi(\bar{1})r = 0, \qquad r \in R,$$

also $\varphi = 0$, d.h., h ist ein Monomorphismus. Sei $x \in \underline{\ell}_R(A)$, dann wird durch

$$\varphi : \quad R/A \ni \bar{r} \mapsto xr \in R$$

ein $\varphi \in (R/A)^*$ mit $h(\varphi) = \varphi(\bar{1}) = x$ definiert. Also ist h auch ein Epimorphismus.

(b) Für $\bar{r} \in R/A$ gilt

$$\bar{r} \in \mathrm{Ke}(\Phi_{R/A}) \iff \Phi_{R/A}(\bar{r})(\varphi) = \varphi(\bar{r}) = \varphi(\bar{1})r = 0 \qquad \text{für alle } \varphi \in (R/A)^*$$

$\iff r \in \underline{r}_R\,\underline{\ell}_R(A)$ (wegen (a)).

Daraus folgt die Behauptung.

(c) Für $r \in R$ und $\varphi \in (R/A)^*$ gilt

$$(h^*\rho(r))(\varphi) = (\rho(r)h)(\varphi) = \rho(r)(\varphi(\bar{1})) = \varphi(\bar{1})r$$

sowie $(\Phi_{R/A}\,\nu(r))(\varphi) = \Phi_{R/A}(\bar{r})(\varphi) = \varphi(\bar{r}) = \varphi(\bar{1})r$, also folgt $h^*\rho = \Phi_{R/A}\,\nu$.

(d) Da h^* ein Isomorphismus und ν ein Epimorphismus sind, folgt die Behauptung aus $h^*\rho = \Phi_{R/A}\,\nu$. □

Nachdem wir uns soweit mit den Dualitätsbegriffen vertraut gemacht haben, wenden wir uns zunächst anderen Überlegungen zu, die ebenfalls zum Beweis des Hauptsatzes gebraucht werden, zum Teil aber auch im nächsten Kapitel Verwendung finden.

12.3 Seitenwechsel

Wir behandeln hier die Frage, in welcher Weise sich gewisse Eigenschaften von M_R auf ${}_SM$ übertragen, wobei $S := \mathrm{End}(M_R)$ sei.

12.3.1 Hilfssatz *Seien* R *ein beliebiger Ring,* $x, y \in M_R$, $S := \mathrm{End}(M_R)$, $yR \cong xR$ *und sei* xR *in einem injektiven Untermodul von* M_R *enthalten. Dann ist* Sx *zu einem Untermodul von* Sy *isomorph (als Untermoduln von* ${}_SM$). *Ist* Sy *einfach, dann folgt* $Sy \cong Sx$.

B e w e i s. Sei $\varphi : yR \to xR$ der gegebene Isomorphismus. Ferner sei $xR \hookrightarrow Q_R \hookrightarrow M_R$ mit injektivem Q_R. Dann existiert ein kommutatives Diagramm

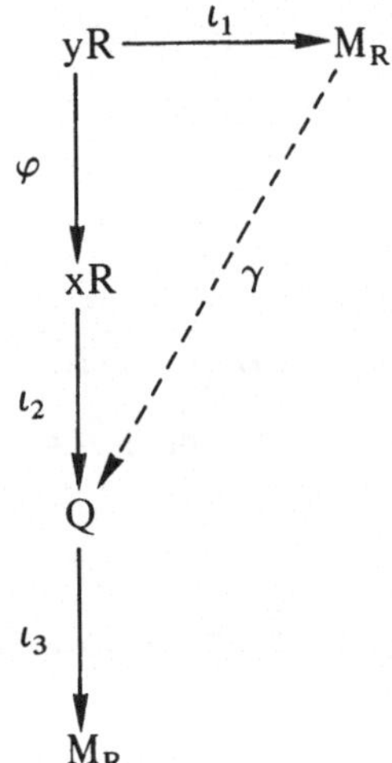

wobei $\iota_1, \iota_2, \iota_3$ die entsprechenden Inklusionsabbildungen sind. Für $s_0 := \iota_3\gamma \in S$ gilt dann

$$\varphi(yr) = s_0 yr, \qquad r \in R.$$

Seien noch $r_0, r_1 \in R$ durch

$$\varphi(y) = s_0 y = xr_0\,, \quad \varphi(yr_1) = s_0 yr_1 = x$$

bestimmt, dann folgt, daß

$$\hat{\varphi}: \ Sx \ni sx \mapsto sxr_0 = ss_0 y \in Sy$$

ein S-Homomorphismus ist.

Angenommen $sxr_0 = 0$, dann folgt

$$sxr_0 r_1 = ss_0 yr_1 = sx = 0\,,$$

also ist $\hat{\varphi}$ ein Monomorphismus. Da wegen $xR \cong yR$ entweder $x = y = 0$ oder $x \neq 0 \wedge y \neq 0$, folgt aus der Einfachheit von Sy schließlich $Sy \cong Sx$. □

12.3.2 Hilfssatz *Seien* $S := \mathrm{End}(M_R)$, $x \in M$, xR *einfach und sei* xR *in einem injektiven Untermodul* Q *von* M_R *enthalten. Dann ist* Sx *einfacher Untermodul von* ${}_SM$.

B e w e i s. Wir zeigen, daß für beliebiges $s_0 x \neq 0$, $s_0 \in S$ folgt

$$Ss_0 x = Sx.$$

Da xR einfach ist und $s_0 x \neq 0$, ist auch $s_0 xR$ einfach und

$$xR \ni xr \mapsto s_0 xr \in s_0 xR$$

ein Isomorphismus. Sei

$$\tau: \quad s_0 xR \to xR$$

der inverse Isomorphismus, dann existiert ein φ, so daß das Diagramm

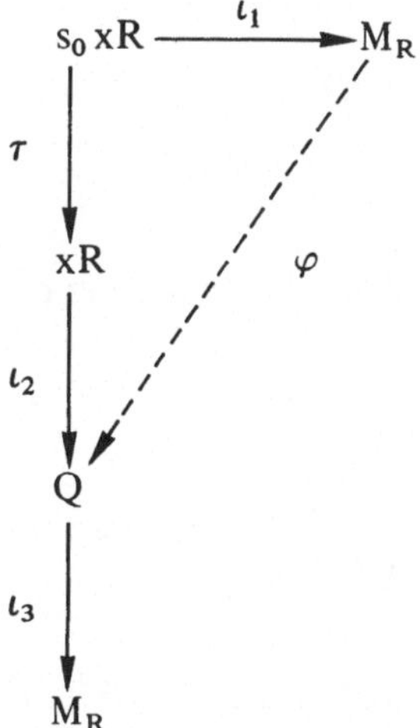

kommutativ ist, wobei ι_1, ι_2, ι_3 die entsprechenden Inklusionsabbildungen sind. Wird $t_0 := \iota_3 \varphi$ gesetzt, dann gilt $t_0 \in S$ und $t_0 s_0 x = \tau s_0 x = x$, also $Ss_0 x = Sx$, was zu zeigen war. □

12.4 Annullatoreigenschaften

In diesem Abschnitt untersuchen wir Annullatoreigenschaften von R. Zur Abkürzung wird statt $\underline{\ell}_R(A)$ bzw. $\underline{r}_R(A)$ nur $\underline{\ell}(A)$ bzw. $\underline{r}(A)$ geschrieben. Eine solche Annullatoreigenschaft haben wir schon in 12.2.6 kennengelernt, wo es sich um die Kennzeichnung der Reflexivität von zyklischen Moduln handelte.

12.4.1 Hilfssatz *Ist* C_R *ein Kogenerator, dann gilt für jedes* $A \hookrightarrow R_R$:

$$\underline{r}\underline{\ell}_C(A) = A.$$

B e w e i s. Aus der Definition der Annullatoren folgt

$$A \subseteq \underline{r}\underline{\ell}_C(A).$$

Sei $r \in R$, $r \notin A$, dann gibt es nach Voraussetzung ein

$$\tau: \ (R/A)_R \to C_R \qquad \text{mit} \quad \tau(r + A) \neq 0.$$

Sei noch

$$\nu: \ R \to R/A\,,$$

dann folgt

$$0 = \tau\nu(A) = \tau\nu(1)\,A,$$

also $\quad \tau\nu(1) \in \underline{\ell}_C(A)$,

sowie $\quad \tau\nu(1)r = \tau\nu(r) = \tau(r + A) \neq 0$,

also $\quad r \notin \underline{r}\underline{\ell}_C(A)$.

Daher gilt $\underline{r}\underline{\ell}_C(A) \subseteq A$, also insgesamt als Behauptung. □

Meist wird dieser Hilfssatz im Falle $C_R = R_R$ angewendet, wo dann kurz $\underline{r}\underline{\ell}(A) = A$ geschrieben wird.

12.4.2 Satz

(a) *Ist* R_R *injektiv, dann gilt*

(1) *für beliebige* $A \subseteq R_R$, $B \subseteq R_R$: $\underline{\ell}(A \cap B) = \underline{\ell}(A) + \underline{\ell}(B)$

(2) *für beliebige endlich erzeugte* $C \subseteq {}_RR$: $\underline{\ell}\underline{r}(C) = C$.

(b) *Sind die Bedingungen* (1) *und* (2) *in* (a) *erfüllt, dann wird jeder Homomorphismus eines endlich erzeugten Rechtsideals von* R *nach* R *durch Multiplikation mit einem Element aus* R *von links geliefert.*

B e w e i s. (a) Offensichtlich gilt stets $\underline{\ell}(A) + \underline{\ell}(B) \subseteq \underline{\ell}(A \cap B)$.
Sei jetzt $x \in \underline{\ell}(A \cap B)$, dann ist

$$\varphi: \ A + B \ni a + b \mapsto xb \in R$$

ein R-Homomorphismus (denn $a + b = a_1 + b_1 \Rightarrow a - a_1 = b_1 - b \in A \cap B \Rightarrow xb_1 = x(a - a_1) + xb = xb$).

Da R_R injektiv ist, gibt es ein $y \in R$ mit $\varphi(a + b) = y(a + b) = xb$. Insbesondere gilt $0 = \varphi(a) = ya$ für alle $a \in A$, also $y \in \underline{\ell}(A)$. Ferner folgt für alle $b \in B$

$$\varphi(b) = yb = xb,$$

also $\quad z := x - y \in \underline{\ell}(B)$.

Damit ergibt sich $x = y + z \in \underline{\ell}(A) + \underline{\ell}(B)$, womit (1) bewiesen ist.

Zum Beweis von (2) sei $C = Rc_1 + \ldots + Rc_n \subseteq {}_RR$.

Trivialerweise gilt

$$\underline{r}(\sum_{i=1}^{n} Rc_i) = \bigcap_{i=1}^{n} \underline{r}(Rc_i)$$

und durch sukzessive Anwendung von (1) folgt

$$\underline{\ell r}(\sum_{i=1}^{n} Rc_i) = \underline{\ell}(\bigcap_{i=1}^{n} \underline{r}(Rc_i)) = \sum_{i=1}^{n} \underline{\ell r}(Rc_i).$$

Um (2) zu erhalten, muß nur noch

$$\underline{\ell r}(Rc) = Rc, \qquad c \in R$$

gezeigt werden. Trivialerweise gilt $Rc \hookrightarrow \underline{\ell r}(Rc)$. Sei jetzt $b \in \underline{\ell r}(Rc)$, dann folgt $\underline{r}(c) \hookrightarrow \underline{r}(b)$ und daher ist

$$cR \ni cr \mapsto br \in R$$

ein Homomorphismus, der, da R_R injektiv ist, durch Multiplikation mit einem $a \in R$ von links geliefert wird. Insbesondere gilt dann $ac = b$, d.h. $b \in Rc$, also $\underline{\ell r}(Rc) \hookrightarrow Rc$, was noch zu zeigen war.

(b) Die Behauptung wird durch Induktion über die Zahl n der erzeugenden Elemente eines endlich erzeugten Rechtsideals geführt.

$n = 1$: Sei $\varphi : aR \to R_R$ ein Homomorphismus. Da aus $ar = 0$ auch $\varphi(ar) = 0 = \varphi(a)r$ folgt, gilt $\underline{r}(a) \hookrightarrow \underline{r}(\varphi(a))$. Daraus erhält man

$$\underline{r}(Ra) \hookrightarrow \underline{r}(R\varphi(a))$$

und nach (2) folgt

$$R\varphi(a) = \underline{\ell r}(R\varphi(a)) \hookrightarrow \underline{\ell r}(Ra) = Ra.$$

Also gibt es ein $c \in R$ mit $\varphi(a) = ca$ und folglich gilt

$$\varphi(ar) = \varphi(a)r = car,$$

was zu zeigen war.

Schluß von n auf n + 1: Sei

$$\varphi : \sum_{i=1}^{n+1} a_i R \to R_R$$

ein Homomorphismus, dann gibt es nach Induktionsvoraussetzung $c_1, c_2 \in R$, so daß

$$\varphi(\sum_{i=1}^{n} a_i r_i) = c_1 \sum_{i=1}^{n} a_i r_i, \qquad \varphi(a_{n+1} r_{n+1}) = c_2 a_{n+1} r_{n+1}$$

gilt. Dann folgt wegen (1)

$$c_1 - c_2 \in \underline{\ell}(\sum_{i=1}^{n} a_i R \cap a_{n+1} R) = \underline{\ell}(\sum_{i=1}^{n} a_i R) + \underline{\ell}(a_{n+1} R),$$

d.h., es gibt

$$s \in \underline{\ell}(\sum_{i=1}^{n} a_i R), \qquad t \in \underline{\ell}(a_{n+1} R)$$

mit $c_1 - c_2 = s - t$. Sei $c := c_1 - s = c_2 - t$, dann folgt

$$\varphi(\sum_{i=1}^{n+1} a_i r_i) = \varphi(\sum_{i=1}^{n} a_i r_i) + \varphi(a_{n+1} r_{n+1})$$

$$= (c_1 - s) \sum_{i=1}^{n} a_i r_i + (c_2 - t)\, a_{n+1} r_{n+1} = c \sum_{i=1}^{n+1} a_i r_i\,,$$

also wird φ durch Multiplikation mit c von links geliefert. Damit ist auch (b) bewiesen. □

12.4.3 Folgerung *Ist* R_R *noethersch und sind die Bedingungen* (1) *und* (2) *in* 12.4.2 *erfüllt, dann ist* R_R *injektiv.*

B e w e i s. Da R_R noethersch ist, ist jedes Rechtsideal von R endlich erzeugt. Dann folgt die Behauptung aus 12.4.2 (b) und dem Baerschen Kriterium. □

12.5 Injektivität und Kogeneratoreigenschaft eines Ringes

Die Kogeneratoreigenschaft von R_R ist im allgemeinen unabhängig von der Injektivität von R_R (siehe Übung 13, 14). Um die Äquivalenz dieser Eigenschaften zu erhalten, werden zusätzliche Bedingungen benötigt.

Zur Vorbereitung für den entsprechenden Satz brauchen wir einen Hilfssatz.

12.5.1 Hilfssatz *Sei* R *ein beliebiger Ring.*

(a) *Seien* P_1, P_2 *projektive* R-*Rechtsmoduln mit kleinem Radikal. Dann gilt:*

$$P_1 \cong P_2 \iff P_1/\mathrm{Ra}(P_1) \cong P_2/\mathrm{Ra}(P_2).$$

(b) *Seien* Q_1, Q_2 *injektive* R-*Rechtsmoduln mit großem Sockel. Dann gilt:*

$$Q_1 \cong Q_2 \iff \mathrm{So}(Q_1) \cong \mathrm{So}(Q_2).$$

B e w e i s. (a) Sei $\varphi : P_1 \to P_2$ der gegebene Isomorphismus. Wegen

$$\varphi(\mathrm{Ra}(P_1)) = \mathrm{Ra}(P_2)$$

induziert φ einen Isomorphismus

$$\hat{\varphi}: \quad P_1/\mathrm{Ra}(P_1) \ni p_1 + \mathrm{Ra}(P_1) \mapsto \varphi(p_1) + \mathrm{Ra}(P_2) \in P_2/\mathrm{Ra}(P_2).$$

Die Umkehrung folgt aus 5.6.3, denn $P_1 \to P_1/\mathrm{Ra}(P_1)$ und $P_2 \to P_2/\mathrm{Ra}(P_2)$ sind projektive Hüllen.

(b) Dual zu (a). □

Wir kommen jetzt zu einem Satz, der von selbständigem Interesse ist. Er kann als eine einseitige Abschwächung des anfangs genannten Hauptsatzes betrachtet werden.

12.5.2 Satz *Für einen Ring* R *sind äquivalent:*

(1) R_R *ist Kogenerator und es gibt nur endlich viele Isomorphieklassen einfacher* R-*Rechtsmoduln.*

(2) R_R *ist Kogenerator und jeder einfache* R-*Linksmodul ist zu einem Linksideal von* R *isomorph.*

(3) *Jeder Modul* M_R *mit* $\underline{r}_R(M) = 0$ *(d.h.* M_R *treu) ist Generator.*

(4) *Jeder Kogenerator von* M_R *ist Generator.*

(5) R_R *ist injektiv und endlich koerzeugt.*

(6) R_R *ist injektiv, semi-perfekt und hat einen großen Sockel.*

B e m e r k u n g. Ein Ring mit den Eigenschaften des Satzes wird in der Literatur als R e c h t s - P F - R i n g bezeichnet. G. A z u m a y a stellte die bis heute nicht beantwortete Frage, ob ein Rechts-PF-Ring auch Links-PF-Ring ist.

B e w e i s von 12.5.2. Wir zeigen (2) ⇒ (3) ⇒ (4) ⇒ (5) ⇒ (6) sowie (6) ⇒ (2) ∧ (1), (1) ⇒ (6).

„(2) ⇒ (3)" Da R_R Generator ist, genügt es nach 3.3.2

$$T := \sum_{\varphi \in \mathrm{Hom}_R(M, R)} \mathrm{Bi}(\varphi) = R$$

zu zeigen. Da $M^* = \mathrm{Hom}_R M, R)$ ein R-Linksmodul ist, ist T auch cin Linksideal. Sei jetzt $z \in \underline{r}_R(T)$, dann folgt für jedes $m \in M$ und $\varphi \in M^*$

$$\varphi(mz) = \varphi(m)z = 0,$$

also $$Mz \subset \bigcap_{\varphi \in M^*} \mathrm{Ke}(\varphi).$$

Da R_R Kogenerator ist, gilt

$$\bigcap_{\varphi \in M^*} \mathrm{Ke}(\varphi) = 0,$$

also $Mz = 0$. Da nach Voraussetzung $\underline{r}_R(M) = 0$ ist, folgt $z = 0$, also $\underline{r}_R(T) = 0$. Angenommen $T \neq R$, dann gibt es ein maximales Linksideal $A \subsetneq {}_RR$ mit $T \subsetneq A \subsetneq R$. Nach Voraussetzung gibt es ein $Rx \subsetneq {}_RR$ und einen Isomorphismus

$$\sigma: \; R/A \cong Rx.$$

Dann folgt für alle $a \in A$

$$0 = \sigma(0) = \sigma(\bar{a}) = a\,\sigma(\bar{1}),$$

also $$0 \neq \sigma(\bar{1}) \in \underline{r}_R(A) \subsetneq \underline{r}_R(T) = 0 \;\lightning.$$

Folglich muß T = R gelten, was zu zeigen war.

„(3) ⇒ (4)" Aus 12.4.1 folgt für $A = 0$, daß jeder Kogenerator treu ist. Wegen (3) ist er dann ein Generator.

„(4) ⇒ (5)" Der im Sinne von 5.8.6 (b) minimale Kogenerator

$$C_0 = \coprod_{j \in J} Q_j$$

ist nach Voraussetzung ein Generator.

Nach 5.8.2 ist dann R_R isomorph zu einem direkten Summanden einer direkten Summe von Kopien von C_0 und, nach Definition von C_0, auch von Kopien der Q_j, $j \in J$. Da $R = 1\,R$ zyklisch ist, ist R isomorph zu einem direkten Summanden einer endlichen direkten Summe

$$Q := \coprod_{i=1}^{n} Q_i \quad \text{mit} \quad Q_i \in \{Q_j \mid j \in J\}.$$

Da Q injektiv ist, ist R_R injektiv. Nach Definition der $Q_j = I(E_j)$ (s. 5.8.6) und nach 9.4.3 ist Q endlich koerzeugt und dann auch R_R als isomorphes Bild eines direkten Summanden von Q.

„(5) ⇒ (6)" Es ist nur zu zeigen, daß R_R semi-perfekt ist. Wegen 9.4.3 gilt

$$R_R = \bigoplus_{i=1}^{n} I(E_i) \qquad \text{mit einfachen } E_i.$$

Wegen $E_i \subseteq^* I(E_i)$ ist $I(E_i)$ direkt unzerlegbar. Nach 7.2.8 ist dann $\mathrm{End}(I(E_i))$ lokal und nach 11.4.1 ist $I(E_i)$ semi-perfekt und wegen 11.3.4 dann auch R_R.

„(6) ⇒ (2) ∧ (1)" Nach Voraussetzung gilt

$$\mathrm{So}(R_R) \subseteq^* R_R.$$

Da nach 12.3.2

$$\mathrm{So}(R_R) \subseteq \mathrm{So}({}_RR)$$

und da nach 9.2.1 (a) und (b)

$$\mathrm{So}({}_RR) \subseteq \underline{r}_R(\mathrm{Ra}(R)),$$

folgt $\underline{r}_R(\mathrm{Ra}(R)) \subseteq^* R_R$.

Sei jetzt E ein einfacher R-Linksmodul und sei $U \subseteq {}_RR$ mit $E \cong R/U$. Da R semi-perfekt ist (nach 11.3.2 beidseitig!), gibt es nach 11.1.2 eine Zerlegung

$${}_RR = R_1 \oplus R_2$$

mit $R_2 \subseteq U$, $R_1 \cap U \subseteq^\circ R_1$. Seien noch

$$R_1 = Re_1, \; R_2 = Re_2$$

mit Idempotenten e_1, $e_2 = 1 - e_1$. Wegen $R_2 \subseteq U$ folgt nach dem modularen Gesetz

$$U = (R_1 \cap U) \oplus R_2,$$

wobei $R_1 \cap U \hookrightarrow Ra(R_1) \hookrightarrow Ra(R)$ gilt.

Wegen $e_2^2 = e_2 \neq 1$ (da $R_2 \hookrightarrow U \neq R$) und $r = e_2 r + (1 - e_2)r$ für $r \in R$ folgt

$$\underline{r}_R(Re_2) = (1 - e_2)R \neq 0.$$

Wegen $R_1 \cap U \hookrightarrow Ra(R)$ gilt

$$\underline{r}_R(Ra(R)) \hookrightarrow \underline{r}_R(R_1 \cap U) \hookrightarrow R_R.$$

Da, wie anfangs festgestellt, $\underline{r}_R(Ra(R)) \hookrightarrow^* R_R$ folgt $\underline{r}_R(R_1 \cap U) \hookrightarrow^* R_R$, woraus

$$0 \neq \underline{r}_R(R_1 \cap U) \cap \underline{r}_R(Re_2) = \underline{r}_R((R_1 \cap U) + Re_2) = \underline{r}_R(U)$$

folgt. Sei nun

$$0 \neq a \in \underline{r}_R(U),$$

dann folgt $\underline{\ell}_R(a) = U$, da U maximal in ${}_RR$ ist. Damit ergibt sich

$$Ra \cong R/U \cong E,$$

d.h., zu jedem einfachen R-Linksmodul enthält R ein isomorphes Linksideal.

Sei nun

$$Ra_1, \ldots, Ra_n$$

mit $Ra_i \hookrightarrow {}_RR$ ein Repräsentantensystem für die Isomorphieklassen einfacher R-Linksmoduln. Da R semi-perfekt ist, ist dies nach 9.3.4 endlich. Da R_R einen großen Sokkel hat, enthält jedes Rechtsideal a_iR mindestens ein einfaches Rechtsideal, das in der Form a_ib_iR, $i = 1, \ldots, n$ geschrieben werden kann. Setzt man $c_i := a_ib_i$, dann folgt, da Ra_i einfach ist $Ra_i \cong Rc_i$ und folglich ist auch

$$Rc_1, \ldots, Rc_n$$

ein Repräsentantensystem für die Isomorphieklassen einfacher R-Linksmoduln. Nimmt man $c_iR \cong c_jR$ an, so folgt nach 12.3.1 $Rc_i \cong Rc_j$ also $i = j$. Folglich (nach 9.3.4) ist

$$c_1R, \ldots, c_nR$$

ein Repräsentantensystem für die Isomorphieklassen der einfachen R-Rechtsmoduln. Da R_R injektiv ist, ergibt 5.8.6, daß R_R ein Kogenerator ist. Damit sind (1) und (2) bewiesen.

„(1) ⇒ (6)“ Da R_R Kogenerator ist, gibt es (nach 5.8.6) ein Repräsentantensystem der Isomorphieklassen der einfachen R-Rechtsmoduln der Form

$$a_1R, \ldots, a_nR$$

mit $a_iR \hookrightarrow Q_i \hookrightarrow R_R$, wobei Q_i eine injektive Hülle von a_iR ist. Da a_iR einfach ist und $a_iR \hookrightarrow^* Q_i$, ist Q_i direkt unzerlegbar. Da Q_i direkter Summand von R_R ist, ist Q_i projektiv. Nach 7.2.8 und 11.4.1 ist $F_i := Q_i/Ra(Q_i)$ einfach und $Ra(Q_i) \hookrightarrow^{\circ} Q_i$. Aus 12.5.1 folgt dann, daß $F_1, \ldots, F_n$ wieder ein Repräsentantensystem für die Isomorphieklassen der einfachen R-Rechtsmoduln bilden. Da

$$\nu_i : Q_i \to Q_i/\mathrm{Ra}(Q_i) = F_i$$

eine projektive Hülle von F_i ist, erhält man aus 11.3.5, daß R_R und dann auch ${}_RR$ (nach 11.3.2) semi-perfekt sind. Sei

$$R_R = \bigoplus_{i=1}^{n} A_i$$

eine Zerlegung von R_R im Sinne von 11.4.2, dann ist $A_i/\mathrm{Ra}(A_i) \cong F_j$ für geeignetes j, also nach 12.5.1 $A_i \cong Q_j$. Folglich ist R_R als endliche direkte Summe von injektiven Moduln selbst injektiv. Da Q_j injektive Hülle des einfachen Ideals a_jR ist, ist $a_jR \subsetneq^* Q_j$ und folglich $a_jR = \mathrm{So}(Q_j) \subsetneq^* Q_j$. Wegen $A_i \cong Q_j$ gilt dann auch $\mathrm{So}(A_i) \subsetneq^* A_i$ und $\mathrm{So}(A_i)$ ist einfach. Nach 5.1.8 und 9.1.5 folgt

$$\mathrm{So}(R_R) = \bigoplus_{i=1}^{n} \mathrm{So}(A_i) \subsetneq^* R_R$$

Damit ist (1) ⇒ (6) bewiesen. □

12.5.3 Folgerung *Ist* R_R *ein noetherscher Kogenerator, dann ist* R_R *injektiv und semi-perfekt und hat einen großen Sockel.*

B e w e i s. Da R_R noethersch ist, ist $\mathrm{So}(R_R)$ endlich erzeugt, hat also nur endlich viele homogene Komponenten. Da R_R Kogenerator ist, folgt, daß nur endlich viele Isomorphieklassen einfacher R-Rechtsmoduln existieren. Dann folgt die Behauptung aus 12.5.2. □

12.6 Beweis des Hauptsatzes

Wir beweisen jetzt den in der Einleitung angegebenen Hauptsatz 12.1.1 nach dem folgenden Schema.

(5) ⟺ (8),

(5) ∧ (8) ⇒ (6) ∧ (7),

(6) ⇒ (5), (7) ⇒ (5),

(5) ∧ (8) ⇒ (1) ∧ (3),

(1) ⇒ (2) ⇒ (8),

(3) ⇒ (5),

(5) ⟺ (4).

„(5) ⇒ (8)“ Wegen (5) ist 12.5.2 (2) beidseitig erfüllt. Nach 12.5.2 folgt dann (8).

„(8) ⇒ (5)“ Klar nach 5.8.6.

„(5) ∧ (8) ⇒ (6) ∧ (7)“ Klar.

„(6) ⇒ (5)“ Es muß gezeigt werden, daß ${}_RR$ Kogenerator ist. Dazu wird zuerst gezeigt, daß R_R komplementiert ist. Sei $A \subsetneq R_R$ und sei $B \subsetneq {}_RR$ ein Durchschnittskomplement zu $\underline{\ell}(A)$, d.h. $\underline{\ell}(A) \cap B = 0$ mit B maximal in dieser Gleichung. Da $_RR$ injektiv ist, folgt nach 12.4.2 (bei Vertauschung der Seiten)

$$R = \underline{r}(0) = \underline{r}(\underline{\ell}(A) \cap B) = \underline{r}\underline{\ell}(A) + \underline{r}(B).$$

Da R_R Kogenerator ist folgt nach 12.4.1

$$R = A + \underline{r}(B).$$

Darin ist $\underline{r}(B)$ minimal: Sei $U \subsetneq \underline{r}(B)$ mit $A + U = R \Rightarrow \underline{\ell}(A + U) = \underline{\ell}(A) \cap \underline{\ell}(U) = \underline{\ell}(R) = 0$; wegen $U \subsetneq \underline{r}(B) \Rightarrow B \subsetneq \underline{\ell}\underline{r}(B) \subsetneq \underline{\ell}(U) \Rightarrow \underline{\ell}(U) = B$ wegen Maximalität von B in $\underline{\ell}(A) \cap B = 0$; aus $B = \underline{\ell}(U) \Rightarrow \underline{r}(B) = \underline{r}\underline{\ell}(U) = U$ nach 12.4.1. Da also R nach 11.1.5 semi-perfekt ist, gibt es wegen 9.3.4 nur endlich viele Isomorphieklassen einfacher R-Rechtsmoduln. Damit ist 12.5.2 (1) erfüllt. Nach 12.5.2 (2) und da $_RR$ injektiv ist, ist $_RR$ Kogenerator.

„(7) ⇒ (5)“ Analog.

Wir haben damit (5) ⟺ (6) ⟺ (7) ⟺ (8) bewiesen; das ist der nicht auf Dualitätseigenschaften Bezug nehmende Teil des Hauptsatzes.

„(5) ∧ (8) ⟺ (1) ∧ (3)“ Da jeder endlich erzeugte Modul epimorphes Bild eines endlich erzeugten freien Moduls ist, folgt (1) aus 12.2.4 (c) und 12.2.3 (b). Sei jetzt A_R endlich koerzeugt, dann gibt es nach 9.4.3 (da jedes Q_i aus $I(A) = Q_1 \oplus \ldots \oplus Q_n$ monomorph in R_R abgebildet werden kann) einen Monomorphismus von A in einen endlich erzeugten, freien R-Modul. 12.2.4 (c) und 12.2.3 (b) liefern wie zuvor die Behauptung.

„(1) ⇒ (2)“ Klar.

„(2) ⇒ (8)“ Mit dem Baerschen Kriterium soll gezeigt werden, daß $_RR$ injektiv ist. Sei $B \subsetneq {_RR}$, dann gilt nach 12.2.6 (angewendet auf $_R(R/B)$) $\underline{\ell}\underline{r}(B) = B$. Wendet man nun 12.2.6 auf $A = \underline{r}(B) \subsetneq R_R$ an, so folgt, daß es zu jedem Homomorphismus τ von $_RB = \underline{\ell}\underline{r}(B)$ nach $_RR$ ein $r_0 \in R$ mit $\tau(x) = xr_0$ gibt. Nach dem Baerschen Kriterium ist $_RR$ injektiv. Analog sieht man, daß R_R injektiv ist. Sei nun E_R einfach und $A \subsetneq R_R$ mit

$$R/A \cong E_R\ .$$

Nach 12.2.6 ist $\underline{\ell}(A) \neq 0$ wegen $A = \underline{r}\underline{\ell}(A)$. Sei $0 \neq x \in \underline{\ell}(A)$, dann folgt

$$xR \cong R/A \cong E\ ,$$

was noch zu zeigen war. Analog für $_RE$ einfach.

„(3) ⇒ (5)“ Ist E_R einfach und Q_R eine injektive Hülle von E_R, dann ist Q_R endlich koerzeugt. Da Q_R reflexiv ist, gibt es ein $\varphi \in Q^*$ mit $\varphi(E) \neq 0$. Wegen $E \subsetneq^* Q$ folgte im Falle $Ke(\varphi) \neq 0$ andererseits $E \subsetneq Ke(\varphi)$. Also gilt $Ke(\varphi) = 0$, d.h., φ ist ein Monomorphismus. Daraus folgt, daß R_R ein Kogenerator ist. Analog für $_RR$. (Bei diesem Beweis haben wir statt (3) nur benutzt, daß die injektiven Hüllen der einfachen Moduln torsionslos sind).

„(5) ⇒ (4)“ Es gilt nach Definition $A \subsetneq A^{\circ\perp}$. Da R_R Kogenerator ist, gibt es zu jedem $m \in M$, $m \notin A$ ein $\varphi \in M^*$ mit $\varphi(m) \neq 0$ und $\varphi(A) = 0$. Daraus folgt $\varphi \in A^\circ$ und $m \notin A^{\circ\perp}$, also $A^{\circ\perp} \subsetneq A$. Analog für die linke Seite.

„(4) ⇒ (5)" Sei M_R beliebig. Dann folgt $0^\circ = M^*$ und

$$0 = 0^{\circ\perp} = \bigcap_{\varphi \in M^*} \mathrm{Ke}(\varphi),$$

also ist R_R Kogenerator. Analog für $_RR$.

Damit ist der Hauptsatz vollständig bewiesen. □

Es bleibt schließlich die Folgerung 12.1.3 zu beweisen. Diese ergibt sich unmittelbar aus 12.5.2, wobei benutzt wird, daß ein Ring mit vollkommener Dualität die Bedingungen aus 12.5.2 beidseitig erfüllt (z.B. sieht man sofort 12.1.1 (5) ⇒ 12.5.2 (2)).

12.6.1 Zusatz *Sei* R *ein Ring mit vollkommener Dualität. Dann gilt für jeden* R-*Modul* M: *Zu jedem* $A \subsetneq M$ *ist der Homomorphismus*

$$\psi : M^*/A^\circ \ni \varphi + A^\circ \mapsto \varphi \mid A \in A^*$$

ein Isomorphismus.

B e w e i s. Nach Definition ist ψ ein Monomorphismus. Wie leicht zu sehen, ist ψ genau dann für alle M_R und alle $A \subsetneq M_R$ ein Isomorphismus, wenn R_R injektiv, ist. Ist nämlich ψ für alle $A \subsetneq R_R$ ein Epimorphismus, dann bedeutet dies, daß das Baersche Kriterium erfüllt ist, d.h., daß R_R injektiv ist. Ist umgekehrt R_R injektiv, dann kann jedes Element aus A^* zu einem solchen aus M^* fortgesetzt werden. □

Zum Schluß soll noch auf die folgende Eigenschaft hingewiesen werden. Nach 12.2.5 gilt für jeden R-Modul M: Ist M reflexiv, dann auch M^*, und ist M^{**} reflexiv, dann auch M^*. Ist R ein Ring mit vollkommener Dualität, dann folgt sogar aus der Reflexivität von M^* die von M. Sei nämlich M^* reflexiv, dann folgt nach 12.2.2 (a), daß Φ_M^* ein Isomorphismus ist. Nach 12.2.1 (d) ist dann Φ_M ein Isomorphismus, also M_R reflexiv.

Im nächsten Kapitel kommen wir auf Dualitätseigenschaften zurück. Die dort behandelten Quasi-Frobeniusringe sind Ringe mit vollkommener Dualität, die auf beiden Seiten artinsch sind (es genügt auf einer Seite noethersch vorauszusetzen). Es gibt jedoch Ringe mit vollkommener Dualität, die keiner Kettenbedingung genügen (s. Übung 11). Im Falle von artinschen Ringen können den Kennzeichnungen für vollkommene Dualität noch weitere hinzugefügt werden, wie etwa die, daß die Dualen von allen einfachen Moduln wieder einfach sind (s. dazu Übung 12).

Übungen zu Kapitel 12

1. Zeige:

a) Sind M_R reflexiv, $A \subsetneq M_R$, $A^{\circ\perp} = A$ und $\iota^* : M^* \to A^*$ surjektiv, dann ist auch A reflexiv.

b) Sind M_R reflexiv, $A \subsetneq M_R$, $A^{\circ\perp} = A$ und $\iota^* : M^{**} \to A^{\circ *}$ (zu $\iota : A^\circ \to M^*$) surjektiv, dann ist auch M/A reflexiv.

c) Gib einen reflexiven Modul M_R und einen Untermodul $A \subsetneq M_R$ so an, daß weder A noch M/A reflexiv sind.

2. Sei $(M_i \mid i \in I)$ eine nichtleere Familie von R-Rechtsmoduln. Man zeige:

a) Es gibt ein kommutatives Diagramm

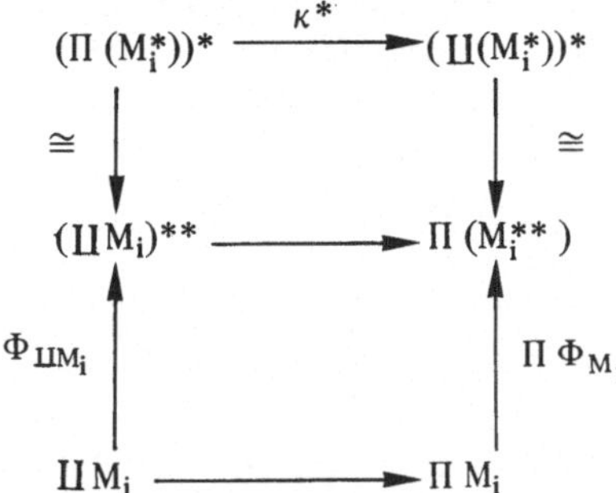

wobei ι und $\kappa : \amalg(M_i^*) \to \Pi(M_i^*)$ die Inklusionsabbildungen sind.

b) Ist I endlich, dann gilt: $\amalg M_i$ ist genau dann reflexiv, wenn es alle M_i sind.

c) Ist ${}_RR$ Kogenerator oder injektiv und ist $\amalg M_i$ reflexiv, dann sind fast alle (d.h. alle bis auf endlich viele) M_i gleich Null.

(Hinweis: Im ersten Falle ist κ^* Monomorphismus, im zweiten Epimorphismus).

3. Zu beliebigem M seien Y ein endlich erzeugter Untermodul von M^* und $\alpha \in Y^*$. Zeige: Ist R_R Kogenerator, dann gibt es ein $m \in M$ mit $\alpha = \Phi_M(m) \mid Y$.

4. Sei M_R gegeben. Ist $((m_i, U_i) \mid i \in I)$ eine nichtleere Familie mit $m_i \in M$ und $U_i \subsetneq M$, dann heißt $m \in M$ eine *Lösung (der Familie)*, wenn $m - m_i \in U_i$ für alle $i \in I$ gilt. Der Modul M_R heißt *linear-kompakt*, wenn jede endlich-lösbare Familie $((m_i, U_i) \mid i \in I)$ (d.h. lösbar für jede endliche Teilmenge $I_0 \subset I$) eine Lösung besitzt. Zeige:

a) Ist R_R Kogenerator, dann ist M_R genau dann linearkompakt, wenn M_R reflexiv und ${}_RR$ bezüglich M^* injektiv ist (letzteres bedeutet: Zu jedem Monomorphismus $\alpha : {}_RY \to {}_RM^*$ und Homomorphismus $\beta : {}_RY \to {}_RR$ gibt es ein $\gamma : {}_RM^* \to {}_RR$ mit $\beta = \gamma\alpha$; siehe Kapitel 5, Übung 21).

b) Genau dann ist R ein Ring mit vollkommener Dualität, wenn R_R Kogenerator und R_R linear-kompakt sind.

c) Ist R ein Ring mit vollkommener Dualität, dann ist ein R-Modul genau dann reflexiv, wenn er linear-kompakt ist.

5. Zeige:

a) Jeder artinsche Modul ist linear-kompakt.

b) Jeder linear-kompakte Modul ist komplementiert (d.h., zu jedem Untermodul existiert ein Additionskomplement).

(Hinweis: Der Beweis für die Existenz eines Durchschnittskomplementes läßt sich hier dualisieren).

c) Weder in (a) noch in (b) gilt die Umkehrung.

d) Ist $M = \bigoplus_{i \in I} M_i$ linear-kompakt, dann sind fast alle M_i gleich Null.

e) Ist M linear-kompakt und ist $A \subsetneq M$, dann sind auch A und M/A linear-kompakt.

f) Ist M linear-kompakt und ist Ra(M) klein in M (bzw. So(M) groß in M), dann ist M endlich erzeugt (bzw. endlich koerzeugt).

g) Ist R ein nicht-lokaler nullteilerfreier Hauptidealring, dann ist jeder linear-kompakte R-Modul artinsch.

6. Eine nichtleere Familie $((m_i, U_i) \mid i \in I)$ mit $m_i \in M$ und $U_i \hookrightarrow M$ heißt p r o j e k t i v, wenn I gerichtet ist (d.h. so mit einer Ordnung $\leqslant$ versehen, daß es zu beliebigen $i, j \in I$ ein $k \in I$ mit $i \leqslant k$, $j \leqslant k$ gibt) und aus $i \leqslant j$ folgt $U_j \hookrightarrow U_i$ sowie $m_j - m_i \in U_i$. Zeige:

a) Linear-kompakt M $\Longleftrightarrow$ jede projektive Familie aus M hat in M eine Lösung.

b) Ist $A \hookrightarrow M$ und sind A und M/A linear-kompakt, dann auch M.

7. Zeige: Ist R auf beiden Seiten injektiv, dann gilt für jeden endlich erzeugten R-Modul M, daß M^* reflexiv ist.
(Hinweis: Benutze Übung 1a.)

8. Ist R ein Integritätsring mit dem Quotientenkörper K, so definiert man $\text{Rang}(M_R) := \dim_K(M \otimes_R K)$.

a) Rang(M) = Rang(M/T(M)), wobei T(M) der Torsionsuntermodul von M sei.
(Hinweis: K_R ist flach.)

b) Rang(M) = 0 $\Longleftrightarrow$ M = T(M).

c) $\text{Rang}(M) < \infty$ und $A \hookrightarrow M \Rightarrow \text{Rang}(A) < \infty \wedge \text{Rang}(M/A) < \infty \wedge \text{Rang}(M) = \text{Rang}(A) + \text{Rang}(M/A)$.

d) T(M) = 0 $\Longleftrightarrow$ es gibt einen freien Untermodul A von M mit $A \overset{*}{\hookrightarrow} M$. Ist $A \cong R^{(I)}$, dann ist Rang(M) = Kard(I).

e) Wird M durch n Elemente erzeugt, dann gilt $\text{Rang}(M) \leqslant n$.

f) $\text{Rang}(M) < \infty \Rightarrow \text{Rang}(M^*) \leqslant \text{Rang}(M) \wedge$ reflexiv M^*.

9. Sei R_R Kogenerator. Zeige:

a) $\text{So}({}_RR) \overset{*}{\hookrightarrow} {}_RR$.
(Hinweis: Zu $0 \neq x \in R$ wähle ein maximales Rechtsideal, das $\underline{r}_R(x)$ enthält.)

b) $\text{So}({}_RR) \hookrightarrow \text{So}(R_R)$.
Hat zusätzlich $\text{So}(R_R)$ nur endlich viele homogene Komponenten, dann gilt ferner

c) $\underline{r}_R(\text{Ra}(R)) = \text{So}({}_RR) = \text{So}(R_R) = \underline{\ell}_R(\text{Ra}(R))$.

d) $\underline{r}_R\underline{\ell}_R(\text{Ra}(R)) = \text{Ra}(R) = \underline{\ell}_R\underline{r}_R(\text{Ra}(R))$.

10. Seien T ein kommutativer Ring und M_T ein T-Modul. Dann wird ein kommutativer Ring $R := \text{Id}(M_T)$ folgendermaßen definiert:
(1) $R := M \times T$ als Menge
(2) Addition in R komponentenweise: $(m, t) + (m', t') := (m + m', t + t')$
(3) Multiplikation in R: $(m, t)(m', t') := (mt' + m't, tt')$.
Das 1-Element dieses Ringes ist dann (0, 1). Zeige:

a) $x = (m, t)$ ist invertierbar bzw. nilpotent in R $\Longleftrightarrow$ t ist invertierbar bzw. nilpotent in T.

b) $\text{Ra}(R) = M \times \text{Ra}(T)$.

c) $\text{So}(R) = \text{So}(M) \times (\text{So}(T) \cap \underline{r}_T(M))$.

d) R ist genau dann perfekt bzw. semi-perfekt, wenn es T ist.

e) R ist genau dann noethersch bzw. artinsch, wenn es T und M_T sind.

11. Seien T ein kommutativer Ring und M_T ein treuer T-Modul (d.h. $\underline{r}_T(M) = 0$). Für den in Übung 10 definierten Ring $R = \mathrm{Id}(M_T)$ zeige man:

a) R_R ist injektiv $\iff$ M_T ist injektiv und zu jedem $\varphi \in \mathrm{End}(M_T)$ gibt es ein $t \in T$ mit $\varphi(m) = mt$ für alle $m \in M$.

b) R_R ist Kogenerator $\iff$ R_R ist injektiv und M_T ist Kogenerator.

c) Sei T ein vollständiger diskreter Bewertungsring mit dem Quotientenkörper K und sei $M_T := K/T$. Zeige: R ist ein Ring mit vollkommener Dualität, aber R ist nicht noethersch.

12. a) Sei R ein kommutativer, lokaler Ring mit endlich erzeugtem Sockel und sei E ein einfacher R-Modul. Zeige:

$$E^* \cong E^n, \quad E^{**} \cong E^{n^2}, \ldots,$$

wobei $n := \mathrm{Lä}(\mathrm{So}(R))$.

b) Zeige: Ist K ein Körper und ist $M_K := K^n$ $(n \geqslant 1)$, dann ist der in Übung 10 definierte Ring $R = \mathrm{Id}(M_K)$ kommutativ, lokal und artinsch und es gilt $\mathrm{Lä}(\mathrm{So}(R)) = n$.

c) Zeige: Ist R ein kommutativer, lokaler Ring, dann sind für den einfachen R-Modul E äquivalent:

(1) E ist reflexiv

(2) E^* ist einfach

(3) So(R) ist einfach.

d) Sei T ein nicht vollständiger diskreter Bewertungsring mit dem Quotientenkörper K und sei $M_T := K/T$. Zeige: $R = \mathrm{Id}(M_T)$ (s. Übung 10) erfüllt die Bedingungen in c), aber R ist kein Ring mit vollkommener Dualität.

13. Zeige:

a) Halbeinfach R $\iff$ $\mathrm{Ra}(R) = 0$ und zu jedem einfachen R-Rechtsmodul gibt es ein isomorphes Rechtsideal in R.

b) Ist R ein unendliches Produkt von Körpern, dann ist R_R injektiv, aber nicht Kogenerator (s. auch Kapitel 5, Übung 11).

14. Sei K ein Körper und sei R die K-Algebra mit der Basis $\{1, u_0, u_1, u_2, \ldots, e_0, e_1, e_2, \ldots\}$ und der Multiplikation

$$u_i u_j = 0, \quad e_i e_j = \delta_{i,j} e_i, \quad e_i u_j = \delta_{i,j} u_j, \quad u_i e_j = \delta_{i-1,j} u_i.$$

Man zeige:

(1) Für $x = 1k + \Sigma\, u_i k_i + \Sigma\, e_i h_i \in R$, wobei $k, k_i, h_i \in K$ gilt:

(a) Linksinvertierbar x $\iff$ rechtsinvertierbar x $\iff$ $k \neq 0 \wedge k + h_i \neq 0$ für alle $i = 0, 1, 2, \ldots$.

(b) $x \in \mathrm{Ra}(R)$ $\iff$ $k = 0 = h_i$ für alle i $\iff$ $x^2 = 0$ $\iff$ x nilpotent.

(c) $x \in$ Zentrum R $\iff$ $k_i = 0 = h_i$ für alle i.

(2) (a) $(\mathrm{Ra}(R))^2 = 0$.

(b) $\underline{r}_R(\mathrm{Ra}(R)) = \mathrm{Ra}(R) = \underline{\ell}_R(\mathrm{Ra}(R))$.

(c) $\mathrm{So}({}_R R) = \mathrm{Ra}(R) = \mathrm{So}(R_R)$.

(d) R/Ra(R) ist als Ring kommutativ und regulär.

(3) Für die maximalen bzw. die einfachen Ideale von R gilt:

a) Die maximalen Rechtsideale sind genau

$$\underline{r}_R(u_0), \ \underline{r}_R(\mu_1), \ \underline{r}_R(u_2), \ldots$$

Sie sind alle zweiseitige Ideale, und sind auch genau alle maximalen Linksideale.

b) Die einfachen Rechtsideale sind genau

$$u_0 R,\quad u_1 R,\quad u_2 R, \ldots$$

Sie sind alle zweiseitige Ideale, und sind auch genau alle einfachen Linksideale.

c) $u_0 R, u_1 R, u_2 R, \ldots$ ist ein Repräsentantensystem der einfachen R-Rechtsmoduln.

d) $A := \sum_{i=0}^{\infty} e_i R$ ist ein maximales Linksideal in R und $R/A, Ru_0, Ru_1, Ru_2, \ldots$ ist ein Repräsentantensystem der einfachen R-Linksmoduln. Zu R/A gibt es kein isomorphes Linksideal von R.

(4) Für alle $i \geqslant 0$ gilt:

a) $e_i R e_i$ ist ringisomorph zu K, insbesondere ist e_i lokales Idempotent.

b) $u_i R$ ist der einzige nichttriviale Untermodul von $e_i R$ und $e_i R / u_i R \cong u_{i+1} R$.

c) $e_i R$ ist injektiv und folglich ist R_R Kogenerator.

d) R_R ist nicht injektiv.

(Hinweis zu c): Sind $A \subsetneq R_R$, $f \in \mathrm{Hom}_R(A, e_i R)$ und $b \in R$, so läßt sich f genau dann auf $A + bR$ fortsetzen, wenn es $g \in \mathrm{Hom}_R(bR, e_i R)$ gibt, sodaß f und g auf $A \cap bR$ übereinstimmen. Man überlege, daß dieses Verfahren auch für $b = e_j$, $j \geqslant 0$ und $b = 1 - e_{i-1} - e_i$ ($e_{-1} = 0$ gesetzt) durchführbar ist.)

15. Zeige für einen Ring R: Genau dann ist R_R Kogenerator, wenn die injektive Hülle jedes endlich koerzeugten R-Rechtsmoduls projektiv ist.

13 Quasi-Frobeniusringe

13.1 Einleitung

Wir gehen hier den umgekehrten Weg wie in der historischen Entwicklung. In der historischen Entwicklung hat man zuerst in der Darstellungstheorie der endlichen Gruppen – mehr oder weniger explizit – Gruppenringe endlicher Gruppen mit Koeffizienten in einem Körper betrachtet.

Sei $R := GK$ ein solcher Gruppenring, wobei

$$g_1 = e, g_2, \ldots, g_n$$

die Elemente der Gruppe G seien. Dann ist die Abbildung

$$\varphi: \quad R \ni \sum_{i=1}^{n} g_i k_i \mapsto k_1 \in K$$

ein K-Homomorphismus von R in K, d.h. $\varphi \in R^* := \mathrm{Hom}_K(R, K)$. Dieser Homomorphismus φ hat die wesentliche Eigenschaft, daß $\mathrm{Ke}(\varphi)$ kein von 0 verschiedenes Rechts- oder Linksideal enthält. Durch diese Eigenschaft ist φ im wesentlichen (d.h. bis auf Multiplikation mit regulären Elementen aus R von rechts) eindeutig bestimmt und wird F r o b e n i u s h o m o m o r p h i s m u s genannt. Da R^* ein R-Rechtsmodul ist, ist $\varphi R \hookrightarrow R^*_R$, und für einen Frobeniushomomorphismus folgt sogar $\varphi R = R^*$. Dann ist

$$\Phi: \quad R_R \ni r \mapsto \varphi r \in \varphi R = R^*_R$$

ein R-Isomorphismus, und umgekehrt liefert jeder R-Isomorphismus

$$\Phi: \quad R_R \to R^*_R$$

in der Form $\varphi := \Phi(1)$, $1 \in R$ einen Frobeniushomomorphismus $\varphi: R_K \to K_K$.

Nachdem im Laufe der Entwicklung immer deutlicher wurde, daß viele schöne Eigenschaften von Gruppenringen nur auf der Existenz eines Frobeniushomomorphismus φ oder – damit äquivalent – eines Isomorphismus Φ beruhen, wurde die Existenz eines solchen φ bzw. Φ bei einer endlichdimensionalen K-Algebra R_K zur Definition einer F r o b e n i u s a l g e b r a erhoben (wenn auch ursprünglich darstellungstheoretisch formuliert, T. N a k a y a m a 1939).

Der nächste wesentliche Schritt in der Entwicklung bestand in der Befreiung von der Algebreneigenschaft. Wie leicht zu sehen, folgt bei einer Frobeniusalgebra mit Hilfe von φ bzw. Φ, daß die folgenden Annullatorgleichungen gelten:

$$\underline{r}_R \underline{\ell}_R(A) = A \qquad \text{für alle } A \subsetneq R_R$$

$$\underline{\ell}_R \underline{r}_R(B) = B \qquad \text{für alle } B \subsetneq {}_R R.$$

(Orthogonalitätsbeziehung zwischen einem endlichdimensionalen Vektorraum und seinem dualen Raum!) Mit einer zusätzlichen Dimensionsbedingung folgt aus den Annullatorgleichungen umgekehrt wieder die Frobeniuseigenschaft der Algebra. In diese Annullatorgleichungen geht die Algebreneigenschaft nicht mehr ein.

Ein beidseitig artinscher Ring, der die Annullatorgleichungen erfüllt, wurde dann Quasi-Frobeniusring genannt und – mit einer zusätzlichen Bedingung – Frobeniusring (T. Nakayama 1941).

Auf dieser Grundlage wurde eine Fülle von Resultaten über Quasi-Frobenius- und Frobeniusringe aufgestellt.

Neue wesentliche Impulse bekam die Entwicklung durch das Aufkommen der kategorisch-homologischen Begriffe. Dies führte dazu, daß man heute das folgende Resultat hat:

Ein Ring ist dann und nur dann ein Quasi-Frobeniusring, d.h. artinsch (und daher auch noethersch) auf beiden Seiten und mit Gültigkeit der Annullatorbedingungen, wenn er auf einer Seite noethersch und auf einer Seite injektiv oder Kogenerator ist.

Dies wird der Hauptsatz der folgenden Ausführungen sein. Da danach ein Quasi-Frobeniusring auf beiden Seiten ein artinscher (und noetherscher) injektiver Kogenerator ist, steht alles an Struktur zur Verfügung, was wir bisher für artinsche und noethersche Moduln sowie für Ringe mit vollkommener Dualität bewiesen haben.

13.2 Definition und Hauptsatz

Wir beweisen etwas mehr als den in der Einleitung angegebenen Satz. Statt $\underline{\ell}_R$ bzw. $\underline{r}_R$ schreiben wir im folgenden nur $\underline{\ell}$ bzw. $\underline{r}$.

13.2.1 Satz *Sei* R_R *noethersch, dann gilt:*

(a) *Die folgenden Bedingungen sind äquivalent:*

(1) R_R *ist injektiv;*

(2) R_R *ist Kogenerator;*

(3) ${}_R R$ *ist injektiv;*

(4) ${}_R R$ *ist Kogenerator;*

(5) $\forall A \subsetneq R_R[\underline{r}\underline{\ell}(A) = A] \wedge \forall B \subsetneq {}_R R[\underline{\ell}\underline{r}(B) = B]$.

(b) *Sind die Bedingungen in* (a) *erfüllt, dann ist* R *auf beiden Seiten artinsch.*

13.2.2 Definition

(1) *Ein Ring, der die Bedingungen von* 13.2.1 *erfüllt, heißt* Quasi-Frobeniusring.

(2) *Ein Ring* R *heißt* F r o b e n i u s r i n g , *wenn er Quasi-Frobeniusring ist und*

$$\mathrm{So}(R_R) \cong (R/\mathrm{Ra}(R))_R, \qquad \mathrm{So}({}_RR) \cong {}_R(R/\mathrm{Ra}(R))$$

gilt.

Offensichtlich ist danach ein Ring mit vollkommener Dualität genau dann ein Quasi-Frobeniusring, wenn er auf einer Seite noethersch ist.

Den umfangreichen Beweis von 13.2.1 zerlegen wir in mehrere Teilbehauptungen, von denen einige auch an sich von Interesse sind.

13.2.3 Behauptung *Ist* R_R *injektiv und noethersch, dann ist* R *auf beiden Seiten artinsch.*

B e w e i s. Da R_R injektiv ist, gilt nach 12.4.2 $\underline{\ell}\underline{r}(C) = C$ für alle endlich erzeugten Linksideale $C \hookrightarrow {}_RR$. Da R_R noethersch ist, erfüllt dann R die absteigende Kettenbedingung für alle endlich erzeugten und insbesondere für alle zyklischen Linksideale. Nach 11.6.3 ist folglich R_R perfekt. Dann liefert 11.6.4, daß R_R artinsch ist. Daraus folgt wegen $\underline{\ell}\underline{r}(C) = C$, daß ${}_RR$ die aufsteigende Kettenbedingung für endlich erzeugte Linksideale erfüllt. Wir überlegen, daß dann ${}_RR$ sogar noethersch ist. Wäre dies nicht der Fall, dann müßte ein Ideal $B \hookrightarrow {}_RR$ existieren, das nicht endlich erzeugt ist. Zu jedem endlich erzeugten Unterideal von B gibt es dann ein echt größeres endlich erzeugtes Unterideal. In B läßt sich daher induktiv eine unendliche echt aufsteigende Kette von endlich erzeugten Unteridealen definieren im Widerspruch zu vorstehender Feststellung. Da also R rechts artinsch und links noethersch ist, folgt nach 9.3.12, daß auch ${}_RR$ artinsch ist. □

13.2.4 Behauptung *Ist* R_R *noethersch und gilt* (5) *aus* 13.2.1, *dann ist* R_R *injektiv und* R *ist auf beiden Seiten artinsch.*

B e w e i s. Wir wollen 12.4.3 anwenden. Dazu ist für Rechtsideale A und B von R zu zeigen:

$$\underline{\ell}(A \cap B) = \underline{\ell}(A) + \underline{\ell}(B)\,.$$

Wegen (5) gilt

$$\underline{r}\underline{\ell}(A \cap B) = A \cap B = \underline{r}\underline{\ell}(A) \cap \underline{r}\underline{\ell}(B) = \underline{r}(\underline{\ell}(A) + \underline{\ell}(B))\,,$$

wobei die letzte Gleichung leicht zu verifizieren ist. Durch Anwendung von $\underline{\ell}$ folgt daraus

$$\underline{\ell}(A \cap B) = \underline{\ell}\underline{r}(\underline{\ell}(A) + \underline{\ell}(B)) = \underline{\ell}(A) + \underline{\ell}(B)\,.$$

Aus 12.4.3 ergibt sich dann, daß R_R injektiv ist. Der Rest folgt aus 13.2.3.

13.2.5 Behauptung *Ist* R_R *oder* ${}_RR$ *noethersch und gilt*

$$\underline{r}\underline{\ell}(A) = A \quad \textit{oder} \quad \underline{\ell}\underline{r}(A) = A$$

für alle zweiseitigen Ideale A *von* R, *dann ist* Ra(R) *nilpotent.*

B e w e i s. Es genügt, den Beweis für den Fall $\underline{r}\underline{\ell}(A) = A$ zu führen, da im anderen Falle alles ganz analog verläuft. Sei $N := Ra(R)$ gesetzt, dann ist $N \hookleftarrow\!\supset N^2 \hookleftarrow\!\supset N^3 \hookleftarrow\!\supset \ldots$ und folglich auch

$$\underline{\ell}(N) \subsetneq \underline{\ell}(N^2) \subsetneq \underline{\ell}(N^3) \subsetneq \ldots$$

eine Kette von zweiseitigen Idealen. Da R_R oder $_RR$ noethersch ist, ist diese Kette stationär, d.h. es gibt ein n mit

$$\underline{\ell}(N^n) = \underline{\ell}(N^{n+1}) .$$

Daraus folgt

$$N^n = \underline{r}\underline{\ell}(N^n) = \underline{r}\underline{\ell}(N^{n+1}) = N^{n+1} .$$

Da R_R bzw. $_RR$ noethersch ist, ist N^n_R bzw. $_RN^n$ endlich erzeugt, so daß nach 9.2.1 (d) $N^{n+1} \overset{\circ}{\subsetneq} N^n$ folgt. Aus den beiden letzten Beziehungen zusammen ergibt sich $N^n = 0$, was zu zeigen war. □

13.2.6 Behauptung *Ist* R_R *injektiv und ist* $_RR$ *noethersch, dann ist* R_R *Kogenerator, und* R *ist auf beiden Seiten artinsch.*

B e w e i s. Da $_RR$ noethersch ist, ist jedes Linksideal von R endlich erzeugt. Aus 12.4.2 und 13.2.5 folgt dann, daß Ra(R) nilpotent ist. Aus 9.6.2 für $Q_R = R_R$ ergibt sich; daß $\bar{R} := R/Ra(R)$ regulär ist. Da $_RR$ noethersch ist, ist $_R\bar{R}$ und infolgedessen auch $_{\bar{R}}\bar{R}$ noethersch. Dann besagt 10.4.9, daß jedes Linksideal von $\bar{R}$ direkter Summand von $\bar{R}$ ist, d.h., $\bar{R}$ ist halbeinfach. Folglich ist R nach 11.6.3 beidseitig perfekt und $_RR$ ist nach 11.6.4 artinsch. Da $_RR$ perfekt ist, ist nach 11.6.3 (4) $So(R_R)$ groß in R_R. Aus 12.5.2 folgt dann, daß R_R ein Kogenerator ist. Nach 12.4.1 gilt dann $\underline{r}\underline{\ell}(A) = A$ für alle $A \subsetneq R_R$. Da $_RR$ noethersch ist, folgt daraus, daß R_R artinsch ist.□

B e w e i s von 13.2.1. Da (b) aus 13.2.4 folgt, ist nur (a) zu zeigen. „(1) ⇒ (2)“ Nach 13.2.3 ist $_RR$ artinsch, also auch noethersch. Dann folgt die Behauptung aus 13.2.6.

„(2) ⇒ (5)“ Nach 12.5.3 ist R_R injektiv und nach 13.2.3 ist $_RR$ noethersch. Da R_R Kogenerator ist, gilt nach 12.4.1 $\underline{r}\underline{\ell}(A) = A$ für alle $A \subsetneq R_R$. Da R_R injektiv und $_RR$ noethersch ist, gilt nach 12.4.2 auch $\underline{\ell}\underline{r}(B) = B$ für alle $B \subsetneq {_RR}$, also gilt (5).

„(5) ⇒ (1)“ Nach 13.2.4.

„(5) ⇒ (3)“ Aus (5) und R_R noethersch folgt $_RR$ artinsch, also auch $_RR$ noethersch. Damit erhält man (3) aus 13.2.4.

„(3) ⇒ (4)“ Nach 13.2.6.

„(4) ⇒ (5)“ Aus (4) und R_R noethersch folgt wegen 12.4.1, daß $_RR$ artinsch und daher auch noethersch ist. Dann folgt die Behauptung wie „(2) ⇒ (5)“. □

13.3 Dualitätseigenschaften von Quasi-Frobeniusringen

Die Quasi-Frobeniusringe werden unter den noetherschen Ringen durch die Bedingungen in 12.1.1 gekennzeichnet. Den Bedingungen in 12.1.1 können jetzt weitere

Kennzeichnungen durch Dualitätseigenschaften hinzugefügt werden. Dabei übernehmen wir die Bezeichnungen aus Kapitel 12.

Als Hilfsmittel für weitere Überlegungen stellen wir zunächst fest, wie sich Endlichkeitsbedingungen auf den dualen Modul übertragen.

13.3.1 Hilfssatz *Sei* M_R *endlich erzeugt, dann gilt für* $M^* := \mathrm{Hom}_R(M_R, R_R)$:

(a) *Ist* ${}_RR$ *noethersch, dann ist* ${}_RM^*$ *noethersch.*

(b) *Ist* ${}_RR$ *artinsch, dann ist* ${}_RM^*$ *von endlicher Länge (d.h. artinsch und noethersch).*

Beweis. (a) Ist zunächst $F := \bigoplus_{i=1}^{n} x_iR$ ein endlich erzeugter freier R-Rechtsmodul mit der Basis $x_1, \ldots, x_n$, dann ist (wie bei einem Vektorraum)

$$F^* = \bigoplus_{i=1}^{n} R\delta_i \quad \text{mit} \quad \delta_i(x_j) = \begin{cases} 0 & \text{für } i \neq j \\ 1 & \text{für } i = j \end{cases}$$

ein freier R-Linksmodul mit der Basis $\delta_1, \ldots, \delta_n$. Da ${}_RR$ noethersch ist, ist nach 6.1.3 auch ${}_RF^*$ noethersch. Sei jetzt

$$M_R = \sum_{i=1}^{n} m_iR$$

und sei

$$\eta: \ F = \bigoplus_{i=1}^{n} x_iR \ni \sum_{i=1}^{n} x_ir_i \mapsto \sum_{i=1}^{n} m_ir_i \in M,$$

dann ist, da η ein Epimorphismus ist,

$$\mathrm{Hom}(\eta, 1_R): \ M^* \ni \alpha \mapsto \alpha\eta \in F^*$$

ein Monomorphismus. Da ${}_RF^*$ noethersch ist, ist folglich auch ${}_RM^*$ noethersch.

(b) Folgt aus (a) und 6.1.3. □

Ist R auf beiden Seiten artinsch, so folgt aus 13.3.1 zusammen mit den Ergebnissen aus Kapitel 6, daß für jeden endlich erzeugten R-Rechts- oder R-Linksmodul M alle Untermoduln und Faktormoduln von M und von M* von endlicher Länge sind. Davon wird im folgenden ohne Hinweis Gebrauch gemacht. Ferner sei Lä(M) die Länge des Moduls M (= Länge einer Kompositionsreihe von M).

13.3.2 Satz *Für einen beidseitig artinschen Ring* R *sind äquivalent:*

(1) R *ist Quasi-Frobeniusring*

(2) *Duale Moduln von einfachen* R*-Rechtsmoduln und einfachen* R*-Linksmoduln sind einfach*

(3) *Für jeden endlich erzeugten* R*-Rechtsmodul und jeden endlich erzeugten* R*-Linksmodul* M *gilt:* Lä(M) = Lä(M*).

Beweis. „(1) ⇒ (2)" Sei E_R einfach, dann gibt es, da R_R Kogenerator ist, einen Monomorphismus $\mu: E_R \to R_R$; also ist $E^* := \mathrm{Hom}_R(E_R, R_R) \neq 0$. Sei jetzt

$0 \neq \alpha \in E^*$, dann wird gezeigt, daß $E^* = R\alpha$ gilt, d.h., E^* ist einfach. Da E_R einfach ist und $\alpha \neq 0$, muß α ein Monomorphismus sein. Da R_R injektiv ist, existiert zu jedem $\xi \in E^*$ ein kommutatives Diagramm

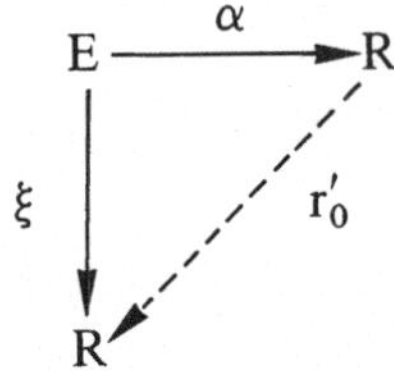

wobei r_0' die Linksmultiplikation mit einem $r_0 \in R$ ist. Also gilt $\xi = r_0\alpha$ und folglich $E^* = R\alpha$. Analog für die linke Seite.

„(2) ⇒ (1)" Wir zeigen, daß die Annullatorbedingungen 13.2.1 (5) erfüllt sind. Der Beweis erfolgt in zwei Schritten.

1. S c h r i t t. Behauptung: Seien $A \subsetneq B \subsetneq R_R$ und sei B/A einfach, dann ist $\underline{\ell}(A)/\underline{\ell}(B)$ einfach oder 0.

Beweis: Wie leicht zu bestätigen, wird durch

$$f: \underline{\ell}(A)/\underline{\ell}(B) \to (B/A)^*$$

mit $\quad f(x + \underline{\ell}(B))(b + A) := xb, \quad x \in \underline{\ell}(A),\ b \in B$

ein Monomorphismus definiert. Da $(B/A)^*$ nach Voraussetzung einfach ist, folgt die Behauptung. Selbstverständlich gilt die entsprechende Aussage auch für Linksideale.

2. S c h r i t t. Sei jetzt $A \subsetneq R_R$. Dann gibt es eine Kompositionsreihe von R_R, die A enthält:

(i) $\quad 0 = A_0 \subsetneq \ldots \subsetneq A_m = R$.

Betrachten wir dazu die Reihe

(ii) $\quad R = \underline{\ell}(0) \supsetneq \underline{\ell}(A_1) \supsetneq \ldots \supsetneq \underline{\ell}(R) = 0$.

Nach dem ersten Schritt folgt

$$\text{Lä}({}_RR) \leqslant \text{Lä}(R_R).$$

Da alles seitensymmetrisch ist, gilt ebenso $\text{Lä}(R_R) \leqslant \text{Lä}({}_RR)$, also folgt $\text{Lä}({}_RR) = \text{Lä}(R_R)$. Folglich muß (ii) eine Kompositionsreihe von ${}_RR$ sein. Ebenso ist dann auch

$$0 = \underline{r}\underline{\ell}(A_0) \subsetneq \ldots \subsetneq \underline{r}\underline{\ell}(A_m) = R$$

eine Kompositionsreihe von R_R. Da nach Voraussetzung (i) eine Kompositionsreihe ist und $A_i \subsetneq \underline{r}\underline{\ell}(A_i)$, $i = 1, \ldots, m$ gilt, folgt $A_i = \underline{r}\underline{\ell}(A_i)$, $i = 1, \ldots, m$, was $\underline{r}\underline{\ell}(A) = A$ einschließt. Analog gilt auch $\underline{\ell}\underline{r}(B) = B$ für $B \subsetneq {}_RR$.

„(1) ∧ (2) ⇒ (3)" Induktion nach $\text{Lä}(M_R)$. Wegen (2) gilt die Behauptung für $\text{Lä}(M_R) = 1$. Sie gelte bereits für alle Moduln mit $\text{Lä}(M_R) \leqslant n$. Sei dann L_R mit $\text{Lä}(L_R) = n + 1$ und sei E einfacher Untermodul von L. Dann gilt nach Voraussetzung

Lä((L/E)*) = n. Sei, wie schon zuvor eingeführt,

$$E^\circ = \{\varphi \mid \varphi \in L^* \wedge \varphi(E) = 0\},$$

dann gilt offenbar $(L/E)^* \cong E^\circ$ und folglich auch Lä(E°) = n. Da nach 12.6.1

$$\psi: \quad L^*/E^\circ \to E^*$$

mit $\psi(\varphi + E^\circ) = \varphi \mid E$ ein Isomorphismus ist und Lä$(E^*) = 1$ gilt, folgt Lä$(L^*) = n + 1$.
„(3) ⇒ (2)" (2) ist Spezialfall von (3).

13.4 Die klassische Definition

Die von uns bisher angegebenen Kennzeichnungen von Quasi-Frobeniusringen machen die klassische Definition und damit eng zusammenhängende weitere Kennzeichnungen nicht überflüssig, geben diese doch einen guten Einblick in die idealtheoretische Struktur der Quasi-Frobeniusringe.

Die Definition der Quasi-Frobeniusringe geht auf T. Nakayama (1939) zurück. Um diese angeben zu können, bedarf es einiger Bezeichnungen.

Sei R ein beidseitig artinscher Ring mit N := Ra(R). Bezeichne

$$\begin{aligned} R &= A_{11} \oplus \ldots \oplus A_{1g_1} \oplus A_{21} \oplus \ldots \oplus A_{2g_2} \oplus \ldots \oplus A_{k1} \oplus \ldots \oplus A_{kg_k} \\ &= e_{11} R \oplus \ldots \oplus e_{1g_1} R \oplus \ldots \oplus e_{k1} R \oplus \ldots \oplus e_{kg_k} R \end{aligned}$$

eine Zerlegung in direkt unzerlegbare Rechtsideale $A_{ij} = e_{ij} R$ mit orthogonalen Idempotenten $e_{11}, \ldots, e_{kg_k}$; dabei sei die Indizierung so gewählt, daß $A_{i1}, \ldots, A_{ig_i}$, $(i = 1, \ldots, k)$ genau alle zu A_{i1} isomorphen Rechtsideale in der Zerlegung sind. Es wird zur Abkürzung $A_i := A_{i1}$ und $e_i := e_{i1}$ gesetzt. Sei noch $\bar{R} := R/N$ und $\bar{r} := r + N \in \bar{R}$. Im folgenden bezeichnen e und e' zwei der orthogonalen Idempotente e_{ij}. Dann gilt nach 12.5.1:

$$eR \cong e'R \iff \bar{e}\bar{R} \cong \bar{e}'\bar{R}.$$

Jedes der $\bar{e}_{ij}\bar{R}$ ist einfach, und zwar sowohl als Rechtsideal von $\bar{R}$ als auch als R-Rechtsmodul (11.4.3). Ferner ist jeder einfache R-Rechtsmodul zu einem der $(\bar{e}_{ij}\bar{R})_R$ isomorph (9.3.4). Zusammenfassend ergibt sich, daß

$$\bar{e}_1 \bar{R}, \ldots, \bar{e}_k \bar{R}$$

ein Repräsentantensystem für die Isomorphieklassen einfacher R-Rechtsmoduln ist.

13.4.1 Bemerkung *Seien* e *und* e' *zwei der orthogonalen Idempotente* e_{ij}, *dann gilt:*

$$eR \cong e'R \iff Re \cong Re'.$$

Beweis. Nach 12.5.1 gilt

$$eR \cong e'R \iff \bar{e}\bar{R} \cong \bar{e}'\bar{R}.$$

Da $\bar{R}$ als halbeinfacher Ring beidseitig injektiv ist, folgt nach 12.3.1 und 12.3.2

$$\bar{e}\bar{R} \cong \bar{e}'\bar{R} \iff \bar{R}\bar{e} = \bar{R}\bar{e}'.$$

Erneute Anwendung von 12.5.1 liefert die Behauptung. □

Ist für ein Idempotent $e \neq 0$ eR direkt unzerlegbar, so bedeutet dies, daß e nicht als Summe $e = e' + e''$ von zwei orthogonalen Idempotenten $\neq 0$ geschrieben werden kann. Daraus folgt, daß auch Re direkt unzerlegbar ist. Wir erinnern daran, daß dann e ein *primitives Idempotent* genannt wird.

Aus der anfangs angegebenen rechtsseitigen Zerlegung von R erhält man daher die linksseitige Zerlegung

$$R = Re_{11} \oplus \ldots \oplus Re_{1g_1} \oplus \ldots \oplus Re_{k1} \oplus \ldots \oplus Re_{kg_k},$$

die entsprechende Eigenschaften wie die rechtsseitige besitzt.

Der folgende Satz enthält die ursprüngliche Definition von T. Nakayama für Quasi-Frobeniusringe.

13.4.2 Satz *Für einen beidseitig artinschen Ring* R *sind äquivalent:*

(a) R *ist Quasi-Frobeniusring*

(b) *Für jedes primitive Idempotent* e *sind* So(eR) *und* So(eR) *einfach und in* $So(R_R)$ *bzw.* $So({}_RR)$ *kommen bis auf Isomorphie alle einfachen* R-*Rechts- bzw.* R-*Linksmoduln vor*

(c) *Für jedes primitive Idempotent* e *sind* So(eR) *und* So(Re) *einfach und es gilt* $So(R_R) = So({}_RR)$

(d) (*Definition von* T. Nakayama) *Es existiert eine Permutation* π *von* $\{1, \ldots, k\}$, *so daß für jedes* $i = 1, \ldots, k$ *gilt:*

$$So(e_iR)_R \cong (\bar{e}_{\pi(i)}\bar{R})_R, \quad {}_RSo(Re_{\pi(i)}) \cong {}_R(\bar{R}\bar{e}_i).$$

Beweis. „(a) ⇒ (b)“ Sei E ein einfacher Untermodul von eR. Da eR als direkter Summand von R_R injektiv ist, enthält eR eine injektive Hülle von E, die direkter Summand von eR ist. Da eR direkt unzerlegbar ist, ist eR injektive Hülle von E. Wegen $E \subsetneq^* eR$ gilt folglich $E = So(eR)$. Damit ist die erste Behauptung bewiesen. Da R_R und ${}_RR$ Kogeneratoren sind, kommen bis auf Isomorphie alle einfachen R-Rechtsmoduln bzw. R-Linksmoduln in $So(R_R)$ bzw. $So({}_RR)$ vor.

„(b) ⇒ (c)“ Da in $So(R_R)$ ein zu $(\bar{e}\bar{R})_R$ isomorphes Ideal enthalten ist, gilt (wegen $\bar{e}e = \bar{e}$) $So(R_R)e \neq 0$. Da $So(R_R)$ zweiseitiges Ideal ist, enthält folglich $So(R_R)$ ein Unterideal $\neq 0$ von Re und daher auch So(Re) (da dieser einfach und groß in Re ist). Also gilt $So({}_RR) \subsetneq So(R_R)$ (wegen $So({}_RR) = So(\bigoplus Re_{ij}) = \bigoplus So(Re_{ij})$). Da analog die umgekehrte Inklusion gilt, folgt die Behauptung.

„(c) ⇒ (b)“ Ist e ein primitives Idempotent, dann gilt wegen $0 \neq So(Re) = So(Re)e$

$$0 \neq So({}_RR)e = So(R_R)e.$$

Folglich gibt es ein $x \in So(R_R)$, so daß xeR einfach ist. Dafür gilt dann $xeR \cong \bar{e}\bar{R}$, womit (b) gilt.

„(b) $\wedge$ (c) $\Rightarrow$ (d)“ Da $So(e_iR)$ einfach ist, gibt es zu jedem $i \in \{1, \ldots, k\}$ ein $\pi(i) \in \{1, \ldots, k\}$ mit

$$(*) \qquad So(e_iR) \cong \bar{e}_{\pi(i)}\bar{R}\,.$$

Da in $So(R_R) = \bigoplus So(e_{ij}R)$ nur einfache Ideale enthalten sind, die zu einem $So(e_iR)$, $i = 1, \ldots, k$ isomorph sind, aber nach (b) alle Isomorphieklassen von einfachen R-Rechtsmoduln vertreten sein müssen, bildet $\{So(e_iR) \mid i = 1, \ldots, k\}$ ein Repräsentantensystem für diese Isomorphieklassen. Da auch $\{\bar{e}_i\bar{R} \mid i = 1, \ldots, k\}$ ein solches Repräsentantensystem ist, ist $i \mapsto \pi(i)$ (im Sinne von (*)) eine Permutation von $\{1, \ldots, k\}$. Sei $So(e_iR) = e_ia_iR$, dann folgt aus $So(e_iR) \cong \bar{e}_{\pi(i)}\bar{R}$, daß $e_ia_ie_{\pi(i)} \neq 0$ gilt, also ist $So(e_iR) = e_ia_ie_{\pi(i)}R$. Wegen

$$0 \neq e_ia_ie_{\pi(i)} \in So(R_R) = So({}_RR)$$

gilt $\qquad Re_ia_ie_{\pi(i)} \subsetneq So({}_RR) \cap Re_{\pi(i)} = So(Re_{\pi(i)})$

und da $So(Re_{\pi(i)})$ einfach ist, folgt $So(Re_{\pi(i)}) = Re_ia_ie_{\pi(i)}$. Dann liefert der Epimorphismus

$$Re_i \ni re_i \mapsto re_ia_ie_{\pi(i)} \in So(Re_{\pi(i)})$$

den Isomorphismus

$$\bar{R}\bar{e}_i \cong So(Re_{\pi(i)}),$$

womit (d) bewiesen ist.

„(d) $\Rightarrow$ (b)“ Nach dem Satz von Krull-Remak-Schmid kann angenommen werden, daß das Idempotent e in (b) eines der e_i in (d) ist. Dann ist die Behauptung unmittelbar klar.

Damit haben wir die Bedingungen (b), (c) und (d) als äquivalent nachgewiesen.

„(b) $\wedge$ (c) $\Rightarrow$ (a)“ Nach 13.3.2 genügt es zu zeigen, daß der duale Modul eines jeden einfachen R-Rechtsmoduls und R-Linksmoduls wieder einfach ist. Da isomorphe Moduln isomorphe duale Moduln besitzen, genügt es zu zeigen, daß jeder $So(e_iR)$ und $So(Re_i)$, $i = 1, \ldots, k$ einen einfachen dualen Modul besitzt, wobei wir uns wegen der Symmetrie noch auf $So(e_iR)$ beschränken können. Wir zeigen zuerst, daß jeder von Null verschiedene Homomorphismus

$$\varphi: \; So(e_iR)_R \to R_R$$

durch Multiplikation von links mit einem Element aus Re_i induziert wird. Wir benutzen, wie zuvor gezeigt, $So(e_iR) = e_ia_ie_{\pi(i)}R$, dann folgt

$$\varphi(e_ia_ie_{\pi(i)}r) = \varphi(e_ia_ie_{\pi(i)})e_{\pi(i)}r, \qquad r \in R.$$

Sei $q := \varphi(e_i a_i e_{\pi(i)}) \neq 0$, dann ist $qe_{\pi(i)}R$ einfach, und nach dem gleichen Schluß wie im Beweis von (b) $\wedge$ (c) $\Rightarrow$ (d) $(0 \neq Rqe_{\pi(i)} \subsetneq So({}_RR) \cap Re_{\pi(i)} = So(Re_{\pi(i)}) \wedge$ einfach $So(Re_{\pi(i)}) \Rightarrow Rqe_{\pi(i)} = So(Re_{\pi(i)}))$ folgt

$$Rqe_{\pi(i)} = So(Re_{\pi(i)}) = Re_i a_i e_{\pi(i)} \,.$$

Also existiert ein $r_0 e_i \in Re_i$ mit

$$qe_{\pi(i)} = r_0 e_i a_i e_{\pi(i)}$$

und damit gilt

$$\varphi(e_i a_i e_{\pi(i)} r) = qe_{\pi(i)} r = r_0 e_i a_i e_{\pi(i)} r \,.$$

Schreibt man für die Linksmultiplikation von $So(e_iR) = e_i a_i e_{\pi(i)} R$ mit xe_i, $x \in R$ $(xe_i)^\ell$, dann folgt $\varphi = (r_0 e_i)^\ell$. Also ist die Abbildung

$$\psi : \quad Re_i \ni xe_i \mapsto (xe_i)^\ell \in (So(e_iR))^*$$

ein Epimorphismus. Sei $N := Ra(R)$; wegen

$$0 = NSo({}_RR) = NSo(R_R)$$

gilt $Ne_i \subsetneq Ke(\psi)$. Da $\psi \neq 0$ und da nach 11.4.3 Ne_i das einzige maximale Ideal in Re_i ist, folgt $Ke(\psi) = Ne_i$, also

$$Re_i/Ne_i \cong (So(e_iR))^*$$

und folglich ist $(So(e_iR))^*$ einfach, was zu zeigen war. □

13.4.3 Folgerung *Für einen beidseitig artinschen Ring* R *sind äquivalent:*

(1) R *ist Frobeniusring.*

(2) *Es gilt* $So(R_R) \cong (R/Ra(R))_R$ *und* ${}_RSo({}_RR) \cong {}_R(R/Ra(R))$.

(3) R *ist Quasi-Frobeniusring, und es gilt*

$$So(R_R)_R \cong (R/Ra(R))_R \quad \textit{oder} \quad {}_RSo({}_RR) \cong {}_R(R/Ra(R)).$$

B e w e i s. „(1) ⇒ (2)“ In Definition 13.2.2 (2) wurde die Bedingung „R ist Quasi-Frobeniusring“ weggelassen.

„(2) ⇒ (1)“ Da in $(R/N)_R$ bzw. ${}_R(R/N)$ alle einfachen R-Rechts- bzw. R-Linksmoduln bis auf Isomorphie vorkommen, gilt dies auch für $So(R_R)_R$ bzw. ${}_RSo({}_RR)$. Wegen

$$\bigoplus So(e_{ij}R) = So(R_R) \cong (R/N)_R = \bigoplus \bar{e}_{ij}\bar{R}$$

und da alle $\bar{e}_{ij}\bar{R}$ einfach sind, müssen aus Anzahlgründen auch alle $So(e_{ij}R)$ einfach sein. Entsprechendes gilt für die linke Seite. Damit ist 13.4.2 (b) erfüllt. Folglich gilt auch „(2) ⇒ (3)“.

„(3) ⇒ (1)“ Sei jetzt $So(R_R)_R \cong (R/N)_R$ erfüllt. Nach 13.4.2 (d) ist dies offenbar damit äquivalent, daß $g_i = g_{\pi(i)}$ für jedes $i = 1, \ldots, k$ gilt. Da g_i nach 13.4.1 von der Seite unabhängig ist, folgt ${}_RSo({}_RR) \cong {}_R(R/N)$, was zu beweisen war. □

13.5 Quasi-Frobeniusalgebren

Das Hauptziel der folgenden Überlegungen besteht darin zu zeigen, daß ein Quasi-Frobeniusring bzw. ein Frobeniusring im Falle, daß er eine Algebra über einem Körper K ist, auch durch die klassische Definition für Quasi-Frobeniusalgebren bzw. für Frobeniusalgebren gekennzeichnet werden kann.

Sei jetzt K ein Körper und sei R_K eine unitäre K-Algebra (s. 2.2.5). Das schließt ein, daß R_K ein unitärer K-Modul, d.h. ein K-Vektorraum, ist. R nennt man eine endlich-dimensionale K-Algebra, wenn die Dimension von R über K (als Vektorraum) endlich ist. Sei $A \hookrightarrow R_R$, dann gilt für $a \in A$, $k \in K$

$$ak = (a1)k = a(1k) \in A,$$

d.h., jedes Rechtsideal ist auch K-Unterraum von R_K. Sei nun $B \hookrightarrow {}_RR$, dann gilt für $b \in B$, $k \in K$

$$bk = (1b)k = (1k)b \in B,$$

so daß auch Linksideale K-Unterräume sind. Für die K-Dimension eines K-Unterraumes U von R_K schreiben wir $\dim_K(U)$. Ist $\dim_K(R) < \infty$, so folgt für Ideale

$$A \underset{\neq}{\hookrightarrow} B \hookrightarrow R_R \quad \text{bzw.} \quad A \underset{\neq}{\hookrightarrow} B \hookrightarrow {}_RR$$

$$\dim_K(A) < \dim_K(B) < \infty.$$

Folglich ist dann R ein beidseitig artinscher Ring, denn eine echt absteigende Kette von Idealen muß nach höchstens $\dim_K(R)$ Schritten abbrechen.

Wir betrachten jetzt die Abbildung

$$\kappa : K \ni k \mapsto 1k \in R, \qquad (1 \in R).$$

Wegen $1(k_1 + k_2) = 1k_1 + 1k_2$ und

$$1(k_1 k_2) = (1k_1)k_2 = ((1k_1)1)k_2 = (1k_1)(1k_2)$$

ist κ ein Ringhomomorphismus. Sei e das Einselement aus K, dann gilt $1e = 1$, also ist κ nicht der Nullhomomorphismus und folglich (da K ein Körper ist) ein Monomorphismus. Wir stellen ferner fest, daß $\kappa(K)$ im Zentrum von R liegt:

$$r(1k) = (r1)k = (1r)k = (1k)r, \qquad r \in R, k \in K.$$

Auf Grund dieser Feststellung können und wollen wir im folgenden K als Unterkörper des Zentrums von R voraussetzen (d.h., K durch $\kappa(K)$ ersetzen und $\kappa(K)$ wieder K nennen).

Sei jetzt $\dim_K(R) = n$. Wir betrachten den zu R_K dualen Vektorraum

$$R^* := \operatorname{Hom}_K(R, K).$$

für den dann ebenfalls $\dim_K(R^*) = n$ gilt (Man beachte, daß jetzt der * auf K und nicht wie früher auf R bezieht!). Durch die Festsetzung

$$(\varphi r)(x) := \varphi(rx), \qquad \varphi \in R^*, \; r, x \in R$$

wird R^* zu einem R-Rechtsmodul. Wegen $n = \dim_K(R) = \dim_K(R^*)$ sind R und R^* als K-Vektorräume isomorph. Eine für das folgende wesentliche Frage ist nun die, ob R und R^* sogar als R-Rechtsmoduln isomorph sind. Es wird sich herausstellen, daß dies genau dann der Fall ist, wenn R ein Frobeniusring ist.

13.5.1 Lemma *Sei* $\dim_K(R) = n$. *Für* $\varphi \in R^*$ *sind dann äquivalent:*

(1) $\mathrm{Ke}(\varphi)$ *enthält kein von Null verschiedenes Rechtsideal von* R.

(2) $\mathrm{Ke}(\varphi)$ *enthält kein von Null verschiedenes Linksideal von* R.

(3) $f: \quad R_R \ni r \mapsto \varphi r \in R_R^*$ *ist ein R-Isomorphismus.*

B e w e i s. „(1) ⇒ (3)" Sei $\varphi r = 0$, also $\varphi(rx) = 0$ für alle $x \in R$, also $\varphi(rR) = 0$. Nach Voraussetzung folgt $r = 0$, d.h., f ist ein Monomorphismus. Wegen $\dim_K(R) = \dim_K(R^*) = n$ ist dann f sogar ein Isomorphismus.

„(3) ⇒ (1)" Aus $\varphi(rR) = 0$ folgt $\varphi r = 0$ und da f ein Isomorphismus ist $r = 0$, also gilt (1).

„(2) ⇒ (3)" φR ist ein K-Unterraum von R^*. Angenommen, $\varphi R \neq R^*$, dann gibt es $0 \neq x \in R$ mit $\varphi(rx) = 0$ für alle $r \in R$ (man nehme x aus dem orthogonalen Komplement von φR in R), also $\varphi(Rx) = 0$, Widerspruch zu (2)! Folglich gilt $\varphi R = R^*$, d.h., f ist ein Epimorphismus, also aus Dimensionsgründen ein Isomorphismus.

„(3) ⇒ (2)" Zu jedem $0 \neq x \in R$ gibt es ein $\xi \in R^*$ mit $\xi(x) \neq 0$. Sei $\xi = \varphi r$, dann folgt $\varphi(rx) \neq 0$, also $\varphi(Rx) \neq 0$, d.h. $Rx \not\subset \mathrm{Ke}(\varphi)$. □

13.5.2 Definition *Eine lineare Funktion* φ *von* R_K, *die den Bedingungen von* 13.5.1 *genügt, heißt* n i c h t a u s g e a r t e t.

13.5.3 Folgerung *Sei* $\dim_K(R) < \infty$ *dann sind äquivalent:*

(1) *Es existiert eine nichtausgeartete lineare Funktion von* R_K

(2) $R_R \cong R_R^*$.

B e w e i s. „(1) ⇒ (2)" Nach 13.5.1.

„(2) ⇒ (1)" Sei $f: R_R \cong R_R^*$ und sei $\varphi := f(1)$, dann folgt

$$f(r) = f(1r) = f(1)r = \varphi r ,$$

also $\quad f: \quad R \ni r \mapsto \varphi r \in R^*$

und nach 13.5.1 ist φ nichtausgeartet. □

13.5.4 Definition *Sei* $\dim_K(R) < \infty$.

(a) R *heißt* F r o b e n i u s a l g e b r a $:\iff \quad R_R \cong R_R^*$.

(b) R *heißt* Q u a s i - F r o b e n i u s a l g e b r a $:\iff$ *die direkt unzerlegbaren direkten Summanden von* R_R *und* R_R^* *stimmen bis auf Isomorphie und Anzahl überein (d.h., zu jedem direkt unzerlegbaren direkten Summanden von* R_R *gibt es einen dazu isomorphen von* R_R^* *und umgekehrt).*

Wir haben uns bei dieser Definition an die klassische Formulierung gehalten, um auch die ältere Literatur auf diesem Gebiet leichter zugänglich zu machen. Was das in moderner Sicht bedeutet, soll sogleich auseinandergesetzt werden. Die Grundlage für alles ist die Tatsache, daß für eine beliebige endlichdimensionale Algebra R_K der duale Raum R_R^* als R-Rechtsmodul eine injektive Hülle von $(R/Ra(R))_R$ ist, woraus sogleich folgt, daß R_R^* ein injektiver Kogenerator ist. (b) ist dann damit äquivalent, daß auch R_R ein injektiver Kogenerator also ein Quasi-Frobeniusring ist und (a) impliziert zusätzlich

$$So(R_R) \cong So(R_R^*) \cong (R/Ra(R))_R ,$$

womit dann R sogar ein Frobeniusring ist. Alles dies soll jetzt genau ausgeführt werden.

Zum Beweis, daß R_R^* eine injektive Hülle von $(R/Ra(R))_R$ ist, muß zunächst gezeigt werden, daß jede endlichdimensionale halbeinfache Algebra eine Frobeniusalgebra ist. Dabei heißt eine Algebra h a l b e i n f a c h, wenn sie als Ring halbeinfach ist (s. 8.2).

13.5.5 Folgerungen

(1) *Ist* R_K *eine Frobeniusalgebra, ist* S_K *eine K-Algebra und ist* $R \cong S$ *ein K-Algebrenisomorphismus, dann ist auch* S_K *eine Frobeniusalgebra.*

(2) *Ist* R_K *eine K-Algebra und ist*

$$R = A_1 \oplus \ldots \oplus A_m$$

eine direkte Zerlegung in zweiseitige Ideale $\neq 0$, *dann gilt:* R *ist dann und nur dann Frobeniusalgebra, wenn jedes* A_i, $i = 1, \ldots, m$ *Frobeniusalgebra ist.*

(3) *Sei* L *ein Schiefkörper, der* K *im Zentrum enthält, wobei* $\dim_K(L) < \infty$ *gilt, dann ist der Ring aller n-reihigen (für* $n \in \mathbb{N}$) *quadratischen Matrizen mit Koeffizienten in* L *eine Frobeniusalgebra über* K.

(4) *Jede endlichdimensionale halbeinfache Algebra ist Frobeniusalgebra.*

(5) *Ist* G *eine endliche (multiplikative) Gruppe und ist* K *ein Körper, dann ist der Gruppenring* GK *eine Frobeniusalgebra über* K.

B e w e i s. (1) Ein Algebrenisomorphismus $\rho : R \to S$ ist ein Ringisomorphismus für den gilt: $\rho(x)k = \rho(xk)$ für alle $x \in R$, $k \in K$. Sei φ eine nichtausgeartete lineare Funktion von R_K. Dann ist $\varphi\rho^{-1}$ eine nichtausgeartete lineare Funktion von S_K, denn aus

$$0 = \varphi\rho^{-1}(s_0 S) = \varphi(\rho^{-1}(s_0)\rho^{-1}(S)) = \varphi(\rho^{-1}(s_0)R)$$

folgt $\rho^{-1}(s_0) = 0$, also $s_0 = 0$.

(2) Sei φ eine nichtausgeartete lineare Funktion von R_K, dann ist $\varphi \mid A_i$, $i = 1, \ldots, m$ eine nichtausgeartete lineare Funktion von A_i. Dies ergibt sich sofort, wenn man beachtet, daß $A_iA_j = 0$ für $i \neq j$ gilt und folglich $aA_i = aR$ für $a \in A_i$. Sei umgekehrt φ_i eine nichtausgeartete lineare Funktion von A_i, $i = 1, \ldots, m$, dann ist $\varphi = (\varphi_1 \ldots \varphi_m)$ eine nichtausgeartete lineare Funktion von R, denn aus

$$0 = \varphi((a_1 \dots a_m)R)$$

folgt $0 = \varphi_i(a_i A_i)$ für alle i, also nach Voraussetzung $a_i = 0, i = 1, \dots, m$.

(3) Sei $w_1, \dots, w_m$ mit $w_1 = 1$ eine Basis von L_K über K und sei d_{ij} die Matrix mit 1 an der (i, j)-ten Stelle und sonst überall 0. Dann ist offenbar $d_{ij}w_\ell$, $(i, j = 1, \dots, n;$ $\ell = 1, \dots, m)$ eine Basis des Matrizenringes $L^{n,n}$ über K. Definiere $\varphi : L^{n,n} \to K$ durch

$$\varphi(\sum_{i,j,\ell} d_{ij}w_\ell k_{ij}^\ell) := \sum_i k_{ii}^1)$$

dann ist φ eine nichtausgeartete lineare Funktion. Sei nämlich

$$r = \sum_{i,j,\ell} d_{ij}w_\ell k_{ij}^\ell \neq 0 \ ,$$

dann existiert ein $k_{i_0 j_0}^{\ell_0} \neq 0$. Folglich ist auch

$$x := \sum_{\ell=1}^{m} w_\ell k_{i_0 j_0}^\ell \neq 0$$

und es folgt

$$\varphi(rd_{j_0 i_0} x^{-1}) = 1 \ .$$

Also enthält der Kern von φ kein Rechtsideal $\neq 0$.

(4) Auf Grund von 8.2.4 und (2) können wir uns beim Beweis auf eine einfache endlichdimensionale Algebra R_K beschränken. Dafür steht 8.3.2 zur Verfügung. Sei E ein einfaches Rechtsideal von R und sei $L := \mathrm{End}(E_R)$, dann ist ${}_LE$ ein endlichdimensionaler Vektorraum über L. Sei $v_1, \dots, v_n$ eine Basis von ${}_LE$, dann erhält man nach 8.3.2 einen Ringisomorphismus

$$\rho : \ R \ni r \mapsto (\ell_{ij}) \in L^{n,n}, \qquad \ell_{ij} \in L$$

wobei $\begin{pmatrix} v_1 r \\ \vdots \\ v_n r \end{pmatrix} = (\ell_{ij}) \begin{pmatrix} v_1 \\ \vdots \\ v_n \end{pmatrix}$

gilt. Da K im Zentrum von R enthalten ist, ist K Unterkörper von L und wegen $K \subset R$ sogar Unterkörper des Zentrums von L. Also ist $L^{n,n}$ auch K-Algebra, wobei $(\ell_{ij})k = (\ell_{ij}k)$ für $k \in K$ ist und $\ell_{ij}k$ die Multiplikation in L. Für rk folgt dann

$$v_i(rk) = (v_i r)k = (\sum_{j=1}^{n} \ell_{ij}v_j)k = \sum_{j=1}^{n} (\ell_{ij}k)v_j \ ,$$

also gilt $\rho(rk) = \rho(r)k$, d.h., ρ ist ein K-Algebrenisomorphismus. Dann folgt die Behauptung aus (1) und (3).

(5) Sei Ord(G) = n und sei $G = \{g_1 = e, g_2, \ldots, g_n\}$. Dann ist

$$\varphi: \quad GK \ni \sum_{i=1}^{n} g_i k_i \mapsto k_1 \in K$$

eine nichtausgeartete lineare Funktion, denn ist in $\sum_{i=1}^{n} g_i k_i$ etwa $k_j \neq 0$, so folgt

$$\varphi((\sum_{i=1}^{n} g_i k_i) g_j^{-1}) = k_j \neq 0,$$

also enthält $Ke(\varphi)$ kein Rechtsideal $\neq 0$. □

13.5.6 Satz *Seien* K *ein Körper und* R_K *eine* K-*Algebra mit* $\dim_K(R) < \infty$. *Dann gilt:*

(a) $R/Ra(R) \cong So(R_R^*)$ *als* R-*Rechtsmoduln.*

(b) R_R^* *ist eine injektive Hülle von* $(R/Ra(R))_R$.

(c) R_R^* *ist ein injektiver Kogenerator.*

B e w e i s. Der Beweis erfolgt in mehreren Schritten.

1. R_R^* ist injektiv. Der Beweis hierfür ergibt sich völlig analog zu dem von 5.5.2. An Stelle von $\mathbb{Z}$ in 5.5.2 tritt jetzt K und an Stelle von $D_{\mathbb{Z}}$ jetzt K_K. Der $\mathbb{Z}$-Injektivität von $D_{\mathbb{Z}}$ entspricht jetzt die K-Injektivität von K_K. Bis auf diese Änderungen kann der Beweis von 5.5.2 wörtlich übernommen werden.

2. Es gilt $So(R_R^*) = \underline{\ell}_{R^*}(Ra(R))$ nach 9.3.5. Behauptung: $\xi \in \underline{\ell}_{R^*}(Ra(R)) \iff Ra(R) \subseteq Ke(\xi)$. Sei dazu

$$(\xi u)(x) = \xi(ux) = 0$$

für alle $u \in Ra(R)$ und alle $x \in R$. Für $x = 1$ folgt $Ra(R) \subseteq Ke(\xi)$. Sei dies umgekehrt der Fall, dann folgt, da Ra(R) Rechtsideal ist

$$0 = \xi(ux) = (\xi u)(x)$$

für alle $u \in Ra(R)$, $x \in R$; also gilt $\xi \in \underline{\ell}_{R^*}(Ra(R))$.

3. Für $\xi \in So(R_R^*)$ sei $\bar{\xi}$ die durch ξ induzierte lineare Funktion

$$\bar{\xi}: \quad R/Ra(R) \ni x + Ra(R) \mapsto \xi(x) \in K.$$

Behauptung. Dann ist

$$\psi: \quad So(R_R^*) \ni \xi \mapsto \bar{\xi} \in Hom_K(R/Ra(R), K)$$

ein R-Isomorphismus. Daß dies ein R-Monomorphismus ist, ist klar. Sei nun $g \in Hom_K(R/Ra(R), K)$ und sei

$$\nu: \quad R \to R/Ra(R),$$

dann folgt $g\nu \in So(R_R^*)$ und $\overline{g\nu} = g$, also ist ψ ein Isomorphismus.

4. Da R/Ra(R) eine endlichdimensionale halbeinfache K-Algebra ist, gibt es nach 13.5.5 einen R/Ra(R)-Isomorphismus

$$\Lambda : \quad \mathrm{Hom}_K(R/\mathrm{Ra}(R), K) \to R/\mathrm{Ra}(R) ,$$

der auch als R-Isomorphismus betrachtet werden kann und soll. Insgesamt haben wir den Isomorphismus

$$\Lambda\psi : \quad \mathrm{So}(R_R^*)_R \to (R/\mathrm{Ra}(R))_R .$$

Sei f der inverse Isomorphismus. Damit ist (a) erfüllt.

5. Bezeichne $\iota : \mathrm{So}(R_R^*) \to R_R^*$ die Inklusion. Da $\mathrm{So}(R_R^*) \subseteq^* R_R^*$ (weil artinsch) und R_R^* injektiv, ist

$$\iota f : \quad (R/\mathrm{Ra}(R))_R \to R_R^*$$

eine injektive Hülle. Damit ist (b) gezeigt.

6. Da in $(R/\mathrm{Ra}(R))_R$ bis auf Isomorphie alle einfachen R-Rechtsmoduln vorkommen, ist R_R^* ein Kogenerator, also gilt auch (c). □

Wir kommen jetzt zu der angekündigten Kennzeichnung.

13.5.7 Satz *Sei* R_K *eine endlichdimensionale Algebra über dem Körper* K. *Dann gilt:*

(1) R_K *ist genau dann eine Quasi-Frobeniusalgebra, wenn* R *ein Quasi-Frobeniusring ist.*

(2) R_K *ist genau dann eine Frobeniusalgebra, wenn* R *ein Frobeniusring ist.*

Beweis. (1) Wir erinnern uns daran, daß ein Modul dann und nur dann ein Kogenerator ist, wenn er zu einer injektiven Hülle eines jeden einfachen Moduls einen isomorphen Untermodul besitzt. Dieser ist dann ein direkt unzerlegbarer direkter Summand des Kogenerators. Da R_R^* nach 13.5.6 ein (injektiver) Kogenerator ist, gilt folglich: Genau dann ist auch R_R ein Kogenerator (und dann auch injektiv), wenn R_K eine Quasi-Frobeniusalgebra ist.

(2) Ist R_K eine Frobeniusalgebra, dann ist R_K auch eine Quasi-Frobeniusalgebra und folglich nach (1) ein Quasi-Frobeniusring. Ferner gilt wegen 13.5.6 und $R_R^* \cong R_R$

$$(R/\mathrm{Ra}(R))_R \cong \mathrm{So}(R_R^*) \cong \mathrm{So}(R_R) ,$$

also ist R nach 13.4.3 ein Frobeniusring. Sei umgekehrt R ein Frobeniusring, dann ist R ein Quasi-Frobeniusring, und es gilt nach Definition

$$(R/\mathrm{Ra}(R))_R \cong \mathrm{So}(R_R) .$$

Folglich ist dann die injektive Hülle R_R^* von $(R/\mathrm{Ra}(R))_R$ isomorph zur injektiven Hülle R_R von $\mathrm{So}(R_R)$, also ist R_K eine Frobeniusalgebra. Daß tatsächlich R_R injektive Hülle von $\mathrm{So}(R_R)$ ist, folgt aus der Injektivität von R_R und da bei einem artinschen Ring $\mathrm{So}(R_R) \subseteq^* R_R$. □

13.6 Kennzeichnung von Quasi-Frobeniusringen

Zum Schluß kommen wir noch einmal auf den allgemeinen Fall von Quasi-Frobeniusringen zurück und geben dafür eine interessante Kennzeichnung an. Sie ist insbesondere deshalb von Interesse, weil hierbei mengentheoretische Überlegungen wesentlich in den Beweis von algebraischen Resultaten eingehen. Wir müssen dabei einige mengentheoretische Tatsachen benutzen, die hier nicht bewiesen werden, die sich jedoch in jedem Lehrbuch über Mengenlehre finden.

13.6.1 Satz (Faith-Walker) *Für einen Ring* R *sind äquivalent:*

(1) R *ist Quasi-Frobeniusring.*

(2) *Jeder projektive* R*-Rechtsmodul ist injektiv.*

(3) *Jeder injektive* R*-Rechtsmodul ist projektiv.*

Beweis. Wir führen den Beweis in folgenden Schritten: (1) ⇒ (2), (1) ⇒ (3), (2) ⇒ (1), (3) ⇒ (1), wobei die zwei ersten Implikationen leicht zu beweisen sind, während wir für die beiden letzten weiter ausholen müssen.

„(1) ⇒ (2)" Da R_R injektiv und noethersch ist, ist nach 6.5.1 jeder freie R-Rechtsmodul injektiv und daher auch jeder direkter Summand eines freien R-Rechtsmoduls. Folglich ist jeder projektive R-Rechtsmodul injektiv.

„(1) ⇒ (3)" Sei Q_R ein injektiver R-Modul, dann ist Q nach 6.6.4 direkte Summe von Untermoduln, die injektive Hüllen von einfachen R-Rechtsmoduln sind. Es genügt daher für einen solchen Modul zu zeigen, daß er projektiv ist. Da R_R Kogenerator ist, kommt aber die injektive Hülle jedes einfachen R-Rechtsmoduls bis auf Isomorphie als direkter Summand in R_R vor und ist daher projektiv. □

Den weiteren Beweis bereiten wir durch einen Hilfssatz vor.

13.6.2 Hilfssatz *Für einen beliebigen Ring* R *und Modul* M_R *gilt:*
Ist $M^{(\mathbb{N})}$ *injektiv, dann erfüllt* R *die aufsteigende Kettenbedingung für Rechtsideale der Form* $\underline{r}_R(U)$ *mit* $U \subset M$.

Beweis. Beweis indirekt. Gelte für $U_i \subset M, i \in \mathbb{N}$

$$\underline{r}_R(U_1) \underset{\neq}{\hookrightarrow} \underline{r}_R(U_2) \underset{\neq}{\hookrightarrow} \ldots ,$$

dann folgt (wegen $\underline{r}_R \underline{\ell}_M \underline{r}_R(U) = \underline{r}_R(U)$)

$$\underline{\ell}_M \underline{r}_R(U_1) \underset{\neq}{\hookleftarrow} \underline{\ell}_M \underline{r}_R(U_2) \underset{\neq}{\hookleftarrow} \ldots .$$

Sei für jedes $i \in \mathbb{N}$

$$x_i \in \underline{\ell}_M \underline{r}_R(U_i), \qquad x_i \notin \underline{\ell}_M \underline{r}_R(U_{i+1}) ,$$

dann gibt es ein Element $a_{i+1} \in \underline{r}_R(U_{i+1})$ mit $x_i a_{i+1} \neq 0$. Sei noch

$$A := \bigcup_{i \in \mathbb{N}} \underline{r}_R(U_i) ,$$

dann gilt $A \subsetneq R_R$ und für jedes $a \in A$ gibt es ein $n_a \in \mathbb{N}$ mit

$$a \in \underline{r}_R(U_i) \qquad \text{für alle } i \geqslant n_a .$$

Dann folgt

$$x_i a = 0 \qquad \text{für alle } i \geqslant n_a ,$$

also gilt für das Element $x := (x_1 x_2 x_3 \ldots) \in M^{\mathbb{N}}$

$$xa = (x_1 a\, x_2 a \ldots x_{n_a - 1} a\ 0\,0\,0 \ldots) \in M^{(\mathbb{N})}.$$

Folglich ist

$$\varphi_x : \ A \ni a \mapsto xa \in M^{(\mathbb{N})}$$

ein Homomorphismus. Da $M^{(\mathbb{N})}$ nach Voraussetzung injektiv ist, existiert ein kommutatives Diagramm

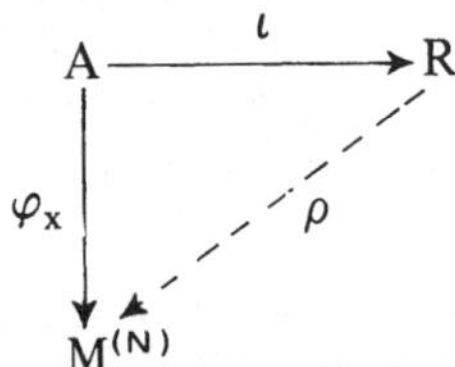

Sei $\rho(1) = (z_1 z_2 \ldots z_n\ 0\,0\,0 \ldots)$, dann folgt für alle $a \in A$

$$\varphi_x(a) = xa = \rho(a) = \rho(1)a = (z_1 a \ldots z_n a \ldots z_n a\ 0\,0\,0 \ldots) ,$$

also $x_i a = 0$ für alle $i > n$ und alle $a \in A$, also insbesondere $x_i a_{i+1} = 0$ für $i > n$, Widerspruch! □

Wir führen nun den B e w e i s von Satz 13.6.1 weiter.

„(2) ⇒ (1)" Da nach Voraussetzung $R^{(\mathbb{N})}$ injektiver R-Rechtsmodul ist, kann 13.6.2 im Falle $M_R = R_R$ angewendet werden. Also erfüllt R die aufsteigende Kettenbedingung für Ideale der Form $\underline{r}_R(U)$ mit $U \subset R$. Da R_R injektiv ist, folgt daraus wegen 12.4.2, daß R der absteigenden Kettenbedingung für endlich erzeugte, insbesondere also für zyklische Linksideale genügt. Nach 11.6.3 ist dann R_R perfekt.

Sei $N := \mathrm{Ra}(R)$, dann ist die Kette

$$\underline{r}_R(N) \subsetneq \underline{r}_R(N^2) \subsetneq \underline{r}_R(N^3) \ldots$$

stationär, d.h., es gibt ein $t \in \mathbb{N}$ mit

$$\underline{r}_R(N^t) = \underline{r}_R(N^{t+i}), \qquad i \geqslant 0 .$$

Da N^i zweiseitiges Ideal ist, ist $\underline{r}_R(N^i)$ zweiseitiges Ideal. Angenommen $\underline{r}_R(N^t) \neq R$, dann folgt nach 11.6.3

$$\mathrm{So}({}_R(R/\underline{r}_R(N^t))) \neq 0 .$$

Sei $\bar{x}$ ein von Null verschiedenes Element aus diesem Sockel, dann folgt $x \notin \underline{r}_R(N^t)$ und, da der Sockel halbeinfach ist, $N\bar{x} = 0$, also $Nx \subset \underline{r}_R(N^t)$. Folglich gilt

$$N^t N x = N^{t+1} x = 0 ,$$

also $x \in \underline{r}_R(N^{t+1}) = \underline{r}_R(N^t)$, Widerspruch! Dieser Widerspruch zeigt, daß $\underline{r}_R(N^t) = R$ also $N^t = 0$ sein muß, d.h. $N = \mathrm{Ra}(R)$ ist nilpotent. Folglich ist auch ${}_RR$ perfekt. Nach 11.6.3 hat dann jeder R-Rechtsmodul $\neq 0$ einen von Null verschiedenen Sockel. Daher ist $\mathrm{So}(R_R) \subsetneq^* R_R$. Mithin ist 12.5.2 (6) erfüllt, und es folgt, daß R_R Kogenerator ist. Nach 12.4.1 gilt dann $\underline{r}_R \underline{\ell}_R(A) = A$ für jedes Rechtsideal A von R und folglich ist R_R noethersch. Da R_R außerdem injektiv ist, ist nach 13.2.1 R Quasi-Frobeniusring. Damit ist (2) ⇒ (1) gezeigt.

„(3) ⇒ (1)" Da jeder injektive R-Rechtsmodul projektiv ist, kann jeder injektive Modul monomorph in einen freien Modul abgebildet werden. Da jeder R-Rechtsmodul monomorph in einen injektiven Modul abgebildet werden kann, ist R_R nach 4.8.2 Kogenerator. Es soll nun gezeigt werden, daß R_R noethersch ist. Dazu sei Q_R eine injektive Hülle von R_R. Da R_R ein Kogenerator ist, ist auch Q_R ein Kogenerator. Wir setzen zunächst voraus, daß $Q^{(N)}$ injektiv ist und führen den Beweis für (3) ⇒ (1) damit zu Ende; den Beweis für die Injektivität von $Q^{(N)}$ holen wir am Schluß nach. Nach 13.6.2 (mit $M_R = Q_R$) erfüllt R die aufsteigende Kettenbedingung für Rechtsideale der Form $\underline{r}_R(U)$ mit $U \subset Q$. Da nach 12.4.1 jedes Rechtsideal von R von dieser Form ist, ist R_R noethersch, womit der Beweis bis auf die Injektivität von $Q^{(N)}$ vollständig ist.

Während der Beweis bis hierher im Rahmen der gewohnten Schlußweisen erfolgte, muß im folgenden wesentlich von mengentheoretischen Überlegungen Gebrauch gemacht werden. Einzelschritte des Beweises, die von selbstständigem Interesse sind, formulieren wir gesondert.

Das nächste Ziel unserer Überlegungen besteht darin, den Satz von Kaplansky zu beweisen, der besagt, daß jeder projektive Modul direkte Summe von abzählbar erzeugten Untermoduln ist. Dabei soll „abzählbar" auch „endlich" einschließen, und es soll dafür die Abkürzung abz benutzt werden.

13.6.3 Hilfssatz *Seien* R *ein beliebiger Ring und* M *ein* R-*Modul. Gelte*

$$M = \bigoplus_{j \in J} M_j = A \oplus B\,,$$

wobei jedes M_j abz *erzeugt ist. Dann gibt es zu jeder Menge* $H \subsetneq J$ *mit der Eigenschaft, daß für*

$$U := \bigoplus_{j \in H} M_j$$

gilt $\quad U = (A \cap U) \oplus (B \cap U)$

eine Menge I *mit* $H \subsetneq I \subset J$, *so daß für*

$$W := \bigoplus_{j \in I} M_j$$

gilt $\quad W = (A \cap W) \oplus (B \cap W)$

und $\quad A \cap W = (A \cap U) \oplus C\,,$

wobei C *ein* abz *erzeugter Untermodul ist.*

Beweis. Seien α und β ($= 1_M - \alpha$) die zur Zerlegung $M = A \oplus B$ gehörenden Projektionen. Sei $i_0 \in J \setminus H$. Da M_i abz erzeugt ist, sind $\alpha(M_{i_0})$ und $\beta(M_{i_0})$ abz erzeugt. Daher gibt es eine abz Menge $I_1 \subset J$ mit

$$M_{i_0} \subsetneq \alpha(M_{i_0}) + \beta(M_{i_0}) \subsetneq \bigoplus_{j \in I_1} M_j .$$

Da jedes M_j abz erzeugt ist und I_1 eine abz Menge ist, ist $\bigoplus_{j \in I_1} M_j$ abz erzeugt. Folglich gibt es eine abz Menge $I_2 \subset J$ mit

$$\bigoplus_{j \in I_1} M_j \subsetneq \alpha(\bigoplus_{j \in I_1} M_j) + \beta(\bigoplus_{j \in I_1} M_j) \subsetneq \bigoplus_{j \in I_2} M_j .$$

Induktiv fahre man fort. Man erhält so eine Folge von abz Mengen

$$I_0 := \{i_0\},\ I_1, I_2, \ldots$$

mit

$$\bigoplus_{j \in I_n} M_j \subsetneq \alpha(\bigoplus_{j \in I_n} M_j) + \beta(\bigoplus_{j \in I_n} M_j) \subsetneq \bigoplus_{j \in I_{n+1}} M_j .$$

Wegen $Bi(\alpha) = A$ und $Bi(\beta) = B$ bedeutet dies

$$(*) \qquad \bigoplus_{j \in I_n} M_j \subsetneq (A \cap \bigoplus_{j \in I_{n+1}} M_j) + (B \cap \bigoplus_{j \in I_{n+1}} M_j) .$$

Dann sind auch

$$L := \bigcup_{n=0,1,2,\ldots} I_n$$

sowie $L \setminus H$ abz Mengen. Seien nun $I := H \cup L$ und

$$V := \bigoplus_{j \in L \setminus H} M_j, \qquad W := \bigoplus_{j \in I} M_j = U \oplus V .$$

Dabei ist V ebenfalls abz erzeugt.

Behauptung: $W = (A \cap W) \oplus (B \cap W)$.

Zum Beweis ist zunächst $(A \cap W) \oplus (B \cap W) \subsetneq W$ klar. Für die umgekehrte Inklusion stellen wir fest, daß jedes M_j mit $j \in I$ in $(A \cap W) \oplus (B \cap W)$ enthalten ist. Für $j \in H$ gilt dies nach Voraussetzung. Sei $j \in L \setminus H$ und sei $j \in I_n$, dann gilt dies nach (*).

Aus $\quad W = U \oplus V = (A \cap U) \oplus (B \cap U) \oplus V$

folgt nach dem modularen Gesetz

$$A \cap W = (A \cap U) \oplus C, \qquad B \cap W = (B \cap U) \oplus D ,$$

mit $\quad C := ((B \cap U) \oplus V) \cap A, \qquad D := ((A \cap U) \oplus V) \cap B .$

Daraus ergibt sich

$$W = (A \cap W) \oplus (B \cap W) = (A \cap U) \oplus (B \cap U) \oplus C \oplus D = U \oplus C \oplus D .$$

Da auch $W = U \oplus V$ gilt, folgt

$$V \cong W/U \cong C \oplus D .$$

Daher ist C epimorphes Bild des abz erzeugten Moduls V und daher selbst abz erzeugt. □

13.6.4 Satz *Sei* R *ein beliebiger Ring und* M *ein* R-*Modul. Gilt*

$$M = \bigoplus_{j \in J} M_j = A \oplus B$$

mit abzählbar erzeugten Untermoduln M_j, *dann sind auch* A *und* B *direkte Summen von abzählbar erzeugten Untermoduln.*

B e w e i s. Es genügt selbstverständlich, die Behauptung für A zu beweisen. Sei $\{A_\lambda \mid \lambda \in \Lambda\}$ die Menge aller abzählbar erzeugten Untermoduln von A. Sei

$$X := \{(H, \Gamma) \mid H \subset J \wedge \Gamma \subset \Lambda \wedge \bigoplus_{j \in H} M_j = (A \cap \bigoplus_{j \in H} M_j) \oplus (B \cap \bigoplus_{j \in H} M_j) \wedge$$
$$A \cap \bigoplus_{j \in H} M_j = \bigoplus_{\lambda \in \Gamma} A_\lambda\}.$$

Da $(\emptyset, \emptyset) \in X$ ist $X \neq \emptyset$. Ferner ist X durch

$$(H_1, \Gamma_1) \leqslant (H_2, \Gamma_2) \iff H_1 \subset H_2 \wedge \Gamma_1 \subset \Gamma_2$$

geordnet. Ist $Y \subset X$ eine total geordnete Teilmenge, dann ist

$$(H', \Gamma') \quad \text{mit} \quad H' := \bigcup_{(H,\Gamma) \in Y} H \quad \text{und} \quad \Gamma' := \bigcup_{(H,\Gamma) \in Y} \Gamma$$

eine obere Schranke von Y in X, wie leicht zu bestätigen. Das Zornsche Lemma sichert dann ein maximales Element $(\overline{H}, \overline{\Gamma}) \in X$. Nimmt man $\overline{H} \neq J$ an, so liefert 13.6.3 ein echt größeres Element aus X ↯ . Also muß $\overline{H} = J$ gelten.

13.6.5 Folgerung *Für einen beliebigen Ring* R *gilt: Jeder projektive* R-*Modul ist direkte Summe von abzählbar erzeugten Untermoduln.*

B e w e i s. Da jeder projektive R-Modul isomorph zu einem direkten Summanden eines freien R-Moduls ist, folgt die Behauptung aus 13.6.4 im Falle $M = R^{(J)}$. □

13.6.6 Hilfssatz *Seien* R *ein beliebiger Ring und* A_R *ein endlich erzeugter* R-*Modul. Dann gilt: Ist eine injektive Hülle von* A *auch projektiv, dann ist sie endlich erzeugt.*

B e w e i s. Da alle injektiven Hüllen von A isomorph sind, kann ohne Einschränkung angenommen werden, daß A Untermodul der injektiven Hülle Q von A ist. Da Q projektiv ist, gibt es einen Monomorphismus

$$\mu : \; Q \to R^{(J)}$$

in einen freien R-Modul. Da A endlich erzeugt ist, gibt es eine endliche Teilmenge $J_0 \subset J$ mit

$$\mu(A) \subsetneq R^{(J_0)} \subsetneq R^{(J)}.$$

Bezeichne π die Projektion von $R^{(J)}$ auf $R^{(J_0)}$, dann folgt, daß $\pi\mu|A$ ein Monomorphismus ist. Wegen $A \subsetneq^* Q$ ist aber dann auch $\pi\mu$ ein Monomorphismus. Folglich ist $\pi\mu(Q)$ als direkter Summand von $R^{(J_0)}$ endlich erzeugt und daher auch Q. □

13.6.7 Folgerung *Für einen beliebigen Ring* R *gilt: Jeder* R*-Modul, der gleichzeitig projektiv und injektiv ist, ist direkte Summe von endlich erzeugten Untermoduln.*

B e w e i s. Nach 13.6.5 genügt es, die Behauptung für einen abzählbar erzeugten projektiven und injektiven R-Modul M zu beweisen. Sei

$$M = \sum_{i \in \mathbb{N}} x_i R$$

ein solcher. Bezeichne $Q_1 \subsetneq M$ eine injektive Hülle von $x_1 R$. Da Q_1 direkter Summand von M ist, ist Q_1 auch projektiv und folglich nach 13.6.6 endlich erzeugt. Sei

$$M = Q_1 \oplus B_1,$$

dann ist auch B_1 projektiv und injektiv. Seien induktiv schon $Q_1, \ldots, Q_n$ und B_n mit

$$M = Q_1 \oplus \ldots \oplus Q_n \oplus B_n$$

und $\quad x_1, \ldots, x_n \in \bigoplus_{i=1}^{n} Q_i$

bestimmt, dann sei

$$x_{n+1} = a_{n+1} + b_{n+1} \quad \text{mit} \quad a_{n+1} \in \bigoplus_{i=1}^{n} Q_i, \quad b_{n+1} \in B_n$$

und $Q_{n+1} \subsetneq B_n$ sei eine injektive Hülle von $b_{n+1}R$. Für die so erhaltene Folge von endlich erzeugten direkten Summanden

$$Q_1, Q_2, Q_3, \ldots$$

mit $x_1, \ldots, x_n \in \bigoplus_{i=1}^{n} Q_i$ gilt dann offenbar

$$M = \bigoplus_{i \in \mathbb{N}} Q_i \,.$$ □

Wir wollen jetzt im Sinne des Beweises (3) ⇒ (1) von 13.6.1 zeigen, daß $Q^{(\mathbb{N})}$ injektiv ist, wobei Q eine injektive Hülle von R_R sei. Nach Voraussetzung ist Q auch projektiv und daher nach 13.6.6 endlich erzeugt. Sei jetzt τ eine unendliche Kardinalzahl, die echt größer als $2^{|R|}$ ist, wobei $|R|$ die Kardinalzahl von R sei. Ist dann A_R ein endlich erzeugter R-Modul, dann ist τ größer als die Kardinalzahl der Menge aller Untermoduln von A_R, denn diese ist eine Teilmenge der Potenzmenge von A_R (zur Begründung siehe ein Buch über Mengenlehre).

Sei nun I eine Menge der Kardinalzahl τ (oder einer größeren), dann sei

$$M := Q^I = \prod_{i \in I} Q_i \quad \text{mit } Q_i = Q \text{ für alle } i \in I .$$

Da Q injektiv ist, ist M injektiv also auch projektiv. Sei Q_i' das Bild von $Q_i = Q$ bei dem kanonischen Monomorphismus $\sigma\eta_i$ (im Sinne von 4.1.5). Nach 13.6.7 ist M andererseits direkte Summe von endlich erzeugten Untermoduln:

$$M = \bigoplus_{j \in J} M_j .$$

Sei jetzt $i_1 \in I$ beliebig. Da Q_{i_1}' endlich erzeugt ist, gibt es eine endliche Teilmenge $J_1 \subset J$ mit

$$Q_{i_1}' \hookrightarrow \bigoplus_{j \in J_1} M_j .$$

Setzt man noch

$$Q_{(1)} := Q_{i_1}' \quad \text{und} \quad D_1 := \bigoplus_{j \in J_1} M_j ,$$

dann ist D_1 endlich erzeugt, und es gibt ein $B_1 \hookrightarrow D_1$ mit

$$D_1 = Q_{(1)} \oplus B_1 .$$

Wir betrachten jetzt die Menge

$$\{D_1 \cap Q_i' \mid i \in I \wedge i \neq i_1\}.$$

Dies ist eine Menge von Untermoduln des endlich erzeugten Moduls D_1. Nach Wahl der Kardinalzahl τ von I können nicht alle $D_1 \cap Q_i'$ voneinander verschieden sein (transfiniter Schubfachschluß). Seien $i_2, k \in I \setminus \{i_1\}$, $i_2 \neq k$ mit $D_1 \cap Q_{i_2}' = D_1 \cap Q_k'$.

Wegen $Q_{i_2}' \cap Q_k' = 0$ folgt

$$D_1 \cap Q_{i_2}' = D_1 \cap Q_k' = 0 .$$

Folglich ist

$$Q_{i_2}' \xrightarrow{\iota_2} \bigoplus_{j \in J} M_j \xrightarrow{\pi_2} \bigoplus_{j \in J \setminus J_1} M_j$$

ein Monomorphismus (wobei ι_2 bzw. π_2 die Inklusion bzw. die entsprechende Projektion ist und $\mathrm{Ke}(\pi_2 \iota_2) = D_1 \cap Q_{i_2}' = 0$ wegen $\mathrm{Ke}(\pi_2) = D_1$ gilt). Da Q_{i_2}' endlich erzeugt ist, gibt es eine endliche Menge

$$J_2 \subset J \setminus J_1$$

mit $\quad \mathrm{Bi}(\pi_2 \iota_2) \hookrightarrow D_2 := \bigoplus_{j \in J_2} M_j .$

Nach Wahl von J_2 gilt $J_1 \cap J_2 = \emptyset$. Sei nun

$$Q_{(2)} := Bi(\pi_2 \iota_2),$$

dann folgt

$$Q_{(2)} \cong Q'_{i_2} \cong Q$$

und es existiert ein B_2 mit

$$D_2 = Q_{(2)} \oplus B_2 .$$

Induktiv definiert man Q'_{i_n}, $i_n \in I \setminus \{i_1, \ldots, i_{n-1}\}$ mit

$$(D_1 \oplus \ldots \oplus D_{n-1}) \cap Q'_{i_n} = 0$$

und $Q'_{i_n} \xrightarrow{\iota_n} \bigoplus_{j \in J} M_j \xrightarrow{\pi_n} \bigoplus_{j \in J \setminus (J_1 \cup \ldots \cup J_{n-1})} M_j$

sowie $J_n \subset J \setminus (J_1 \cup \ldots \cup J_{n-1})$

mit J_n endlich und

$$Bi(\pi_n \iota_n) \subsetneq D_n := \bigoplus_{j \in J_n} M_j .$$

Ferner gilt

$$J_n \cap (J_1 \cup \ldots \cup J_{n-1}) = \emptyset.$$

Setzt man

$$Q_{(n)} := Bi(\pi_n \iota_n),$$

dann gilt wieder $Q_{(n)} \cong Q$ und es existiert ein B_n mit

$$D_n = Q_{(n)} \oplus B_n .$$

Für die sich so induktiv ergebenden Folgen

$$J_1, J_2, J_3, \ldots \qquad D_1, D_1, D_3, \ldots$$
$$Q_{(1)}, Q_{(2)}, Q_{(3)}, \ldots \qquad B_1, B_2, B_3, \ldots$$

gilt dann, wenn noch

$$H := \bigcup_{i \in N} J_i$$

gesetzt wird:

(*) $\quad Q^{(N)} \cong \bigoplus_{i \in N} Q_{(i)} \quad$ (wegen $Q_{(i)} \cong Q$),

$$M = \bigoplus_{j \in J} M_j = (\bigoplus_{j \in H} M_j) \oplus (\bigoplus_{j \in J \setminus H} M_j),$$

$$\bigoplus_{j \in H} M_j = \bigoplus_{i \in N} (\bigoplus_{j \in J_i} M_j) = \bigoplus_{i \in N} D_i = \bigoplus_{i \in N} (Q_{(i)} \oplus B_i),$$

also $\quad M = (\bigoplus_{i \in N} Q_{(i)}) \oplus (\bigoplus_{i \in N} B_i) \oplus (\bigoplus_{j \in J \setminus H} M_j) .$

Folglich ist

$$\bigoplus_{i \in N} Q_{(i)}$$

direkter Summand des injektiven Moduls M und daher ebenfalls injektiv. Nach (*) ist dann auch $Q^{(N)}$ injektiv, was zu zeigen war. Damit ist der Beweis (3) ⇒ (1) vollständig. □

Übungen zu Kapitel 13

1. Zeige:

a) Ein kommutativer artinscher Ring ist genau dann ein Quasi-Frobeniusring, wenn er direkte Summe von Idealen mit einfachem Sockel ist.

b) Jeder kommutative Quasi-Frobeniusring ist Frobeniusring.

c) Ist R ein kommutativer nullteilerfreier Hauptidealring und ist $0 \neq A \subsetneq R_R$, dann ist R/A ein Frobeniusring.

2. Sei K ein Körper und sei R der Ring aller Matrizen der Form

$$\begin{pmatrix} a & b \\ 0 & c \end{pmatrix} \quad \text{mit } a, b, c \in K.$$

Zeige:

a) für $x = \begin{pmatrix} a & b \\ 0 & c \end{pmatrix} \in R$ gilt:

(1) Linksinvertierbar x $\iff$ rechtsinvertierbar x $\iff$ $ac \neq 0$.

(2) Nilpotent x $\iff$ $x^2 = 0$ $\iff$ $a = c = 0$.

(3) Idempotent x $\iff$ $x \in \left\{ \begin{pmatrix} 0 & 0 \\ 0 & 0 \end{pmatrix}, \begin{pmatrix} 1 & 0 \\ 0 & 1 \end{pmatrix}, \begin{pmatrix} 0 & b \\ 0 & 1 \end{pmatrix}, \begin{pmatrix} 1 & b \\ 0 & 0 \end{pmatrix} \right\}$

(4) Einfach xR $\iff$ $x \neq 0 \wedge a = 0$; einfach Rx $\iff$ $x \neq 0 \wedge c = 0$.

b) (1) $\mathrm{Ra}(R) = \begin{pmatrix} 0 & K \\ 0 & 0 \end{pmatrix}$, $\mathrm{So}(R_R) = \begin{pmatrix} 0 & K \\ 0 & K \end{pmatrix}$, $\mathrm{So}({}_R R) = \begin{pmatrix} K & K \\ 0 & 0 \end{pmatrix}$.

(2) $\underline{r}_R(\mathrm{Ra}(R)) = \mathrm{So}({}_R R)$, $\underline{\ell}_R(\mathrm{Ra}(R)) = \mathrm{So}(R_R)$, $\underline{r}_R(\mathrm{So}(R_R)) = \mathrm{So}({}_R R)$, $\underline{\ell}_R(\mathrm{So}(R_R)) = 0$, $\underline{r}_R(\mathrm{So}({}_R R)) = 0$, $\underline{\ell}_R(\mathrm{So}(R_R)) = \mathrm{So}(R_R)$.

(3) $\mathrm{So}(R_R)$ ist als Linksideal direkter Summand, als Rechtsideal jedoch nicht zyklisch (also kein direkter Summand).

(4) $\mathrm{So}({}_R R)$ ist als Rechtsideal direkter Summand, als Linksideal jedoch nicht zyklisch.

c) Zur Bestimmung des Verbandes der Rechtsideale von R zeige man:

(1) $\mathrm{Lä}(R_R) = 3$.

(2) Die maximalen Rechtsideale von R sind $\mathrm{So}(R_R)$ und $\mathrm{So}({}_R R)$.

(3) Die einfachen Rechtsideale von R sind $\mathrm{Ra}(R)$ sowie $E_k := \begin{pmatrix} 0 & k \\ 0 & 1 \end{pmatrix} R$, $k \in K$.

(4) Der Verband der Rechtsideale hat folgendes Diagramm

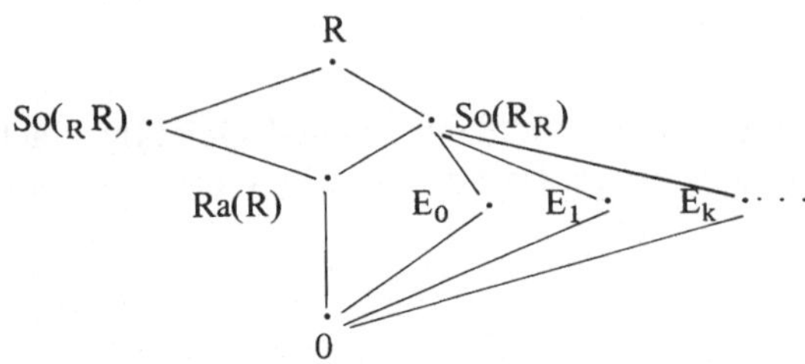

d) Zur Bestimmung der injektiven Hülle von R_R zeige man:

(1) Für alle $k \in K$ gilt $E_k \cong Ra(R) \cong R/So({}_R R)$ als R-Rechtsmoduln.

(2) Die einzigen injektiven Rechtsideale von R sind 0 und $So({}_R R)$.

(3) R ist Unterring von $S := \begin{pmatrix} K & K \\ K & K \end{pmatrix} (= K^{2,2})$; $R_R \xrightarrow{\iota} S_R$ ist injektive Hülle von R_R.

3. Zeige:

(1) Sei R ein Quasi-Frobeniusring. Ist $e \in R$ ein Idempotent, für das eR ein zweiseitiges Ideal ist, dann liegt e im Zentrum von R.

(2) Seien A und B Ringe, ${}_A M_B$ ein Bimodul und $R := \begin{pmatrix} A & M \\ 0 & B \end{pmatrix}$, dann gilt: Quasi-Frobenius R $\Leftrightarrow$ Quasi-Frobenius A und B und $M = 0$.

(Hinweis zu (1): Man zeige, daß der Faktorring R/eR wieder Quasi-Frobeniusring ist und folgere daraus die Behauptung).

4. Sei K ein Körper und R die kommutative K-Algebra mit der Basis 1, a, b, c und der Multiplikation $1r = r1 = r$ für $r \in R$, $ab = ba = 0$, $a^2 = b^2 = c$.

Man zeige:

a) Für $x = 1k_1 + ak_2 + bk_3 + ck_4 \in R$ $(k_i \in K)$ gilt

(1) Invertierbar x $\Leftrightarrow$ $k_1 \neq 0$

(2) Nilpotent x $\Leftrightarrow$ $x^3 = 0$ $\Leftrightarrow$ $k_1 = 0$ $\Leftrightarrow$ $x \in Ra(R)$.

(3) $x \in So(R)$ $\Leftrightarrow$ $k_1 = k_2 = k_3 = 0$.

b) Sei $N := Ra(R)$. Dann ist $N^2 = So(R) = cR$ und $0 \subsetneq cR \subsetneq aR \subsetneq N \subsetneq R$ ist eine Kompositionsreihe von R_R. Insbesondere ist So(R) einfach, also R ein Quasi-Frobeniusring.

c) Definiert man $A_k := (ak + b)R$ für jedes $k \in K$, so gilt

(1) $cR \underset{\neq}{\subset} A_k \underset{\neq}{\subset} N$ und für $k \neq k'$ ist $A_k \neq A'_k$.

(2) Ist U ein Ideal von R der Länge 2, dann ist $U = aR$ oder $U = A_k$ für ein $k \in K$ (Hinweis: Zeige zuerst, daß U zyklisch ist).

(3) Bestimme den Idealverband von R.

d) Der Faktorring R/N^2 ist kein Quasi-Frobeniusring.

5. Sei der Ring R kommutativ und artinsch. Zeige:

a) Ist A ein maximales Ideal von R, dann ist die injektive Hülle von R/A endlich erzeugt.

b) Für jeden endlich erzeugten R-Modul ist die injektive Hülle wieder endlich erzeugt.

c) Ist C der minimale Kogenerator von M_R, dann ist der in Kapitel 12, Übung 10, definierte Ring $S := \mathrm{Id}(C_R)$ ein Quasi-Frobeniusring, der einen zu R isomorphen Faktorring hat.
(Hinweis zu a): Ist Q injektive Hülle von R/A und ist $B_i := \underline{\ell}_Q(A^i)$, dann zeige man zuerst, daß B_{i+1}/B_i endlich erzeugt ist).

6. Sei R_R noethersch und sei jeder zyklische R-Linksmodul reflexiv. Zeige:

a) R ist auf beiden Seiten artinsch.

b) Jedes maximale Rechtsideal B ist Annullatorideal (d.h. $B = \underline{r}_R\underline{\ell}_R(B)$).
(H i n w e i s: Ist E ein einfacher R-Linksmodul und A_R einfach mit $A_R^* \subsetneq E_R^*$, dann folgt ${}_RA \cong {}_RE$).

c) Ist $R_R \subsetneq M_R$ und ist M/R einfach, dann ist R_R direkter Summand von M_R.

d) R ist ein Quasi-Frobeniusring.

7. Zeige: Jeder Ring mit vollkommener Dualität, der auf einer Seite perfekt ist, ist ein Quasi-Frobeniusring.

8. Zeige: Alle reflexiven Moduln über einem Quasi-Frobeniusring sind endlich erzeugt.

Literaturhinweise

Lehrbücher über Ringe und Moduln (nach dem Erscheinungsjahr geordnet).

[1] Artin, E.: Nesbitt, C.; Thrall, R.: Rings with Minimum Condition. Ann Arbor, Mich. 1944.

[2] Jacobson, N.: Structure of Rings. Amer. Math. Soc. Coll. Publ. **37** (1956).

[3] Bourbaki,: Algèbre. Paris 1958, Chap. 8

[4] Jans, J. P.: Rings and Homology. New York 1964

[5] Lambek, J.: Lectures on Rings and Modules. New York – London 1966

[6] Faith, C.: Lectures on Injektive Modules and Quotient Rings. Berlin–Heidelberg–New York 1967. = Lecture Notes in Math. 49

[7] Bourbaki,: Algèbre. Paris 1970, Chap. 2

[8] Sharpe, D. W.; Vámos, P.: Injektive Modules. London 1972

[9] Tachikawa, H.: Quasi-Frobenius Rings and Generalizations, QF-3 and QF-1 Rings. Berlin–Heidelberg–New York 1973. = Lectures Notes in Math. 351

[10] Anderson, F. W.; Fuller, K. R.: Rings and Categories of Modules. Berlin–Heidelberg–New York 1974

[11] Stenström, B.: Rings of Quotients. Berlin–Heidelberg–New York 1975

Literatur zu den Kapiteln 11 bis 13 nach dem Erscheinungsjahr geordnet. (Literatur über QF3- und QF1-Ringe wurde nicht aufgenommen; dazu siehe das Literaturverzeichnis in dem Buch von Tachikawa, Lehrbuchverzeichnis [9].)

[1] Nakayama, T.: On Frobenius algebras I. Ann. Math. **40**, (2) (1939) 611 bis 633

[2] Nakayama, T.: On Frobenius algebras II. Ann. Math. **42**, (2) (1941) 1 bis 21

[3] Nakayama, T.: On Frobenius algebras III. Jap. J. Math. **18** (1942) 49 bis 65

[4] Kasch, F.: Grundlagen einer Theorie der Frobeniuserweiterungen. Math. Ann. **127** (1954) 453 bis 474

[5] Eilenberg, S.; Nakayama, T.: On the dimension of modules and algebras II (Frobenius algebras and quasi-Frobenius rings). Nagoya Math. J. **9** (1956) 1 bis 16

[6] D i e u d o n n é, J.: Remarks on quasi-Frobenius rings. Illinois J. Math. 2 (1958) 346 bis 354

[7] K a p l a n s k y, I.: Projective modules. Ann. Math. **68** (1958) 372–377

[8] M o r i t a, K.: Duality for modules and its applications to the theory of rings with minimum condition. Sci. Rep. Tokyo Kyoiku Daigaku, **A6** (1958) 83 bis 142

[9] T a c h i k a w a, H.: Duality theorem of character modules for rings with minimum condition. Math. Z. **68** (1958) 479 bis 487

[10] A z u m a y a, G.: A duality theory for injective modules. Amer. J. Math. **81** (1959) 249 bis 278

[11] B a s s, H.: Finitistic dimension and a homological generalization of semi-primary rings. Trans. Amer. Math. Soc. **95** (1960) 466 bis 488

[12] K a s c h, F.: Projektive Frobeniuserweiterungen. Sitz.-Ber. Heidelberger Akad. Wiss. (1960/61) 89 bis 109

[13] K a s c h, F.: Dualitätseigenschaften von Frobeniuserweiterungen. Math. Z. **77** (1961) 219 bis 227

[14] K a s c h, F.: Ein Satz über Frobeniuserweiterungen. Arch. Math. **12** (1961) 102 bis 104

[15] M a r e s, E. A.: Semi-perfect modules. Math. Z. **82** (1963) 347 bis 360

[16] M ü l l e r, B.: Quasi-Frobenius-Erweiterungen. Math. Z. **85** (1964) 345 bis 368

[17] M o r i t a, K.: Adjoint pairs of functors and Frobeniusextensions. Sci. Rep. Tokyo Kyoiku Daigaku **9** (1965) 40 bis 71

[18] M ü l l e r, B.: Quasi-Frobenius-Erweiterungen II. Math. Z. **88** (1965) 380 bis 409

[19] A z u m a y a, G.: Completely faithful modules and selfinjective rings. Nagoya Math. J. **27** (1966) 697 bis 708

[20] F a i t h, C.: Rings with ascending chain condition on annihilators. Nagoya Math. J. **27** (1966) 179 bis 191

[21] K a s c h, F.; M a r e s, E. A.: Eine Kennzeichnung semi-perfekter Moduln. Nagoya Math. J. **27** (1966) 525 bis 529

[22] M i y a s h i t a, J.: Quasi-projective modules, perfect modules and a theorem for modular lattices. J. Fac. Sc. Hokkaido Univ. XIX (1966) 86 bis 110

[23] M o r i t a, K.: On S-rings in the sense of F. Kasch. Nagoya Math. J. **27** (1966) 687 bis 695

[24] O s o f s k y, B. L.: A generalization of quasi-Frobenius rings. J. Algebra **4** (1966) 373 bis 387

[25] R e n t s c h l e r, R.: Eine Bemerkung zu Ringen mit Minimalbedingung für Hauptideale. Arch. Math. **17** (1966) 298 bis 301

[26] F a i t h, C.; W a l k e r, E. A.: Direct sum representations of injective modules. J. Algebra **5** (1967) 203 bis 221

[27] K a t o, T.: Self-injective rings. Tôhoku Math. J. **19** (1967) 469 bis 479

[28] U t u m i, Y.: Self-injective rings. J. Algebra **6** (1967) 56 bis 64

[29] K a t o, T.: Torsionless modules. Tôhoku Math. J. **20** (1968) 234 bis 243

[30] K a t o, T.: Some generalizations of QF-rings. Proc. Jap. Hc. **44** (1968) 114 bis 119

[31] O n d e r a, T.: Über Kogeneratoren. Arch. Math. **19** (1968) 402 bis 410

[32] B j ö r k, I. E.: Rings satisfying a minimum condition on principal ideals. J. reine angew. Math. **236** (1969) 112 bis 119

[33] C h a m a r d, I. Y.: Anneaux semi-parfaits et presque-frobeniusiens. C. R. Acad. Sci. Paris **269** (1969) 556 bis 559

[34] F u l l e r, K. R.: On indecomposable injectives over artinian rings. Pacific J. Math. **29** (1969) 115 bis 135

[35] K a s c h, F.; S c h n e i d e r, H.-J.; S t o l b e r g, H. J.: On injective modules and cogenerators. Carnegie-Mellon Univ. Report **23** (1969) 1 bis 23

[36] M i c h l e r, G. O.: Idempotent ideals in perfect rings. Canadian J. Math. **21** (1969) 301 bis 309

[37] R u t t e r, E. A.: Two characterisations of quasi-Frobenius rings. Pacific J. Math. **30** (1969) 777 bis 784

[38] S a n d o m i e r s k i, F. L.: On semi-perfect and perfect rings. Proc. Amer. Math. Soc. **21** (1969) 205 bis 207

[39] J o n a h, D.: Rings with minimum condition for principal right ideals have the maximum condition for principal left ideals. Math. Z. **113** (1970) 106 bis 112

[40] M ü l l e r, B. J.: On semi-perfect rings. Illinois J. Math. **14** (1970) 464 bis 467

[41] S a n d o m i e r s k i, F. L.: Some examples of right self-injective rings which are not left self-injective. Proc. Amer. Math. Soc. **26** (1970) 244 bis 245

[42] G o l a n, I. S.: Quasi perfect modules. Quat. J. Math. Oxford 22 (1971) 173 bis 182

[43] O n o d e r a, T.: Eine Bemerkung über Kogeneratoren. Proc. Jap. Acad. **47** (1971) 140 bis 142

[44] O n o d e r a, T.: Ein Satz über koendlich erzeugte RZ-Moduln. Tôhoku Math. J. **23** (1971) 691 bis 695

[45] O s o f s k y, B. L.: Loewy lenght of perfect rings. Proc. Amer. Math. Soc. **28** (1971) 352 bis 354

[46] R u t t e r, E. A.: PF-modules. Tôhoku Math. J. **23** (1971) 201 bis 206

[47] W a r e, R.: Endomorphismrings of projective modules. Trans. Amer. Math. Soc. **155** (1971) 233 bis 256

[48] O b e r s t , U.; S c h n e i d e r , H. J.: Die Struktur von projektiven Moduln. Inventiones math. 13 (1971) 295 bis 304

[49] A n d e r s o n, F. W.; F u l l e r, K. R.: Modules with decompositions that complement direct summands. J. Algebra **22** (1972) 241 bis 253

[50] B e c k, I.: Projective and free modules. Math. Z. **129** (1972) 231 bis 234

[51] K a s c h, F.; P a r e i g i s, B.: Einfache Untermoduln von Kogeneratoren. Sitz.-Ber. Bay. Akad. Wiss. (1972) 45 bis 76

[52] O n o d e r a, T.: Linearly compact modules and cogenerators. J. Fac. Sci. Hokkaido 22 (1972) 116 bis 125

[53] H a n n u l a, A. T.: On the construction of quasi-Frobenius rings. J. Algebra **25** (1973) 403 bis 414

[54] H a u g e r, G.; Z i m m e r m a n n, W.: Quasi-Frobenius-Moduln. Arch. Math. **24** (1973) 379 bis 386

[55] S k o r n j a k o v, L. A.: Mehr über Quasi-Frobeniusringe (russ.) Mat. Sbornik **92** (1973) 518 bis 529

[56] A z u m a y a, G.: Characterisation of semi-perfect and perfect modules. Math. Z. **140** (1974) 95 bis 103

[57] C u n n i n g h a m, R. S.; R u t t e r, E. A.: Perfect modules. Math. Z. **140** (1974) 105 bis 110

[58] M i n g, R. Y. C.: On simple P-injective modules. Math. Japonicae **19** (1974) 173 bis 176

[59] M ü l l e r, B. J.: The structure of quasi-Frobenius rings. Can. J. Math. XXVI (1974) 1141 bis 1151

[60] Z ö s c h i n g e r, H.: Komplementierte Moduln über Dedekindringen. J. Algebra **29** (1974) 42 bis 56

[61] Z ö s c h i n g e r, H.: Komplemente als direkte Summanden. Arch. Math. **25** (1974) 241 bis 253

[62] H a u g e r, G.: Aufsteigende Kettenbedingungen für zyklische Moduln und perfekte Endomorphismenringe. Acta Math. Ac. Sci. Hungar.

[63] T a k e u c h i , T.: The endomorphism ring of a indecomposable module with an Artinian projektive cover. Hokkaido Math. J. **IV** (1975) 265 bis 267.

[64] T a k e u c h i , T.: On cofinite-dimensional modules. Hokkaido Math. J. **V** (1976) 1 bis 43

[65] Z i m m e r m a n n , W.: Über die aufsteigende Kettenbedingung für Annullatoren. Arch. Math. **27** (1976) 261 bis 266

Namen- und Sachverzeichnis

Mathematische Leitfäden (Fortsetzung)

Nichteuklidische Elementargeometrie der Ebene
Von Prof. Dr. Dr. h. c. O. PERRON, München
134 Seiten mit 70 Bildern. Ln. DM 34,–

Topologie
Eine Einführung
Von Dr. rer. nat. Dr. h. c. H. SCHUBERT, o. Prof. an der Universität Düsseldorf
4. Auflage. 328 Seiten mit 23 Bildern, 121 Aufgaben und zahlreichen Beispielen. Kart. DM 42,–

Lineare Operatoren in Hilberträumen
Von Dr. rer. nat. J. WEIDMANN, Prof. an der Universität Frankfurt/M.
368 Seiten mit 221 Aufgaben und 93 Beispielen. Kart. DM 58,–

Preisänderungen vorbehalten

B. G. Teubner Stuttgart